カラー資料

持続可能な開発目標・SDGs（P.25）

■ SDGsのロゴ

SUSTAINABLE DEVELOPMENT GOALS
世界を変えるための17の目標

①貧困　②飢餓　③健康な生活　④教育　⑤ジェンダー平等　⑥水　⑦エネルギー　⑧雇用　⑨インフラ　⑩不平等の是正
⑪安全な都市　⑫持続可能な生産・消費　⑬気候変動　⑭海洋　⑮生態系・森林　⑯法の支配等　⑰パートナーシップ

地球温暖化（P.58）

■ キリマンジャロの氷冠

1993年2月

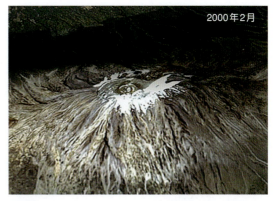
2000年2月

世界一の独立峰、タンザニアのキリマンジャロ（標高5,895m）の積雪面積は、1993年から2000年までの7年間で大きく減少している。

資料：NASA
出典：環境省『平成22年版 環境白書』

さまざまな環境問題

■ 大気中のCO₂の平均濃度の推移

出典：令和2年 環境白書

■ 南極オゾンホールの年最大面積の経年変化

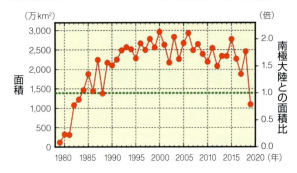

南極オゾンホールは回復傾向にあると評価されている。 また、今後も毎春オゾンホールは発生するが、次第に縮小すること、南極域の春季のオゾン全量は、2060年代には1980年（オゾン層破壊が顕著になる前の指標となる年）の水準まで回復することが予測されている。

出典：気象庁HP

■ PM2.5の年平均値の濃度分布（2018年度）

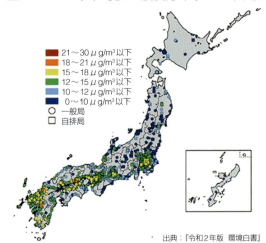

出典：『令和2年版 環境白書』

■ 海岸に打ち寄せられた海洋ごみ

出典：環境省公式サイト Plastics Smart

■ サンゴの白化現象 （P.95）

出典：国際海洋センター（GODAC）HP

■ 香川県さぬき市で発生した赤潮 （P.146）

出典：香川県赤潮研究所HP

■ ヒートアイランド現象 （P.160）

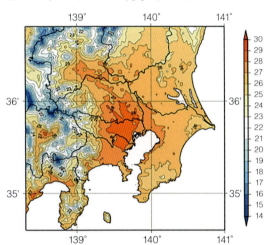
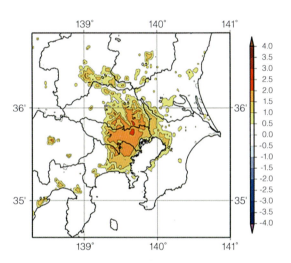

関東地方における9年間（2009～2017年）平均した8月の平均気温（左図、単位：℃）と、
都市化の影響による平均気温の変化の分布（右図、単位：℃）

出典：気象庁

●ミスト噴霧でクールスポット創出

●緑のカーテンによる遮熱

日本のラムサール条約登録湿地 （P.98）

国内の登録湿地は計52カ所
- ● …1980～2017年までに登録された条約湿地 (50)
- ● …2018年10月に登録された条約湿地 (2)

❖ 釧路湿原（北海道）
登録：1980年6月
日本で最初のラムサール条約登録湿地。冬はタンチョウの繁殖地となる。
出典：環境省HP「日本のラムサール条約湿地」

❖ 志津川湾（宮城県）
登録：2018年10月
リアス式海岸にコンブ場、アラメ場、ガラモ場、アマモ場などの多様なタイプの藻場がある。
出典：南三陸町HP『南三陸の海とラムサール条約』

❖ 葛西海浜公園（東京都）
登録：2018年10月
東京湾に流れ込む河口の干潟に、毎年カモやガンなど2万羽以上の水鳥がやってくる。
出典：江戸川区HP

熱帯林・森林破壊（P.42、118）

●世界遺産クイーンズランド湿潤熱帯地域の熱帯雨林（オーストラリア）

世界最古の熱帯雨林。3,000種類もの植物が生い茂るこの熱帯雨林が形成されたのは、約1億3,000年前の大型恐竜たちが生きていた白亜紀といわれている。

●サバンナ林

asante / PIXTA（ピクスタ）

●マングローブ林

Anesthesia/PIXTA（ピクスタ）

■ 気候帯別の森林面積の割合と分布

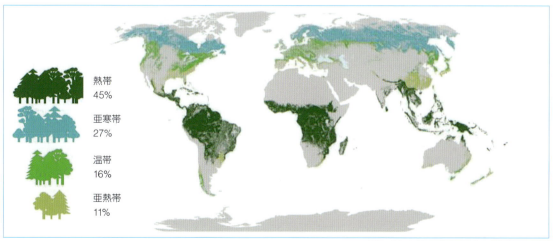

熱帯 45%
亜寒帯 27%
温帯 16%
亜熱帯 11%

出典：Adapted from United Nations World map, 2020

日本の豊かな自然 (P.105)

自然公園等配置図

国立公園
1　利尻礼文サロベツ
2　知床
3　阿寒摩周
4　釧路湿原
5　大雪山
6　支笏洞爺
7　十和田八幡平
8　三陸復興
9　磐梯朝日
10　日光
11　尾瀬
12　上信越高原
13　妙高戸隠連山
14　秩父多摩甲斐
15　小笠原
16　富士箱根伊豆
17　中部山岳
18　白山
19　南アルプス
20　伊勢志摩
21　吉野熊野
22　山陰海岸
23　瀬戸内海
24　大山隠岐
25　足摺宇和海
26　西海
27　雲仙天草
28　阿蘇くじゅう
29　霧島錦江湾
30　屋久島
31　奄美群島
32　やんばる
33　慶良間諸島
34　西表石垣

世界自然遺産
1　知床
2　白神山地
3　小笠原諸島
4　屋久島

国定公園
1　暑寒別天売焼尻
2　網走
3　ニセコ積丹小樽海岸
4　日高山脈襟裳
5　大沼
6　下北半島
7　津軽
8　早池峰
9　栗駒
10　蔵王
11　男鹿
12　鳥海
13　越後三山只見
14　水郷筑波
15　妙義荒船佐久高原
16　南房総
17　明治の森高尾
18　丹沢大山
19　佐渡弥彦米山
20　能登半島
21　越前加賀海岸
22　若狭湾
23　八ヶ岳中信高原
24　中央アルプス
25　天竜奥三河
26　揖斐関ヶ原養老
27　飛騨木曽川
28　愛知高原
29　三河湾
30　鈴鹿
31　室生赤目青山
32　琵琶湖
33　丹後天橋立大江山
34　京都丹波高原
35　明治の森箕面
36　金剛生駒紀泉
37　氷ノ山後山那岐山
38　大和青垣
39　高野竜神
40　比婆道後帝釈
41　西中国山地
42　北長門海岸
43　秋吉台
44　剣山
45　室戸阿南海岸
46　石鎚
47　北九州
48　玄海
49　耶馬日田英彦山
50　壱岐対馬
51　九州中央山地
52　日豊海岸
53　祖母傾
54　日南海岸
55　甑島
56　沖縄海岸
57　沖縄戦跡

原生自然環境保全地域
1　遠音別岳
2　十勝川源部
3　南硫黄島
4　大井川源流部
5　屋久島

自然環境保全地域
1　大平山
2　白神山地
3　和賀岳
4　早池峰
5　大佐飛山
6　利根川源流部
7　笹ヶ峰
8　白髪岳
9　稲尾岳
10　崎山湾・網取湾

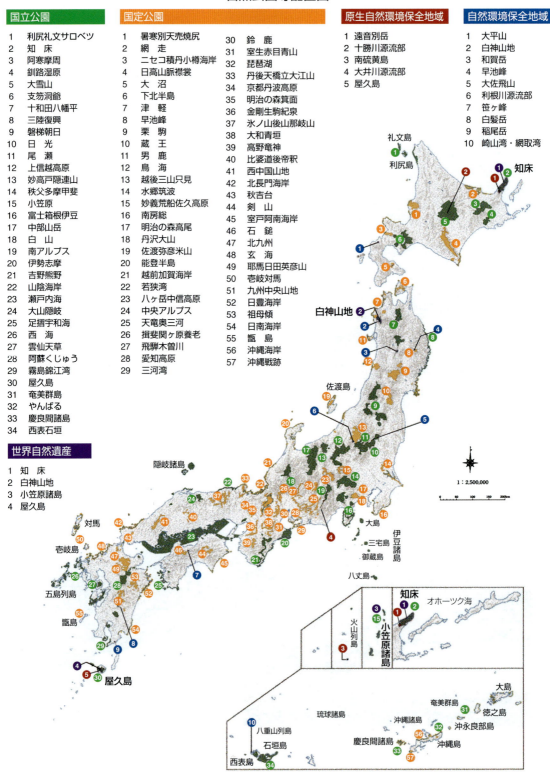

日本の世界自然遺産 (P.98)

●白神山地(しらかみ)

登録：1993年12月　面積：16,971ha
北日本の山地や丘陵に広く分布していた冷温帯性のブナ林が、原生的な状態を保って広く分布する最後の地域。

●屋久島(やくしま)

登録：1993年12月　面積：10,747ha
樹齢千年を超えるスギの巨木をはじめとする約1,900種もの植物や、多様な生物が生育するなど、豊かな生物相をもつ。

●知床(しれとこ)

登録：2005年7月　面積：71,103ha
流氷の影響を受けた海と、川と陸の生態系の豊かなつながりが見られる場所で、幅広い種が生息する。

●小笠原諸島(おがさわら)

登録：2011年6月　面積：7,408ha
大陸と陸続きになったことがないため、動植物の固有種率が著しく高く、生物進化が現在進行形の希少な場所。

出典：環境省『平成23年版 環境白書』

再生可能エネルギー (P.88)

●鹿児島七ツ島メガソーラー発電所（70,000kW）

写真提供：鹿児島メガソーラー発電株式会社

●ダウンウィンド型浮体式洋上風力発電設備（2,000kW）

写真提供：福島洋上風力コンソーシアム

●木質チップ専焼発電　吾妻(あづま)木質バイオマス発電所（13,600kW）

写真提供：オリックス

●都留市の小水力発電機「元気くん1号」（20kW）

写真提供：都留市

●八丁原(はっちょうばる)地熱発電所（110,000kW）

阿蘇くじゅう国立公園特別地域の一画にある国内最大規模の地熱発電所　出典：資源エネルギー庁

VII

環境ラベルとフェアトレードマーク

総合的な環境影響評価

エコマーク
P.187

カーボンフット
プリントマーク
P.219

エコリーフ
マーク
P.219

森林資材の保全関連

FSC®認証
P.119

SGEC
森林認証
P.119

RSPO認証
P.230

食品関連

有機JAS
マーク
P.231

エコファーマー
マーク
P.231

バードフレン
ドリーマーク
P.231

レインフォレスト
アライアンス
P.231

MSC「海のエコラベル」
P.231

ASC認証
P.231

マリン・エコ
ラベル・ジャ
パン
P.231

その他

オーガニックテキ
スタイル世界基準
P.232

ブルーエンジェル
（世界で最初に使用され
たドイツのエコマーク）

省エネルギー関連

省エネ性マーク
P.85

統一省エネ
ラベル
P.85

フェアトレード認証ラベル

フェアトレード団体認証
WFTOマーク
（世界フェアトレード機関）
P.230

国際フェアトレード
認証ラベル
P.231

Certification Test for Environmental Specialists

環境社会検定試験® 持続可能な社会をわたしたちの手で

eco検定
公式テキスト

Think Globally. Act Locally.

東京商工会議所 編著

改訂8版

日本能率協会マネジメントセンター

エコピープル行動指針

1.
環境に関心をもつ

2.
健康に気を配り、毎日の生活を丁寧に暮らす

3.
多様な"いのち"を慈しむ

4.
自然の豊かさを楽しみ、自然から学ぶ

5.
地域コミュニティをともに創りあげていく

6.
それぞれの人や組織を認め、連携し、協働する

7.
限りある資源を大切にする

改訂8版の刊行にあたって

　日本の環境政策や環境保全の取り組みの基本方針ともいうべき環境基本法が1993年に制定されたのを受けて、東京商工会議所は、持続可能な社会の実現および経済と環境と社会の発展のため、積極的な取り組みを行ってきました。そして、持続可能な社会の実現のための根源は「人」であるとの認識に立って、2006年に環境社会検定試験（eco検定）を創設いたしました。

　環境社会検定試験は、「環境に関する幅広い知識を礎とし環境問題に積極的に取組む"人づくり"と、環境と経済を両立させた"持続可能な社会づくり"」を目的として、2020年12月までに28回の試験を実施してまいりました。受験者数は延べ50万人を超え、合格者数も約30万人を超えています。また、合格者を「エコピープル」と呼称し、その環境活動の支援も推進しています。

　本書は環境社会検定試験の公式テキストとして、ビジネスパーソンや次代を担う学生を始めとするあらゆる世代の皆さまに、環境に関する幅広い基本知識を習得していただき、ビジネスや地域活動、家庭生活で役立てていただければという思いから発刊してまいりました。

　2019年2月に改訂7版を発刊いたしましたが、環境に関する国際的な動きがますます活発になる中で、国内でも企業のSDGsに関する取り組みが拡がっていることなどを受け、この度、改訂8版を発刊することといたしました。改訂、発刊にあたりご協力いただきました、一般社団法人環境政策対話研究所の柳下正治代表理事をはじめ、本書の発刊に協力いただきました公式テキスト作成委員会の委員ならびに執筆者・関係者の皆さまに敬意を表しますとともに、この場を借りて御礼申し上げます。

　2006年の初版発刊以来、本書は検定試験受験用の公式テキストとしてだけでなく、ますます多様化・複雑化する環境問題について、幅広い分野を網羅的にわかりやすく伝える環境知識の基本書であることを目指しています。また、わたしたちの生活との関連性に重点を置き、環境問題を体系的に整理し、より具体的に説明、解説することに努めてまいりました。

　環境問題は社会や経済と密接に絡みあい、ますます複雑化しております。環境に関する技術やモノづくりは日々研究が進み、環境問題解決のための制度やシステムの構築なども着々と進められていますが、それらを動かし、活かすのはまさに「人」です。科学や技術、システムは環境問題解決に向けて、あくまでもアプローチの方法の選択肢を提供しているにすぎません。その選択肢から何を選ぶかは、社会を構成するわたしたち一人ひとりが考え、意思決定していかなければなりません。東京商工会議所では、エコピープル（eco検定合格者）の優れた環境活動を表彰する制度（eco検定アワード）も推進しています。

　本書では、複雑な環境問題への正解を提示することよりも、むしろ議論の基礎となる知識や考え方をわかりやすく記載しています。ビジネスや地域活動、家庭生活のさまざまな場面で何度も読み返しながら、知識の習得と問題解決に向けた考え方を身につけていただければ幸いです。本書で得た知識を活かし、点から線へ、線から面へと環境への取り組みが拡がることを願ってやみません。本書が、皆さまの環境知識と意識の向上に少しでもお役に立ち、持続可能な社会の実現に寄与することを祈念しております。

東京商工会議所　環境社会検定委員長

野末　尚

本書の構成と内容

❖ 本書の構成と使い方

　本書は、6つの章で構成されています。各章はいくつかの節から構成され、全部で約90の節があります。そして、一つひとつの節は、課題に対して基礎知識を提供し、問題解決への考え方や必要な情報を示すなど、それぞれに完結した情報書となっています。各節には、そのテーマと関連するSDGsの17のゴールも掲げました。

　また、本書は前から順に読み進めるうちに、環境問題についての基礎知識が身につくように構成に工夫をしています。しかし、環境問題にほとんど初めて触れる読者には、第1章に続いて第3章を読むことを勧めます。そして、改めて第2章に戻って学ぶことで、第3章で学んだ環境問題に対する理解がより深まると思います。その後、第4章、第5章を読み、環境問題の解決に向けてどう取り組んだらよいのか、自分なりの答えを見出すことができるようになると思います。

❖ 本書の内容

第1章　持続可能な社会に向けて

　環境問題に取り組んでいく上で必要とされる基礎的な知識、考え方を習得します。人間が将来にわたって地球の環境から、その恩恵を享受し、発展し続けていくためには「持続可能な開発（Sustainable Development）」の考え方に基づく行動が必要であることを学びます。また、2015年9月に国連で採択された「持続可能な開発目標（SDGs）」を学びます。SDGsは、2030年までの具体的な目標として、貧困や飢餓、クリーンエネルギーの普及、気候変動対策、平和的社会の構築など、17の目標と169のターゲットから構成されます。SDGsはすべての国や政府、民間、市民社会における、すべての分野においての持続可能な社会を目指した取り組みの共通目標です。

第2章　地球を知る

　環境問題を理解していく上で必要な、環境問題を生じさせている背景や、世の中の動きを学習します。自然科学的な知識を2-1で、経済・社会的な側面を2-2で学習します。

第3章　環境問題を知る

　環境問題にはさまざまな現象と問題があります。それらを系統立てて解説する本書の核心部です。3-1から3-4までは「地球環境問題」を中心に扱います。地球温暖化、生物多様性問題などを、できるだけ平易に解説し、さらに国際社会及び日本における取り組みの現状や課題などを解説しました。3-5から3-7までは、身近な「地域環境問題」を中心に、循環型社会づくり、大気環境、水環境、化学物質などを取り上げました。日常空間の中で生じている問題について、基礎情報を得て、解決への道筋について理解を深めることができるように工夫しています。また、3-8では放射性物質と環境との関わりを環境問題として解説しました。

第4章　持続可能な社会に向けたアプローチ

　環境問題にはさまざまな事象があり、課題があります。この章では、多くの事象や課題に対して

どう問題解決を目指して立ち向かうのか、すなわちどのような目標を立て、どのような手法を用いて取り組んでいったらよいのかについて解説しました。

第5章　各主体の役割・活動

　環境問題を解決する主役は、社会を構成するすべてのメンバー、すなわち国・自治体などの公的な主体、企業、市民、及びNPO／NGOです。本章では、具体的な取り組み事例を紹介しながら、主体ごとの役割分担を解説し、さらに各主体による協働の取り組みの重要性について説明しました。

第6章　エコピープルへのメッセージ

　持続可能な社会への変革の担い手として、皆さんがそれぞれの場で活動をされることを祈念してメッセージを送りました。

図表 0 - 1　本テキストの全体構成

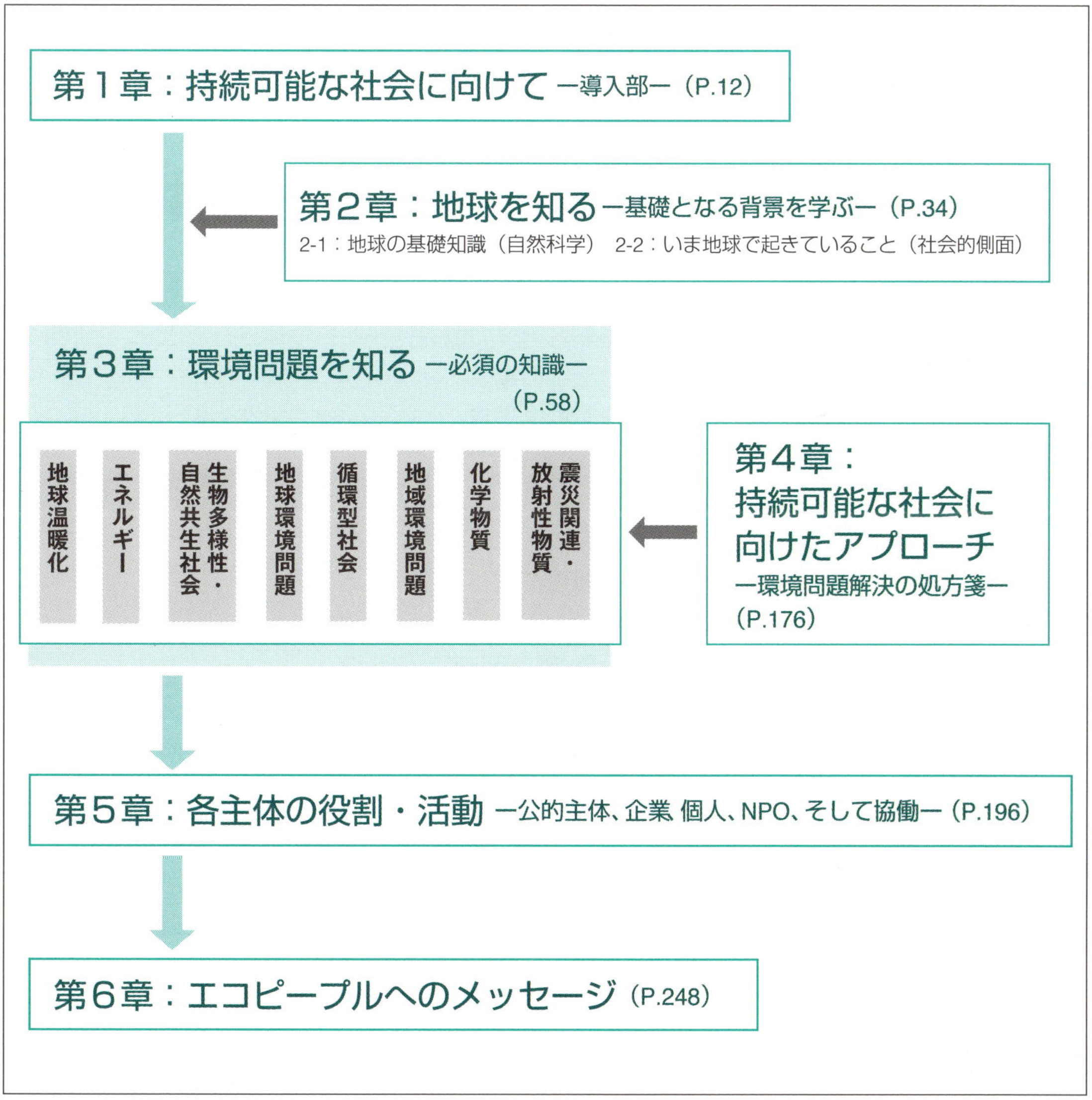

第1章：持続可能な社会に向けて −導入部−（P.12）

第2章：地球を知る −基礎となる背景を学ぶ−（P.34）
2-1：地球の基礎知識（自然科学）　2-2：いま地球で起きていること（社会的側面）

第3章：環境問題を知る −必須の知識−（P.58）

| 地球温暖化 | エネルギー | 生物多様性・自然共生社会 | 地球環境問題 | 循環型社会 | 地域環境問題 | 化学物質 | 震災関連・放射性物質 |

第4章：持続可能な社会に向けたアプローチ −環境問題解決の処方箋−（P.176）

第5章：各主体の役割・活動 −公的主体、企業 個人、NPO、そして協働−（P.196）

第6章：エコピープルへのメッセージ（P.248）

CONTENTS

カラー資料 ……………………………………………………… Ⅰ〜Ⅷ
改訂8版の刊行にあたって ………………………………………… 3
環境社会検定試験®（eco検定）とは／東商検定IBTとは … 10

第1章 持続可能な社会に向けて

01 環境とは何か、環境問題とは何か …………………………… 12
02 環境問題への取り組みの歴史（世界）………………………… 14
03 環境問題への取り組みの歴史（日本）………………………… 18
04 「持続可能な社会」に向けた行動計画－地球サミット－ … 22
05 持続可能な社会に向けて ……………………………………… 24
〈日本の四大公害病〉 …………………………………………… 32

第2章 地球を知る

2-1 地球の基礎知識
01 生命の誕生と地球の自然環境 ………………………………… 34
02 大気の構成と働き ……………………………………………… 36
03 水の循環と海洋の働き ………………………………………… 38
04 森林と土壌の働き ……………………………………………… 42
05 生物を育む生態系 ……………………………………………… 44

2-2 いま地球で起きていること
01 人口問題 ………………………………………………………… 46
02 経済と環境負荷 ………………………………………………… 48
03 食料需給 ………………………………………………………… 50
04 資源と環境について …………………………………………… 52
05 貧困、格差、生活の質 ………………………………………… 54
〈日本の食料自給率〉 …………………………………………… 56

第3章 環境問題を知る

3-1 地球温暖化と脱炭素社会
01 地球温暖化の科学的側面 ……………………………………… 58
02 地球温暖化対策－緩和策と適応策－ ………………………… 62
03 地球温暖化問題に関する国際的な取り組み ………………… 64
04 日本の地球温暖化対策（国の制度）…………………………… 68
05 日本の地球温暖化対策（企業・地方自治体・国民運動の展開）72
06 脱炭素社会を目指して ………………………………………… 74

目次

第**3**章

環境問題を知る

3-2 エネルギー

01 エネルギーと環境の関わり ……………………… 76
02 エネルギーの動向 …………………………………… 80
03 日本のエネルギー政策の経緯 ………………… 82
04 エネルギー供給源の種類と特性 ……………… 86
05 再生可能エネルギー ……………………………… 88
06 省エネルギー対策と技術 ………………………… 90

3-3 生物多様性・自然共生社会

01 生物多様性の重要性 ……………………………… 92
02 生物多様性の危機 ………………………………… 94
03 生物多様性に対する国際的な取り組み …… 98
04 生物多様性の主流化 …………………………… 102
05 国内の生物多様性の取り組み ……………… 104
06 自然共生社会に向けた取り組み …………… 108

3-4 地球環境問題

01 オゾン層保護に関する問題 ………………… 110
02 水資源や海洋環境に関する問題 …………… 112
03 酸性雨などの長距離越境移動大気汚染問題 … 116
04 急速に進む森林破壊 …………………………… 118
05 土壌・土地の劣化、砂漠化とその対策 …… 120

3-5 循環型社会

01 循環型社会を目指して ………………………… 122
02 廃棄物処理にまつわる国際的な問題 ……… 126
03 廃棄物処理にまつわる国内の問題 ………… 128
04 そのほかの廃棄物の問題 …………………… 132
05 リサイクル制度 ………………………………… 134

3-6 地域環境問題

01 地域環境問題 …………………………………… 140
02 大気汚染の原因とメカニズム ……………… 142
03 大気環境保全の施策 …………………………… 144
04 水質汚濁の原因とメカニズム ……………… 146
05 水環境保全に関する施策 …………………… 148
06 土壌環境・地盤環境 …………………………… 150
07 騒音・振動・悪臭 ……………………………… 154

7

CONTENTS

第3章 環境問題を知る

08	都市と環境問題	156
09	交通と環境問題	158
10	ヒートアイランド現象	160

3-7 化学物質

| 01 | 化学物質のリスクとリスク評価 | 162 |
| 02 | 化学物質のリスク管理・コミュニケーション | 164 |

3-8 災害・放射性物質

01	東日本大震災と東京電力福島第一原子力発電所の事故	166
02	放射性物質による環境汚染への対処	168
03	災害廃棄物の処理	170
04	放射性廃棄物について	172
	〈核燃料サイクルと使用済み核燃料〉	174

第4章 持続可能な社会に向けたアプローチ

01	「持続可能な日本社会」の実現に向けた行動計画	176
02	環境保全の取り組みにおける基本とすべき原則	178
03	環境政策の計画と指標	182
04	環境保全のためのさまざまな手法	184
05	環境教育・環境学習	188
06	環境アセスメント制度（環境影響評価）	190
07	国際社会の中の日本の役割	192
	〈持続可能性を測る、さまざまな指標〉	194

第5章 各主体の役割・活動

5-1 各主体の役割・活動

| 01 | 各主体の役割・分担と参加 | 196 |
| 02 | 行政、企業、市民、NPOの協働 | 198 |

5-2 パブリックセクター（国際機関、政府、自治体など）

01	国際社会の取り組み	200
02	国による取り組み	202
03	地方自治体による取り組み	206

5-3 企業の環境への取り組み

01	企業の社会的責任（CSR）	208
02	環境マネジメントシステム（EMS）	212
03	環境コミュニケーションとそのツール	214

目次

第 **5** 章

各主体の
役割・活動

04	製品の環境配慮	216
05	企業の環境活動	220
06	第一次産業と環境活動	222
07	働き方改革と環境改善	224

5-4　個人の行動

01	環境問題と市民の関わり	226
02	生活者／消費者としての市民	228
03	主権者としての市民	236

5-5　主体を超えた連携

01	NPOの役割	238
02	ソーシャルビジネス	240
03	各主体の連携による地域協働の取り組み	242
	〈地域循環共生圏〉	246

第 **6** 章

エコピープルへの
メッセージ

01	広範な知識と経験の充実	248
02	目指すべき社会と地球市民としての責任	250

「エコピープル＝eco検定合格者」になったら	252
地球環境条約一覧	253
環境に関連する主な法律一覧表	254
日本及び国際社会における環境をめぐる動き	258
SDGs対応 索引	260
索引	264

環境社会検定試験®（eco検定）とは

❖ 社会と環境を考える"人"のために

　環境に関する技術やモノづくりは日々研究が進み、環境問題解決のための制度やシステムの構築なども着々と進められています。しかし、それらを動かし、活かすのはまさに"人"です。
　環境社会検定試験®（eco検定）は、環境に関する幅広い知識を礎とし、環境問題に積極的に取り組む「人づくり」と、環境と経済を両立させた「持続可能な社会づくり」を目指しています。

❖ 試験要項

主催	東京商工会議所・各地商工会議所
出題範囲	公式テキストの知識と、それを理解した上での応用力を問います。 出題範囲は、基本的に公式テキストに準じますが、最近の時事問題についても出題します。
受験方法	下記、東商検定IBTによる。
合否の基準	100点満点とし、70点以上をもって合格とします。
受験料	5,500円（税込）
申込期間	詳細は下記ウェブサイト、またはお電話にてご確認ください。
試験期間	

東商検定IBTとは

　東京商工会議所の検定試験（東商検定）は2021年度からIBT（インターネット経由での試験）に変わります。

東商検定IBT
TOSHO KENTEI INTERNET BASED TEST

試験方式	IBT（Internet Based Test・インターネット経由での試験） ☞ 受験者ご本人のコンピュータでご受験いただく試験になります。
使用機器 （受験者が準備）	・インターネットに接続されたコンピュータ（PC） ・コンピュータの内部カメラまたはwebカメラ ・コンピュータの内部または外部のマイク ・コンピュータの内部または外部のスピーカー
受験環境 （全ての条件を満たす受験環境を準備してください）	・待機開始から試験終了までの間、カメラに他の人が映り込まない、かつ、マイクに他の人の声が入らないように間隔や空間を確保すること ・使用機器は机の上などに設置すること ・受験者の周辺（机の上を含む）には、所定の持ち物や受験上の配慮申請で使用が許可された物以外の物が置かれていないこと ・カメラで受験者の動作や身分証明書、受験環境などが確認できるように適切な照明を点灯すること ・カメラで試験中の映像（受験者の上半身、身分証明書、背景映像など）を録画し、マイクで音声を録音することから、他者のプライバシーを侵害する可能性がある物などが録画、録音されないようにすること

お問合せ

東京商工会議所 検定センター
TEL：03-3989-0777（土日・祝休日・年末年始を除く 10:00～18:00）
※おかけ間違いのないように電話番号をよくお確かめください。
https://www.kentei.org

東京商工会議所
検定試験情報
ウェブサイト▶

第1章

持続可能な社会
に向けて

第1章 持続可能な社会に向けて

01 環境とは何か、環境問題とは何か

> **学習のポイント** ▶ 人類の飽くなき欲望の追求の結果、地球を構成する大気、水、土壌、生態系に重大な変化が生じ、わたしたちの生存基盤そのものを危ういものにしています。これが環境問題です。

1 環境とは

「環境」とは、何でしょうか。わたしたちは「環境」という言葉を、実に多様なかたちで使っています。「家庭環境」という用語は社会一般で広く使われていますし、「日本の外交環境」とか「最近の経済環境」といった用語は、紙面を日々にぎわしています。そこで、本書で用いる「環境」という用語の意味を、原点に戻って考えてみます。

「環境とは、そのものを取り巻く外界。それと関係があり、それに何らかの影響を与えるものとしてみた場合をいう。(新明解国語辞典)」
本書では、上記の「そのもの」や「それ」を、人間及び人間社会と捉え、「環境」を次のように定義することにします。

> 「環境」とは、人間及び人間社会を取り巻く人間以外の生物、生態系、そして山、川、海、大気などの自然そのものをいう。

2 環境問題とは

人類は、環境から食料や資源を採取するなど多くの恩恵を受けて活動を営む一方で、その過程で環境に不用物を排出するなどの影響を及ぼしてきました。これらの行為が環境の復元能力の範囲内であるうちは、生態系の均衡は保たれ、人類は社会経済活動を持続的に営むことができました。ところが、約250年前の**産業革命**を契機に、人類の行為はそれ以前とは異なる規模・速度・影響の大きさになりました。

特に20世紀以降、人類は科学技術を飛躍的に進歩させ、利便性を向上させて経済規模を拡大しました。その結果、環境の復元能力を超えた採取による資源の減少、廃棄物や汚染物質の排出に伴う環境汚染、生息・生育地の縮小などによる野生生物の種の減少といった異変が生じました。さらに環境の異変は、わたしたちの健康をおびやかし、社会経済活動を営む上での支障を生じさせるなど、人類の生き方そのものを問う厳しい問題として立ちはだかるようになりました。これが環境問題です。

➡「環境」の定義
日本の環境関連の法律においては、環境の定義がなされていません。
しかし、環境基本法の第3条は、「環境の恵沢の享受と継承等」として以下の記述がなされています。
「環境の保全は、環境を健全で恵み豊かなものとして維持することが人間の健康で文化的な生活に欠くことのできないものであること、及び生態系が微妙な均衡を保つことによって成り立っており、人類の存続の基盤である限りある環境が、人間の活動による環境への負荷によって損なわれるおそれが生じてきていることに鑑み、現在及び将来の世代の人間が健全で恵み豊かな環境の恵沢を享受するとともに、人類の存続の基盤である環境が将来にわたって維持されるように適切に行われなければならない」。

➡ 産業革命
18世紀半ばから19世紀にかけてイギリスで起こった産業の変革、社会構造の変革。産業革命を推進した原動力は、綿工業での技術革新、製鉄業の進展、さらに蒸気機関の開発による動力源の刷新であった。

第1章　持続可能な社会に向けて

3　環境問題の区分

　環境問題のうち、地球全体または広範な部分に影響をもたらす環境問題を**地球環境問題**といいます。また、問題の発生は途上国など一部地域であっても国際的な協調の下で解決しなければならないような問題も、一般に地球環境問題に含めて扱われています。

　一方、影響が地域的に限定され、原因の人為的行為と影響との関係が比較的に明瞭に捉えられる環境問題を**地域環境問題**といいます。

　図表1-1は、各種の環境問題を地球環境問題と地域環境問題に区別し、整理を試みたものです。ただし、地域環境問題として捉えられていた問題が各地域・各国で深刻化し、協調して解決すべき地球環境問題として捉えなければならなくなることもあります。

4　地球環境問題の特徴

　地球環境問題は、非常に長い時間をかけて進む環境異変で、一般に不可逆の現象です。図表1-1のとおりさまざまな問題から構成され、オゾン層破壊、地球温暖化、酸性雨などは、ものの生産・消費・廃棄の拡大に起因する先進国型の問題です。一方、開発途上国は、一般に土地や森林等の自然資源に依存した社会経済を営んでいますが、市場経済の進展、人口急増、貧困等が相まって、自然資源への依存・開発圧力が増え続けており、その結果、森林破壊、砂漠化などが進行しています。

　また、さまざまな事象は大気や水、生態系の働きやグローバル化した経済活動を通じて相互に結びつき、一つの問題群を形成しています。

➡地球環境問題と地域環境問題

　社会経済活動がボーダレス化している現在では、この両者の間に明確な区分がないことも注意する必要がある。例えば、廃プラスチックの処理問題は典型的な地域環境問題として扱われてきたが、今や、各国が共通して直面する問題となっている。さらにプラスチックによる海洋汚染が深刻化し、国際社会共通の課題として、地球環境問題の一つとして議論されるようになったことなどは、その典型である。

🏔 図表1-1　環境問題の区分

環境問題の種別	地球環境問題	地域環境問題
大気系の環境問題	地球温暖化、オゾン層の破壊 酸性雨、黄砂、越境大気汚染	大気汚染 ヒートアイランド問題
水環境系の環境問題	海洋汚染、淡水資源問題	水質汚濁
地盤／土壌の環境問題	砂漠化	土壌汚染　地盤沈下
生態系に関わる問題	生物の多様性の減少 野生生物の保護 森林（特に熱帯林）の減少	生物の多様性の減少 自然環境との共生、景観・ 里地里山・田園地帯の保全
途上地域などに普遍的に顕在化している問題	途上国の環境（公害）問題 有害廃棄物の越境移動	―
国際協調の下での取り組みが不可欠の問題	世界遺産や南極の環境保全	―
地域の生活環境保全	―	廃棄物問題、騒音、振動 悪臭、光害、電磁波
その他	化学物質問題　放射性物質による環境リスク問題 放射性廃棄物の処理	

備考：国連などでは陸上資源、山岳開発、農村開発なども地球的規模の環境問題として扱っている。

02 環境問題への取り組みの歴史（世界）

**学習の
ポイント** ▶ 環境問題は人類共通の課題です。世界はどのようにこの問題に対処してきたのでしょうか。世界の環境問題の取り組みの歴史を学びましょう。

➡ロンドンスモッグ事件
　P.142参照。

➡ローマクラブ
　1968年に、地球規模の危機に対して、その回避の道を探索することを目的として設立された民間のシンクタンク組織。科学者、経済学者、教育者、経営者などによって構成されている。

➡成長の限界
　「人口増加と工業投資がこのまま続くと地球の有限な天然資源は枯渇し、環境汚染は自然が許容しうる範囲を超えて進行し、100年以内に人類の成長は限界点に達する」と警告したローマクラブの第1報告書。デニス・メドウズ、ヨルゲン・ランダースらによる国際チームが1972年に公表した。

➡国連人間環境会議
　「かけがえのない地球（ONLY ONE EARTH）」をスローガンに世界114の国・地域が参加した。毎年6月5日の国連「世界環境の日」は、この会議で日本が提案したもの。

➡人間環境宣言
　7項目の共通見解（前文）と、26項目の原則からなる。環境問題に取り組む際の原則を明らかにして、環境問題が人類に対する脅威であり、国際的に取り組む必要性を明言している。

➡国連環境計画（UNEP）
　P.200参照。

1 ▶ 「環境問題」の始まり

　1760年代、英国で産業革命が始まりました。その波は、またたく間に世界中に伝わり、人類は地球から多くの資源を採取し、エネルギーの使用を飛躍的に増大させていきました。そして第二次世界大戦が終結し、世界秩序が安定化に向かうと、人々はいよいよ技術開発を加速させ、物質的な繁栄を追い求めていきました。

　これにより主要先進工業国は高い経済成長を遂げましたが、一方で、環境負荷となる排水や排煙、廃棄物の量は急増し、大気汚染で多くの健康被害を出した**ロンドンスモッグ事件**（1952年）のように、世界各地で人々の生命や健康、自然環境に重大な被害を及ぼす「環境破壊」が発生しました。

　1962年、米国の生物学者レイチェル・カーソンが著した『**沈黙の春（サイレント・スプリング）**』は、農薬などの化学物質による人の健康や生態系への影響について警告を発し、大きな反響を呼びました。

2 ▶ 国際的な環境論議の幕開け

　1972年は、環境問題が世界規模で本格的に議論されるようになった最初の年といえるでしょう。

　同年、世界の有識者で構成された民間組織**ローマクラブ**は『**成長の限界**』を発表しました。人口増加や工業投資がこのまま続けば、100年以内に地球上の成長は限界に達すると警告を発したのです。

　また、同年6月、国連主催の初の環境問題に関する国際会議として、スウェーデンのストックホルムで**国連人間環境会議**が開かれました。会議では**人間環境宣言**や行動計画が採択され、**国連環境計画（UNEP）**の設立が決定し、環境問題に関する国際協調に向けた取り組みがスタートしました。

　図表1－2は、1972年から今日までの環境問題に関する国際社会の主な取り組みをまとめたものです。

第1章 持続可能な社会に向けて

図表1-2　地球環境問題に対する国際的な取り組み

年	主な取り組み	概要
1972	・ローマクラブ「成長の限界」発表 ・**国連人間環境会議**開催 ・国連環境計画（UNEP）設立	・「人間環境宣言」採択
1975	・「ラムサール条約」発効 ・「ワシントン条約」発効	・水鳥とその生育地である湿地の保護が目的 ・絶滅のおそれのある野生動植物の種の保存が目的
1985	・「オゾン層保護のためのウィーン条約」採択	
1987	・環境と開発に関する世界委員会（WCED）が報告書「我ら共有の未来」を発表 ・「オゾン層を破壊する物質に関するモントリオール議定書」採択	・持続可能な開発の考え方を提唱
1988	・IPCC（気候変動に関する政府間パネル）設立	・温暖化に関する科学的知見の収集・評価・報告を行う国連組織
1992	・**国連環境開発会議（地球サミット）（リオ）**開催 ・「バーゼル条約」発効 ・「生物多様性条約」「気候変動枠組条約」採択	・持続可能な開発を実現するための国際会議、「リオ宣言」「アジェンダ21」など採択
1996	・環境マネジメントシステム国際規格「ISO14001」発行	・環境リスクの低減、環境への貢献と経営の両立を目指す環境マネジメントシステムの国際規格
1997	・気候変動枠組条約締約国会議COP3（京都）開催	・「京都議定書」採択、先進国全体で90年比5％以上（日6％・米7％・EU8％など）の温室効果ガス削減を目指す
2000	・国連ミレニアム・サミット開催	・ミレニアム開発目標（MDGs）の採択
2002	・**持続可能な開発に関する世界首脳会議（WSSD）（ヨハネスブルグ）「リオ＋10」**開催	・地球サミットから10年、アジェンダ21などのフォローアップ。持続可能な開発のための教育（ESD）の推進を提唱
2005	・「京都議定書」発効	・ロシアの批准により発効、米国は見送り
2008	・G8北海道・洞爺湖サミット開催	・「環境」をテーマとした先進国首脳会議
2010	・生物多様性条約締約国会議COP10（名古屋）開催	・「名古屋議定書」「愛知目標」採択
2012	・**国連持続可能な開発会議（リオ）「リオ＋20」**開催	・地球サミットから20年、アジェンダ21などのフォローアップを実施。グリーン経済の必要性の強調
2013	・水銀条約採択	・人や環境への水銀リスクを削減のための国際的な合意
2014	・IPCC「第5次評価報告書」発表	・21世紀末までの気温上昇を2℃未満に抑える道筋があることを強調
2015	・**「持続可能な開発のための2030アジェンダ」**採択 ・気候変動枠組条約締約国会議COP21（パリ）にて「パリ協定」を採択	・2030年までに実現すべき17目標（SDGs）を共有 ・先進国のみならず、途上国も含む温室効果ガスの削減のための2020年以降の国際的取り組みの枠組み
2017	・初の「国連海洋会議」開催	・海洋汚染、沿岸域生態系の管理・保全・再生、持続可能な漁業などについてパートナーシップダイアローグを実施
2018	・IPCC「1.5℃特別報告書」	・世界の平均気温が1.5℃上昇した場合の気候システムの変化と、生態系や人間社会へのリスクを警告

3　地球環境問題への注目

　環境問題は次第に深刻度を増し、地域的な公害問題だけでなく、地球規模の問題も増えていきました。科学技術の進歩につれて、人工衛星による観測データなどの多様なデータや情報が集まってくると、森林減少や砂漠化、地球の温度上昇、オゾン層の破壊など、さまざまな環境の異変が進行していることが明らかになっていきました。

1974年には、ローランド博士らによるオゾン層の破壊に関する研究論文が発表され、1985年には地球温暖化に関する国際会議が初めて開かれました。また、1988年には地球温暖化に関する科学的な情報を整理・分析し、政策決定者に情報提供を行うための国際機構として**気候変動に関する政府間パネル（IPCC）**が設立されました。

地球規模で環境の変化が進行し、影響が出始めると、元に戻すことは非常に困難です。また、そうした問題は、個別の問題が大気や水、生態系の働きや世界経済を通じて相互に関連し、全体として一つの問題群を形成しているため、一地域や一国の取り組みだけでは解決できません。

1980年代後半、世界の政治家・指導者たちは、地球環境問題に強い関心を示し始めました。国際社会の冷戦構造が終結するとともに、世界の長期的安定と平和の実現のためには、地球環境問題の解決が必須要件であるとの考え方が共有され始めたのです。

4 「持続可能な開発」という考え方の誕生

日本の提唱により1984年に設立された**環境と開発に関する世界委員会（WCED）**は、1987年に報告書『**Our Common Future（我ら共有の未来）**』を発表しました。報告書は、地球的規模で環境問題が深刻化していることを具体的なデータに基づいて訴え、このままでは人間社会は破局に直面する可能性があることを強調しました。そして、破局回避のためには、人類は**持続可能な開発（Sustainable Development）**という考え方を基礎とした行動に転換すべきであると提唱しました。この考え方は、地球環境問題を克服して人間社会を営んでいく上での指針として受け入れられました。

5 地球サミットの開催

1992年には、ブラジルのリオデジャネイロで**国連環境開発会議（UNCED）**、別名**地球サミット**が開催されました。

世界の約180か国・地域が参加したこの国際会議では、「共通だが差異ある責任」、「予防原則」、「汚染者負担の原則」など、地球環境問題を解決し、持続可能な開発を実現していく上で基本とすべき原則や考え方を盛り込んだ**環境と開発に関するリオ宣言（リオ宣言）**が採択されました。

さらに、リオ宣言を実現していくための行動計画として**アジェンダ21**が採択され、会議直前に採択された**国連気候変動枠組条約**と**生物多様性条約**への署名が開始されるなど、国際社会が連携して地球環境問題の解決に向けて取り組んでいくための体制が整えられました。

6 フォローアップ：「リオ＋10」「リオ＋20」

各国が協調して持続可能な社会の実現を目指す中で、その取り組みの

➡ IPCC
P.60参照。

➡地球環境問題へ世界が注目
米国の有力誌『TIME』は、その年に最も注目された個人や団体を選ぶ「パーソン・オブ・ザ・イヤー」に、1989年、「危機にさらされた地球」を選び、表紙に地球の写真を掲載、大きな話題となった。

➡環境と開発に関する世界委員会（WCED）
World Commission on Environment and Development。1982年の国連環境計画（UNEP）で日本政府が設置を提案し、1984年に設立。委員長を務めたノルウェーのブルントラント首相から「ブルントラント委員会」とも呼ばれる。世界の21名の有識者により会合が行われ、その結果は、1987年に報告書『Our Common Future』としてまとめられ、初めて「持続可能な開発」の概念が打ち出された。

➡持続可能な開発
Sustainable Development。
P.24参照。

➡地球サミット
P.22参照。

➡共通だが差異ある責任
P.23参照。

➡予防原則
P.180参照。

➡汚染者負担の原則
P.178参照。

フォローアップが行われています。国連に設けられた持続可能な開発委員会（CSD）をはじめとする国連機関による定期的な検証活動はもとより、**ワールドウォッチ研究所（WWI）**、**世界資源研究所（WRI）**などの国際NGOによる追跡調査も行われています。

また、持続可能な社会に近づいているかどうかを確認し、評価するための指標づくりと評価の試みも続けられています。**国連開発計画（UNDP）**による**人間開発指数（HDI）**や、カナダの研究者により提唱された**エコロジカル・フットプリント**などが代表的なものです。

こうした国際的なフォローアップの一環として、地球サミットから10年後の2002年には、南アフリカのヨハネスブルグで**リオ＋10（持続可能な開発に関する世界首脳会議（WSSD））**が開催され、その10年後には再びリオデジャネイロで**リオ＋20**が開かれました。会議では、各国の首脳たちが参加して、リオ宣言やアジェンダ21の取り組み具合や将来に向けた議論が交わされました。

7 SDGs（持続可能な開発目標）へ

2015年、国連に加盟する193のすべての国・地域により**2030アジェンダ**が採択されました。このアジェンダが掲げる**SDGs（持続可能な開発目標）**は、世界の貧困の撲滅と持続可能な社会の実現を目指すための**17の目標と169のターゲット**から構成されています。ここでは、先進国のみならず途上国を含むすべての国と政府、民間、市民社会のすべての人たちによる取り組みの重要性が説かれており、2020年には、取り組みのスピードを速め、規模を拡大していくための「行動の10年」がスタートしました。

図表1-3　地球環境問題をめぐる国際的議論の流れ

1972年 国連人間環境会議（ストックホルム）	**1987年** 環境と開発に関する世界委員会（WCED） 報告書『我ら共有の未来』

1992年
国連環境開発会議（地球サミット）
（ブラジル・リオデジャネイロ）
リオ宣言、アジェンダ21、森林原則声明の採択
気候変動枠組条約、生物多様性条約の署名など、大きな成果

2002年
持続可能な開発に関する世界首脳会議（リオ＋10）
（南アフリカ・ヨハネスブルグ）
持続可能な開発に関する実施計画の採択
日本から総理・外務大臣をはじめ、500人近い政府代表団が参加

2012年
国連持続可能な開発会議（リオ +20）
（ブラジル・リオデジャネイロ）
持続可能な開発及び、貧困撲滅のためのグリーン経済
首脳レベルが参加し今後10年のあり方を議論

2015年
持続可能な開発のための2030アジェンダ
2030年までに達成すべき17目標（SDGs）を共有

参考：外務省「リオ＋20〜持続可能な未来を創るために」

➡ワールドウォッチ研究所（WWI）
世界的環境活動家レスター・ブラウンが1973年に米国で設立した民間環境問題研究所。

➡世界資源研究所（WRI）
世界50か国の学際的研究スタッフにより、環境と開発に関する研究を行う独立機関として1982年米国に設立。

➡国連開発計画（UNDP）
P.200参照。

➡UNDPによる人間開発指数（Human Development Index）
P.194参照。

➡エコロジカル・フットプリント
P.194参照。

➡リオ＋20
国連加盟の188か国と3オブザーバー（EU、パレスチナ、バチカン）が参加した。①「持続可能な開発及び貧困根絶の文脈におけるグリーン経済」、②「持続可能な開発のための制度的枠組み」が重要事項として議論された。採択された宣言文「我々の望む未来（The Future We Want）」では、「グリーン経済」が重要なテーマとして位置づけられた。

➡「2030アジェンダ」
正式には、「我々の世界を変革する持続可能な開発のための2030アジェンダ」。2015年9月、国連サミットで採択。

➡「持続可能な開発目標（SDGs）」
P.25参照。

03 環境問題への取り組みの歴史（日本）

学習のポイント ▶ 公害から地球環境問題、そして持続可能な社会へと、環境問題は時代とともに変化し、その解決のために日本ではさまざまな取り組みが重ねられてきました。その歴史を概観してみましょう。

➡公害の定義
　環境基本法（1993年制定）は、「環境の保全上の支障のうち、事業活動その他の人の活動に伴って生ずる相当範囲にわたる大気の汚染、水質の汚濁（水質以外の水の状態又は水底の底質が悪化することを含む。）土壌の汚染、騒音、振動、地盤の沈下及び悪臭によって、人の健康又は生活環境（人の生活に密接な関係のある財産並びに人の生活に密接な関係のある動植物及びその生育環境を含む。）に係る被害が生ずること」と定義している。

➡足尾銅山
　1610年に発見されて以来、1973年まで400年近く続いた歴史ある鉱山。この鉱山で採掘された銅は古くは東照宮や江戸城の建造に使われ、オランダや中国などへも輸出された。

➡四大公害病
　P. 32参照。

1 日本の環境問題の始まり

　日本の環境問題への取り組みの歴史は、激甚な公害問題への対応から始まりました。

　日本の公害の原点は、明治時代に足尾銅山（栃木県）を原因として渡良瀬川流域で起きた**足尾銅山鉱毒事件**であるといわれています。銅山の開発によって発生した排煙（鉱毒ガス）や鉱毒水などの有害物質が、周辺地域の住民の健康や農業、漁業などに大きな被害を与えました。

2 高度経済成長と激甚公害

　戦後、日本は重化学工業化を推進し、毎年GDP10％前後の高度経済成長を実現しました。しかし、その過程で、住民の生命や健康への被害を伴う悲惨な公害問題が各地で発生し、全国で住民運動が激化して、公害問題は深刻な政治社会問題になりました。**水俣病、新潟水俣病、イタイイタイ病、四日市ぜんそく**の**四大公害病**では、1970年代前半に健康被害者を原告とする裁判が、すべて原告側の勝訴となりました。こうした裁判の結果は、短期間での「公害関係法」の整備や公害被害者に対する救済制度の導入、厳しい規制に呼応した対策技術の開発・普及の進展、後年の環境影響評価制度の導入のきっかけにもなりました。

図表1-4　四大公害病の概要

	水俣病	新潟水俣病	イタイイタイ病	四日市ぜんそく
時期	1956年報告	1965年発生を確認	1912年頃から発生、1955年報告	1960～70年代に発生
地域	熊本県水俣市	新潟県阿賀野川流域	富山県神通川流域	三重県四日市市
原因	工業排水に含まれる微量の有機水銀	工業排水に含まれる微量の有機水銀	鉱業所排水に含まれるカドミウム	石油化学コンビナートから排出された硫黄酸化物など
被害など	中枢神経系疾患（手足や口がしびれるなどの症状）が発生し、死者も出た。水俣では、生物濃縮により有機水銀が蓄積された魚介類を日常的に食べていた地域住民に被害が出た。		骨がもろくなり、体のあちこちが骨折し、激しい痛みを伴う。患者が「痛い痛い」と叫ぶことからイタイイタイ病と呼ばれた。	呼吸器系の健康被害。ぜんそくや気管支炎を発症。

第1章　持続可能な社会に向けて

3 公害対策の導入

　公害対策にいち早く取り組んだのは、全国各地の自治体でした。各地で公害防止条例が制定され、**公害防止協定**が次々と締結されました。

　国は、1956年の水俣病の公式確認から11年後の1967年に、ようやく**公害対策基本法**を制定し、本格的な環境行政に乗り出しました。**公害国会**と呼ばれた1970年末の臨時国会では、14の公害対策関連法が成立しました。その主要点は、①経済優先であるとの批判に対し、公害対策基本法から「**経済との調和条項**」を削除し、国の姿勢を明確にしたこと、②大気・水質は全国規制として規制を強化したこと、③企業への指導権限を自治体に委譲し、上乗せ規制を制度化したことなどです。

　翌年には、環境行政を専門的に扱う**環境庁**が誕生し、短期間のうちに公害規制行政の基盤が整えられました。

➡公害対策基本法
　P.141参照。

➡環境庁
　P.203参照。

図表1-5　日本の環境問題に対する取り組み

区分	年	主な取り組み	環境問題をめぐる状況
高度経済成長と激甚公害	1956	・水俣病公式確認	・本土復興から高度経済成長へ ・四大公害訴訟、住民運動の激化 ・公害問題が深刻な政治社会問題化
高度経済成長と激甚公害	1967	・公害対策基本法（→93年「環境基本法」成立により廃止）	
高度経済成長と激甚公害	1968	・大気汚染防止法	
環境対策の基盤整備	1970	・公害国会（関連14法成立）	・典型7公害に着目した法体系の整備 ・公害対策投資の急増 ・公害健康被害者救済対策の推進 ・第1次石油危機（1973）
環境対策の基盤整備	1971	・環境庁設置	
環境対策の基盤整備	1972	・自然環境保全法	
環境対策の基盤整備	1973	・公害健康被害補償法（86年改正）	
技術的対策の進展	1979	・エネルギー使用の合理化に関する法律（省エネ法）	・第2次石油危機（1978） ・環境技術の進展 ・都市生活型公害の顕在化（二酸化窒素の環境基準の見直し、公害補償、環境アセスへの挑戦）
技術的対策の進展	1984	・閣議アセス（→99年「環境影響評価法」施行により廃止）	
技術的対策の進展	1988	・オゾン層保護法	
地球環境への対応と環境政策の進展	1993	・環境基本法	・地球環境問題への取り組み体制の確立 ・地球温暖化をめぐる国際議論 ・地球サミットを契機とした新基本法策定 ・公害・自然保護行政から環境行政へ ・企業による環境経営の推進、環境ビジネスの進展 ・各分野のパートナーシップ・環境教育の推進
地球環境への対応と環境政策の進展	1994	・第1次「環境基本計画」	
地球環境への対応と環境政策の進展	1995	・容器包装リサイクル法	
地球環境への対応と環境政策の進展	1997	・環境影響評価法成立　・COP3京都会議「京都議定書」採択	
地球環境への対応と環境政策の進展	1998	・家電リサイクル法　・地球温暖化対策推進法	
持続可能な社会の形成	2000	・循環型社会形成推進基本法　・各種リサイクル法	・低炭素社会、循環型社会、自然共生社会が統合された持続可能な社会づくり ・各分野の制度・政策が整い、行動・実践へ ・エコポイント制度など、経済活性化の重点戦略分野としての環境 ・企業の環境配慮行動の進展 ・商品・サービスのグリーン化 ・ポスト京都議定書をめぐる国際議論
持続可能な社会の形成	2001	・環境省発足	
持続可能な社会の形成	2003	・第1次「循環型社会形成推進基本計画」 ・環境教育推進法	
持続可能な社会の形成	2008	・G8北海道・洞爺湖サミット　・生物多様性基本法	
持続可能な社会の形成	2010	・生物多様性条約締約国会議COP10（名古屋）	
安全・安心を基盤とした持続可能な社会	2012	・都市の低炭素化の促進に関する法律 ・再生可能エネルギー固定価格買取制度　・地球温暖化対策税を導入	・東日本大震災、東京電力福島第一原子力発電所事故（2011） ・原発事故に伴うエネルギー政策の再検討 ・再生可能エネルギーの推進 ・安全・安心が基盤にある持続可能な社会づくり ・SDGsによる持続可能な社会づくり ・地域循環共生圏の創造
安全・安心を基盤とした持続可能な社会	2016	・地球温暖化対策計画 閣議決定	
安全・安心を基盤とした持続可能な社会	2018	・第5次「環境基本計画」　・気候変動適応法 ・第5次エネルギー基本計画 ・第4次「循環型社会形成推進基本計画」	
安全・安心を基盤とした持続可能な社会	2019	・「プラスチック資源循環戦略」	

4 ▶ 技術的対策の進展と、新たな環境問題への挑戦

環境規制の徹底に伴い、公害防止のための民間投資額が急増し、**エンドオブパイプ**型の公害対策技術も大幅に進んだことから、後に日本は公害対策先進国と称されるようになりました。ただ、2度にわたる石油危機によって1970年代後半からは経済優先の風潮となり、その後10年余りの間、環境関係の法制定はほとんどなく、この時期は環境政策にとって雌伏の時代とも呼ばれました。

しかし、1980年以降、人口の大都市への集中やモータリゼーションの進展、消費生活の高度化、化学物質の開発普及など、環境影響の原因は複合的になり、環境問題の解決は社会の構造や人々の生活様式を対象として、取り組む必要に迫られるようになりました。

5 ▶ 地球環境問題への対応と、公害対策から環境政策への進展

日本の環境政策を大きく動かしたのは、地球環境問題を巡る世界的なうねりでした。**ワシントン条約国内法**の制定（1987年）、**オゾン層保護法**の制定（1988年）など、日本は国際動向に応じて個々に対応する政策をとってきましたが、WCEDの報告書『Our Common Future（我ら共有の未来）』の公表（1987年）を契機に、地球環境問題の議論が一気に始まりました。

地球サミット（1992年）における世界の首脳による合意を背景に、環境政策の対象領域や視野が広がり、新たな政策手法の導入を盛り込んだ**環境基本法**が1993年に成立。同法の下、国家による**環境基本計画**の策定が義務づけられたほか、環境関連の各種法律が一気に整備されました。地域でもローカルアジェンダや環境基本計画が策定され、産業界においても自発的な環境への取り組みが活発化しました。

また、1990年代は土壌環境・水環境対策、化学物質管理、交通環境対策、廃棄物・リサイクル対策、環境教育などの各分野で法制度が整備され、施策展開が大きく前進しました。1970年代から混迷していた環境アセスメントも、1997年に**環境影響評価法**の制定をみました。

1997年12月には気候変動枠組条約第3回締約国会議（COP3）が京都で開かれ、日本が**京都議定書**の締結などで大きな国際貢献を果たしたことも特筆すべきことです。

6 ▶ 持続可能な社会の形成と実践

21世紀に入ると経済社会のグローバル化が一層進展し、国境をまたいで活動する企業や投資資金の動きは、政治や暮らしにも大きな影響を与え、その歪みの中で貧困や格差などの社会問題が顕在化してきました。

2001年、国家行政機関の再編の一環として**環境省**が誕生しました。日

➡公害防止投資額の急増
公害規制の強化に呼応する形で1965年以降、公害防止投資額も急増。1970年度の1,637億円から1975年度には5.7倍の9,286億円、全設備投資に占める割合も5.3%から17.1%まで上昇した。

➡エンドオブパイプ
工場の排気や排水を、環境に放出される排出口で何らかの処理をすることによって環境負荷を軽減する技術。規制的手段によるエンドオブパイプ技術の開発とともに、公害対策は進展した。

➡1980年代の環境政策
石油危機により、環境対策よりも経済成長が最優先課題となり、NO_2にかかわる大気環境基準の改定や度重なるアセスメント法の成立に向けた挑戦と断念、公害病救済の長期化は、環境行政の後退と映った。

➡ワシントン条約国内法
P.98参照。

➡オゾン層保護法
P.111参照。

➡WCED
P.16参照。

➡地球サミット
P.22参照。

➡環境基本法
P.176参照。

➡環境基本計画
P.176参照。

➡環境影響評価法
P.190参照。

➡京都議定書
P.65参照。

➡環境省
P.203参照。

本は人口減少・少子高齢化が進展し、地方衰退・東京一極集中が続いています。環境だけでなく、社会や経済の問題も同時に解決していくことが持続可能な社会に求められるようになりました。

2018年に改定された**第5次環境基本計画**では、SDGsを地域で実践するためのビジョンとして「**地域循環共生圏**」の創造を掲げ、物質・生命の「**循環**」、自然と人間との「**共生**」、「**低炭素**」を実現する地域ごとに特色のある持続可能な社会を目指すことが位置づけられました。

個別の動きでは、循環型社会づくりにおいて、2000年に**循環型社会形成推進基本法**が成立し、その下に各種リサイクル法が成立しました。2019年には、**プラスチック資源循環戦略**を策定し、海洋プラスチック問題への関心を背景に、2020年7月からレジ袋の有料化が開始されました。

また、低炭素社会づくりに向けては、2015年に合意した**パリ協定**に基づいて、2030年までの温室効果ガス（GHG）排出量を、2013年比で26％削減する目標を掲げて取り組んできましたが、さらに一歩進めて2050年GHG排出実質ゼロを目指した取り組みにチャレンジしていくこととなりました。近年は、地球温暖化との関連が疑われる深刻な気象災害が国内でも毎年のように起こるようになり、**気候非常事態宣言**や、2050年GHG排出実質ゼロを宣言する自治体が増え、また「**チャレンジ・ゼロ宣言**」に賛同する企業が増えるなど、地域・民間での脱炭素転換の動きが活発化しています。

自然との共生については、2008年に**生物多様性基本法**が成立、2012年9月には**生物多様性国家戦略2012－2020**が策定され、目標設定と5つの基本戦略を決定して系統的な取り組みが進められています。

7 環境行政による原子力の安全・安心への取り組み

2011年3月の**東日本大震災**により、多くの犠牲者と社会的混乱が生まれ、持続可能な社会は、安全・安心の基盤なしには成り立たないことを改めて思い知らされました。東京電力福島第一原発事故は、原子力発電施設から放出された放射性物質による広範囲の環境汚染と長期間に及ぶ大勢の被災者を生み、エネルギー政策の再考を促す契機にもなりました。

この事故後、原発事故の収束及び再発防止に向けて組織改革が断行されました。「規制と利用の分離」の観点から原子力安全・保安院の原子力安全規制部門を経済産業省から分離、原子力安全委員会の機能も統合して、環境省の外局として2012年9月に**原子力規制庁**が設置されました。

同年の環境基本法改正でも、**放射性物質による環境汚染対策を環境政策の枠組みで取り組む**こととなり、福島県の環境再生を中心として除染や除染による汚染土壌を一時保管する中間貯蔵施設の建設、放射性物質で汚染された特定廃棄物の埋め立て処分事業などが続けられています。

➡第5次環境基本計画
P.177参照。

➡地域循環共生圏
P.246参照。

➡3つの目指すべき社会像
2007年6月に策定された「21世紀環境立国戦略」では、今日の社会が地球規模での環境問題である「地球温暖化の危機」「資源の浪費による危機」「生態系の危機」に直面しており、「低炭素社会」「循環型社会」「自然共生社会」の3つの社会を構築することが、それぞれの危機から脱却し、持続可能な社会を実現するために必要と位置づけられた。

➡SDGs
P.25参照。

➡循環型社会形成推進基本法
P.122参照。

➡プラスチック資源循環戦略
P.125参照。

➡パリ協定
P.66参照。

➡チャレンジ・ゼロ宣言
一般社団法人 経済団体連合会が、パリ協定の長期目標である脱炭素社会の実現に向け、企業等が挑戦するイノベーションの行動を内外に強く発信し、後押ししていこうとする試み。

➡生物多様性基本法
P.92参照。

➡生物多様性国家戦略
P.104参照。

➡放射性物質による環境汚染
P.168参照。

04 「持続可能な社会」に向けた 行動計画 ―地球サミット―

学習の ポイント ▶ 1992年、リオデジャネイロで開催された地球サミットでは、持続可能な開発の理念を実現し、地球環境保全の国際的な取り組みのベースとなる重要な合意が取り交わされました。

1 持続可能な開発と地球サミット

➡国連環境開発会議 （UNCED）
国連環境開発会議は、「地球サミット」の別名のほか、開催地に由来して「リオサミット」とも呼ばれる。

➡ WCED
P.16参照。

1992年6月、ブラジルのリオデジャネイロで**国連環境開発会議（UNCED）**、別名**地球サミット**が開催されました。会議には、1987年に環境と開発に関する世界委員会（WCED）が提唱した**持続可能な開発（Sustainable Development）**の理念を実現するため、国連に加盟する180か国・地域が参加しました。環境や貧困、災害など多くのテーマについて議論を闘わせ、地球環境保全と持続可能な開発の実現のために、次のような事項について国際的な合意に達しました。

①**環境と開発に関するリオ宣言の採択**
②**持続可能な開発のための人類の行動計画（アジェンダ21）の採択**
③**森林原則声明の採択**
④**国連気候変動枠組条約の署名開始**
⑤**生物多様性条約の署名開始**

2 リオ宣言の採択

➡森林原則声明
15項目からなる森林問題について初めての世界的合意。当初は、熱帯林保全のための「世界森林条約」が目標だったが、木材が主要な経済資源である途上国などの反対から温帯林なども含めた法的拘束力のない原則声明となった。

〈リオ宣言の主な内容〉

- 第1原則「人類が持続可能な開発概念の中心に位置する」
- 第2原則「自国内資源を開発する主権の尊重と自国管轄外の環境を破壊しない責任」
- 第3原則「開発にあたっての将来世代のニーズの考慮（世代間公平）」
- 第5原則「貧困の撲滅」
- 第7原則「共通だが差異ある責任」　＊P.23 コラム参照
- 第10原則「全ての主体の参加と情報公開（公衆の参加）」
- 第15原則「予防原則」
- 第16原則「汚染者負担の原則」
- 第17～19原則「環境影響評価」
- 第20～23原則「各主体の関与（女性、青年、先住民等）」
- 第24～26原則「環境と戦争、平和」

➡第10原則
P.196参照。

➡第15原則
P.180参照。

➡第16原則
P.178参照。

第1章　持続可能な社会に向けて

リオ宣言は、前文と27項目の原則から構成されています。全世界的なパートナーシップを構築し、持続可能な開発を実現していく上での指針や尊重すべき理念、基本とすべき原則が掲げられています。これらは、30年の時を経た現在でも尊重されるべきものです。

3　アジェンダ21

アジェンダ21は、持続可能な開発を実現するための21世紀に向けた人類の行動計画です。大気保全、森林保護、砂漠化対策、生物多様性保護、海洋保護、廃棄物対策など具体的な問題の行動計画を示すとともに、その実施のための資金、技術移転、国際機構、国際法のあり方について指針を示しました。

また、アジェンダ21の実施状況の検証のために国連に持続可能な開発委員会（CSD）が設置されましたが、これを改組した**ハイレベル政治フォーラム（HLPF）**の創設がリオ＋20で合意されました。

➡ハイレベル政治フォーラム（HLPF）

2015年に国連総会で採択された「持続可能な開発のための2030アジェンダ」の実施状況の、グローバルなフォローアップ及びレビューにおいて、中心的な役割を果たすこととされている。

毎年開催される閣僚級のものと、4年に1回開催される首脳級のものがあり、各国政府、企業、市民社会のリーダーたちが集い、世界各地の「持続可能な開発目標（SDGs）」の進捗状況が共有される。

図表1−6　アジェンダ21の構成

項　目	行 動 計 画
①社会的・経済的側面	持続可能な開発の実現に向けて、貧困の撲滅、消費形態の変更、人口問題、持続可能な住居、意思決定などを取り上げ、行動方針を示す。
②開発資源の保全と管理	大気、森林、生態系、農業、海洋、淡水、化学物質、廃棄物などについて取るべき行動を示す。
③主たるグループの役割の強化	女性、青年、先住民、NGO、自治体、労働者、産業界、科学者、農民を持続可能な開発の行動主体として取り上げ、取るべき行動を示す。
④財源・技術などの実施手段	資金確保、技術移転や能力向上、科学技術の振興、教育、途上国支援、国際法の発展、情報整備と提供など、実施手段を示す。

4　先進国と開発途上国の意見対立

地球サミットでは、地球環境の保全に優先度を置いている先進国と、経済発展を優先させて豊かさを手に入れたい開発途上国との間で、意見の対立が起こりました。会議では、①地球環境問題の責任論（途上国は先進国側にあると主張）、②開発の権利の問題（途上国は、資源開発の自由な権利を主張）、③資金・技術移転の問題（持続可能な開発のための追加的な資金援助の要求）などが議論されました。

COLUMN

共通だが差異ある責任
（common but differentiated responsibilities）
　先進国も途上国も地球環境保全という目標に責任を負うという点では共通だが、過去に環境に負荷をかけて発展を遂げた先進国と、これから発展しようとする途上国の間には責任の大きさの差を認めるという考え方。

05 持続可能な社会に向けて

**学習の
ポイント** ▶ 人類共通の目標である持続可能な社会の実現には、環境、経済、社会を統合した取り組みが必要です。2015年には、今後の世界の指針となる「持続可能な開発目標（SDGs）」を含むアジェンダが国連で採択されました。

1 「持続可能な開発」とは

持続可能性（sustainability）という用語は、古くは資源の有限性を前提に、その保全と活用を両立する考え方として林業や漁業で使われてきました。**持続可能な開発（Sustainable Development）**の理念は、1987年の「環境と開発に関する世界委員会（WCED）」により提唱され、1992年の地球サミットを契機に、地球環境問題に関する世界的な取り組みの理念として広く共有されるようになりました。

WCEDの報告書『我ら共有の未来（Our Common Future)』によれば、持続可能な開発とは「**将来世代のニーズを損なうことなく、現在の世代のニーズを満たすこと**」と定義されています。注目すべきは、世代間の公正性が強調されているところです。また、同報告書は現世代内の先進国と途上国との間の公正性の重要性も指摘しています。つまり、先進国には大量生産・大量消費・大量廃棄型の経済社会システムと決別し、いかに持続可能なものに転換できるかが、開発途上国には人口問題に取り組み、自然資源の劣化を伴わずにいかに環境と調和のとれた開発を実現できるかが問われているのです。

2 理念を実践に変える取り組みと方法

地球サミットでは、持続可能な開発の実現には**環境と経済の両立**が重要であると強調されました。しかし、現在では、環境が保護され、経済が活性化し、社会の公正さや公平性が実現することによって成り立つ質の高い社会を「**持続可能な社会**」として捉え、その実現が目指されるようになってきました。

持続可能な社会の構築にあたっては、**バックキャスティング**の考え方に基づくことが重要です。これは、現状の延長線上にある未来ではなく、まず将来のあるべき社会の姿を想定し、そこに至る道筋を立てて、現在から順次どのような対策が必要かを検討していく方法です。

また、持続可能な社会の実現に向けて、**ESD**（持続可能な開発のた

➡「持続可能な開発」の理念形成

「持続可能な開発」の理念が世界的に注目を浴びるようになったのは、1987年の環境と開発に関する世界委員会（WCED／P.16参照）の報告以降である。だが、その考え方は、国際自然保護連合（IUCN）や国連環境計画（UNEP）などで漁業資源の乱獲競争の反省から資源利用の「持続可能性」について論じられていたのが最初である。

➡地球サミット
P.22参照。

➡バックキャスティング

長期目標を想定し、そこに達するための行動計画を立てる方法。地球温暖化や食料計画など、長期的見通しが必要な課題へのアプローチに使われる。一方、現状を分析して将来の行動計画を立てる方法を「フォアキャスティング」という。

➡ESD
P.188-189参照。

第1章 持続可能な社会に向けて

めの教育）の普及も必要とされています。2002年、日本が提案した「国連持続可能な開発のための教育の10年」では、国連教育科学文化機関（UNESCO）の主導の下、持続可能な開発の理念を実践に移すために必要な価値観、行動、ライフスタイルなどを学ぶ教育活動が展開されました。

3 SDGs（持続可能な開発目標：Sustainable Development Goals）

持続可能な開発を達成するためには、経済成長、社会的包摂、環境保護という3つの要素の調和が欠かせません。これらの要素は相互に関連し、そのすべてが社会の安寧にとって不可欠だからです。近年の気候変動や生物多様性の消失など深刻化する環境問題や、貧困・格差の拡大など不安定化する社会を背景に、2015年9月の国連持続可能な開発サミットでは、150を超える加盟国の首脳の参加の下、「我々の世界を変革する：**持続可能な開発のための2030アジェンダ**」が採択されました。

このアジェンダ（行動計画）では、持続可能な社会の実現に向けた2030年までのグローバル目標として、**SDGs（持続可能な開発目標）**が掲げられました。SDGsは、貧困や飢餓の撲滅、クリーンエネルギーの普及、気候変動対策、平和的社会の構築など具体的な**17の目標と169のターゲット、232の指標から構成**され、すべての人が平和と豊かさを享受できるようにすることを目指しています。

➡ SDGsの17の目標
SDGsは、17の目標が互いに関連性を有しており、また、持続可能な開発の3要素、すなわち経済、社会及び環境を調和させるものである。
図表1－7参照。

➡ SDGsのターゲットと指標
SDGsでは17の目標の下に、具体的な対象となる項目として、169のターゲットが設定されている。さらに、そのターゲットの進捗を評価するための232の指標が設定されている。
例えば、「目標6」の「ターゲット6.1 2030年までに、すべての人々の、安全で安価な飲料水の普遍的かつ衡平なアクセスを達成する」には、「指標6.1.1 安全に管理された飲料水サービスを利用する人口の割合」が定められている。

➡ SDGsのロゴ
巻頭カラー資料Ⅰ参照。

図表1－7　SDGs（持続可能な開発目標）の17の目標

目標1	貧困	あらゆる場所のあらゆる形態の貧困を終わらせる
目標2	飢餓	飢餓を終わらせ、食糧安全保障及び栄養改善を実現し、持続可能な農業を促進する
目標3	健康な生活	あらゆる年齢の全ての人々の健康的な生活を確保し、福祉を促進する
目標4	教育	全ての人々への包摂的かつ公平な質の高い教育を提供し、生涯教育の機会を促進する
目標5	ジェンダー平等	ジェンダー平等を達成し、全ての女性及び女子のエンパワーメントを行う
目標6	水	全ての人々の水と衛生の利用可能性と持続可能な管理を確保する
目標7	エネルギー	全ての人々の、安価かつ信頼できる持続可能な現代的エネルギーへのアクセスを確保する
目標8	雇用	包摂的かつ持続可能な経済成長及び全ての人々の完全かつ生産的な雇用とディーセント・ワーク（適切な雇用）を促進する
目標9	インフラ	レジリエントなインフラ構築、包摂的かつ持続可能な産業化の促進及びイノベーションの拡大を図る
目標10	不平等の是正	各国内及び各国間の不平等を是正する
目標11	安全な都市	包摂的で安全かつレジリエントで持続可能な都市及び人間居住を実現する
目標12	持続可能な生産・消費	持続可能な生産消費形態を確保する
目標13	気候変動	気候変動及びその影響を軽減するための緊急対策を講じる
目標14	海洋	持続可能な開発のために海洋資源を保全し、持続的に利用する
目標15	生態系・森林	陸域生態系の保護・回復・持続可能な利用の推進、森林の持続可能な管理、砂漠化への対処、並びに土地の劣化の阻止・防止及び生物多様性の損失の阻止を促進する
目標16	法の支配等	持続可能な開発のための平和で包摂的な社会の促進、すべての人々への司法へのアクセス提供及びあらゆるレベルにおいて効果的で説明責任のある包摂的な制度の構築を図る
目標17	パートナーシップ	持続可能な開発のための実施手段を強化し、グローバル・パートナーシップを活性化する

出典：環境省『平成30年版 環境白書』

→ミレニアム開発目標
　（MDGs）
　2000年にニューヨークで開催された国連ミレニアム・サミットで採択された開発分野における国際社会の目標。極度の貧困と飢餓の撲滅など2015年までに達成すべき8つの目標、21のターゲット、60の指標が掲げられた。極度の貧困の削減や安全な飲み水へのアクセスなどの目標は達成されたものの、母子保健の促進など未達成の課題もあった。

　SDGsは、貧困の撲滅など国際社会の2015年までの共通目標であった**ミレニアム開発目標（MDGs）**の後継として議論されてきました。しかし、SDGsの対象はより広く、気候変動や経済的不平等、イノベーション、持続可能な消費、平和と正義などの新たな分野が優先課題として盛り込まれました。

　5つのPとして、People（人間）、Planet（地球）、Prosperity（繁栄）、Peace（平和）、Partnership（パートナーシップ）が掲げられ、持続可能な社会の実現の核となる要素が含まれています。

　また、特に重要な基本理念として、「**誰一人取り残さない（leave no one behind）**」という方針が示されており、アジェンダ全体を通してその理念が貫かれています。

4　SDGsの特色

（1）普遍性

　SDGsの特色は、その**普遍性**にあります。各国の国情、能力、開発水準を考慮に入れ、国内の政策と優先課題を尊重しつつも、先進国にも途上国にも普遍的に適用される目標です。

（2）包摂性

　SDGsでは、基本理念の「誰一人取り残さない」に示されているとおり、社会的**包摂性**を17のすべての目標において目指しています。特に女性、子供、障がい者、高齢者、先住民、難民など社会的に弱い立場の人々への取り組みが明示的に求められています。また、貧困層や脆弱な立場の人々は、気候変動に関連する極端な気象現象やその他の経済、社会、環境的ショックなどにより特に甚大な被害を受けることから、こうした人々への対策を後回しにせず、すべての人々にとって豊かな世界を目指さなくてはなりません。

（3）参画型

　SDGsでは、**パートナーシップの重要性**が強調されており、国、地方自治体、市民社会、ビジネス・民間セクター、科学者・学会など、すべてのステークホルダーが目標達成に向けて参画・連携し、それぞれの役割を果たすこととされています。SDGsの目標17は、「持続可能な開発のための実施手段を強化し、グローバル・パートナーシップを活性化する」として、パートナーシップによる目標達成を掲げています。

図表1-8　環境、経済、社会を三層構造で示した木の図

出典：環境省『平成29年版 環境白書』

第1章 持続可能な社会に向けて

（4）統合性

17の目標は環境、経済、社会の幅広い分野にわたっていますが、それぞれの関連が強調されており、すべての目標に対して**統合的に取り組むことが求められています**。例えば、目標1の貧困の撲滅のためには、気候変動対策、経済成長、教育、健康、雇用機会、平和の確保などすべてが必要です。一方で、海洋資源の保護（目標14：海の豊かさ）が、漁業（目標8：働きがいと経済成長）や飢餓対策（目標2）の制限となることも考えられます。このように、政策の実施においてはSDGsの目標間の**シナジー（同時達成や効果）**と**トレードオフ（調整）**の関係性について留意することが必要です。

SDGsの17の目標のうち、目標6（水）、7（エネルギー）、12（持続可能な生産・消費）、13（気候変動）、14（海洋）、15（生態系・森林）は、特に環境との関わりが深くなっています（図表1-8）。しかし、一見、環境とは関わりのなさそうな目標も、環境との関連があります。

例えば、目標5（ジェンダー平等）の達成のためには、**自然資本**の劣化により薪拾いや水汲みのような家事労働をする女性の負担が増すことから、目標6（水）、7（エネルギー）、13（気候変動）、15（生態系・森林）の達成と関連があります。また、目標16（平和）も、気候変動の影響により生活の糧を失った移民の増加による社会不安など、環境関連の目標との関わりがあります。

さらに、SDGsのターゲット12.3では、食品ロスの半減が掲げられていますが、図表1-9に示すとおり、さまざまな目標が相互に関係しており、飢餓の撲滅や資源効率の改善などと同時解決を目指すことができます。このように、経済、社会、環境の3要素のバランスがとれ、統合された形で達成するためには、分野横断的なアプローチが必要であり、

➡**自然資本**
経済学の資本の概念をなぞらえて、「自然」を資本の一つとして捉えたもの。私達の暮らしは、食料や水、気候の安定など、自然がもたらす恵み（生態系サービス、P.93参照）によって支えられており、持続可能な社会の実現のためには、自然環境を人々の生活や企業の経営基盤を支える重要な資本の一つとして捉えることが重要である。

➡**環境移民**
気候変動の影響により、水不足、作物の不作、海面の上昇、又は高潮などの問題が深刻化し、生活が困難となった人々は移住を余儀なくされる。世界銀行の報告（2018年）によれば、気候変動の影響の深刻化により、サブサハラ・アフリカ、南アジア、ラテンアメリカにおいて、2050年までに1億4,000万人以上が国内移住を迫られる可能性があるとしている。

図表1-9　SDGsにおける食品ロスの削減目標（ターゲット12.3）と他のターゲットとの関係

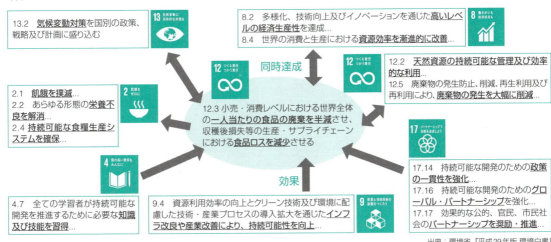

出典：環境省『平成29年版 環境白書』

すべての目標に目配りをしなければならないのです。

（5）透明性・説明責任

➡ハイレベル政治フォーラム
　P.23参照。

SDGsに法的拘束力はありませんが、定期的にモニタリング指標を定め、フォローアップすることとされています。ハイレベル政治フォーラムでは、毎年テーマを決めて各国が自主的にレビューしたSDGsの進捗状況が報告されています。しかし、各国・各主体の事情に応じた指標の設定が難しく、統計情報が整備されていない国もあり、SDGsのモニタリングの実施には課題もあります。

5 SDGsの取り組み状況

（1）国の取り組み

➡ Society 5.0
　狩猟社会（Society 1.0）、農耕社会（Society 2.0）、工業社会（Society 3.0）、情報社会（Society 4.0）に続く、新たな社会を指す。これまでの情報社会（Society 4.0）では知識や情報が共有されず、分野横断的な連携が不十分であるという問題があった。人が行う能力の限界から、膨大な情報から必要な情報を絞り分析する作業や、年齢や障害などによる労働や行動範囲などの制約があった。Society 5.0で実現する社会は、IoT（Internet of Things）ですべての人とモノがつながり、さまざまな知識や情報が共有され、今までにない新たな価値を生み出すことで、これらの課題や困難が克服された社会とされる。

日本では、2016年に総理大臣を本部長、全国務大臣を構成員とした「持続可能な開発目標（SDGs）推進本部」を設置し、「**持続可能な開発目標（SDGs）実施指針**」が策定されました（2019年一部改訂）。指針では、普遍性、包摂性、参画型、統合性、透明性を基本原則として、8つの優先課題と140の具体的施策を定めています（図表1－10）。

また、2017年以降毎年「**SDGsアクションプラン**」を策定しており、SDGsアクションプラン2020においても、①ビジネスとイノベーション、SDGsと連動する**Society5.0**の推進、②SDGsを原動力とした地方創生、強靭かつ環境にやさしい魅力的なまちづくり、③SDGsの担い手としての次世代・女性のエンパワーメントを3つの柱として掲げています。

（2）地方自治体の取り組み

➡地域におけるSDGsへの
　取り組み
　P.243参照。

SDGsでは各主体の優先順位に応じた目標設定が認められており、各地域の事情に応じた戦略が鍵となります。例えば、北海道下川町は、小規模過疎地域かつ少子高齢化という地域課題に対して、豊かな森林資源という地域の強みを武器に、バイオマスによるエネルギー自給と産業創出、高齢化対応に統合的に取り組んでいます。

図表1－10　SDGs実施指針の8つの優先課題

①あらゆる人々の活躍の推進	②健康・長寿の達成
●一億総活躍社会の実現　●女性活躍の推進　●子供の貧困対策　●障害者の自立と社会参加支援　●教育の充実	●薬剤耐性対策　●途上国の感染症対策や保健システム強化、公衆衛生危機への対応　●アジアの高齢化への対応
③成長市場の創出、地域活性化、科学技術イノベーション	④持続可能で強靱な国土と質の高いインフラの整備
●有望市場の創出　●農山漁村の振興　●生産性向上　●科学技術イノベーション　●持続可能な都市	●国土強靱化の推進・防災　●水資源開発・水循環の取り組み　●質の高いインフラ投資の推進
⑤省・再生可能エネルギー、気候変動対策、循環型社会	⑥生物多様性、森林、海洋等の環境の保全
●省・再生可能エネルギーの導入・国際展開の推進　●気候変動対策　●循環型社会の構築	●環境汚染への対応　●生物多様性の保全　●持続可能な森林・海洋・陸上資源
⑦平和と安全・安心社会の実現	⑧SDGs実施推進の体制と手段
●組織犯罪・人身取引・児童虐待等の対策推進　●平和構築・復興支援　●法の支配の促進	●マルチステークホルダーパートナーシップ　●国際協力におけるSDGsの主流化　●途上国のSDGs実施体制支援

出典：首相官邸HP　持続可能な開発目標（SDGs）推進本部会合（第2回）『持続可能な開発目標（SDGs）実施指針の概要』

第1章　持続可能な社会に向けて

内閣府は、2018年に下川町などSDGsの理念に沿った統合的取り組みにより、新たな価値を創出しようとしている29都市を「**SDGs未来都市**」として選定し、成功事例の普及展開と地域のSDGs達成の拡大を目指しています。2020年までに93都市をSDGs未来都市として選定し、なかでも先導的な取り組みを行う30都市のSDGsモデル事業に資金を支援して、地域のSDGs達成の拡大を目指しています。

（3）企業の取り組み

企業においても、理解や取り組みが増加しており、先進企業では経営計画への組み込みが見られます。経団連においても、「Society 5.0の実現を通じたSDGsの達成」を柱とした企業行動憲章が改定されました。リーマンショック以降、ESG投資も急速に普及してきており、社会的な課題解決が事業機会と投資機会を生むとして、SDGsへの取り組みが促進されています。企業のCSR報告書や統合報告書にも、SDGsとの関連が記述されるようになってきました。

SDGsの本質は成長戦略ともいわれています。企業活動がグローバル化し、社会不安や環境的制約が事業活動のリスクとして認識され、例えば、飲料メーカーが水源保全への活動を推進するなど、本業を通じた社会・環境・経済の課題解決への貢献は、不可欠となってきています。

6　日本のSDGsの取り組み状況の評価

2016年から毎年発表されている国際レポートによると、2020年に公表された日本のSDGsの取り組み状況は、世界第17位でした。図表1-10に示すとおり、SDGsが達成できているのは、目標4（教育）、目標9（産業・技術革新）、目標16（平和）の3つでした。一方、SDGsの達成度が低く、かつ状況の改善がみられないため、さらなる取り組みの強化が求められているのは、目標5（ジェンダー平等）、目標10（不平等をなくす）、目標13（気候変動対策）、目標14（海の豊かさ）です。

同レポートでは、1位スウェーデン、2位デンマーク、3位フィンランドと、北欧諸国が高評価を占めました。

➡ SDGs未来都市
自治体によるSDGsの達成に向けた優れた取り組みを提供する29都市（2018年）、31都市（2019年）、33都市（2020年）を選定している。

➡ 企業におけるSDGsへの取り組み
P.210参照。

➡ ESG投資
P.210参照。

➡ CSR
P.208参照。

図表1-11　日本のSDGs17目標別の達成度

出典：SDSN and Bertelsmann Stiftung（2020）"SUSTAINABLE DEVELOPEMENT REPORT 2020"

TOPICS

新型コロナウイルス感染症と持続可能な開発

1. 新型コロナウイルス感染症（COVID-19）

2020年、新型コロナウイルスによる感染症（**COVID-19**）の**パンデミック**により、深刻な人的・経済的な危機が引き起こされました。2020年12月時点でも、全世界で多くの感染者と死亡者を記録し続けています。

COVID-19は近年、次々と出現している動物からヒトに感染する**人獣共通感染症**の一種です。これは、森林開発などに起因する、野生動物との接触機会の増大などの結果であり、感染症予防の観点からも、野生動物の生息地を守る地球環境の保全が重要です。

2. 新型コロナウイルス感染症の影響

COVID-19により、経済成長率の大幅な低下などの影響に加えて、SDGsの達成に重大な影響が生じています。新型コロナウイルスへの感染による目標3（すべての人に健康と福祉を）への影響に加え、目標1（貧困をなくそう）では、新たに約8,800～11,500万人が極度の貧困に陥り、1988年以来初めて貧困層の割合が増加して、全人口の約9％となる予想がされています（図表1-12）。さらに、飢餓人口の増加、教育の機会の喪失、女性・子供や高齢者の医療・栄養サービスの悪化、失業の増加、格差の増大などが危惧されます。また、在宅生活からプラスチック排出や、感染防止のための医療廃棄物の増大による環境への影響が懸念されています。

一方で、経済の停滞によるエネルギー使用量の減少によって、CO_2排出量は世界全体で前年の7％に当たる、24億tというこれまでに経験したことのない大幅な減少になると予測されています（図表1-13参照）。また、途上国などの都市部の大気汚染の改善も観測されています。

3. 新型コロナウイルスへの復興対策

今後、COVID-19後のより良い世界のために気候変動対策やSDGsの達成努力により、持続可能な社会に移行することが重要です。このため、2008年の**リーマンショック**の後のような化石燃料産業などへの支援を行

図表1-12　世界の極度の貧困層の割合の経年変化

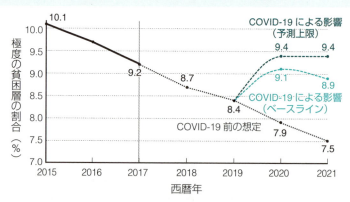

注：極度の貧困層：1日1.90ドル未満で生活する人々
出典：世界銀行「貧困と繁栄の共有2020（2020.10）」

➡ COVID-19
「CO」は「corona」、「VI」は「virus」、「D」は「disease」の意味。これを引き起こすウイルスの名称は「SARS-CoV-2」である。

➡ パンデミック
感染症（伝染病）の世界的な大流行のこと。

➡ 人獣共通感染症
動物から人間へ伝染する感染症。動物由来感染症ともいい、SARSなどもこれに含まれる。
従来は知られていなかったような病原体が突然発生した場合、免疫が獲得されていないため、パンデミックを引き起こすことがある。

➡ リーマンショック
投資銀行のリーマン・ブラザーズ・ホールディングス（米国）が、2008年9月に経営破綻したことが引き金となり引き起こした世界規模の金融危機。

➡ より良い回復（復興、Building Back Better）(P.31)
災害の復興時に、災害リスクを軽減する対策を、インフラや社会システムの再建、経済や環境の再生に組み込むことによって、社会の回復力や強靭性を高めること。

うのではなく、移行のチャンスとして**より良い回復**（Build Back Better）を実施し、**グリーン復興**をすることが重要となります。

　国際エネルギー機関（IEA）では、今後1兆ドル／年を再生可能エネルギーなどに投資することによって、経済成長とパリ協定の目標に沿ったCO_2排出量の削減を可能にするという、復興計画を提案しています。また、2050年にCO_2排出量ネット・ゼロを達成するためには、技術・制度のイノベーションや、すべての関係者の参加が必要であるとしています。世界経済フォーラムも、経済・社会を基本から見直す「**グレート・リセット**」が必要であるとしています。

4．国際的な対応

　国連では、世界保健機関（WHO）がリードして、医薬品の分配や医療従事者の研修を行っているほか、復興政策の中心にSDGsを位置づけて、貧困解消や持続可能な食料システムの促進のための基金創設などの支援活動をしています。また、世界銀行なども成長・雇用を増やし、地球温暖化対策にも寄与する復興政策への資金的な支援を行っています。

　世界各国も、総額12兆ドルといわれる予算でCOVID-19からの回復を図っています。特に、EUは「**欧州グリーンディール**」政策の下で、7,500億ユーロの復興基金を創設し、気候変動対策と組み合わせて取り組んでいます。中国も2060年までに温室効果ガスの排出を実質ゼロにするとして、次期5か年計画による今後のグリーン復興が注目されています。

5．日本の取り組み

　日本も、2020年の実質GDP成長率が－5.3％と予想され、深刻な影響が出ています。政府は、復興・成長戦略の柱に「**経済と環境の好循環**」を掲げ、SDGsの達成や地球温暖化対策を推進することとして、2050年には**カーボンニュートラル**とすることも表明しています。また、産業界からも**デジタルトランスフォーメーション**や技術・制度のイノベーションによる**Society 5.0**の実現に向けた経団連の新成長戦略など、さまざまな提言が行われています。

　今後は、COVID-19に対応した経済・社会の状況を「**ニューノーマル**」として捉え、デジタル化やグリーン化、**地域循環共生圏**による分散化の促進などによる、強靭で持続可能な脱炭素社会の実現が重要になります。

図表1-13　化石燃料由来のCO_2排出量の経年変化

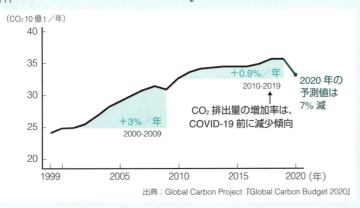

出典：Global Carbon Project『Global Carbon Budget 2020』

→**グリーン復興**
　従来、地震や津波に備えつつ、自然環境に配慮して進める復興のことを指す。最近は広く環境へ配慮し持続可能な社会に向けて進める復興も指す。

→**グレート・リセット**
　COVID-19への対応のために、格差の解消等の公平性の確保、デジタル化等の第4次産業革命の加速、株主資本主義から関係者すべてのための資本主義への転換を目指して、経済・社会を基本から見直すこと。世界経済フォーラムが提案した。

→**欧州グリーンディール**
　P.74参照。

→**経済と環境の好循環**
　環境を良くすることが経済を発展させ、経済が活性化することによって環境も良くなること。

→**カーボンニュートラル**
　CO_2排出量を削減するための植林や、自然エネルギーの導入などにより、人間活動によるCO_2排出量を相殺できること。
　ライフサイクルの中で、CO_2排出と吸収が、プラスマイナスゼロのことを指すことが本来の意味。

→**デジタルトランスフォーメーション**
　データとデジタル技術を活用して、新たなサービスやビジネスモデルを展開すること。コストを削減し、社会や働き方を改革して、競争上の優位性を確立する。

→**Society 5.0**
　P.28参照。

→**ニューノーマル**
　リーマンショックの際に提唱された言葉で、従来の社会の在り方や価値観とは異なり、新たな規範、秩序が普通となるという状況。

→**地域循環共生圏**
　P.246参照。

〈日本の四大公害病〉

1）イタイイタイ病

1955年、原因不明の奇病が富山県神通川流域で発生したと報告されました。イタイイタイ病と名づけられた健康障害で、1968年に国により最初の公害として認定されました。岐阜県飛騨市の神岡鉱山から流出したカドミウムが原因で、神通川流域で汚染された食物や水を、長年にわたり摂取した住民が腎臓障害となり、骨がもろくなる症状に苦しみました。これまでの被認定者は200人で、2020年3月末時点の現存被認定者数1人、要観察者は1人となっています。

2）水俣病と新潟水俣病

1956年、熊本県水俣市保健所に、「脳症状を呈する原因不明の疾病が発生した」と報告があり、水俣病が公式に確認されました。新潟では、1965年に有機水銀中毒と疑われる患者が発生したと報告があり、死者もでましたが原因究明は難航しました。

主な症候としては、感覚障害、運動失調、求心性視野狭窄、聴力障害等が認められます。また、母親が妊娠中にメチル水銀の暴露(ばくろ)を受けたことにより起こった胎児性水俣病等では、成人のものと異なった病像を示す場合もあります。水俣市の窒素肥料製造工場及び新潟県鹿瀬町（現阿賀町）の石灰窒素製造工場からの、廃液に含まれたメチル水銀化合物が原因であったとする政府の統一見解が発表されたのは、新潟水俣病の患者発見の公式発表から3年後、熊本での患者の公式発見からは12年後の1968年でした。これまでの被認定者数は、新潟水俣病の715名を含めて2,998名。2020年2月末の現存被認定者数は、457人となっています。

3）四日市ぜんそく

1959年、三重県四日市市に日本初の大規模な石油化学コンビナートが稼働しました。しかし、稼働後1年余の1961年に隣接する住宅地などに新型ぜん息患者が発見され、1962～1963年になると患者数が激増し、コンビナートからの二酸化硫黄の排出が原因ではないかと指摘されるようになり、社会問題化しました。原告の患者の全面勝訴となった四日市公害判決（1972年）は、その後の日本の環境公害政策に大きな影響をもたらしました。被認定患者数は、1975年がピークで1,140名であり、2019年12月末の現存被認定者数は328人となっています。

出典：四日市再生・公害市民塾HP

第 2 章

地球を知る

2-1 地球の基礎知識

2-1 01 生命の誕生と 地球の自然環境

13 気候変動 | **14 海洋資源** | **15 陸上資源**

学習の ポイント ▶ 生命の誕生から、生物の進化、繁栄が地球の自然環境とどのように関わってきたか、また、ヒトの活動が地球史の中でどのように拡大してきたかを学びましょう。

➡太陽風
太陽から放射されるプラズマの流れ。主に電子と陽子からなり、磁気嵐やオーロラ発生の原因となる。生命に有害であるが、地球の磁気圏が地表に到達するのを防いでいる。

➡紫外線
太陽光線には、可視光線のほか、紫外線、赤外線が含まれている。紫外線は生物に有害な光線で日焼けや皮膚がんの原因となり、健康被害が発生することもある。有害な紫外線はオゾン層で吸収されて、地表にはほとんど到達しない。

➡嫌気性生物
酸素が存在すると死滅する生物と、酸素の存在に関係なく生存できる生物の総称。多くは細菌である。
なお、生存、生育に酸素を必要とする生物を「好気性生物」という。

➡シアノバクテリア
ラン藻とも呼ばれる。光合成によって酸素を放出する真正細菌の仲間。生物史の中では、最も古い光合成生物の一つである。

➡光合成
一般には植物が太陽光を利用して、大気中の二酸化炭素（CO_2）と根から吸収した水を原料に、無機炭素から有機物（糖類）をつくり出す過程で酸素が放出される作用をいう。

1 ▶ 生命の誕生

地球上で最初の生命がどのようにして生まれたのかは、まだわかっていません。一般には約40億年前には出現していたとされる原始の海で、生物の共通の祖先である生命が誕生したと考えられています。発見されている最古の生物の化石は、オーストラリアで発見された34〜35億年前のものですから、最初の生命はそれ以前に誕生していたことになります。

生命は原始地球の過酷な環境のなかで生まれ、数十億年に及ぶ地球環境の劇的な変化に適応しながら、進化、繁栄し、多様な生物が生まれる過程で自然環境自体をも変化させてきました。その反面、環境の変化に適応できなかった生物も多く、過去に少なくとも5回の大量絶滅があったと考えられています。

2 ▶ 生物の環境変化への適応と進化

（1）生命誕生と光合成活動

原始の地球は、生物に有害な**太陽風**や**紫外線**が常に地球に降り注いでいたため、海の表層部や地上で生物が生きていくことは困難でした。また、海中にも大気中にも酸素がほとんどない状態でしたので、生きていける生物は、海底の**嫌気性生物**が中心でした。

約27億年前に、地球内部の核の主成分である鉄が磁石のように働き出し、強力な磁気を放出することによって地球を包む磁気圏ができました。これにより、太陽風の影響を受けなくなり、生物は太陽光の差し込む海面付近でも生きていけるようになります。初期の光合成生物である**シアノバクテリア（ラン藻）**による**光合成**が活発化し、二酸化炭素（CO_2）が消費され、大量の酸素が海水中に供給されるようになりました。酸素はそれまで無酸素下で生きてきた嫌気性生物にとっては有害でしたので、多くの生物が絶滅しました。しかし、その一方で酸素を使って呼吸するように進化した**好気性生物**が繁栄していきました。また、酸素は海水中の鉄分と反応し、海底に大量の鉄を沈殿・堆積させました（現在の鉄鉱

床)。大気中に酸素の放出が始まったのは、鉄の沈殿が終わった20億年前頃からといわれています。

また、大気中のCO_2は、海水中に大量に溶け込み、海水の成分と化学反応したり、生物の遺骸となって海底に沈殿しました。これにより大量の**石灰岩**が形成されましたが、大気中のCO_2濃度は減少していったと考えられます。

（2）オゾン層の形成と生物の陸上進出

大気中の酸素濃度の上昇により、6億年前に形成が始まった**オゾン層**は、4億年前に現在のような形になりました。オゾン層は、生物に有害な**紫外線**を吸収するので、それまで紫外線が届かない海中でしか生存できなかった生物の、陸上への進出が可能となりました。約5億年前に植物、4億年前には動物の上陸が始まり、やがて木性シダ類の森林もでき、豊かな陸上生態系が形成されたと考えられています。

約6,500万年前には、それまで繁栄を続けていた恐竜、翼竜、首長竜等が絶滅し、現在に続く哺乳類の時代になりました。この絶滅の原因としては、大隕石の衝突による環境変化が有力視されています。人類が出現し、その活動が地球環境に影響を与えるようになるのはこれらの歴史のずっと先、わずか250年ほど前からに過ぎません。

3 地球表面のさまざまな資源

シダ林が地殻変動等で地中に埋まり、化石化したものが石炭で、**化石燃料**と呼ばれます。同様の化石燃料には他に石油、天然ガスなどがあります。地球の表面にはこれらのエネルギー資源としての化石燃料のほか、鉄やアルミニウムなどのベースメタル、金や銀などの貴金属、マンガン、ニッケルなどのレアメタルなど、わたしたちの生活に必要な貴重な資源が存在しています。

➡石灰岩
　炭酸カルシウムを主成分とする堆積岩で、世界中に広く分布する。海水中のCO_2と海中の成分とが反応して生じた炭酸カルシウムや、サンゴや貝殻、骨格など生物の遺骸が沈殿、堆積したもので、CO_2の膨大な貯蔵庫でもある。

➡オゾン層
　P.37、110参照。

➡化石燃料
　地中に埋蔵されている石油、石炭、天然ガスなどの資源。古代の大量のプランクトンや樹木などが、土中で化石化して生成されたもの。炭素（二酸化炭素）の貯蔵庫でもある。

🌲🌲🌲 図表2-1　地球と生物の歴史

年代	出来事
46億年前	地球誕生
44～40億年前	海の誕生（原始海洋）
40～38億年前	海で原始生命（原核生物）が誕生
27億年前	シアノバクテリア（ラン藻）による光合成の活発化で、海中に大量の酸素が供給された
6億年前	オゾン層が形成され、生物に有害な紫外線を吸収し始める
5～4億年前	動植物の陸上への進出
6,500万年前	恐竜の大絶滅
20万年前	現生人類（ホモサピエンス）の誕生
250年前	産業革命

注）年代についてはさまざまな研究があり、上記は確定された資料ではない。

2-1 02 大気の構成と働き

13 気候変動

学習のポイント
大気は目に見えませんが、生物の生存に必要な酸素を提供し、快適な生活を維持するための気温の調節などを行っています。大気がどのように生物を守ってくれているのかを学びます。

1 大気圏の構成

（1）大気圏をつくる4つの層と働き

　大気の成分は、地表から高度80kmくらいまでは容積の比率がほぼ一定で、窒素約78.1％、酸素約21.0％、アルゴン約0.9％、温室効果ガスの二酸化炭素（CO_2）約0.04％、水蒸気その他から構成されています。

　最大の**温室効果ガス（GHG）**である**水蒸気**は、高度や場所などによって比率が大きく変化します。温室効果ガスの存在によって、地表の気温は現在の生物の生存に適した温度に保たれています。

　大気圏は図表2-2で示すような**対流圏、成層圏、中間圏、熱圏**の4つの層から構成されています。

（2）地表付近の大気・大気境界層

　わたしたちが呼吸したり、風力発電に利用したりするような地表付近の大気は、**大気境界層**と呼ばれます。大気境界層は、地表から高度約

➡温室効果ガス（GHG）
　P.58参照。

➡大気境界層
　CO_2の放出、大気汚染、ヒートアイランド現象、乱流、都市のゲリラ豪雨を発生させる水蒸気の集積、森林火災、逆転層、花粉の飛散などの発生空間として、公害や防災、健康を考える上でも重要な大気である。

➡熱圏
　（高度：約80km～）
　生物に有害なX線や紫外線を吸収する。
　オーロラが見られる。

➡中間圏
　（高度：約50～80km）
　流星、夜行雲が見られる。

➡成層圏
　（高度：約10～50km）
　生物に有害な紫外線を吸収するオゾン層がある。

➡対流圏
　（高度：0～約10km）
　風雨などすべての気象現象がここで起こる。生物の生存に必要な酸素やCO_2の供給を行う。

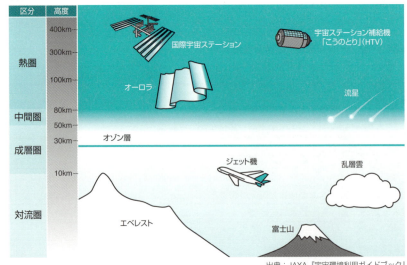

図表2-2　大気圏の構成

出典：JAXA『宇宙環境利用ガイドブック』

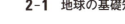

1km（緯度により異なります）の範囲で対流圏の下層にあり、ヒートアイランド現象などの原因となる逆転層もここで発生します。

2 大気の循環

　大気の循環は、主に**対流圏**で起こります。対流圏では地表が太陽エネルギーを吸収して暖まり、その熱で空気も暖められます。暖められた空気は膨張して、熱気球のように上昇します。そして、上昇した大気を補うために上空で冷やされた大気が下降します。このような**大気循環運動**は、水蒸気や各種気体を地球規模で移動させ、気温格差を縮め、暑さ寒さをやわらげています。

　また、球形の地球では緯度によって地表の暖まり方に差が生じます。低緯度の暖かい空気は上昇して高緯度に運ばれ、高緯度の冷たい空気が低緯度に運ばれる大気の大きな流れも生じます。この地表と上空、低緯度と高緯度とを結ぶ大気の動きが複雑に重なって、地球規模の大気の循環がみられます。

　大気循環は、海面から水蒸気を運ぶ水循環とも相まって、陸地に雨を降らせます。**大気循環は気温や水の動きを支配**しており、地球環境を構成する最も大切な自然の循環の一つです。風の流れもこれらの大気循環に関係して生まれ、低緯度で貿易風、中緯度で偏西風、高緯度では極偏東風が吹きます。

　大気の循環はとても大切な働きですが、その反面、大気汚染の原因となる物質を運んでくる現象も引き起こします。日本では、近年話題になった**PM2.5**や**黄砂**などが風により中国大陸から運ばれてきます。

3 大気の働き

　大気の主な働きは、次のようにまとめられます。
①**生物の呼吸に必要な酸素と、光合成に必要な二酸化炭素を供給する**
②**温室効果により、地表付近を生物が生活できる適度な気温に保つ**
③**オゾン層が、生物に有害な紫外線を吸収し、地表に届かせない**
④**大気循環により、熱や水を地球規模で移動させ、気候をやわらげる**
⑤**宇宙から飛来する隕石を摩擦熱で消滅させ、地表に届かせない**

　このように、大気はわたしたちにとってかけがえのない"地球からの恵み"といえます。

　人類は大気の恵みによって繁栄することができましたが、このような人類の生存に適した大気の環境は、46億年前の地球誕生の時からあったわけではありません。例えば、**オゾン層**ができたのは今からわずか4億年ほど前でした。オゾン層のもとになる酸素は、光合成生物によって30億年以上かけてつくり続けられたのです。

➡**地表付近の逆転層**
　対流圏においては上空ほど気温が低下するが、放射冷却や風などが原因となって、上空の気温が地表よりも高くなることがある。
　上空で、地表よりも温度が高くなっている部分を逆転層という。逆転層が生じている状態では、大気汚染物質の滞留による健康被害や、都市空間に熱が閉じ込められるヒートアイランド現象などが発生する。

➡**PM2.5**
　P.143参照。

➡**黄砂**
　中国大陸内陸部から、数千mの高度にまで巻き上げられた土壌・鉱物粒子が偏西風に乗り日本に飛来し、大気中に浮遊あるいは降下する現象。近年、その頻度と被害が甚大化しており、農業生産や生活環境への影響が懸念されている。
　従来は自然現象であると理解されていたが、過放牧や農地転換による土地の劣化等との関連性も指摘されている。
　P.116参照。

➡**オゾン層**
　オゾンは酸素原子3個からなる化学作用の強い気体で、生物にとって有害な紫外線の多くを吸収する。地上から約12～50km上空の成層圏には、大気中のオゾンの約90％が集まってオゾン層を形成している。
　オゾン層の保護のためのウィーン条約では、「大気境界層よりも上の大気オゾンの層」を指す。生物に有害な紫外線を吸収するので、法的な保護の対象となっている。
　なお、地表付近のオゾンは有害で、光化学オキシダントの主成分として、人間への影響とともに、農作物や森林の成長への影響が知られている。

2-1 03 水の循環と海洋の働き

6 水・衛生　14 海洋資源

学習のポイント ▶ 生命の誕生、生存には水の存在が欠かせません。地球の水のさまざまな姿と海と川の役割を通じて、水循環について学びます。

1 水の恵み

生命が誕生し、わたしたちが今生きていられるのは、地球上に常に水があったおかげです。地球上には、固体、液体、気体（気体は目に見えない）の三つの状態の水が存在していますが、その97.5％は海水です。**淡水はわずか2.5％**に過ぎず、しかもその大部分は極地の氷河や地下水として貯蔵されています。わたしたち人間を含む**生物が利用できる淡水**は、地下水の一部と湖沼や河川（表流水）など、ごくわずかで貴重な水なのです。

2 水の循環

（1）地球規模での水の循環

物質としての水の循環は、海面や陸上の水が太陽の熱を吸収して水蒸気となって対流圏上空まで上昇し、そこで冷やされて雲になり、降水（雨）として再び地表に戻ってくる一連の流れです。

この流れの中で、海水の蒸発は真水をつくる自然の淡水化プラントとして、**雲は天空の貯水池**としての働きをしているということもできます。

図表2-3　地球規模での水の循環

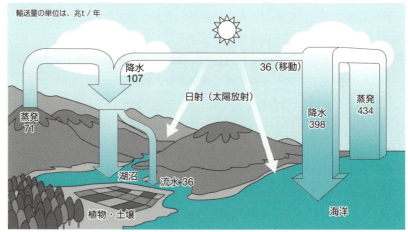

出典：数研出版『地学基礎』

➡生物が利用できる淡水

人間を含む生物がそのままの状態で利用できる水は淡水であり、表流水が基本となる。表流水とは、陸水のうち河川、湖沼の水のように完全に地表面にあるものをいう。取水が容易で量が確保しやすいため、最もすぐれた水道水源の一つであるが、上流域に人間活動があると、水質汚染の懸念がある。

地球上の水のうち表流水の占める割合はとても少なく、水資源の有効な利用が求められる。P.112参照。

海洋	97.5％
*氷雪	1.80％
*地下水	0.70％
*土壌	0.002％
*湖沼	0.016％
*河川	0.0001％
*水蒸気	0.001％

＊が淡水（湖沼の一部を除く）
出典：日本陸水学会編著「陸水の事典」講談社サイエンティフィク

2-1 地球の基礎知識

（2）川がつなぐ生命の循環

地球全体でみると川の水量は非常に少ないのですが、生物の生存と多様性という視点からみると、とても大切な働きをしています。

川は、わたしたちの生活に重要な水資源を供給してくれます。飲料水や生活用水、農業用水、工業用水、また水力発電など、人類は川とともに発展してきました。文明の発祥地が大河の流域にあることからも、川の重要性がわかります。

また、海の生物は、川とその流域の環境と密接なつながりをもっています。川は最終的に海に流れ込みますが、川は水とともに上流の森や土中から窒素やリン、カリウムなどの栄養分を運び、河川に豊かな生態系をつくりだします。海まで運ばれた栄養分は、**植物プランクトン**や海藻などを繁茂させ、魚や貝類が生息する海中生態系を育てます。海にたくさんの生物が棲めるのは、川とその流域のおかげなのです。

地下水は目に見えないことと、滞留時間が長いことが特徴です。地下水の世界の**平均滞留時間**は、約600年といわれています。簡単にいえば、一度全量を汲み上げてしまうと、再び満杯になるまでに600年かかるということです。地下水は生活用水、産業用水として日常的に使用されています。国により**地下水依存率**は大きく異なります。

3 ▶ 海洋の恵み

わたしたち生物のふるさとである海洋は、生命が誕生してから現在まで、生物を守り、育ててくれるゆりかごの働きをしてくれています。海洋のおかげで地球規模の水循環も、炭素循環も、気候の安定も維持できています。

4 ▶ 海洋の循環

海洋には、二つの大きな海流の循環があります。

一つは、海上を吹き渡る大気境界層の風との摩擦によって海洋の表層部分が引きずられて動く循環で、親潮、黒潮、北大西洋海流などがあたります。この**海面表層部の循環**は、栄養分や海洋生物の移動ルートとして海洋の生態系に影響を与えるとともに、海流の水温や流れの方向が、周辺の海域や陸域の気候の安定や変動に大きな影響を与えています。

もう一つの循環は**深層循環**といい、海洋の深層部で起きるもので、地球の全大洋を駆け巡る巨大なコンベアベルトのような海流の循環です。これは海域ごとの**海水密度**の違いが原因で発生する現象で、その性質から**熱塩循環**とも呼ばれます（図表2-4）。

地球温暖化の研究分野では、大気温の上昇による海水温のわずかな変化が、海洋大循環にどのように影響し、気候にどのような影響を及ぼすかが大きな研究テーマになっています。

➡植物プランクトン

湖沼や海域などの水域に棲む生物のうち、浮遊生活を送る生物をプランクトンと呼ぶ。

植物プランクトンは、葉緑体を持ち、水中のCO_2や窒素、リンなどを吸収して光合成を行っている。

➡水の平均滞留時間

大気中：10日
氷河：9100年
海水：3200年
地下水：590年
河川水：26日
内陸湖（塩水）：14年
淡水湖：4年
土壌水：320日

出典：広島大学資料

➡日本の地下水依存率

日本では生活用水の約22%、工業用水の約28%、農業用水の約6%を地下水に依存しており、全体では水の使用量の約12%が地下水である。

出典：国土交通省資料

➡海水密度

海水の密度（海水の重さ。単位はg/cm^3）は海水の運動に大きな影響を与える要素である。海水密度は主に熱（水温）と塩分によって決まる。

➡熱塩循環

水温（熱）と塩分（塩）が海水の密度を変えることから、海域ごとに海水密度の違いが発生して起こる現象。密度が高くなった海域の表層の海水が海底深く沈み込み、深層の海水を押し出すようにゆっくり移動して元の海域に到達、今度は密度が低くなるので再び表層部に戻っていくことを繰り返す。

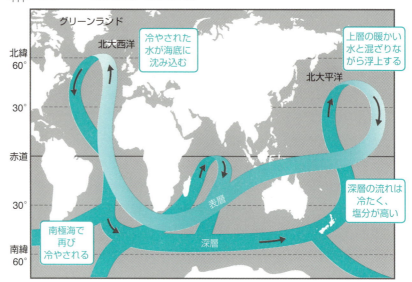

図表2-4 深層循環（熱塩循環）

出典：大森信訳 ボイス・ミラー著『海の生物多様性』築地書館を一部改変

➡塩分

　塩分とは、海水1kg中に含まれる物質の総重量をgで表したものである。単位は千分率‰（パーミル）を使用する。
　海水に含まれる物質の主成分はナトリウムイオンや塩化物イオンのため、加熱して水分を蒸発させると塩化ナトリウムを主成分とする塩ができる。海水にはその他に栄養塩や微量の重金属、貴金属なども含まれている。

5　地球の炭素循環と海洋の働き

　炭素は炭素化合物として、生物、大気、海洋などの間で、移動、交換、貯蔵を繰り返しながら循環しています（**炭素循環**）。

　図表2-5は、炭素循環の収支を表したものです。これによれば、地球上の年間炭素発生量は、産業革命以前は総量が9億tで、このうち海洋に2億t、大気中に7億tが存在していましたが、産業革命以後は人為的なCO_2の排出により、総炭素量89億tが追加されるようになりました。その結果、人為的に発生したCO_2は炭素量換算で大気中に40億t、陸上に26億t、海洋に23億tが追加されることになりました。地球に対する、人為的なCO_2の排出の影響がいかに大きいかがわかります。

　大気と海洋の間では、活発なCO_2の交換が行われています。海面表層に溶け込んだCO_2は植物プランクトンに取り込まれ、光合成などに利用されます。この**生物ポンプ**の働きによる海中へのCO_2の取り込みは、植物プランクトンを成長、増殖させ、川からの栄養分の流入とともに海洋の生態系を豊かにする食物連鎖のスタートも意味しています。植物プランクトンに取り込まれたCO_2は、食物連鎖を経て生物ポンプにより中層部、深層部に炭素として蓄積します。

　産業革命以降、海洋中にはおよそ1,550億tの炭素が蓄積されているといわれています。海洋は炭素の最大の吸収源、貯蔵庫として、地球温暖化に影響を与える大気中のCO_2濃度の安定に、重要な役割を果たしています。海洋は太陽エネルギーの貯蔵庫として働くばかりでなく、**CO_2の最大の吸収源**として、地球の大気成分の安定に役立っています。

➡生物ポンプ

　大気のCO_2濃度を安定させる上で、重要な役割を果たしている海洋のCO_2吸収メカニズムの一つ。
　大気から取り込まれたCO_2は植物プランクトンの光合成に利用された後、食物連鎖を経て生物の遺骸の中に有機炭素として残される。その遺骸は海洋の中層、深層部にマリンスノーなどとして運ばれると、溶存無機炭素に変化し、大部分が海洋内に蓄積される。この一連のプロセスを「生物ポンプによる海洋のCO_2の貯蔵機能」と呼ぶ。

2-1 地球の基礎知識

図表2-5 人為的炭素収支の模式図（2000年代）

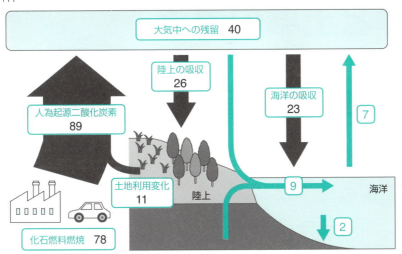

注）IPCC報告書（2013）を基に作成。各数値は炭素重量に換算したもので、緑の矢印及び数値は産業革命前の状態を、黒の矢印及び数値は産業活動に伴い変化した量を表している。2000〜2009年の平均値を1年あたりの値で表している。単位は億t炭素。

出典：気象庁

海洋の働きをまとめると、次のようになります。
①地球上の生物に不可欠な淡水の供給源となる
②海洋生物の生存・成長の環境を与え、海洋資源を育成する
③海流などの循環によって、物質を移動させ、気候を安定させる
④CO_2を吸収・貯蔵する

6 地球の環境に影響を与える、そのほかの海洋の変化

近年、地球環境に変化を及ぼす海洋の変化として、増加する大気中のCO_2を海洋が吸収して海水のアルカリ性が弱まってしまう**海洋の酸性化**や、地球表面の気温上昇を促進する働きをする**海氷の減少**が注目されています。

また、地球規模の**窒素の循環**が海洋に及ぼす影響も重大です。化学肥料の生産や燃料の消費などによって、人為的に固定された大量の窒素が土壌、地下水、河川を通じて海洋に流入し、海域の富栄養化を促進して、生物の生存を脅かしています。

その他の特徴的な海洋の変化として、異常気象の原因ともなる**エルニーニョ現象**と**ラニーニャ現象**などがあり、地球温暖化などとの関連性が研究されています。

海洋の平均水深は約3,800mで、そのほとんどが水深200m以上の深海です。そのため海洋の全体的調査は困難で、人類の「最後のフロンティア」とも呼ばれてきました。今後は、海洋の研究の進展が地球環境全体の変化を解き明かす鍵になると期待されています。

→海洋の酸性化

大気から吸収したCO_2が増大すると、海洋の酸性化が促進される。酸性化は植物プランクトンやサンゴを始め、海洋生物の生息環境を変化させる要因となる。また、海洋の酸性化は海水の化学的性質を変化させるので、海洋のCO_2吸収能力が低下するとの指摘もある。

→海氷の減少

海氷は、海水面に比べて太陽光の反射率が大きい。そのため、海氷面積の減少による海水温の上昇（地球温暖化の一因）などが心配されている。
また、海氷の減少は陸地の氷河の流出を促すため、氷河の融解による海面上昇につながるとの指摘もある。

→窒素の循環

窒素は、生物の体を構成するタンパク質の形成に欠かせない元素である。生物は窒素を直接摂取することはできないが、自然界では窒素を水素や炭素と結合させる機能を有する微生物等が、生物の摂取できる形に窒素を固定し、それを取り込んだ植物を動物が摂取するという形で生態系の窒素循環が行われている。
最終的には植物や動物の死骸は微生物によって分解され、体内の窒素は再び大気中に放出される。自然状態では、大気中から固定化される窒素と大気中に放出される窒素の量は、ほぼバランスがとれている。

→エルニーニョ現象と
　ラニーニャ現象

エルニーニョ現象は太平洋赤道域の日付変更線付近から南米のペルー沿岸にかけての広い海域で海面水温が平年に比べて高くなる現象。ラニーニャ現象は同じ海域で海面水温が平年より低い状態が続く現象。日本における冷夏・暖冬（猛暑・厳冬）などの異常な天候の原因と考えられている。

2-1 04 森林と土壌の働き

13 気候変動 **15 陸上資源**

> **学習の ポイント** ▶ 森林と土壌は相互に関係し合いながら、わたしたちに最も身近な自然環境を つくり出しています。その相互関係を中心に、森林と土壌の働きを学びます。

1 森林と土壌の恵み

森林と土壌は陸上の生態系を形成する母体であり、海の生き物たちにも川を通じて栄養分を供給し、海洋生態系の形成にも大きな影響を与えています。また、光合成などの**炭酸同化作用**や呼吸作用によって大気中のCO_2や酸素の濃度を安定させるとともに、有機物を分解し、無機物に還元することを通じて自然環境の物質循環を支えています。

2 森林の働き

（1）森林の役割

現在の地球上の森林面積は約40.6億haで、陸地面積の約31%に相当します。森林は人間の活動などによって減少傾向にあり、国連食糧農業機関（FAO）によると、2010年から2020年の間に毎年約470万haの森林が地球上から消滅しました。しかし、森林には「**緑のダム**」として洪水を調節するなど、図表2-6に示すような多くの重要な働きがあるため、

➡**炭酸同化作用**
生物がCO_2を取り込んで、有機物をつくる代謝反応。植物の炭酸同化作用は光合成であるが、ごく一部の生物は、光エネルギーでなく、硫化水素や硫化鉄などの化学エネルギーから炭酸同化作用を行っている。

➡**国連食糧農業機関（FAO）**
P.201参照。

➡**緑のダム**
樹木と土壌が一体となって雨水の貯留や流出を調節していることを、水源涵養機能という。落葉に覆われた厚い土壌には雨水が蓄えられ、「緑のダム」とも呼ばれる。

🌲🌲🌲 図表2-6 森林の8つの機能

機能分類	要素群
1．地球環境保全	地球温暖化の緩和（二酸化炭素吸収、化石燃料代替エネルギー）、地球の気候の安定
2．土砂災害防止／土壌保全	表面侵食防止、表層崩壊防止、その他土砂災害防止、雪崩防止、防風、防雪
3．水源涵養（緑のダム）	洪水緩和、水資源貯留、水量調節、水質浄化
4．快適環境形成	気候緩和、大気浄化、快適生活環境形成
5．保健・レクリエーション	療養、保養、行楽、スポーツ
6．文化	景観・風致、学習・教育、芸術、宗教・祭礼、伝統文化、地域の多様性維持
7．物質生産	木材、食料、工業原料、工芸材料
8．生物多様性保全	遺伝子保全、生物種保全、生態系保全

出典：日本学術会議答申「地球環境・人間生活にかかわる農業及び森林の多面的機能の評価について」（平成13年）より作成

2-1 地球の基礎知識

世界中で森林減少を食い止めるとともに、面積を増加させる取り組みが積極的に進められています。また、近年、局地的集中豪雨（いわゆるゲリラ豪雨）が多発し、斜面地の土砂災害が多くなっているため、植物の根系による表層崩壊抑制機能に着目した、防災の観点からの森づくりの重要性も一層高まっています。

（2）日本の森林

日本は、森林面積が約2,500万haで、国土面積の66％を占める世界でも有数の森林国です。現在、南北に長く亜熱帯林から亜寒帯林までが存在する日本の多様な森林の保全と活用を推進するため、**美しい森林づくり推進国民運動**など、積極的な活動が数多く行われています。

3 熱帯林の重要性

赤道周辺に分布し、地球上の森林面積の約4割を占める熱帯林は、地球環境の維持に重要な役割を果たしています。

なかでも、特に重要なものに**熱帯多雨林**があります。熱帯多雨林は地球規模での大量の酸素の供給や炭素の蓄積を行ってきたことから、**地球の肺**ともいわれています。また、**生物資源、遺伝子資源の宝庫**ともいわれ、わたしたちの生活に必要な医薬品などの原材料を持続的に確保するという面からも保全が必要な森林です。

熱帯林には、熱帯多雨林のほか、**熱帯モンスーン林**、**熱帯サバンナ林**、**マングローブ林**などがあります。

4 土壌の役割と土壌生物

（1）土壌の役割

土壌は、土壌形成要素の影響を受けるため、地域ごとにその性質が異なります。土壌の役割をまとめると、次のようになります。

①植物の根を張らせ、食料となる農作物や木材となる樹木の生長を支える

②物質循環の過程で、さまざまな物質を分解し、植物に養分（窒素など）として供給する

③物質循環の過程で、大気中のCO_2を炭素として貯蔵する

④水を浄化し、水を蓄える

⑤陶磁器や建材などの材料、土木・建築物の土台や基礎材料となる

（2）土壌生物

土壌生物とは、土壌の中に生息している菌類、細菌などの土壌微生物や、ミミズやムカデなどの土壌動物の総称です。

土壌生物は、土壌中の枯れ葉や動物の死骸などの**有機物**を、植物の生長に必要な窒素やリンなどの**無機物**に分解します。また、排出される糞は、新たな栄養分として豊かな土壌をつくるもとになります。

➡**美しい森林づくり推進国民運動**
国（農林水産省・林野庁）の推進する京都議定書森林吸収目標の達成や生物多様性保全等国民のニーズに応えた森林の形成を目指し、間伐の遅れの解消や100年先を見据えた多様な森林づくりを推進していく民間主導の国民運動。

➡**熱帯多雨林**
熱帯多雨林は熱帯降雨林、熱帯雨林とも呼ばれ、年平均気温25℃以上、年雨量2,000mm以上の気候が平均的に成立する南米のアマゾン川流域やアフリカなどに見られる樹木である。樹冠60mにも達する巨木も茂る多種多層の常緑広葉樹林を主とし、多様な生物が生息している。

➡**熱帯モンスーン林**
季節風に支配された乾季と雨季がある地域に広く分布する。タイ、マレーシアなど東南アジアに見られ、乾季に落葉する広葉樹林を主とする。

➡**熱帯サバンナ林**
年雨量が比較的少なく、乾季・雨季のある地域に広く分布する。樹高は低く、20mくらいまでで、サバンナ草原に散在して生育する林である。

➡**マングローブ林**
大きな川の河口などの海水と淡水が入り混じる熱帯・亜熱帯地域の沿岸に生育する。林内には魚なども豊富で、森林と海の2つの生態系が共存する。漁業や高潮防災など、地域にとって大切な林である。

➡**無機物**
炭素化合物である有機物に対し、基本的に炭素を含まない化合物（CO_2など炭素を含む簡単な化合物もある）を無機物という。

第2章 地球を知る

43

2-1 05 生物を育む生態系

14 海洋資源　**15 陸上資源**

学習のポイント ▶ 生物は、生態系を離れて単独で生きていくことはできません。その意味で、生態系を守ることは生物を守ることにもつながります。ここでは、生態系の内容や特徴について学びます。

1 生態系の恵み

生態系は、生物同士が関係し合うことによって各々の生命を維持するための複雑なシステムで、生物の進化をもたらす要因とも考えられています。また、生態系は生物と無生物が関係し合い形成された、物質循環のシステムでもあります。多様な生態系の存在は、食料や水、清浄な空気など、わたしたちに必要な豊かな自然環境を提供してくれます。

2 生態系の種類と構成者

地球上のそれぞれの環境に対応して、さまざまな生態系がつくられ、それらが集まって地球の生態系をつくっています。陸上には森林の生態系が、土中には土壌の生態系が、陸水には湖沼や河川の生態系が、海洋には海洋の生態系が、太陽の光の届かない深海底にも熱水噴出孔の生態系があります。生態系は**自浄作用**や**自己調節機能**など、自らを復元する力をもっています。生態系を維持しているシステムは複雑なので、復元力には限界があり、大きく破壊された生態系を復元することは困難です。

生態系は、水、大気、光などの無機的要素を基盤として、「**生産者**」と「**消費者**」の2種の生物によって維持されています。生産者は、光合成を行い自分で栄養分をつくる（無機物から有機物をつくる）生物で、植物や原生生物界に属する植物以外の生物も含みます。消費者は、他の生物から栄養分を得る生物です。生物の遺骸や糞などから栄養分を得る「**分解者**」も含まれます。

➡**生態系**
ある地域に生息する全生物とその環境（光、土壌など）を、物質循環とエネルギーの流れに着目して一つのまとまり（一つの機能系）として捉えたもの。エコシステム。

➡**生産者**
光合成によって自分で栄養分をつくる生物をいう。植物ではない生物も含む。

➡**消費者**
ほかの生物から栄養分を得る生物をいう。

➡**分解者**
消費者の中で、生物の遺骸や糞などを無機物に分解する生物をいう。

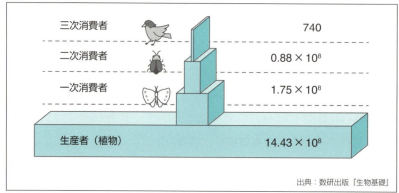

図表2-7　北米の草原における個体数ピラミッド（個体/km²）

三次消費者　740
二次消費者　0.88×10^8
一次消費者　1.75×10^8
生産者（植物）　14.43×10^8

出典：数研出版『生物基礎』

3 生態系を維持する、生物同士のさまざまな「関係」

（1）食物連鎖・食物網

生物同士の「食べる～食べられる」という一連の捕食被食関係が**食物連鎖**です。食物連鎖は、実際には、網の目のように複雑にからみ合う**食物網**という形で機能しています。

食物連鎖の中では、食べられる生物は食べる生物より数多く生息しています。この量的関係を図で表したものが、**生態系ピラミッド**です。生態系ピラミッドには、個体数に着目した個体数ピラミッドや、生物量に着目した生物量ピラミッド、**生物生産力**に着目した生産力ピラミッドがあります。

（2）生物濃縮

環境の中に放出された化学物質は、ごく微量でも食物連鎖の各段階を経るごとに、生物の体内での蓄積量が増加します。この現象が、**生物濃縮**です。海洋を例にとると、プランクトンが小魚に食われ、小魚が大きな魚に食われ、という段階を経るごとに汚染物質の濃度が高まります。したがって食物連鎖の最終段階にいるイルカや大きな魚などの大型生物は、最も大きな影響を受けることになります。

人間への影響としては、生物濃縮により魚介類に有機水銀が蓄積され、それを食べた住民が発症した水俣病などの事例があります。生物にも人間にも生物濃縮の悪影響が出ないように、常に監視していくことが必要です。

（3）その他の生物同士の「関係」

- **腐食連鎖** 食物連鎖の一種で、動植物の遺骸や排泄物の有機物が微生物によって無機物に分解されていく連鎖です。
- **種間競争** 生物が種の間で食物やすみかを奪い合う行動です。近年、在来種と**外来種**の種間競争が問題になっています。競争状態を回避する行動が**食い分け**と**棲み分け**です。
- **共生関係** 関係し合うことによって、双方が利益を得る相利共生（アリとアブラムシなど）と、一方だけが利益を得る片利共生（カクレウオとフジナマコなど）があります。

➡**食物連鎖**
食物連鎖は「食うものと食われるもの」との関係である生食連鎖（捕食連鎖）と、動植物の遺骸などを起点とし微生物によって最終的に無機物に分解される腐食連鎖に大別される。自然界では、この2つの連鎖が複雑にからみあって物質循環の持続性を保っている。

➡**外来種**
一般に、国内外を問わず、従来生息・生育していた場所から何らかの理由で別の場所に移動し、そこで生息・生育する生物種をいう。移動先の生態系などに深刻な影響を与えるものを、特に侵略的外来種と呼ぶ。

➡**食い分け**
同じ草原でシマウマが草の上部や根元を食べ、ヌーが中間の茎や葉を食べる共存行動。

➡**棲み分け**
同じ川でイワナが上流部に棲み、ヤマメが下流部に棲むなどの共存行動。

図表2-8 海洋の食物連鎖

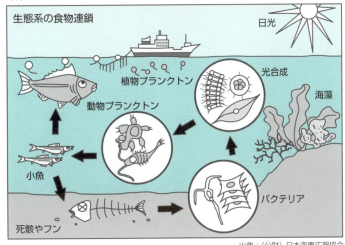

出典：(公財)日本海事広報協会

2-2 いま地球で起きていること

2-2 01 人口問題

2 飢餓　6 水・衛生　7 エネルギー　9 産業革新　11 まちづくり

学習のポイント　世界の人口は2019年現在、77億人に達しており、2060年には100億人を超えると推計されています。開発途上国では都市化に伴う環境問題が生じ、日本では人口減少・少子高齢化の影響が懸念されます。

1 人口と環境問題

わたしたちの行う生産・消費活動は、資源採取、温室効果ガスや廃棄物の排出などを通じて、環境に負荷を与えています。一般には、人口の増加に伴って生産・消費活動は増大し、環境に与える影響も増大します。1994年にカイロで開催された**国際人口開発会議（ICPD）**では、人口問題と持続可能な開発（特に環境）の問題が新たに取り上げられました。環境への影響については、生産・消費形態や産業構造、少子高齢化の進展による生活パターンや生活水準の変化など、さまざまな側面から考察する必要があります。

➡国際人口開発会議（ICPD）
1994年開催。1974年の世界人口会議（ブカレスト）において採択された「世界人口行動計画」を全面的に見直し、20年後を視野に入れた新たな「行動計画」を策定した。
その20年目となる2014年の前年には、各地域でレビューが実施された。また、2019年にはICPD25周年ナイロビサミットが開催され、行動計画とSDGsの達成を実現するとの声明が採択された。

2 世界人口の増加と地球環境収容力

2019年の世界人口は、77億人です。2050年には97億人、2100年には109億人に達すると見込まれており、インドや中国などを含むアジア地域が大きな割合を占めています。人口増加率は世界全体では徐々に鈍化

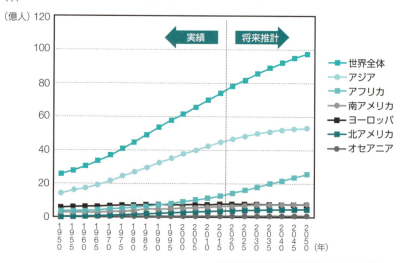

図表2-9　世界人口の推移（1950～2050年）

出典：総務省統計局『世界の統計2020』より作成

2-2 いま地球で起きていること

していますが、アフリカ諸国をはじめ依然として増加率が高い地域もあります。この人口増が、自然環境の保全、資源・エネルギー問題、食糧問題などの世界が取り組まなければならない課題の背景にあります。かつて地球の**環境収容力**を26億人とした予測もありましたが、今、世界人口は、その3倍になろうとしているのです。

3 都市化と環境問題

世界の都市部に住む人口の割合は、2018年現在55％です。この割合は年々上昇しており、2050年には68％になると推計されています。特に開発途上国では、人口増加と農村から都市部への人口移動により、都市人口が急激に増加しており、環境に悪影響を与える可能性が指摘されています。

上下水道や交通機関、ごみ処理設備などの都市基盤が未整備のまま都市の人口が急増すると、大量の廃棄物や生活排水が処理できず、生活型の環境負荷が高まります。また、モータリゼーションを伴った都市化は、交通混雑や大気汚染などを加速度的に増加させることがあります。

世界各国における都市化の進展に対しては、健全な都市開発のための支援と同時に、農村部における生活改善とのバランスの取れた政策が求められています。

4 日本の人口動態と課題

日本の総人口は、2008年の約1億2,808万人をピークに年々減少し、2060年までに9千万人を割り込み、少子化、高齢化が進むと予測されています（図表2-10）。なかでも、大都市周辺以外の地方人口は大きく減少すると予測されています。

高齢化は、都市、地方の双方で急速に進み、地方では、里地里山の保全・管理の担い手不足による環境保全上の問題や、**限界集落**の問題などの深刻化が懸念されます。

➡ 環境収容力
自然の自浄能力を基準にした、一定地域における大気や水質の汚染物質などの許容量をいう。また、環境が生物を収容しうる能力の量的表現として、生態系を破壊することなく保持できる最大収量、最大個体数、最大種類数などを指す。

➡ 都市人口（Population of Urban Areas）
国連が都市人口予測を公表している。ここでの都市とはおおむね①人口5万人以上、②家屋の6割以上が主要市街地にある、③人口の6割以上が製造業、商業等都市型ビジネスに従事などを満たすものを指す。

➡ 限界集落
集落人口の過疎化や高齢化により、社会的共同生活の維持が困難な状態にある集落のこと。

図表2-10 日本の人口及び人口構成

注）1970年までは沖縄県を含まない。
資料：総務省統計局「国勢調査」（年齢不詳の人口を按分して含めた。）及び「人口推計」、国立社会保障・人口問題研究所「日本の将来推計人口（平成29年推計）出生中位・死亡中位推計」（各年10月1日現在人口）
出典：厚生労働省『平成29年版 厚生労働白書』より作成

2-2
02 経済と環境負荷

7 エネルギー **8 経済成長** **13 気候変動**

学習の ポイント ▶ 世界の経済動向を見ると、近い将来、アジア、特に中国とインドが米国、欧州と並ぶ世界経済の中心になると予測されています。環境と経済が好循環をもたらすという考え方が、今後ますます重要となっていきます。

1 世界の経済成長

　世界のGDPは、1960年の約1.3兆ドルから2017年には81兆ドルへと増加しています。

　世界経済は、拡大を続けてきましたが、2008年のリーマンショックなどの影響を受け、2009年には先進国でマイナス成長を記録しました。この世界的な経済危機に対しては、各国でこれを積極的な環境関連投資などによって乗り切ろうとする、いわゆる**グリーンニューディール**へと向かう動きがみられました。

　また、2020年は新型コロナウイルスのパンデミックにより、世界経済は歴史的な落ち込みを経験しており、持続可能な社会経済に移行するグリーン復興の必要性が指摘されています。

2 経済と環境負荷

　これまで多くの先進国は、大気汚染や水質汚濁をはじめとするさまざまな環境問題に直面しながらも努力を重ね、経済成長と環境負荷の切り離し（**デカップリング**）に努めてきました。

　図表2－11は、人口1人当たりのGDPとCO_2排出量の関係の推移を国別に見たもので、右上への傾きが大きいほど経済成長に対するCO_2の排出量の伸びが大きい状況であることを示しています。

　中国は、経済成長に伴うCO_2の排出量の伸びが著しいことがわかります。韓国も同様の傾向を示しており、経済成長に伴うCO_2の排出が抑制されていない状況がうかがえます。

　グラフの傾きが右下がりになると、経済成長をしつつ、CO_2の排出量を減少させ、経済成長と環境負荷のデカップリングに成功していることになります。スウェーデンがその例です。日本については、CO_2の排出量は2007年まで増加傾向にありましたが、経済力を成長・維持しながらもCO_2の排出量を抑制してきました。

　このように、世界全体の傾向としては、経済成長とCO_2の排出量の増

➡グリーンニューディール
　2008年後半からの金融危機を発端とする世界経済停滞などへの対応のため、環境への重点的な投資で経済成長を図り、環境と経済の両方の危機を同時に解決していこうとする政策。

➡デカップリング
　一般に、経済活動の活発化に伴って汚染物質の排出量や資源利用量は増加する。しかし、環境対策の強化や生産プロセスの効率化、経済構造の変化により、経済成長の伸びに比べ汚染物質の排出量や資源利用量の増加を抑えたり、減少させたりすることができる。このように、経済成長とこれによって生じる環境への負荷増加をかい離させていくことをデカップリングという。
　資源利用とのデカップリングについてはP.53参照。

加を切り離すデカップリングはできていないものの、一部の国の成果は、経済力を低下させずに環境負荷を軽減し得ることを示唆しています。

廃棄物についても、同様の状況を見ることができます。アジア地域においては、経済成長に伴って廃棄物量が増大することが見込まれています。その中にあって、日本は近年、一定の経済成長を遂げながらも廃棄物量を減少させつつあります。

図表2-11　経済成長とCO_2排出量の変遷（1971～2009）

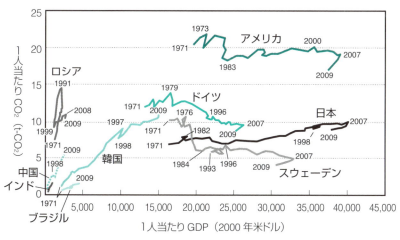

出典：環境省『平成24年版 環境白書』

COLUMN

経済のグローバル化と環境問題

経済のグローバル化の進展に伴う貿易により生じる新たな課題を克服するための取り組みが、国際的に進められています。

1. **途上地域における環境汚染と自然破壊及びそれによって生じる貿易不均衡**

    グローバリゼーションが進む中で外貨を確保しようとする途上国が、環境への対策や配慮が不十分なまま経済活動を推し進めることで、急速な環境汚染や自然破壊を生じさせる懸念があります。また、本来支払うべきコストを支払わないことにより、国際市場で価格優位に立つことは、公正な貿易の妨げになります。現在は、経済協力開発機構（OECD）が提唱した汚染者負担原則（PPP/P.178参照）や生態系サービスに対する支払い（PES/P.102参照）などの考え方が浸透し、国際的な監視の目も厳しくなっています。

2. **製品の環境配慮に関する規制や環境ラベル・認証の普及による障壁**

    ある国において販売される製品やサービスに対し環境配慮を求める規制は、輸入の障壁になることがあります。リサイクルの義務づけや、環境ラベル・認証制度は、その国の事情や価値基準によって運用されることが多いため、輸入品に対し差別的な運用をしないよう透明性や公平性に配慮した実施が求められています。

3. **環境保全を目的とした貿易管理の推進**

    希少な野生生物の貿易を禁止・制限するワシントン条約（P.98参照）や有害廃棄物の越境移動を規制するバーゼル条約（P.126参照）、オゾン層保護のためCFC（クロロフルオロカーボン）の貿易を禁じるモントリオール議定書（P.111参照）など、環境に負荷を与えるものの国際貿易を地球環境保全の観点から管理する流れがあります。貿易を管理することは、自由貿易の考え方に反するものですので、両者が対立しないよう、貿易政策と環境政策の国際議論が続けられています。

2-2 03 食料需給

2 飢餓　　4 教育　　12 生産と消費　　14 海洋資源

学習のポイント　世界の食料需給は、人口増加に伴う需要増に応じて増産が求められる一方、農地の劣化や環境破壊が食料生産性に影響を及ぼす可能性があり、水不足も懸念されています。食と環境の関わりは、地球規模の課題です。

1　世界の食料需給

　国際的な食料需給は、さまざまな要因の影響を受けています。需要面では世界人口の増加、所得の向上による消費嗜好の変化、バイオ燃料向け農作物需要の拡大等があげられます。なかでも中国やインドなどの所得水準の向上に伴い、畜産物（食肉）や油脂類の消費が増えたことによる、飼料作物や油糧種子の需要増が大きなインパクトを与えています。

　供給面では、単位面積当たりの収量の動向、干ばつや洪水など異常気象の発生、砂漠化の進行や地下水枯渇などの水資源の制約、**家畜伝染病**の発生などが供給量の変動をもたらします。単位面積当たりの収量は、これまで窒素肥料や品種改良等の農業技術の向上により増加してきましたが、近年、その伸びは鈍化する傾向にあります。また、異常気象や家畜伝染病は近年多く発生しています。

　以上のように、世界の食料は、需要が確実に増加傾向にあるのに対し、供給は不安定性を有しており、逼迫することもあります（図表2-12）。

　先進諸国の**食料自給率**（2013年、カロリーベース）を見ると、カナダ、オーストラリアが200％を超え、フランス、米国が130％程度、ドイツ95％、日本約40％と、日本は先進諸国の中で最も低い状況です。

➡**家畜伝染病**
　日本でも豚などに発生する口蹄疫、鶏に発生する鳥インフルエンザ、牛に発生するBSE（Bovine Spongiform Encephalopathy：牛海綿状脳症）などによって畜産品の製造・販売が禁止になったことがある。

➡**食料自給率**
　国民が消費する食料のうち、国内産でまかなうことのできる割合。
　計算方法には、①食料の重さを用いる「重量ベース自給率」、②食料に含まれるカロリーを用いる「カロリーベース総合食料自給率」、③価格を用いる「生産額ベース総合食料自給率」の三つがある。

➡**油糧種子**
　ナタネ、ヒマワリ、パームなど植物油の採取を主目的に栽培される作物の種子類の総称。

図表2-12　世界全体の穀物の生産量、消費量、期末在庫率

注1）穀物は、小麦、粗粒穀物（とうもろこし、大麦等）、米（精米）の合計
注2）期末在庫率＝期末在庫量÷消費量×100

資料：米国農務省「PS&D」、「World Agricultural Supply and Demand Estimates」を基に農林水産省作成（令和2（2020）年3月時点）
出典：農林水産省『令和元年度 食料・農業・農村白書』

2-2 いま地球で起きていること

また、開発途上国で9億人が飢餓で苦しむ一方、先進国では肥満や食品ロスなどが社会問題となっているという不均衡の問題もあります。

2 水産業、畜産業の動向

世界の水産業の状況は、この30年間で大きく様変わりしています。1980年頃は漁獲量のほとんどが、漁船漁業によるものでしたが、1990年頃以降、養殖業が発展し、現在では、養殖と漁船漁業とがほぼ同じ生産量となるに至っています（図表2-13）。急増する養殖業生産のほとんどがアジアで行われており、中国とインドネシアで世界の養殖全体の7割を占めています。この両国は、漁船漁業の生産高も年々増やしており、世界の漁船漁業の26％を占めています。

肉類の消費についても、東アジア、特に中国で大きく伸びており、鶏の飼育頭数はこの10年で約1.3倍に増加しています。畜産物の需要増に伴い、飼料作物の増産も必要となります。

図表2-13 世界の漁業・養殖業生産量の推移

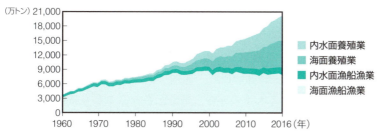

資料：FAO「Fishstat（Capture Production, Aquaculture Production）」（日本以外の国）および農林水産省「漁業・養殖業生産統計」（日本）に基づき水産庁で作成
出典：水産庁HP

図表2-14 世界の家畜飼育数の伸び（頭数の上位5種）

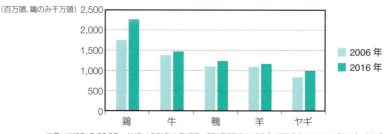

出典：WORLD FOOD AND AGRICULTURE STATISTICAL POCKETBOOK 2018（FAO）より作成

3 穀物の動向

穀物は、かつて食用（加工用含む）・飼料用需要が主でしたが、2005年から2010年にかけてバイオ燃料向け需要が世界的に高まり、米国のトウモロコシ需要に占めるバイオエタノール向けの割合が、この5年間で約15％から45％に増加しました。現在、燃料向け需要の伸びはやや落ち着いていますが、畜産物消費増加による飼料需要も伸びており、依然食料需要との競合が懸念されています。

➡国連食糧農業機関（FAO: Food and Agriculture Organization of the United Nations）

➡豚飼育数
なお、2016年の豚の飼育数は、世界で9.8億頭。その約半分（46％）の4.5億頭が中国で飼育されている。
世界の飼育数はこの10年間、ほぼ横ばいで推移しているが、中国の飼育数は5.1億頭（2006年）から大きく減少している。この主な原因は豚コレラの感染によるものである。

➡バイオ燃料
P.89参照。

2-2 04 資源と環境について

9 産業革新 | **12 生産と消費∞**

学習のポイント ▶ わたしたちの暮らしは、資源・エネルギーに支えられています。天然資源の使用は多くの場合、環境負荷を伴います。経済成長と資源の使用に伴う環境負荷の増加を切り離す必要があります。

➡資源利用と環境

UNEPの「地球資源概況2019」によれば、近年の資源採取の増加の背景には、アジアの開発途上国を中心に生活水準の向上があるものの、主な原因は先進国にある（2017年の1人当たり資源使用量は9.8 t）。

OECDによれば、1キロ当たりの環境影響が最も大きいのが銅とニッケル。環境への絶対的影響が最も大きいのは、利用量が多い鉄鋼、コンクリート。

➡資源効率

P.124参照。

➡循環型

P.122参照。

➡レアメタル
（希少非鉄金属）

地球上の存在量が稀少であるか、技術的・経済的な理由で抽出困難な金属のうち、工業需要が現に存在するか、今後見込まれるため、安定供給の確保が政策的に重要であるもの。特定の用途において高い機能を発揮し、自動車、IT製品などの製造には不可欠である。リチウム、クロム、コバルト、ニッケル、白金、パラジウム、レアアースなど31種類がある。

1 資源利用と環境への負荷

わたしたちの生活はさまざまな資源・エネルギーに支えられており、消費される資源の量は急激に増加しています。UNEPの報告によれば、世界の資源使用量は1970年の270億 t から2017年には920億 t に増加し、この傾向が続けば2060年には1,900億 t にも達する見込みです。

資源の利用は、天然資源の採取、製造、消費、廃棄といったライフサイクルのあらゆる段階で環境負荷を伴います。例えば、金1gを得るために掘り出さなければならない鉱石・土砂など（関与物質総量）は約1.1tになります。資源の採取・採掘により大規模な土地の改変が生じ、その土地で生活する人々の暮らしが脅かされることもあります。また、金属の精錬は大量のエネルギーを消費し、不要物が環境へ大量に廃棄されることから、大きな環境負荷を与えることになります。

資源の採取と加工は、世界の温室効果ガス排出の半分、生物多様性喪失と水ストレスの90%以上を占めており、資源効率を高め、循環型の資源利用を実現する必要があります。

2 有限な資源

鉱物資源や化石燃料といった地下資源は有限です。これらの枯渇性資源の現時点での確認埋蔵量を年間生産量で割った可採年数は、金や銀が約20年、銅が約35年、鉄が約70年など、多くが100年を下回っています。また、今後需要の伸びが予想される**レアメタル**も可採年数が50年程度のものが多く、かつ特定の地域に偏在していることから、日本は資源の安定確保のためにも、資源の有効活用をさらに進める必要性がありま

図表2-15　主要資源の可採年数

項目	汎用金属						レアメタル					化石燃料		
	鉄鉱石	銅鉱石	鉛	スズ	銀	金	マンガン	クロム	ニッケル	タングステン	インジウム	天然ガス	石油	石炭
可採年数(年)	70	35	20	18	19	20	56	15	50	48	18	63	46	119

出典：環境省『平成23年版 環境白書』より作成

2-2 いま地球で起きていること

す。物質・材料研究機構の予測によると、世界中が日本と同じレベルの省資源型社会に転換したとしても、2050年には埋蔵量を超える資源需要が見込まれています。

3 循環資源の利用と資源確保

現在、日本では、金属資源のほぼ全量を海外の鉱山に頼っています。金属資源は採掘できる場所が限られており、採掘できる量にも限りがあります。これまでに採掘した資源の量（**地上資源**）と現時点で確認されている採掘可能な鉱山の埋蔵量（**地下資源**）を比較すると、すでに金や銀は地下資源よりも地上資源のほうが多いと推計されています。

また、家庭で使われないまま保管（**退蔵**）されている製品や廃棄されている製品にも、有用な資源が含まれています。特に携帯電話、ゲーム機、デジカメなどの小型家電製品には、金、銀などの貴金属やレアメタルが含まれており、都市で大量に排出されるこれらの廃棄物は**都市鉱山**と呼ばれています。

こうした有用な資源を確保するため、2013年には**小型家電リサイクル法**が施行され、小型家電製品の再資源化が促進されています。

4 経済成長と環境負荷のデカップリング

一般に、資源の消費は経済成長とともに増えます。多くの先進国は、経済成長とともに資源消費の増大に伴う環境問題に直面し、さまざまな努力を重ねて、経済成長と環境負荷の切り離し（**デカップリング**）に取り組んできました。今、資源の消費が急激に増えているのは開発途上国です。これらの国は先進国の経験から学び、環境負荷を抑えた経済成長を達成するという新しい発展の道筋をたどることが必要です。

また、素材や製品を海外から輸入し、資源消費に伴う環境負荷をほかの国に委ねていることもあるため、貿易にも考慮が必要です。経済成長と資源消費による環境負荷との切り離しを行うためには、世界全体で資源の利用を減らしていく必要があります。

➡レアメタル確保戦略
レアメタルの安定供給に向けた総合的な戦略として2009年7月に経済産業省が立てた。①海外資源確保、②リサイクル、③代替材料開発、④備蓄の4つを掲げている。

➡小型家電リサイクル法
P.136参照。

➡デカップリング
P.48参照。

図表 2-16　主な金属の地上資源と地下資源の推計量

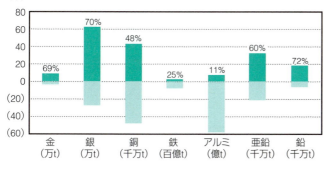

注）地上資源はこれまでに採掘された資源の累計量、地下資源は可採埋蔵量を示す。（％値は地上資源比率）

資料：独立行政法人物質・材料研究機構
出典：環境省『平成24年版 環境白書』

2-2 05 貧困、格差、生活の質

1 貧困　　10 不平等

学習のポイント　世界では、極度の貧困にある人口は減少してきましたが、依然として8億人を超える人々が貧困と飢餓の状態に置かれています。また、先進国を中心に生活の質を新たな指標で測ろうという動きがあります。

1　貧困と環境

　貧困は、環境問題の大きな原因です。貧しさが森林、水資源、農地、牧畜地といった自然資源を悪化させ、破壊の進む環境の下で、人々は一層貧困に陥ります。他方、都市の貧しい人々は、環境のよくない地域での生活を余儀なくされ、水質汚濁、ごみ問題などが生活環境を悪化させ、健康影響を及ぼすこともあります。

　貧困の撲滅は国際的にも最重要視されており、**SDGs**でも、あらゆる場所であらゆる形態の貧困を撲滅することを目標1に掲げています。

2　貧困の動向

　世界の貧困の状況を見ると、1日当たり1.25ドル（2005年物価水準）未満で生活をしている**極度の貧困状態**にある人は、2015年時点、世界で8.4億人で、発展途上国の人口に占める割合は1990年の47％から14％に改善しました（図表2-17）。中国の急速な経済成長により、東アジアで貧困率の劇的な減少が生じたことが大きな要因と考えられています。

　極度の貧困状態にある人の数は、1990年の19.3億人から大きく減少したとは言え、いまだ世界の1割以上、特にサハラ以南のアフリカでは、人口の41％を占めています。国連では、所得水準、乳幼児死亡率や成人識字率、国内経済の安定性などを基準にして、**後発開発途上国**を認定し、重点的に開発支援を行っています。

➡ SDGs（持続可能な開発目標：Sustainable Development Goals）
P.25～29参照。

➡ 極度の貧困状態
世界銀行が設定する国際貧困ライン（人が生きていく上で必要な衣食住の最低限のレベル）未満での生活。
国際貧困ラインは、物価変動を反映し、2015年10月に1人当たり1.25$／日から1.90$／日に改定されている。

➡ 後発開発途上国
LDC（Least developed country）
国連が定義しており、最貧国と呼ばれることもある。
2019年時点で、47か国が分類されており、半分以上がサハラ以南のアフリカにある。

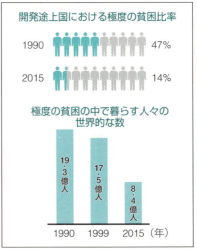

図表2-17
極度の貧困の状況の改善

開発途上国における極度の貧困比率
1990　47％
2015　14％

極度の貧困の中で暮らす人々の世界的な数
1990　19.3億人
1999　17.5億人
2015　8.4億人

出典：国連ミレニアム開発目標報告2015

3　世界の格差構造

世界では、富める人と貧しい人との格差が年々拡大しています。国際NGOオックスファムの報告書（2018年）によれば、2017年に世界で新たに生み出された富の82%を世界の最も豊かな1%が手にし、一方、世界の貧しい側の半分（37億人）が手にした富の割合は、1%未満でした。

また、諸国間の経済格差は縮まってきたものの、多くの国で国内の経済格差はむしろ悪化しています。「2017年版世界人口白書」では、少なくとも34か国において、2008年から2013年の間に、人口の60%の富裕層の所得が底辺の40%の層の所得の伸びよりも速く、格差が拡大していると分析しています。

所得分配の不平等の度合いを表す指標の一つとして、**ジニ係数**があります。これは、0から1の間の数値で示され、0は完全な平等状態を、1に近いほど格差が大きいことを示す指標です。図2-18に示したように、1980年以降先進諸国のジニ係数は年々上昇しており、不平等の度合いは高まっています。日本のジニ係数は0.33と大きい数字で推移しており、ジニ係数が最も大きいのはアメリカで、小さいのはノルウェー、デンマーク、フィンランドなど北欧諸国となっています。

先進国、途上国双方の課題となっている格差拡大に取り組むべく、SDGsでは**国家内及び国家間の不平等を是正すること**を目標に掲げています。

図表2-18　OECD主要国のジニ係数の推移

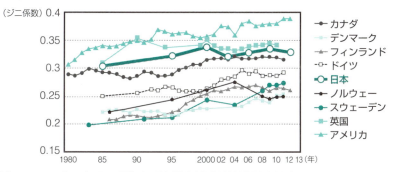

資料：OECD. Stat（2017年3月9日閲覧）より厚生労働省政策統括官付政策評価官室作成
注：等価可処分所得のジニ係数の推移を示している。
出典：『平成29年版 厚生労働白書』を一部改変

4　生活の質

持続可能な社会の実現のため、環境や経済的な指標だけでなく、人としての暮らしの質を評価する必要性が指摘されています。

2017年に公表されたOECDによるレポート「How's Life?」は11項目の**より良い暮らし指標**を設定して、環境・経済・社会の持続可能性の状況を計測しています。

➡より良い暮らし指標
- 住宅
  - 基本的衛生条件
  - 家の値頃感
  - 1人当たりの部屋数
- 所得
  - 家計の収入
  - 家計の純資産
- 雇用
  - 雇用
  - 所得
  - 雇用不安
  - 仕事のストレス
  - 長期的失業率
- 社会とのつながり
  - 社会的支援
- 教育と技能
  - 学歴
  - 成人の技能
  - 15歳の認識能力
- 環境の質
  - 大気の質
  - 水の質
- 市民生活とガバナンス
  - 投票率
  - 政府への発言権
- 健康状態
  - 寿命
  - 健康状態の認識
- 主観的幸福
  - 生活満足度
- 個人の安全
  - 殺人件数
  - 夜間の治安
- 仕事と生活のバランス
  - 労働時間
  - 休暇

〈日本の食料自給率〉

　総合**食料自給率**には、カロリーベース及び生産額ベースがあり、食料全体について品目ごとに単位（カロリー及び生産額）を揃えて計算しています。畜産物・加工品では、輸入飼料・輸入原料により生産されたカロリーや、それらの輸入額を控除して計算されます。

　日本のカロリーベース食料自給率は、2000年以降、40％以下で推移しており、先進諸国の中で最も低くなっています。日本の食料自給率を大きく引き下げている最も直接的な原因は、日本人の食生活の変化です。米の消費量が減る一方で、パンや麺類の原料となる小麦粉、獣鳥肉、乳・乳製品の需要が増加しました。また、油の原料や畜産用の飼料となる穀類を大量に輸入しています。2018年度のカロリーベース食料自給率は、米が不作だった1993年度と同じ37％の低水準になりました。また、生産額ベース食料自給率も66％と低水準になっています。農林水産省は食料自給率を向上させるために、**FOOD ACTION NIPPON**運動を展開しており、地域でとれたものをその地域で消費する**地産地消**や、栄養豊富な「旬」の食材を「旬」の時期に消費する**旬産旬消**を推進しています。

　2020年3月に「食料・農業・農村基本計画」が閣議決定されました。その中で、新たな食料自給率等の目標を、食料消費見通し及び生産努力目標を前提に、諸課題が解決された場合に実現可能な水準として、2030年度にカロリーベース総合食料自給率45％、生産額ベース総合食料自給率75％としました。

　そして食料自給率の向上に向けて、食育や国産農産物の消費拡大、地産地消、和食文化の保護・継承、食品ロスの削減をはじめとする環境問題への対応などの施策を日常生活のなかで取り組めるよう、農業体験、農泊などを通じて、農業・農村を知り、触れる機会を拡大する必要があるとしています。

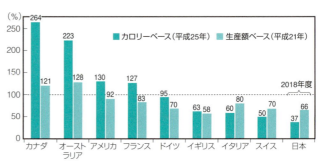

世界の食料自給率

資料：農林水産省「食料需給表」、FAO "Food Balance Sheets" 等を基に農林水産省で試算（アルコール類等は含まない）。
注1：数値は暦年（日本のみ年度）。スイス及びイギリス（生産額ベース）については、各政府の公表値を掲載。
注2：畜産物及び加工品については、輸入飼料及び輸入原料を考慮して計算。

出典：農林水産省HP

日本の食料自給率の推移

出典：農林水産省HP

第3章

環境問題を知る

3-1 地球温暖化と脱炭素社会

3-1 01 地球温暖化の科学的側面

7 エネルギー　13 気候変動

学習のポイント　地球温暖化は、人類が大量の化石燃料を消費してきたことが主な原因であり、気温上昇だけでなく、大きな気候変化をもたらします。この影響は多方面にわたり、人類も深刻な影響を受けることが予測されています。

1 地球温暖化とは

地球温暖化とは、大気中の**温室効果ガス（GHG）** の濃度が高くなることにより、地球表面付近の温度が上昇することです。産業革命以降、人類による化石燃料の大量消費などによりGHGが大量に排出され、大気中のGHGの濃度が高まりました。この結果、過剰な温室効果によって、地球の平均気温は過去に例がないスピードで上昇しています。GHGには**二酸化炭素（CO_2）**、メタン、一酸化二窒素などがあり、各ガスの温室効果の度合いはすべて異なります（**地球温暖化係数（GWP）**）。

➡ 温室効果ガス（GHG：Greenhouse Gases）
　大気中にあり、地表から放射された赤外線の一部を吸収し、再び地表へ戻すことで地球表面の温度を上げる働きをする気体の総称。二酸化炭素（CO_2）、メタン（CH_4）、一酸化二窒素（N_2O）、ハイドロフルオロカーボン類（HFCs）、パーフルオロカーボン類（PFCs）、六フッ化硫黄（SF_6）、三フッ化窒素（NF_3）などがある。
　なお、水蒸気も温室効果ガスである。

➡ 地球温暖化係数
　（GWP：Global Warming Potential）
　GHGの地球温暖化に影響する度合いを、CO_2を1として比較し表した数値。IPCC第4次評価報告書によるとメタンは約25倍、一酸化二窒素は298倍、フロン類は数千倍～数万倍、六フッ化硫黄は約22,800倍、三フッ化窒素（NF_3）は約17,200倍となる。

図表3-1　温室効果のメカニズム

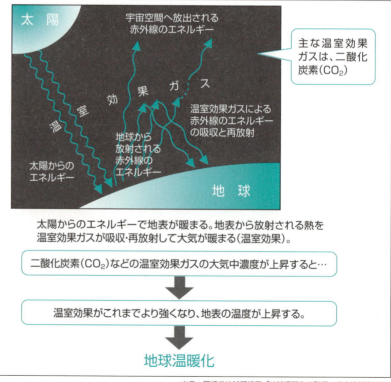

出典：環境省地球環境局『地球温暖化の影響・適応情報資料集』

3-1 地球温暖化と脱炭素社会

　地球温暖化は、単に気温の上昇をもたらすだけではありません。地球上の気候システムが変化することにより、水資源、生態系、気象災害、健康、食料供給など、さまざまな分野に影響が及びます。地球温暖化は**気候変動**（Climate Change）の問題なのです。

2 温室効果のメカニズム

　太陽から地球に降り注ぐ光は、直接、地球の表面を暖め、暖められた地表からは宇宙空間に熱（赤外線）が放出されます。このとき、大気中にわずかに含まれるGHGは、地表から宇宙へ逃げていく**赤外線**の一部を吸収し、熱として大気に蓄積、そして再び地表へ戻す働きをしています。この繰り返しで、地表と大気が互いに暖めあう、これが**温室効果**です。

　もし、大気中にGHGがまったくないとすると、地表の平均温度は氷点下18℃になる計算です。GHGが適度にあることで、地表の平均気温は約15℃という生物にとって快適な気温に保たれているのです。しかし、GHGの濃度が高くなると、地表の気温が上昇してしまいます（図表3−1）。

3 GHG濃度の上昇とその原因

　地球の大気中のCO_2濃度は、約65万年前から18世紀中頃まで大きな変動もなく180ppm〜300ppmの範囲に収まっていました。**産業革命**前、約250年前のCO_2平均濃度は280ppm程度でしたが、2018年には408ppmになり、47％増加しています。また、CO_2に次いで濃度が高いGHGであるメタンは、産業革命前は0.72ppm、2018年は1.87ppmと、2.5倍以上に濃度が上昇しています。今後も、世界が経済成長を持続し、大量の化石燃料が消費されるという想定では、2100年にGHG全体の濃度は1,313ppm（**CO_2換算**、CO_2の濃度は936ppm）に増加し、世界平均気温が、最大で4.8℃上昇する可能性があると予測されています（図表3−2）。

> ➡赤外線
> 　赤色光よりも波長が長く、ミリ波長の電波よりも波長の短い電磁波全般を指し、波長ではおよそ0.7μm〜1mm（＝1,000μm）に分布する。

> ➡大気中のCO_2濃度
> 　1958年、アメリカのキーリング博士が、人間活動の直接の影響を受けにくいハワイのマウナロアでCO_2濃度の観測を開始した。
> 　日本では岩手県大船渡市綾里、南鳥島、与那国島で観測を行っており、そのCO_2の年間平均濃度は、2018年は409〜412ppmであった。

> ➡ppm
> 　parts per millionの略で、100万分の1を表し、大気の場合は体積比による濃度を示す単位。CO_2濃度が398ppmとは、大気1m³中にCO_2が398ml含まれていることになる。これは、0.0398％に相当する。

> ➡CO_2換算
> 　メタンなどの温室効果ガスの量を、地球温暖化係数を用いて、CO_2の量に換算したもの。

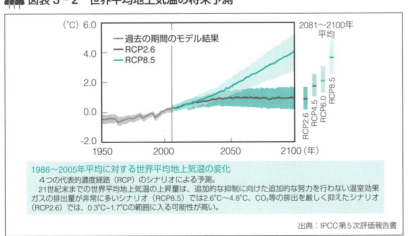

図表3−2　世界平均地上気温の将来予測

1986〜2005年平均に対する世界平均地上気温の変化
　4つの代表的濃度経路（RCP）のシナリオによる予測。
　21世紀末までの世界平均地上気温の上昇量は、追加的な抑制に向けた追加的な努力を行わない温室効果ガスの排出量が非常に多いシナリオ（RCP8.5）では2.6℃〜4.8℃、CO_2等の排出を厳しく抑えたシナリオ（RCP2.6）では、0.3℃〜1.7℃の範囲に入る可能性が高い。

出典：IPCC第5次評価報告書

GHGの代表であるCO_2濃度が上昇した主な原因は、産業革命以降の石油、石炭、天然ガスなどの**化石燃料の大量消費**によるものです。化石燃料は、工業生産活動に利用される動力燃料や船舶、自動車、航空機などの輸送機械のエネルギー、また家電製品への動力供給用の発電燃料として大量に消費されてきました。一方、光合成によりCO_2を吸収・固定する作用のある熱帯多雨林などの森林は、農地の拡大などにより伐採が進み、地球上から失われています。**森林の減少**によるCO_2吸収量の減少も、GHG濃度上昇の原因です。

つまり、森林や海洋などの自然界が吸収できる許容量を超えてGHGが排出されていることが、地球温暖化を招いているといえます。

4 IPCC評価報告書が示す地球温暖化の知見

（1）気候変動に関する政府間パネル
（IPCC：Intergovernmental Panel on Climate Change）

気候変動に関する政府間パネルは、各国政府代表や世界の研究者、専門家の参加の下、最新の科学的・技術的・社会経済的な知見を集め、客観的な評価を行うことを目的としています。評価結果は、数年ごとに評価報告書で公表され、国際間や各国での気候変動政策を科学的に裏づける役割を担っています。

第5次評価報告書が2014年に公表され、その後、1.5℃特別報告書、気候変動と土地に関する特別報告書及び海洋・雪氷圏に関する特別報告書がまとめられました。その概要は以下のとおりです。

（2）IPCC評価報告書 —— 地球温暖化の現状と将来などの概要

第5次評価報告書などは、以下①〜④に示す世界の平均地上気温の変化から、**気候システムの温暖化は疑う余地がない**として、人間活動が20世紀半ば以降に観測された地球温暖化の主要な要因であった可能性が極めて高い（95%以上）と結論づけました。

①**世界の平均気温は、工業化以前と比較して2017年で約1℃上昇した。**

②**過去20年にわたり、グリーンランドと南極の氷床は減少、氷河はほぼ世界中で縮小し続けている。北極海の海氷も減少している。**

③**世界の平均海面水位は、0.16m（1901〜2016年）上昇した。2006〜2015年の上昇率（3.6mm/年）は、以前の約2.5倍である。**

④**海洋は人為起源のCO_2の約30%を吸収して、海洋酸性化を引き起こしている。海水のpHは工業化以降0.1低下している。**

さらにシナリオ（道筋）分析に基づいて「今世紀末までの世界平均気温の上昇は0.3〜4.8℃の範囲、海面水位の上昇は0.26〜0.82mの範囲に入る可能性が高い」としましたが、1.5℃特別報告書では、さらに現在の進行速度で温暖化が続けば、2030〜2052年の間に1.5℃上昇に達する可

➡気候変動に関する政府間パネル（IPCC）
1988年に世界気象機関（WMO）と国連環境計画（UNEP）により設立された国連の組織。気候変動問題（地球温暖化）に関する科学的な情報を整理・分析し、政策決定者等に情報提供を行うことを目的とする。
第1作業部会は気候変動の自然科学的根拠について、第2作業部会は気候変動の影響及び影響への適応策について、第3作業部会は気候変動に対する緩和策についてもそれぞれ評価している。

➡IPCC評価報告書の公表
IPCCでは、これまで第1次評価報告書（1990、FAR）、第2次（1995、SAR）、第3次（2001、TAR）、第4次（2007、AR4）、第5次評価報告書（2014、AR5）を公表した。さらに、パリ協定で努力目標とされた1.5℃の気温上昇による影響と排出経路に関する特別報告書（1.5℃特別報告書）が、2018年に公表された。
また、気候変動と土地に関する特別報告書及び海洋・雪氷圏特別報告書が、2019年に公表された。

➡pH
P.116参照。

能性が高いとしています。

（3）気候変動による影響

気候変動は、ここ数十年で、すべての大陸と海洋において自然及び人間システムへの影響を引き起こしています。気候変動のリスクは①**サンゴ礁生態系などの、固有性が高く脅威にさらされるシステムへの影響**、②**干ばつ、台風等の極端な気象現象**、③**農作物や水不足などの地域的な影響**、④**生物多様性の損失や経済への影響など、世界全体への影響**、⑤**氷床の消失などの大規模な特異現象**という5つの分野に大別され、3℃の温度上昇ではこれらすべてが深刻になるとしています。また、温度上昇を2℃ではなく1.5℃に抑えた場合の違いが大きい分野として、居住地域における極端な高温の増加抑制、海水面の上昇抑制（約0.1m上昇幅が小）、北極の夏季の海氷の消滅緩和、サンゴ礁への影響の緩和があります。

これらの気候変動に対しては**適応策**が重要ですが、地域や背景が異なるため、それぞれの特性に合ったリスク低減対策が必要とされます。

➡適応策
P.62参照。

なお、気候変動については、人の健康などへの影響も懸念されています。また、世界経済への影響は、推計が困難であるものの、2℃以内の気温上昇に対する世界の年間経済損失は収入の0.2～2％の範囲とされています。

（4）気候変動に対する緩和策

最新の知見によれば、1870年以降地球上で排出される人為起源の**CO_2の累積排出量と地球平均地上気温の上昇値は、ほぼ比例関係にあります**（図表3-3）。地球の平均気温の上昇を2℃に抑制するには、累積排出量を約3兆tに抑えることが必要です。

➡緩和策
P.62参照。

2100年に気温上昇2℃未満になる可能性が高いシナリオでは、2050年のGHG排出量を2010年の約490億tCO_2から40～70％減らし、**今世紀末にはほぼゼロにする必要が**あります。さらに、気温上昇が1.5℃を大きく超えないためには、2050年前後には世界のCO_2排出量を正味ゼロとする必要があります。

このような削減の実施には、技術、経済、制度の大きな変革が必要です。

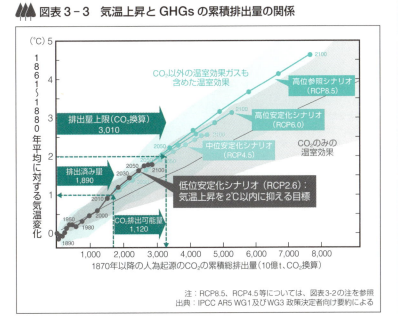

図表3-3 気温上昇とGHGsの累積排出量の関係

注：RCP8.5、RCP4.5等については、図表3-2の注を参照
出典：IPCC AR5 WG1及びWG3 政策決定者向け要約による

3-1 02 地球温暖化対策 —緩和策と適応策—

7 エネルギー　13 気候変動　15 陸上資源

学習のポイント ▶ 地球温暖化対策は、まず温室効果ガス（GHG）の排出削減と、吸収源の保全を推進し、地球温暖化の進行を食い止める「緩和策」が重要です。合わせて、温暖化による影響を軽減させる「適応策」も必要です。

1　地球温暖化対策の柱

地球温暖化防止対策は、**緩和策（mitigation）**と**適応策（adaptation）**を柱とします。緩和策は、**GHGの排出**を削減して地球温暖化の進行を抑えたり、GHGの吸収を促進するために森林保全対策などを推進することです。一方、適応策は、地球温暖化や気候変動の影響と考えられる、変化や異変による被害を抑えるための対策です。緩和と適応は気候変動のリスクを低減し、管理するための相互補完的な戦略です。

2　緩和策

日本の場合、GHGの総排出量の約92％はCO_2で、エネルギー起源のCO_2の排出量が約85％（2018年度）を占めます。このため、緩和策の重点はエネルギー対策です。

（1）エネルギーの供給段階での対策

石炭、石油などの化石燃料の利用を削減し、太陽光、風力、バイオマスなどの再生可能エネルギー利用などの**低炭素エネルギーの拡充**を図ります。さらに、発電施設の高効率化などによって**電力の低炭素化**を図ることも重要です。原子力は低炭素エネルギーですが、安全性の確保が大前提となります。

（2）エネルギーの利用段階での対策（省エネルギーなど）

エネルギー利用の効率化や産業・都市構造の変革など中心に、産業、民生、交通分野などでCO_2の各種の排出削減対策が必要です（図表3-4）。

（3）森林・吸収源対策

健全な森林の整備、保安林などの適切な管理・保全などを推進します。

（4）排出されたCO_2の回収・貯留（CCS：Carbon Capture and Storage）

化石燃料の燃焼などで発生するCO_2を分離・回収し、地中深部への炭素貯留や海洋の炭素吸収能力を活用し、大気からCO_2を隔離します。さらに、CO_2をバイオ燃料の原料となる藻類の培養などに利用すること（CCU: Carbon Capture and Use）も検討されています。

➡ GHGの排出
GHGの主要な排出源は、以下のとおりである。
- 二酸化炭素（CO_2）：化石燃料の燃焼、セメント焼成などの工業プロセス
- メタン：稲作、家畜の消化管内発酵、廃棄物の埋め立て、燃料の燃焼・漏出
- 一酸化二窒素（N_2O）：家畜排泄物の管理、農用地の土壌、燃料の燃焼、工業プロセス
- ハイドロフルオロカーボン：冷媒、エアゾール噴射剤、発泡剤、工業副産物
- パーフルオロカーボン：半導体製造、洗浄剤
- 六フッ化硫黄：電気絶縁ガス、半導体製造
- 三フッ化窒素：半導体製造

➡ エネルギー供給対策
P.82〜85参照。

➡ 電力の低炭素化
電力会社が発電する際に排出されるCO_2の排出量を低減すること。高効率化、石炭からの燃料転換、再生可能エネルギーの使用等による単位発電量当たりのCO_2の排出量（電力排出係数）の低下で示される。
電気事業低炭素社会協議会は、2030年度に国全体の電力排出係数0.37kg-CO_2/kWh程度（2013年度より約35％減）を目標としている。

3-1 地球温暖化と脱炭素社会

図表3-4 エネルギー利用段階でのGHG低減のための緩和策（例）

対策部門	対策内容
産業部門	燃料転換・電化、製造工程での省エネルギー、燃焼管理の徹底
民生部門	地域レベルでのコージェネレーションの普及、断熱・空調など建築物の高性能省エネルギー化、省エネ製品の普及促進、省エネ型ライフスタイル、ヒートアイランド対策
交通部門	公共交通機関の利用促進、燃費向上・電気自動車の普及、エコドライブ、モーダルシフト、持続可能な交通政策の推進（EST）
社会システム	排出量取引・炭素税などのカーボンプライシングの導入、政府の実行計画、国民運動の展開、ESCO事業の推進

注）対策内容の詳細については、3-1〈04〉-〈06〉などを参照

出典：各種資料より作成

（5）その他のGHG排出削減対策

セメント製造などの非エネルギー起源のCO_2削減対策、廃棄物や肥料からのメタン・一酸化二窒素の排出削減対策、空調機器などの代替フロン対策を推進します。

3 適応策

気候変動は完全には抑制できないので、**気候変動によるリスク**に対して社会、経済のシステムを適応させ、悪影響を極力小さくする努力が必要です。特に途上国では、適応能力向上のための取り組みが緊急課題です。地球温暖化に対する**脆弱性**を把握し、地域特性に合った適応対策を進めて**レジリエンス**（強靭性）を強めることが重要です（図表3-5）。

日本でもすでにサンゴの白化などが観察され、また異常気象、極端現象が頻繁に観測されています。全国平均気温は、100年当たり1.19℃上昇しており、21世紀末には工業化以前に比べて最大5.4℃上昇すると予測されています。

2018年に**気候変動適応法**が公布されました。これにより、国が気候変動適応計画を策定し、概ね5年ごとに見直すこと、自治体でも計画の策定に努めること、**気候変動適応情報プラットフォーム**によって情報を発信することとなりました。

➡フロン
P.110参照。

➡脆弱性
地球温暖化による気候変化の悪影響に対する弱さの度合いを意味する。

➡レジリエンス
災害等からの防護力があるとともに、抵抗力、回復力もあること。

➡気候変動適応法
気候変動適応を推進し、国民の健康で文化的な生活の確保に寄与することを目的とする。あらゆる関連施策に気候変動適応を盛り込む等の基本戦略や、農林水産業の対策等を示した気候変動適応計画が2018年に閣議決定された。

➡気候変動適応情報プラットフォーム（A-PLAT）
国立環境研究所等により設置された、気候変動による悪影響をできるだけ抑制・回避する施策を進める参考となる情報を、発信するための情報基盤。

図表3-5 地球温暖化の影響に対する適応策（日本の例）

対策分野	対策内容
1.農林水産業	高温耐性の水稲・果樹の品種の開発・普及改良、適切な病害虫の防除
2.自然災害	堤防等防災施設の整備、ハザードマップや避難計画の策定など災害対応体制の整備
3.水環境・水資源	渇水対策のためのタイムライン（時系列の行動計画）の策定、生活排水などの排水対策
4.自然生態系	高山・サンゴ礁等のモニタリングによる生態系の変化の把握、国立公園等の管理の推進
5.健康	熱中症の予防・対処法の普及啓発、感染症媒介蚊の発生防止・駆除
6.産業・経済活動	気候変動の影響の評価、損害保険などによる取り組み促進、適応技術の開発
7.国民生活・都市生活	インフラ・ライフライン（水道、発電所）の強靭化、港湾等の事業継続計画（BCP）の策定

出典：気候変動への適応計画（閣議決定2015）から作成

3-1 03 地球温暖化問題に関する国際的な取り組み

7 エネルギー　13 気候変動　17 実施手段

学習のポイント ▶ 地球温暖化問題の国際的取り組みの中心である国連気候変動枠組条約やパリ協定について、その内容と意思決定の仕組み、今後の方向について学びます。

➡️締約国会議
（COP及びCMP、CMA）
環境条約の会議は、締約国（Party）により行われるため、締約国会議（Conference of the Parties）を略してCOPと呼ばれる。京都議定書やパリ協定は、「親」と「子」のような関係にあり、議定書・協定の締約国会議は、COPと同時に開催される。京都議定書の締約国会議ではCMP（Conference of the Parties serving as the Meeting of the Parties）、パリ協定ではCMA（Conference of the Parties serving as the Meeting of the Parties to the Paris Agreement）と呼ばれる。

1 地球温暖化問題に関する国際的な取り組み

　地球温暖化は、人為的に排出される温室効果ガス（GHG）が原因であり、その悪影響は地球規模で拡大します。そのため、国際協力を通じた取り組みが必要です。

　1992年の地球サミットの直前に**国連気候変動枠組条約（UNFCCC）**が採択されて以来、**締約国会議（COP）**で、気候変動の緩和や適応の取り組みに関する決定が行われてきました。1997年に日本で開催された第3回締約国会議（COP3）で**京都議定書**が採択されたほか、2010年のCOP16では、2013年以降の国際的な枠組みとして**カンクン合意**が決定されました。さらに、2015年のCOP21では2020年以降の国際的枠組みを決める**パリ協定**が採択され、2016年11月に発効し、各国による取り組みが開始されています（図表3-6）。

図表3-6　気候変動に関する国際交渉の経緯

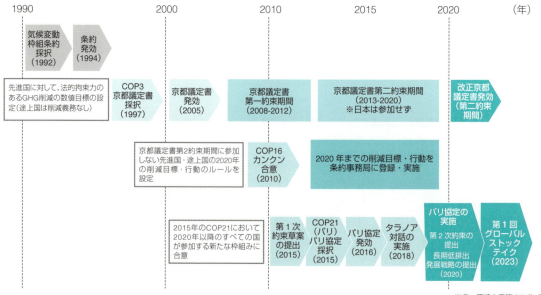

出典：環境白書等より作成

3-1 地球温暖化と脱炭素社会

2 国連気候変動枠組条約（1992年採択、1994年発効）
(UNFCCC: United Nations Framework Convention on Climate Change)

国連気候変動枠組条約は、国際協力の下に地球温暖化対策を進めるため、初めて国際取り決めを定めました。GHGの人為的排出については、気候に悪影響を及ぼさないレベルで大気中のGHG濃度を安定化させることを究極目標に掲げています。具体的には、全締約国に対して**GHG排出・吸収状況の目録（GHGインベントリ）**の作成と報告、GHG排出削減（緩和）などの実施を定め、先進国にはこれに加えて途上国への技術移転や資金支援を行うことなどを義務としています。

3 京都議定書（1997年採択、2005年発効）

京都議定書は、先進国に対して、法的な拘束力を持つGHG削減の数値目標を国ごとに設定し、2008～2012年の第一約束期間に先進国全体で1990年の排出実績に対し、約5％削減を達成することを定めました。また、他国でのGHG削減を自国での削減に換算できる仕組みや、排出量取引からなる**京都メカニズム**が導入されるなど、それまでにない国際的取り組みが盛り込まれました。

なお、日本は6％削減の義務を達成しましたが、2013～2020年の**第二約束期間**については、先進国のみの削減義務づけでは不十分として、参加しませんでした。

4 普遍的な気候変動対策の前進とパリ協定

（1）先進国・途上国を含めた気候変動対策の進展

急激な経済発展に伴い途上国からのGHG排出が増加し、世界各国の排出割合も大きく変化したため、すべての国の取り組みが重要視されるようになり、新たな枠組みづくりを目指した国際交渉が行われました。

2010年のカンクン合意では、各国が2020年までの削減目標を表明し、これには京都議定書締約国の欧州諸国（1990年比−20～30％）のみな

▶条約の署名・批准・発効（P.64）
P.201参照。

▶カンクン合意（P.64）
メキシコのカンクンで開催されたCOP16での合意文書。資金や技術面などでの途上国支援措置や、先進国、途上国のGHG削減対策について、測定・報告・検証（measurement, report, verification：MRV）のルールをそれぞれ定めるなどの内容となっている。

▶温室効果ガス排出目録（GHGインベントリ）
国内から排出される排出量を網羅的な形で取りまとめたもの。CO_2やメタンガスなどのガス別や、エネルギー、農業、森林などの部門別などの分類でデータが整理されている。日本では、国立環境研究所温室効果ガスインベントリオフィスが担当。

▶京都メカニズム
共同実施（JI）、クリーン開発メカニズム（CDM）、排出量取引（ET）を指す。他の先進国や途上国での再生可能エネルギーの導入や工場の省エネルギー対策などのプロジェクトを実施し、それに伴う排出削減を、認証・クレジットの発行を経て、先進国の排出削減目標達成の補足手段として用いることができる。

▶第二約束期間
京都議定書、ドーハ改正により規定。
2020年末に発効予定で、参加先進国全体でGHG排出量を1990年比で18％制限する目標となっている。

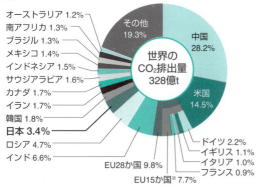

図表3-7　世界のエネルギー起源　CO_2の国別排出量（2017）

※排出量の単位は［百万t−エネルギー起源の二酸化炭素（CO_2）］四捨五入のため、合計が100％にならない場合がある。
注）EU15か国は、COP3(京都会議)開催時点での加盟国数である。

資料：国際エネルギー機関(IEA)『CO_2 EMISSIONS FROM FUEL COMBUSTION』 2019 EDITIONを基に環境省作成
出典：環境省『令和元年版 環境白書』

➡途上国内における適切な緩和行動（NAMA）
Nationally Appropriate Mitigation Actionの略。開発途上各国は、GHG削減対策をとることを計画し、UNFCCCに表明するよう求められている。この取り組みは、先進国による支援を受けることができる一方で、UNFCCCの下での測定・報告・検証が行われる。

➡長期のGHG低排出発展戦略
2℃目標の達成と、気候変動に適応し強靱性のあるGHGの低排出型の発展というパリ協定の目標のために、各国が長期的な戦略を策定し、提出することが努力義務とされている。
P.74参照。

➡隔年透明性報告書（Biennial Transparency Report : BTR）
パリ協定によって、一つの報告制度の下ですべての締約国の進捗確認が行われることとなった。2024年末までに第1回報告書が提出され、技術専門家による評価（レビュー）が実施される。

➡グローバルストックテイク
パリ協定の目的、及び長期目標の達成に向けた全体的な進捗を評価するために、定期的に実施状況について最新の科学情報に基づき、包括的に確認するプロセス。第1回が2023年に実施され、その後は5年ごとに実施される。

➡各国が自主的に決定する約束（NDC: Nationally Determined Contribution）
すべての国が、自らのGHG削減目標を決定してUNFCCCに表明し、取り組みを行うもの。取り組みの結果は、国際的な透明性のある制度の下で報告する。

らず、米国（2005年比−17％）も含まれています。また、途上国における取り組みの促進のため、2009年のCOP15において、**途上国内における適切な緩和行動（NAMA）** が合意されました。

（2）パリ協定の採択、発効（2015年採択、2016年発効）

パリ協定は、2020年以降の国際的枠組みを決定し、すべての国が参加する法的拘束力を持つ国際協定です。COP24において、本格運用に向けて実施指針が採択されました。

①2℃目標の設定

世界的な平均気温上昇を産業革命以前と比較して、**2℃より十分低く保つ（2℃目標）** と共に、1.5℃に抑えるよう努力する。

②緩和策

今世紀後半にGHG排出量と吸収量のバランスを達成するため、世界のGHG排出量のピークを早期に迎えるようにする。各国は自主的に緩和に関する約束（NDC）を作成・提出し、約束を達成するための国内対策を実施する。各国は5年ごとに約束を見直し、提出する。

③長期戦略の策定

すべての国は**長期のGHG低排出発展戦略**を策定し、2020年までに提出するよう努める。

④適応策

各国は気候変動の悪影響に対する適応能力を高めるため、適応計画プロセス、行動の実施に責任を負う。

⑤被害と損失（ロスアンドダメージ）

適応できる範囲を超えて発生する気候変動の影響を「被害と損失」とし、これらを救済するための国際的な仕組みを整えていく。

⑥透明性制度

各国は、2年に一度、隔年透明性報告書（BTR）によりNDCで示した緩和策の進捗や、GHGインベントリに基づく排出の状況を報告する。

⑦全体の進捗確認（グローバルストックテイク）

5年ごとにパリ協定の全体の実施状況を確認し、取り組みが十分であったかどうかを評価する。第1回の会合が、2023年に行われる予定。

（3）各国の自主的約束の内容

パリ協定では締約国に対して、2020年以降について**自主的に決定する約束（NDC）** を提出し、実施するように求めています（図表3−8）。2015年に日本は、2030年度を目標年として2013年度比で26％、2005年度比で25.4％と認定した排出削減目標を提出しました。2020年3月には第2次約束を提出し、既存目標の着実な達成と中長期の削減努力を追求するとともに「パリ協定に基づく成長戦略としての長期戦略」に基づき、2050年に近い時期に脱炭素社会を実現する努力を表明しました。

3-1 地球温暖化と脱炭素社会

図表3-8 NDCにおける温室効果ガス排出削減目標の一覧

	目標の内容
EU	2030年までに少なくとも40%削減（1990年比）
米国*	2025年に26～28%削減（2005年比）。28%削減に向けて最大限取り組む
ロシア	2030年までに25～30%削減（1990年比）が長期目標となり得る
中国	2030年までにGDP当たりCO_2排出量60～65%削減（2005年比） 2030年前後にCO_2排出量のピーク
韓国	2030年までに37%削減（BAU比）
日本	2030年度までに2013年度比26.0%削減（2005年度比25.4%削減）
インドネシア	2030年までに29%削減（BAU比）
インド	2030年までにGDP当たり排出量33～35%削減（2005年比）

注1）BAU：現状の排出傾向を前提とした場合の基準年における予測排出量
注2）現在、日本・EU・中国などが見直しを表明
＊米国は2020年に離脱
資料：国連気候変動枠組条約約束草案ポータルを基に環境省作成　出典：環境省『平成28年版 環境白書』

（4）パリ協定の特徴

パリ協定は、京都議定書とは異なり、各国が約束の内容を自ら決定し、それを国際的に公表、実施するという方式をとっています。その実効性を確保する観点から、共通の報告制度やグローバルストックテイクなどの、画期的な透明性を確保する制度が導入されました。途上国を含めて、各国が実施した気候変動対策は、国際的な制度の下で報告が行われ、国際的な評価（レビュー）の対象となります。

（5）パリ協定の評価

パリ協定は、現在180か国が批准し、国際的な新たな取り組みの開始となる一方で、課題も抱えています。国連環境計画（UNEP）の「**排出ギャップ報告書**」（2019年）は、各国のNDCの排出削減目標を足しても、現状では2℃目標の達成には削減量が十分でないことを指摘しています。今後、グローバルストックテイクの過程で、各国が作成すべき長期的な戦略や、いかに取り組みを強めていくかが課題です。なお、特に**米国はパリ協定から離脱**したことから、すべての国が参加する枠組みという意味でも課題があり、早期の復帰が期待されます。

5 二国間クレジット制度（JCM）

日本政府は、**二国間クレジット制度（JCM：Joint Crediting Mechanism）**を実施しており、モンゴル、タイ、エチオピアなど17か国のパートナー国と二国間協定を結んでいます。

JCMは、途上国の省エネルギーや再生可能エネルギー導入を促進するプロジェクトを通じて、日本の脱炭素技術などを提供し、NDCの実施や脱炭素社会の実現に貢献します。その結果、GHG削減の成果を定量的に評価し、国際的な枠組みの下で、その一部をクレジットとして日本の削減目標達成に活用しようとしています。

➡排出ギャップ報告書
UNEPは排出された温室効果ガス（GHG）の総量、今後予想される排出量及びパリ協定目標を達成するための排出量との差である「排出ギャップ」などについて分析を行った報告書を発表している。その結果、各国のNDCによる排出削減量を合計しても、パリ協定の目標には60～110億t-CO_2程度の削減量が不足している。10億tをギガトンというため、これをギガトンギャップと呼んでいる。

➡米国はパリ協定から離脱
2020年11月4日に米国は離脱した。しかし、バイデン次期大統領は、パリ協定への速やかな復帰や、2050年までに米国のGHG排出量をネットゼロにすることを表明している。

3-1 04 日本の地球温暖化対策（国の制度）

7 エネルギー ☀ **12 生産と消費** ∞ **13 気候変動** 👁 **17 実施手段** ⊛

学習の ポイント ▶ 日本の地球温暖化対策の経緯と、地球温暖化対策推進法を基盤とする国内制度の概略、基本的な構造を学びます。

➡**環境基本計画**
P.176参照。

➡**エネルギー政策基本法**
P.82参照。

➡**省エネ法**
P.82参照。

➡**エコまち法**
P.73、157参照。

➡**算定・報告・公表制度**
地球温暖化対策推進法に基づき、GHGを一定以上排出する特定排出者に、自らのGHGの排出量を算定し、国に報告することを義務づける制度。GHG排出量を算定する手法には、環境省が作成したガイドラインが用いられる。

➡**全国地球温暖化防止活動推進センター（JCCCA）**
地球温暖化対策推進法に基づいて、地球温暖化の防止活動の促進のため設立。全都道府県に地域センターがある。

➡**地球温暖化防止活動推進員**
地球温暖化対策推進法に基づき、都道府県知事が委嘱し、啓発活動、情報提供などを行う。

➡**京都メカニズム**
P.65参照。

➡**国別登録簿（レジストリ）**
京都議定書の京都メカニズムの炭素クレジットを管理するために設置された目録で、国が管理する。民間事業者は目録の中に口座を開設し、他の事業者から購入したクレジットを移転することができる。

---

1 ▶ 日本の地球温暖化対策の法律的な枠組み

国内の地球温暖化対策は、**環境基本計画**に加え、地球温暖化対策推進法を中核として、温暖化対策の基本方針や具体的施策を示し、さらに、それらの進捗を確認する仕組みを形成しています（図表3-9）。

また、**エネルギー政策基本法、省エネ法、再生可能エネルギー特別措置法、都市の低炭素化の促進に関する法律（エコまち法）**などと合わせて、総合的に取り組みが行われています。

2 ▶ 地球温暖化対策推進法

1998年に制定された地球温暖化対策推進法は、国・地方公共団体・事業者・国民の責務・役割を明らかにし、日本の地球温暖化対策の基盤として、以下のような制度や取り組みとその推進を決めています。

- 地球温暖化対策計画の策定
- 政府の地球温暖化対策本部の設置
- 温室効果ガス（GHG）の排出の抑制等のための施策
- 国・地方自治体の実行計画の策定（自らの事業活動や区域から排出されるGHGを削減する計画）
- 事業者による**算定・報告・公表制度**（一定規模のGHGの排出を行う場合、自らGHGの排出を算定し、国に報告、公表）
- 国民レベルでの取り組みを促進するために普及啓発などを行う**全国地球温暖化防止活動推進センター**、地域での取り組みを推進するための**地域地球温暖化防止活動推進センター**を設置、**地球温暖化防止活動推進員**が活動
- 京都メカニズムの取引制度活用に関する**国別登録簿（レジストリ）**
- GHGの排出がより少ない日常生活用品の普及促進　など

3 ▶ 地球温暖化対策計画

地球温暖化対策推進法に基づき、京都議定書の排出削減義務（第一約

3-1 地球温暖化と脱炭素社会

 図表3-9 日本の温暖化対策の経緯

年	温暖化対策政策・法令	概要とポイント
1990	地球温暖化防止行動計画 策定	日本で初めての取り組み
1998	地球温暖化対策推進大綱 策定	京都議定書履行のための政策パッケージの導入
	地球温暖化対策推進法 公布	国内での温暖化対策の枠組み
2005	地球温暖化対策推進法 改正 京都議定書目標達成計画 策定	京都議定書を達成するための分野別目標と対応策
2012	第4次環境基本計画 策定	2050年の長期的目標の策定（80%排出削減を目指す）
	地球温暖化対策税の導入	化石燃料に対してCO_2排出量に応じて課税（P.183参照）
	固定価格買取制度（FIT）	再生可能エネルギーの固定価格買取を発電事業者に義務づける制度
	エコまち法公布	都市機能の中心部への集積や公共交通等の整備活用の推進
2013	地球温暖化対策推進法 改正	京都議定書目標達成計画に代わり、地球温暖化対策計画を策定
	当面の地球温暖化対策に関する方針決定	2005年度比で2020年度の削減目標を3.8%減とすることを国際的に表明
2015	2030年以降の削減について日本の約束草案の決定	2030年度の削減目標（中期目標）を26%削減（2013年度比）とすることを条約事務局に提出
	気候変動の影響への適応計画 策定	適応の基本的考え方と分野別施策を決定
2016	地球温暖化対策推進法 改正	普及啓発、国際協力の強化、地域における温暖化対策の推進
	地球温暖化対策計画 策定	地球温暖化対策の基本的方向、削減目標と達成のための対策を決定
2018	第5次環境基本計画策定	地球温暖化対策計画に定める中期（2030年）、長期的（2050年）目標の達成
	気候変動適応法 公布	気候変動適応計画の策定、情報基盤の整備、地域での適応の強化
2019	パリ協定に基づく成長戦略としての長期戦略閣議決定	脱炭素社会を最終到達点とし、2050年までに80%削減に取り組む
2020	パリ協定日本の第2次約束決定	2015年の約束を確実に達成。地球温暖化対策計画を見直し、さらなる削減努力を追求

図表3-10 日本の温室効果ガス（GHG）排出量の推移

2018年度の温室効果ガスの総排出量は、2014年度以降5年連続で減少しており、排出量を算定している1990年度以降で最少。
また、実質GDP当たりの温室効果ガスの総排出量は、2013年度以降6年連続で減少。

注1）2017年度及び2013年度と比べて排出量が減少した要因は、電力の低炭素化に伴う電力由来のCO_2排出量の減少、エネルギー消費の減少（省エネルギー、暖冬）。なお、HFCsの排出量が年々増加。
注2）各年度の排出量及び過年度からの増減割合には京都議定書に基づく吸収源活動による吸収量は加味していない。

出典：環境省HP

➡ 2050年までに温室効果ガスの排出量実質ゼロ
2020年10月、菅総理が所信表明演説で述べ、地球温暖化対策推進本部会合で、具体的な排出削減策を検討するように指示した。

➡ トップランナー機器
P.85の「トップランナー制度」を参照。

➡ モーダルシフト
P.158参照。

➡ 森林吸収源対策
京都議定書では、削減目標を達成するために、国内の森林から得られる吸収・排出量に限って国の削減量・排出量に算入できるとしている。

➡ 農地土壌炭素吸収源対策
農地及び草地土壌へ、堆肥などを施用して土作りを推進することによって、土壌中の炭素貯留量を増加させる。

➡ J-クレジット制度
省エネルギー機器の導入や森林経営などの取り組みによる、GHGの排出削減量や吸収量を「クレジット」として国が認証するもの。低炭素社会実行計画の目標達成やカーボンオフセットなど、さまざまな用途に活用できる。

➡ 税制のグリーン化
炭素税の導入等環境への負荷の低減に資するための税制の見直し。

➡ 国内排出量取引制度
GHGを排出する企業などに排出枠（キャップ）を設け、その上限値を超えた場合、ほかの企業から余剰枠を購入して排出削減の未達成分を補うもの。

➡ カーボンフットプリント（P.71）
P.219参照。

➡ カーボンオフセット（P.71）
自らの努力で削減できなかった排出量を、クレジットの購入などを通じて相殺する制度。
P.219参照。

➡ 地域循環共生圏（P.71）
P.246参照。

束期間：2008〜2012年）を達成するため、「京都議定書目標達成計画」が2005年に策定されました。その結果、削減割合は**京都メカニズムクレジット**等を加味して−8.4%となり、削減目標を達成しました。

その後、法律改正（2013年）により**地球温暖化対策計画**が導入されました。計画では、対策推進の基本的な考え方、GHGの排出抑制および吸収量の目標、事業者、国民や国、地方公共団体が講ずべき措置や施策などを規定しています。さらに、2016年にはパリ協定への対応のため普及啓発を強化する法改正が行われました。

地球温暖化対策計画は、パリ協定や国連に提出した「**日本の約束草案**」を基に、2016年5月に閣議決定されました。計画では、GHGの排出量（図表3−10）を2030年度に2013年度比で26%削減するとの中期目標の達成とともに、長期的目標として2050年度までに80%のGHGの排出削減を目指しています。具体的な施策の例を以下に示します。計画の進捗状況は毎年度点検を行い、3年ごとに見直すこととなっており、2021年度に、菅総理の表明した**2050年までに温室効果ガスの排出量実質ゼロ**を目指して見直される予定です。

「地球温暖化対策計画」におけるGHGの排出削減、吸収等に関する対策・施策の例

1．GHGの排出削減、吸収等に関する対策・施策
①GHGの排出削減対策・施策
- 産業部門：自主的取り組み（低炭素社会実行計画）の推進、省エネルギー性能の高い設備・機器の導入促進
- 業務その他部門及び家庭部門：建築物の省エネ化、トップランナー機器など省エネ設備・機器の導入、徹底的なエネルギー管理、クールチョイスなど国民運動の展開、政府の実行計画等公的機関による取り組み
- 運輸部門：トップランナー制度による燃費向上・次世代自動車の導入、エコドライブや公共交通機関の利用、モーダルシフトなど低炭素物流の促進
- エネルギー転換部門：再生可能エネルギーの最大限導入、火力発電の高効率化
- メタン、一酸化二窒素、代替フロン等4ガス等の対策

②GHG吸収源対策・施策
森林吸収源対策、農地土壌炭素吸収源対策、都市緑化

2．分野横断的施策
J-クレジット制度の推進、温室効果ガス排出抑制等指針、金融・**税制のグリーン化**、国内排出量取引制度の検討

＊政府実行計画　2030年度の排出量を政府全体で40%削減

4　地球温暖化対策の新たな試策

地球温暖化対策計画の大幅なCO_2排出量の削減目標達成のためには、

3-1 地球温暖化と脱炭素社会

民生部門で40％削減する必要があり、国民一人ひとりの意識やライフスタイルを変えていくことが必要です。そのためには、国民運動として、低炭素製品への買い替えやカーシェアリングなどの低炭素サービスの選択、ワークスタイルの転換の推進、そのための**カーボンフットプリント**による見える化や、**カーボンオフセット**の推進が重要です。さらに、再生可能エネルギー資源のような地域の特性を生かしながら、環境・経済・社会の統合的向上によるローカルSDGsの達成に向けて自立的に、かつ他の地域と連携して取り組む**「地域循環共生圏」の展開**が特に重要となっています。

一方で、世界的に広く活用され、日本でも**「地球温暖化対策のための税」**として一部で導入されている**カーボンプライシング**の積極的な活用が課題です。例えば、**排出量取引制度**は、慎重に検討が進められていますが、東京都などではすでに導入しています。また、**「金融のグリーン化」**として、企業の環境面への配慮を投資判断の要件に加える**ESG投資**や**グリーンボンド**の発行の推進も重要です。このほか、**固定価格買取制度（FIT）**による再生可能エネルギー推進や**電力の低炭素化**などが、地球温暖化対策計画で位置づけられています。

さらに、気候変動による影響に対して計画的に適応を進めるため、**気候変動適応法**が2018年に公布されました。また、パリ協定に基づき、2050年を目標とした**長期のGHG低排出量発展戦略**が策定されました。

➡**地球温暖化対策のための税**
P.187、237参照。

➡**カーボンプライシング**
排出される炭素（二酸化炭素）に価格づけを行うこと。炭素税や排出量取引制度によって排出量に応じて課金をすることにより、排出削減に対する経済的インセンティブを創り出す。

➡**金融のグリーン化**
環境に優しい企業ほど金融面で優遇される仕組み。

➡**ESG投資**
P.210参照。

➡**グリーンボンド**
P.72参照。

➡**固定価格買取制度**
P.84参照。

➡**電力の低炭素化**
P.62参照。

➡**気候変動適応法**
P.63参照。

➡**長期のGHG低排出量発展戦略**
P.66参照。

COLUMN

図表3-11　CO₂削減に向けて対策が必要な業務部門や家庭部門

2018年度の温室効果ガスの総排出量は、12億4000万t（CO₂換算）で、前年度と比べて3.9％、2013年度比で12.0％減少しました。

業務・家庭部門は目標削減率が共に約40％（2013年比）であり、現在はそれぞれ18％、20％の削減率にとどまっているため、今後も対策が必要です。運輸部門も約3割の削減が必要なため、対策の強化が重要です。

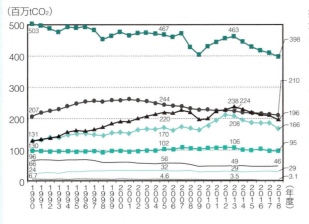

出典：環境省

3-1 05 日本の地球温暖化対策（企業・地方自治体・国民運動の展開）

7 エネルギー ☀ **12 生産と消費** ∞ **13 気候変動** 👁 **17 実施手段** ✿

学習のポイント ▶ 地球温暖化対策の取り組みは、企業や地方自治体、市民・NPOなどがそれぞれの役割に合わせて実施することが重要です。

➡低炭素社会実行計画
業種別に各業界が自主的に策定する温室効果ガス排出削減計画。115業種が2030年を目標年度とする計画を策定している（2020年現在）。

➡ SBT、RE100
企業が自主的に参加する国際的なイニシアティブで、SBTはパリ協定の2℃目標と整合した科学的な温室効果ガス削減目標を設定し取り組むことを、RE100は使用する電力を100％再エネで調達することを目標に掲げている。

➡金融のグリーン化
P.71参照。

➡ ESG投資
P.210参照。

➡グリーンボンド
環境問題へ取り組むプロジェクト（グリーンプロジェクト）への資金を調達するために発行される債券のこと。

➡企業の社会的責任
（CSR：Corporate Social Responsibility）
P.208参照。

➡エコブランディング
環境問題の解決を基本とした企業戦略で、ブランド力を築くこと。

➡気候関連財務情報開示タスクフォース（TCDF）
P.211参照。

---

1 ▶ さまざまなステークホルダー

気候危機とも言われる現在、地球温暖化対策は、企業、地方自治体、市民・NPO（非営利活動法人）などさまざまな主体（ステークホルダー、利害関係者）が、国の制度で定められた取り組みに加え、それぞれの特徴を生かして自主的に行動するとともに、協働して取り組むことが重要です。

2 ▶ 企業

企業は気候変動を経営リスクと捉え、また企業が社会的存在であることを踏まえて、積極的に対応していくことが求められています。

（1）排出者としての企業

企業は、GHG排出量を適切に算定・報告するだけでなく、削減目標を定めて、効率的に取り組みを進めることが重要です。特に、業種別の**低炭素社会実行計画**において、日本全体の対策に大きな影響を与えることが期待されています。また、パリ協定に沿って中長期の目標を設定する**SBT**や**RE100**といった自主的な取り組みについても、多くの日本企業が参加して国際的に進められています。

（2）製品・サービスの提供者としての企業

企業がサプライチェーンの改善やライフサイクルを通じて、GHG排出の少ない製品やサービスを市場に提供することで、他企業や消費者などの行動を脱炭素化することにつながります。また、脱炭素社会への移行のためには、**金融のグリーン化**、**ESG投資・グリーンボンド**などによって民間資金を活用することが不可欠です。

（3）温暖化対策ビジネスの実施者としての企業

規制や排出抑制指針への対応、**企業の社会的責任（CSR）**や**エコブランディング**への取り組みなど、対策が企業にとってコストの削減や消費者への訴求などの利益をもたらすことも多くあります。特に、**気候関連財務情報開示タスクフォース（TCFD）**では、投資家の適切な投資判断を促すため気候関連情報の開示の提言を行っており、企業の取り組みが

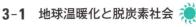

3-1 地球温暖化と脱炭素社会

期待されます。また、ESCO事業のように、GHG削減や省エネ対策などをビジネスとして展開する企業もあります。

3 地方自治体

地方自治体では、地球温暖化対策推進法により地方公共団体実行計画の策定が義務づけられ、地域内のGHGの排出抑制の目標や施策に加えて、地方公共団体自らの事務・事業（庁舎・施設・公用車等）によるGHGの排出削減計画が定められています。

また、独自に温暖化対策を推進する動きも活発化しています。神奈川県や京都市では温暖化対策条例を制定し、建築物の省エネ基準や地域産木材使用の促進などを進め、東京都と埼玉県は、**排出量取引制度**を導入しています。**SDGs未来都市**に選定された長野県では、建築物の自然エネルギー導入検討制度など、率先した取り組みを推進しています。

脱炭素社会への移行のためには、インフラ整備や社会の仕組みづくりが大切です。**コンパクトシティ**化など**エコまち法**による低炭素まちづくり計画策定が進められ、自治体と企業・市民が連携して、利便性、防災性などを考慮した**スマートシティ**の開発が、横浜市や豊田市などで進められています。

また、適応についても地域の特性に応じて総合的・計画的に取り組むことが重要です。徳島県では気候変動対策推進条例を制定して、自然災害の予防や再生可能エネルギーの積極的導入など、適応策と緩和策を総合的に進めています。

このような取り組みによって、2050年にGHGの排出量を実質ゼロにすることを表明した地方自治体は175（2020年11月現在）に上り、「**ゼロカーボンシティ**」と呼ばれています。

4 市民・NPO

若者による温暖化対策の国際交渉への働きかけが注目されていますが、地球温暖化対策やそれと一体となった地域活性化を推進するためには、市民やNPOの役割が重要です。**地球温暖化対策地域協議会**が各地で立ち上げられ、温暖化対策への提言や、普及啓発活動を行っています。

5 国民運動の展開

国民運動が、意識の向上や取り組みの普及・促進を目指して展開されています。**クールビズ**や省エネ・低炭素型の製品やサービス、行動などの「賢い選択」を促す**COOL CHOICE（クールチョイス）**、家庭エコ診断などによるCO_2排出量の見える化や**ナッジ**による行動変容も期待されています。

➡ ESCO事業
P.91参照。

➡ SDGs未来都市
P.29参照。

➡ コンパクトシティ
P.157参照。

➡ エコまち法
正式名称「都市の低炭素化の促進に関する法律」。市町村による低炭素まちづくり計画の作成や特別の措置・低炭素建築物の普及などの取り組みを推進する法律。

➡ スマートシティ
ITや環境技術などを駆使し、都市のエネルギー利用やヒト・モノの流れの効率化を行い、利便性の高い、省資源・環境配慮型の基盤を整えた都市のこと。

➡ 地球温暖化対策地域協議会
地球温暖化対策推進法に基づき、自治体・事業者・住民などが連携して、対策を促進するために設置される。

➡ クールビズ
夏にネクタイや上着なしの軽装で、エアコンの設定を室温28℃にし、電力使用によるCO_2削減を推進するビジネススタイル。

➡ COOL CHOICE
CO_2の削減目標達成のために、省エネ・低炭素型の製品・サービス・行動など、「賢い選択」を促す国民運動。

➡ ナッジ
例えば、アプリゲームで徒歩での移動を促す等、行動科学の知見に基づき、きっかけとなる情報を与えることで市民に行動変容を促す手法。

3-1 06 脱炭素社会を目指して

7 エネルギー☀ **12 生産と消費∞** **13 気候変動👁** **17 実施手段✤**

**学習の
ポイント ▶** 「脱炭素社会」とはどのような社会なのでしょうか？　それを実現するために、現在の社会にどのような仕組みや技術を取り入れ、どのような取り組みが必要なのかを学びます。

1 脱炭素社会 (Carbon Free Society)

パリ協定で合意された2℃目標を達成するためには、**低炭素社会**を一歩進めて、人間活動に起因するGHGの排出量が実質ゼロの、安定した気候の下での豊かで持続可能な社会、すなわち**脱炭素社会**の実現を目指さなければなりません。

パリ協定の発効以来、国際社会・経済は脱炭素化に向けての動きを加速しています。例えば、EUや中国は、内燃機関自動車から電気自動車などへの移行を決断しており、長期的な視点に立った、社会のあらゆる部門における技術・制度面でのイノベーションの競争が始まっています。

2 脱炭素社会を目指す中長期的な戦略

2℃目標達成のためには、2030年までに全世界のGHG排出量を2017年比で25%削減、その後も2050年までに2010年レベルから40〜70%の削減、2100年までに**ゼロかそれ以下にする**ことが必要です。さらに1.5℃に抑えるためには、2050年までに実質ゼロにしなくてはなりません。

パリ協定では、すべての国が2050年を目指した**長期のGHG低排出発展戦略**を提出するように努めることとされ、ドイツは80〜95%、英国は80%以上（以上1990年比削減割合）、米国は85%以上（同2005年比）削減を目標とした戦略を報告しました。しかし、現在、一層の強化が求められています。このため、EUは2030年に最低55%削減、2050年には「気候中立」とすることを目標に、脱炭素と経済成長の両立を目指したグリーンディール政策を進めています。

日本は、長期戦略で従来の目標は変更していないものの、2050年までに温室効果ガスの排出量実質ゼロを目指しています。このため、**CCS技術**や**水素の活用**、**Society 5.0**の実現などのイノベーションを通じて「**環境と成長の好循環**」を生み出し、世界をリードするため、地球温暖化対策計画を見直し、中期、長期の両面でGHGのさらなる削減努力をしていくことが必要です。

➡ゼロかそれ以下にする
　GHGの排出をなくすだけでなく、大気中のCO_2を除去したり、植物が固定した炭素を炭化して土壌中に蓄えることなどが検討されている。

➡長期のGHG低排出発展戦略
　P.66参照。

➡気候中立
　温室効果ガスの排出がゼロであること。

➡CCS技術
　P.62参照。

➡Society 5.0
　P.28参照。

3-1 地球温暖化と脱炭素社会

図表3-12　国別炭素生産性の推移と日本の長期目標

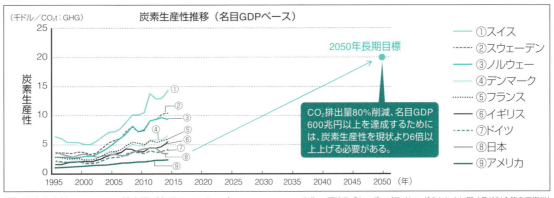

注）炭素生産性＝GDP/CO₂排出量（名目GDPベース）

出典：環境省『カーボンプライシングのあり方に関する検討会第9回資料』OECD Statist『National Account UNFCCC』資料より作成

3　脱炭素社会をどう構築するか

経済を成長させながら脱炭素社会へ移行するためには、従来の政策を積み上げていく手法では困難です。ビジョン・ゴールをまず設定し、実現のための道筋を考える**バックキャスティング**による戦略を立てることが重要であり、脱炭素化対策は次の3つを柱として取り組むことが必要です。

（1）脱炭素化に向けての対策の3つの基本

①**供給エネルギーの脱炭素化**：CO_2発生の少ないエネルギー源の選択

②**エネルギー効率の向上**：施設・機器の省エネルギーの徹底、EVなど低炭素車の普及

③**産業構造や都市・社会構造の脱炭素化への転換**：重化学工業からソフト産業へ、節エネ型生活様式へ、省エネ型都市・交通システムに転換

（2）あらゆる施策の動員

かつて世界最高水準であった日本の**炭素生産性、エネルギー生産性**は、現在、世界のトップレベルから大きく引き離されています（図表3-12参照）。

脱炭素で地球温暖化に適応した持続可能な社会に移行していくには、脱炭素化対策の3つの柱に基づく中長期的な戦略の下で、イノベーションの創出はもとより、**カーボンプライシング**や**ESG投資**の促進による移行のための資金の提供、そして「誰一人取り残さない」という社会的弱者への公正な移行の支援など、**あらゆる施策を体系的に総動員**することが必要です。

企業は、地球温暖化対策をコストではなく経営リスクとして評価し、ビジネスチャンスと捉えて自ら変革すること、また、市民は一人ひとりが将来世代に対する責任を自覚し、個人の行動を変革し、社会の変革を働きかけることが重要です。

➡**バックキャスティング**
P.24参照。

➡**脱炭素化に向けての対策の3つの基本**
茅恒等式の要素を参照
P.81参照
①炭素強度（CO_2排出量/エネルギー使用量）の減少
②エネルギー効率の改善（エネルギー使用量/エネルギーサービス需要の減少）
③GDP単位当たりエネルギーサービス需要の減少（エネルギーサービス需要/GDPの減少）

➡**炭素生産性、エネルギー生産性**
●炭素生産性
＝GDP／CO_2排出量
●エネルギー生産性
＝GDP／エネルギー使用量

➡**カーボンプライシング**
P.71参照。

➡**ESG投資**
P.210参照。

➡**あらゆる施策を体系的に総動員**
中央環境審議会は「長期低炭素ビジョン」（2017年）で、気候変動問題と経済・社会的課題との同時解決、イノベーションの必要性、あらゆる施策の総動員などを提言している。

3-2 エネルギー

3-2 01 エネルギーと環境の関わり

7 エネルギー ☀️ | 13 気候変動 👁️ | 14 海洋資源 〰️ | 15 陸上資源 🌱

学習の ポイント ▶ 環境問題と密接に関係するエネルギーの基本的な構造を理解し、エネルギーを利用することによる環境への影響（大気汚染や事故、地球温暖化など）について学びます。

1 エネルギーと環境

　人類のエネルギー利用の歴史を振り返ると、18世紀半ばの**産業革命**によって**化石燃料**である石炭の利用が増加し、さらに19世紀から20世紀にかけての工業化段階で、石油の時代に入りました。その後、天然ガスや原子力の活用が開始されました。現在の文明社会は、このようなエネルギーなしでは成り立たないといえます。

　エネルギーを安定して供給することは経済・社会の発展に不可欠ですが、一方で、さまざまな環境問題が生じています。1950年代の**ロンドンスモッグ事件**や1960～70年代に発生した**四日市ぜんそく**などは、エネルギー消費に伴う硫黄分などの排出が原因となって生じた大気汚染問題として知られています。化石燃料の消費は、地球規模で大量のCO_2排出を生み出し、「地球温暖化」の原因とされています。加えて、化石燃料は枯渇性の資源であるため、近年、太陽光・風力に代表される**再生可能エネルギー**の活用を促すための助成政策が各国でとられています。

　日本では2010年代になって、エネルギーと環境に関する大きな課題が顕在化しました。2011年3月の**東京電力福島第一原子力発電所事故**では、大幅なエネルギー政策の見直しはもとより、事故やその後の廃炉作業で拡散した放射性物質によるリスク、被災地の復興にも対処しなければならなくなりました。また、2015年12月には**パリ協定**が採択、翌年11月には発効し、全世界で脱炭素を加速する機運が高まりました。

　このように、エネルギーと環境の関連分野は、大きな変革期を迎えています。2015年9月の国連サミットで**SDGs**が採択され、21世紀に生きるわたしたち一人ひとりが、よりエネルギーと環境の意思決定に関心と責任を持つ必要がでてきています。

2 エネルギーの生産と消費

　エネルギーの利用は、生産から消費まで「一次エネルギーの採取・輸送・廃棄」、「（電力などの）二次エネルギーへの転換」、「最終消費」と

➡**化石燃料**
　P.35参照。

➡**ロンドンスモッグ事件**
　P.142参照。

➡**四日市ぜんそく**
　P.32参照。

➡**再生可能エネルギー**
　P.88参照。

➡**福島第一原子力発電所事故**
　P.166～167参照。

➡**パリ協定**
　P.66参照。

➡**SDGs（Sustainable Development Goals：持続可能な開発目標）**
　P.25参照。

いう3段階に分けて考えることができます。

一次エネルギーは、石油、石炭、天然ガス、原子力、水力、地熱、バイオマス、太陽光・熱、風力など、自然界に存在するままの形態でエネルギー源として採取されるものを指します。日本は、一次エネルギーの多くを船舶で輸入しています。

これらの一次エネルギーを人間が利用しやすい形にして、最終用途に適合させることを、エネルギー転換と呼びます。**二次エネルギー**とは、この転換された電気や精製されたガソリンなどを指します。

発電所でつくられた電気は、送電・配電網を通じて、石油精製工場でつくられたガソリンはタンカーやタンクローリーで輸送されて、最終的に**産業・業務・家庭・運輸部門で消費**されます。

3 環境への影響

エネルギー利用の各段階で生じる環境への影響は、燃焼によるCO_2の排出のほかにも、さまざまなものがあります（図表3－13）。また、原子力事故による影響への対策や、放射性廃棄物のように長期にわたる管理が必要なものもあります。いずれも、エネルギーを利用していく際に、環境への影響を事前に評価・分析し、可能な限り影響を低減していくことが求められます。環境影響を未然に防ぐための技術開発とともに、需要側であるわたしたちの生活や、産業構造の見直しも重要です。

図表3－13　エネルギーの利用段階と環境への影響

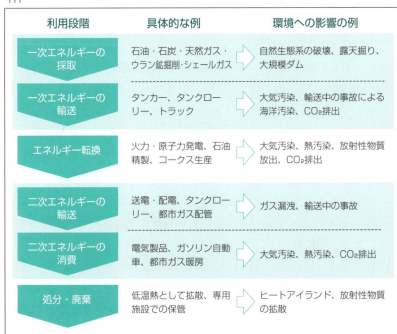

➡**産業・業務・家庭・運輸部門におけるエネルギー消費**

産業部門とは、製造業および農林水産鉱建設業を含み、全エネルギー消費のうち46.6%（2018年度）を占める。日本において、最もエネルギーを消費する部門である。そのうち製造業では、化石燃料を多く使う。

業務部門は第三次産業を含み、全エネルギー消費のうち16.1%（2018年度）を占める。

家庭部門は、自家用自動車などの運輸関係を除く、家庭でのエネルギー消費を対象とする。全エネルギー消費のうち14.0%（2018年度）を占める。

業務・家庭部門では消費するエネルギーの約半分が電気、約3分の1がガス、残りが石油である。

運輸部門は、乗用車やバスなどの旅客部門と、陸運や海運、航空貨物などの貨物部門を含む。全エネルギー消費のうち23.4%（2018年度）を占め、そのほとんどが石油である。

4 エネルギー利用による環境への影響

（1）自然環境への影響

　人類の営みのためには、さまざまなエネルギーを自然から採取する必要があります。一次エネルギーを採取する段階では、大規模なエネルギー開発、水力発電のための大規模ダム開発、地熱発電の開発、送電線やパイプラインの建設などによる自然生態系や景観への影響が懸念されます。例えば、ナイジェリアでは原油採掘に伴い河川の環境汚染が広がり、住民の健康被害につながったケースがあります。また、**シェールオイル・ガス**の採掘では、化学物質を含む大量の水を地下に送り込むため、水質汚染の懸念が指摘されています。

　一次エネルギーの輸送では、原油タンカーの事故により原油が海洋に広範囲に流出して海洋汚染を引き起こすこともあります。アラスカで起きた**エクソン・バルディーズ号原油流出事故**や島根県沖で起きた**ナホトカ号原油流出事故**、**メキシコ湾原油流出事故**では、深刻な被害が出ました。

　二次エネルギーの輸送段階では、タンクや輸送プロセスからベンゼンなどの化学物質が排出される例が散見されます。使用段階でも自動車排気ガスからは微量化学物質の排出があります。

（2）地球温暖化への影響

　現在、人間活動に必要なエネルギーの約85％は化石燃料から得ています。化石燃料の長所としては、輸送や貯蔵が容易なことや、重容量当たりのエネルギー密度の高さが挙げられます。しかし、化石燃料が燃焼するとCO_2が排出されます。地球温暖化の主原因が18世紀半ばの産業革命以来の大量の化石エネルギー消費であることや資源が有限であることを考えると、化石燃料に代わるエネルギーを確保していくことが必要です。

　また、利用の際には、化石燃料の節約やCO_2の排出をできるだけ抑えていく必要があります。

　天然ガスはほかの化石燃料に比べてCO_2の排出が少ない点が長所ですが、インフラを整備する必要があります。また、石炭も従来に比べてCO_2や硫黄酸化物などの発生を抑え、よりクリーンなエネルギーとする**石炭ガス化複合発電（IGCC）**が実用化されています。

　さらに、発電所や工場から出るCO_2そのものを回収し、地中深くに閉じ込める**CO_2回収・貯留（CCS）**などの技術開発も進められています。

（3）大気への影響

　火力発電所では石炭、石油、天然ガスの燃焼によって大気汚染の原因になる**硫黄酸化物（SOx）、窒素酸化物（NOx）、粒子状物質、揮発性有機化合物（VOC）**、各種化学物質などが放出され、ぜんそくなどの健康被害を引き起こすおそれがあります。排出された窒素酸化物や炭化水素

➡エクソン・バルディーズ号原油流出事故

1989年３月、アラスカでエクソン社の巨大タンカー、バルディーズ号が座礁して、4.2万klを海上に流出させた事故。原油はプリンス・ウイリアム湾に広がり、魚類、海鳥、海獣などに大きな被害を与えた。原油流出事故に対応するための国際条約が採択される契機となった。

➡ナホトカ号原油流出事故

1997年１月に島根県隠岐の島沖で発生した、ロシア船籍のナホトカ号が荒天のため沈没して積載していた原油が流出した事故。原油は福井県や石川県など広域に漂着した。

➡メキシコ湾原油流出事故

2010年４月にメキシコ湾沖の海底油田掘削施設で爆発事故があり、大量の原油が流出し、メキシコ湾岸地域に大きな被害をもたらした。

➡石炭ガス化複合発電（IGCC：Integrated coal Gasification Combined Cycle）

石炭をガス化、燃焼させてガスタービンを回し、その排ガスをボイラで使用して蒸気タービンを回す発電システムである。

発電効率が50％程度と従来型の約42％に対して高く、大気汚染物質の排出量が低減できる、種々の品位の石炭を使用できるなどの利点がある。

➡CO_2回収・貯留（CCS：Carbon Capture and Storage）

P.62参照。

➡硫黄酸化物（SOx）、窒素酸化物（NOx）、粒子状物質、揮発性有機化合物（VOC）

P.142参照。

類が強い日差しの下で反応して、**光化学スモッグ**の原因になることもあります。

（4）原子力の利用による環境への影響

福島第一原子力発電所事故では、広域に放射性物質が拡散し、近隣への立ち入り禁止、農作物や水産品の出荷制限など、環境のみならず、社会的、経済的に甚大な影響がありました。これらの事故や、その広域かつ長期に渡る影響について、どのように防止・対応するかを検討する必要があります。

また、発電を終えた使用済み燃料の再処理に伴って発生する高レベル**放射性廃棄物**の課題が残っています。高レベル放射性廃棄物は、300mより深い地中に埋没処分（地層処分）することになっています。現在、**原子力発電環境整備機構（NUMO）**が処分事業を進めようとしていますが、事業を受け入れる自治体がおらず、処分地選定は進んでいません。

（5）発電に伴うその他の環境影響

火力発電、原子力発電、バイオマス発電では、発電過程で排熱されます。大規模の発電所になると、多くの場合、その熱は温水として海などの環境に排出されます。この**温排水**は、周辺の海水温を上昇させて、生態系への影響を懸念する声も聞かれます。

太陽光発電では、設置に際して、森林の伐採等を伴うことによる環境影響が起こりえます。また、景観上の問題が起こったり、太陽光パネルに当たった光が反射して、付近の住宅に影響を及ぼしたりする例があります。

また、風力発電では、ブレードやタービン部による**低周波空気振動**、回転する羽根によって起こる光の明滅（**シャドーフリッカー**）によって、近隣住民の健康に影響が出る場合もあります。鉄塔や回転するブレードに鳥が衝突する、**バードストライク**と呼ばれる事故も発生しています。

さらに、いずれ各種発電設備が廃止されることに伴う環境負荷についても、今から考えておく必要があります。原子炉施設の廃炉作業は、複数の発電所で作業が進められているところであり、コンクリートや鉄鋼廃材のリサイクル等が進められています。また、太陽光発電設備のリサイクル等についても開発が進められています。

以上のように、発電については、さまざまな環境影響が考えられますが、これらを事前にライフサイクルベースで予測し、環境保全上より望ましいものにしていく環境アセスメントが重要です。

（6）その他の環境影響

大都市では、道路やビルからの輻射熱や空調・車の排気熱などが**ヒートアイランド**の原因となっていますが、これも環境への影響といえるでしょう。

➡**放射性廃棄物**
P.172参照。

➡**原子力発電環境整備機構**
　原子力発電により発生する高レベル放射性廃棄物等を、地層処分により最終処分する事業を行う。

➡**低周波空気振動**
P.155参照。

➡**シャドーフリッカー**
　回転する羽根によって起こる光の明滅（シャドーフリッカー）により、住民が不快感を覚えることが懸念されている。その対策は、今のところ、太陽が低い位置にある間、風車を止める以外にない。

➡**環境アセスメント**
P.190参照。

➡**ヒートアイランド現象**
P.160参照。

3-2 02 エネルギーの動向

7 エネルギー

学習のポイント ▶ 世界におけるエネルギーの需要と供給の動向や、今後の予測について、トレンドを把握します。

1 世界のエネルギー需要と供給

世界のエネルギー消費量は、人口増加と経済成長とともに増加し続けています。特にアジアは2000年代以降、新興国がけん引して、エネルギー消費量が大きく増加しています。一方、先進国（OECD諸国）では、エネルギー消費量の伸び率が鈍化しました。開発途上国と比較すると、経済成長率、人口増加率ともに停滞していることや、産業構造の変化や省エネルギーの進展が影響しています。

1960年代から現在まで、エネルギー消費の中心となっているのは**石油**です（図表3-14）。発電用の消費は他のエネルギー源への転換も進みましたが、輸送用燃料としての消費は、いまだ他のエネルギー源への転換ができていません。そのため、石油の消費量は増加し続けており、現在、エネルギー消費全体におけるシェアは3割を超えています。

第2位のシェアを占めるのは、**石炭**です。石炭の消費量は、エネルギー消費全体の3割弱を占めます。特に、2000年代において、安価な発電用燃料を求める中国を始めとするアジアを中心に、消費量が拡大しました。しかし、近年では、中国の需要鈍化、米国における天然ガス代替による需要減少により、石炭消費量が減少し始めました。

➡エネルギー消費とGDPの関係
　エネルギー消費とGDPとは正の相関があると言われており、事実、かつてはGDPが増加すれば、エネルギー消費が増加してきた。しかし、先進国を中心として、積極的な省エネルギー技術の開発や活用によってエネルギー効率が向上し、その関係は崩れてきている。今後エネルギー消費量が大きく増えることが予測されている途上国では、化石エネルギーから低炭素エネルギーへの転換を進めるとともに、エネルギー効率を高めていくことが重要となる。日本を含む先進諸国は、それを手助けしていく必要がある。

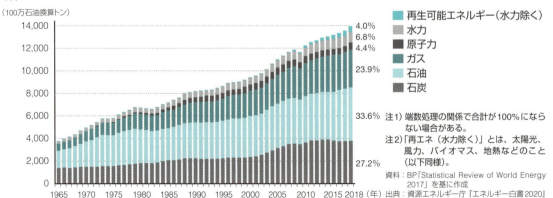

図表3-14　世界のエネルギー消費量の推移（エネルギー源別、一次エネルギー）

注1）端数処理の関係で合計が100％にならない場合がある。
注2）「再エネ（水力除く）」とは、太陽光、風力、バイオマス、地熱などのこと（以下同様）。

資料：BP「Statistical Review of World Energy 2017」を基に作成
出典：資源エネルギー庁『エネルギー白書2020』

第3位のシェアを占めるのは、**天然ガス**です。消費量の伸び率は、石油や石炭をしのぎ、気候変動への対応が強く求められる先進国で、発電用、都市ガス用の消費量が増加しました。

原子力は1970年代後半から、太陽光・風力を中心とした水力以外の**再生可能エネルギー**は2000年代後半から、急速に開発・普及が進んでいますが、エネルギー消費全体に占める比率はまだ大きくありません。近年は、太陽光発電や風力発電のコストが低下しており、今後、再生可能エネルギーのシェアは拡大すると予想されます。

2 エネルギー需給の展望

国際エネルギー機関（IEA）では、複数のシナリオによって2040年の世界のエネルギー需要の展望を示しています（図表3-15）。これによると、現行政策シナリオでは2017年比で約1.37倍、公表政策シナリオでも約1.27倍のエネルギー需要が見込まれます。締約国がパリ協定の下で約束した温室効果ガス排出削減目標（NDC）では、「2℃目標」に届きません。

持続可能開発シナリオにするためには、原子力や再生可能エネルギーのようなCO_2を排出しないエネルギー源を大量に導入することに加え、需要家側でも大幅にエネルギーの消費を抑えていく必要があります。

以下に示す**茅恒等式**は、エネルギーシステムがCO_2を排出する構造を示しており、削減のための原則を導けます。

$$CO_2 排出量 = \left[\frac{CO_2 排出量}{エネルギー}\right] \times \left[\frac{エネルギー}{GDP}\right] \times \left[\frac{GDP}{人口}\right] \times 人口$$

➡運輸における変革

運輸におけるエネルギー消費の多くは自動車であり、その燃料には石油が使われてきた。しかし、フランスやイギリス、ノルウェーなどの先進国を中心として、2030年頃を目途に、石油を燃料とする内燃機関自動車から、電気自動車への転換が進んでいる。また、2017年9月には、中国政府も、内燃機関自動車の生産・販売を禁止する時期を検討していることを公表した。

➡茅恒等式

第1項は炭素強度、第2項はエネルギー効率、第3項は1人当たりGDPに相当する。

なお第2項は（エネルギー使用量／エネルギーサービス需要）×（エネルギーサービス需要／GDP）に分けることができる。

CO_2排出削減は、CO_2発生の少ないエネルギー源や材料を使うなど〔第1項〕、エネルギー効率を上げる（自動車の燃費向上、製造過程の効率化など）、GDP当たりのエネルギーサービス需要量を減らす（生活を支えるサービスを転換し、より省エネルギーの社会に変化するなど）〔第2項〕、1人当たりのGDPを減らす（GDPにとらわれず、豊かでゆとりのある社会の実現を目指すなど）〔第3項〕など、幅広い対応により総合的に達成されるものなのです。

図表3-15　世界のエネルギー需要の展望（2040年）

現行政策シナリオ	現在以上の追加政策は何もしない
公表政策シナリオ	温室効果ガスの削減目標など現在発表されている政策目標が達成され、既存技術の進展が続く
持続可能開発シナリオ	気温の上昇を2℃よりも十分に下げるために必要な措置を逆算

出典：資源エネルギー庁『エネルギー白書2020』

3-2 03 日本の エネルギー政策の経緯

7 エネルギー **13 気候変動** **17 実施手段**

学習の ポイント ▶ 日本がこれまでに取り組んできたエネルギー政策を概観し、それを受けたエネルギー政策の現在を理解します。また、再生可能エネルギー・省エネルギーの推進施策について学びます。

➡急速な石油への転換

1950年代後半に高度経済成長期に入ると、石油が急増するエネルギー需要を支え、1973年の一次エネルギーに占める石油の割合は、75.5%にまで拡大した。

➡石油危機

エネルギー価格の大きな変動を伴うエネルギー状況の危機的変化。1973年と1979年の石油危機がよく知られている。

➡省エネ法

正式名称「エネルギーの使用の合理化等に関する法律」。エネルギー使用の合理化を推進し、経済の健全な発展に寄与することを目的として、1979年に公布。

➡新エネルギー

新エネ法（1997）により定められた、太陽光発電や風力発電、バイオマスなどの10種の発電や熱利用。これらに大規模水力や地中熱などを加えると再生可能エネルギーとなる。

➡国民的議論

「エネルギー・環境会議」は、エネルギー政策の見直し作業の結果に基づいて2012年に将来のエネルギーの選択肢を公表して、国民的議論に付した。パブリックコメント、意見公聴会、討論型世論調査等により意見を集約して、政府は2030年代の原発稼働ゼロを目指す等を内容とする「革新的エネルギー・環境戦略」を決定した。

---

1 ▶ 日本のエネルギー政策の経緯

第二次大戦後の日本は、石炭と水力の国産エネルギー資源により経済復興を遂げました。高度経済成長期には、**急速な石油への転換**が進み、1970年代に2度の**石油危機**が起きると、原油価格は一気に4倍に跳ね上がりました。資源の9割以上を海外に頼る日本はエネルギー政策の転換に迫られ、**省エネ法**（1979年）の制定など省エネルギー政策を推進するとともに、過度な石油依存からの脱却が不可欠となりました。原子力、液化天然ガス（LNG）、石炭、**新エネルギー**（太陽光など）の導入が進み、**経済効率性の向上（Economic efficiency）と安定供給の確保（Energy security）**が重視されるようになりました。

1990年代以降、地球温暖化防止への対応から**環境適合性（Environment）**を満たす必要性が生じ、エネルギー政策は、**3E**（経済効率性、安定供給の確保、環境適合性）を政策の柱として進められるようになりました。

2002年、エネルギー需給に関する政策を長期的・総合的に推進することを目的として、**エネルギー政策基本法**が成立し、国は**エネルギー基本計画**を策定することとなりました。2010年に策定された「第一次エネルギー基本計画」は、3Eを重視し、2030年までに原子力の比率を約5割にすること、14基以上を新設することなど、とりわけ原子力を電力供給の基幹に据えた政策を進めてきました。しかし、2011年3月の**東京電力福島第一原子力発電所事故**によって、深刻な被害と原発の安全性に対する懸念が広まると、**安全性（Safety）**も加えた**3E＋S**の実現が基本課題となりました。

政府は、2011年6月に「エネルギー・環境会議」を設置し、将来のエネルギーの選択肢について**国民的議論**を行い、2012年に「革新的エネルギー・環境戦略」を決定しました。政権交代の後、2014年には、第4次エネルギー基本計画が閣議決定されました。

同計画を受け、総合資源エネルギー調査会のもとに長期エネルギー需

3-2 エネルギー

図表3-16 一次エネルギー国内供給の推移

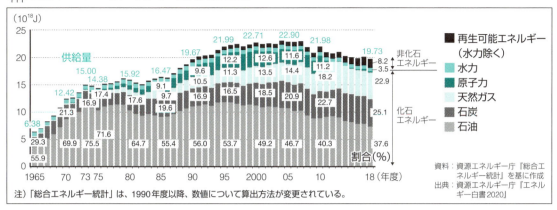

給見通し小委員会が設置され、2030年までの需給見通しが2015年7月に公表されました。

そして、2015年12月に**パリ協定**が採択されると、全世界で脱炭素を加速する機運が高まりました。これを受け、日本でも2016年5月に**地球温暖化対策計画**を策定しました。

2 エネルギー政策の現在

2018年7月に、**第5次エネルギー基本計画**が閣議決定されました。同計画でエネルギー需給を構築する根本は、「3E+S」の実現です。なかでも、パリ協定採択後の世界情勢を受け、「エネルギー政策を考える上での情勢変化」の第1項目に「**脱炭素化に向けた技術間競争の始まり**」を掲げるなど、環境適合性（Environment）の視点が強く表現されています。

2030年に向けた方針としては、**エネルギーミックス**の確実な実現へ向けた取り組みについて、さらなる強化を行うこととしています。そして、2015年の**長期エネルギー需給見通し**を踏襲して、数値的目標が設定されています。

具体的には、2030年に向けた対応として、以下のような施策を掲げています。

①再生可能エネルギー

再生可能エネルギーは安定供給面やコスト面で課題があるが、CO_2を排出せず国内調達できることから重要なエネルギーと位置づける。再生可能エネルギーの導入を積極的に推進することによって、2030年の電源構成比率22〜24%を達成し、さらに確実な主力電源とするための取り組みを行っていく。

②原子力

原子力エネルギーは、数年にわたって国内保有燃料だけで維持できる低炭素の準国産エネルギーと位置づける。利用に際しては、安全性を

➡パリ協定
P.66参照。

➡地球温暖化対策計画
P.68参照。

➡第5次エネルギー基本計画
2018年7月に閣議決定された第5次エネルギー基本計画では、2030年に向けた方針は、現在の省エネ・技術革新を積み上げて確実に「達成する目標（Target）」であるとし、一方、2050年に向けた方針は「目指すべき目標（Goal）」と位置づけている。2050年に向けては、パリ協定発効に見られる脱炭素化への世界的な機運を踏まえ、エネルギー転換・脱炭素化に向けた挑戦を掲げ、あらゆる選択肢の可能性を追求していくこととしている。

➡エネルギーミックス
エネルギー源を多様化してそれぞれの特性に合わせて利用していくという考え方。

➡長期エネルギー需給見通し
総合資源エネルギー調査会での検討を踏まえて、経産省が決定する政策の基本的な方向に基づく、将来のエネルギー需給構造のあるべき姿の見通し。

➡ディマンドレスポンス

電力卸市場価格の高騰時または系統信頼性の低下時において、電気料金価格の設定などに応じて、需要家側が電力の使用を抑制するように電力消費パターンを変化させること。

➡ネガワット

企業や家庭が節約した電力について、同量を発電したとみなす考え。

➡電力システム改革

2013年4月に「電力システム改革に関する改革方針」が閣議決定された。次の3段階で順次実施されている。
1. 広域系統運用の拡大
2. 小売及び発電の全面自由化
3. 発送電の分離

➡電力系統安定化対策

電力システムは、需要と供給を一致させること（同時同量の維持）が必要である。

太陽光、風力など発電量が気象条件に依存し、出力の調整が難しい電源の大量導入の見込みより、同時同量の維持や配電系統における電圧調整などの対策を行う必要が出てきた。

➡ RPS（Renewable Portfolio Standard）

電力会社に一定割合の再生可能エネルギーの導入を義務づける制度。

➡余剰電力買取制度

家庭などの太陽光発電で使い切れなかった電力（余剰電力）を一定の価格で買い取ることを電気業者に義務づける制度。2009年〜2012年まで実施された。

➡固定価格買取制度（FIT、フィードインタリフ制度）

再生可能エネルギー源を用いて発電された電力を、国が定める期間・価格で電力会社が買い取ることを義務づけた制度。

買い取りに必要な費用は、再生可能エネルギー賦課金として電気料金に上積みして、各家庭や需要家が電気使用量に応じて負担する。

すべてに優先して国民の懸念の解消を前提とするとともに、再生可能エネルギー・省エネルギーの導入、火力発電所の効率化などによって原発依存度をできる限り低減し、その上で、2030年の電源構成比率20〜22％の実現を目指す。

③化石燃料

石油、石炭、天然ガスなどの化石燃料はCO_2排出を伴うため、長期的にはその中でもCO_2排出量の少ない天然ガスへのシフトや、脱炭素に向けての技術開発を行うものの、2030年に向けては主力エネルギー源としての利用は止むを得ない。ただし、高効率な火力発電を有効利用するなど、できる限り低炭素化に向けての取り組みを行う。

④省エネ

日本のエネルギー消費効率は、世界でも最高水準にある。省エネルギーについては、産業・業務・家庭・運輸の各部門で、さらなる徹底に努める。また、エネルギー供給を効率化する**ディマンドレスポンス（ネガワット取引）**を活用する。

⑤二次エネルギー構造の検討

エネルギー需給構造を考えるときには、一次エネルギーの供給構造だけでなく、需要家がエネルギーを利用する形態である電気や熱などの二次エネルギーについても検討する必要がある。

特に電気は利便性も高いことから、二次エネルギーの中心的役割を担っていると位置づけられる。現在、電気の安定供給のための多様化、予備力・調整力の確保、環境への適合のため、**電力システム改革**が進められている。また、電源の変化に伴い、送配電網の整備、調整電源や蓄電などの**電力系統安定化対策**が必要になる。

3 再生可能エネルギー・省エネルギーの推進施策

（1）再生可能エネルギーの推進施策

再生可能エネルギーは、石油危機以来、新エネルギー法などによって普及や技術開発が図られてきましたが、初期投資費用が高く、導入がなかなか進みませんでした。そこで、2002年に**RPS制度**、2009年に**余剰電力買取制度**が導入され、さらに2012年にはこれらの2つの制度に代わり、**再生可能エネルギー特別措置法**に基づき**固定価格買取制度（FIT、フィードインタリフ制度）**が導入されました。これにより、投資費用を回収し、利益を生み出せることから設備導入が急速に促進しました（図表3−17、3−18）。

一方で、高額な買取り価格による、**再生可能エネルギー賦課金（再エネ賦課金）**の増大が問題になっており、2017年から買取価格が入札制度へと移行しましたが、これが機能するための検討も継続的に行う必要があります。

再生可能エネルギーの導入は、地域の活性化にも役立つことが期待されます。このためにも、環境アセスメントの期間短縮などの規制の緩和、送配電網や蓄電などのインフラ整備と併せて推進することが重要です。

（2）省エネルギーの推進施策

省エネルギーを進める施策は、**省エネ法**による規制措置と、省エネ診断や技術開発、設備補助金等の支援措置に大きく分けられます。

省エネ法は、産業、業務、運輸の各部門のエネルギー使用量の多い事業者に対して、毎年度、省エネルギー対策の取り組み状況やエネルギー消費効率の改善状況の報告義務を課しています。また、中長期的に目指すべきエネルギー消費効率の水準（ベンチマーク）を設定する「産業トップランナー制度」によって、製造業の6業種10分野でベンチマークが設定されています。業務、家庭部門においては、エネルギー消費機器を対象とする**トップランナー制度**により、省エネ目標値（トップランナー基準）を一定期間内に達成することを義務づけています。

対象機器類は32品目で、家庭のエネルギーの約7割を消費する機器が対象となっています。2014年からは、需要サイドの**電力需要の平準化**についても措置されることになりました。

また、2015年に制定された**建築物省エネ法**により、大規模建築物の省エネ適合義務や省エネ表示義務が、段階的に適用されることになりました。

➡省エネ法
P.82参照。

➡トップランナー制度
省エネ法で指定する特定機器の省エネルギー基準を、商品化されている製品で最も優れている機器の性能以上に設定する制度。対象機器は、乗用自動車、貨物自動車、エアコン、テレビ、電気冷蔵庫、ガス温水機器、LEDランプなどの29機器と断熱材サッシ等、合計32品目（2020年4月）。
そのうち19品目は「省エネラベリング制度」により、達成ならグリーン、未達成ならオレンジで示す、「省エネ性マーク」などでトップランナー基準の達成度などを表示している。さらに、エアコン、テレビ、冷蔵庫・冷凍庫、電気便座、家庭用蛍光灯器具については「統一省エネラベル」（巻頭カラー資料Ⅷ参照）が定められている。

➡電力需要の平準化
省エネ法では、一定規模以上の事業者がエネルギー消費原単位を年1％以上低減する目標を中長期的にみて達成するように求めているが、原単位として、電気受容標準化原単位も選択できるとした。これは夏期・冬期の昼間を「電気需要平準化時間帯」とし、その時間の電力削減量を他の時間帯より大きく評価する原単位である。

➡建築物省エネ法
正式名称「建築物のエネルギー消費性能の向上に関する法律」。2015年7月公布。一定規模以上の建築物に省エネ基準への適合を義務づけるなど建築部門の省エネ対策の強化を目的とする。

図表3-17 再生可能エネルギーによる設備容量の推移

出典：資源エネルギー庁データより作成

図表3-18 再生可能エネルギーによる発電量の推移

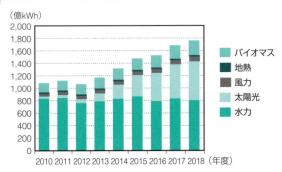

出典：資源エネルギー庁『総合エネルギー統計』より作成

3-2 04 エネルギー供給源の種類と特性

7 エネルギー

学習のポイント ▶ 日本におけるさまざまなエネルギー供給源や、エネルギーの使用方法の基本的な特徴や課題について学びます。

1 日本のエネルギー供給源と自給率

　日本のエネルギーの供給源としては、化石燃料（石炭、石油、天然ガス）、原子力発電、再生可能エネルギー（水力、太陽光、風力、地熱、バイオマスなど）があります。2018年の日本の一次エネルギー供給構成は、石炭25％、石油38％、天然ガス23％で、**化石燃料依存率**は約86％と依然として高くなっています（図表3-16）。また、発電電力量でみた電源構成比は、2018年には石炭32％、石油7％、天然ガス38％、原子力6％、再生可能エネルギー17％（うち水力8％）となっています（図表3-19）。

　しかし、日本はその多くを海外からの輸入に依存しています。日本のエネルギー自給率は、諸外国と比較しても大変低い水準と言えます。

　原子力を含めた日本の一次エネルギー自給率は、1973年の第一次石油ショックの際には9.2％でしたが、主に原子力発電や新エネルギーの導入により、2010年には20％にまで増加しました。しかし、2011年3月の福島第一原子力発電所事故を受け、全国の原子力発電所が停止したため、2014年には、**エネルギー自給率**6.0％と最低値になりました。その後、太陽光発電を中心とする再生可能エネルギーの導入や原子力発電所の再稼働によって、2018年には11.8％となりました。

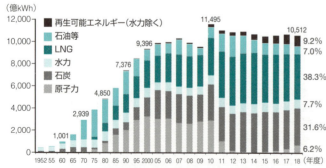

図表3-19　発電電力量の推移

注1）1971年度までは沖縄電力を除く。
注2）2009年度以前と2010年度以降では、参照資料が異なる。
資料：2009年度までは資源エネルギー庁『電源開発の概要』『電力供給計画の概要』を基に作成
　　　2010年度以降は資源エネルギー庁『総合エネルギー統計』の「時系列表」を基に作成
出典：資源エネルギー庁『エネルギー白書2020』より作成

2 さまざまなエネルギー供給源

（1）化石燃料

　化石燃料には、石炭、石油、天然ガスが含まれます。

　石炭は火力発電、鉄鋼、セメント生産や紙パルプ産業などの燃料です。主要な輸入元は、オーストラリア、

インドネシア、ロシア、カナダです。石炭は最も低コストの燃料といわれていますが、単位エネルギー当たりのCO_2排出量や大気汚染物質の排出が多いという問題があります。

石油は、ガソリン、軽油、灯油、重油など、蒸発温度の違いによって分離・精製されます。液体のため、輸送や取り扱いが容易です。用途は輸送用、暖房用、産業用が主で、火力発電に使用される割合は小さくなっています。サウジアラビア、アラブ首長国連邦、カタール、イラン、クウェートなど、中東からの輸入割合が2018年には88.3%となっています。2020年4月末には、約8,271万kL（年間消費の約242日分に相当）の石油が国内に備蓄されています。

天然ガスは、火力発電と都市ガスとして産業・民生用に使用されています。都市ガスは**コージェネレーション**や空調用、産業用の熱源として利用されています。輸送時には低温にして液化し、LNG（液化天然ガス）タンカーでオーストラリア、マレーシア、カタール、ロシアなどから輸入しています。石油とは異なり、2018年度における中東からの輸入割合は21.2%に留まります。天然ガスは、燃焼に伴う大気汚染物質の発生が少なく、また、CO_2排出量も石炭の半分、石油の4分の3です。

なお、近年は、**シェールオイル・シェールガス**の開発が進展しており、大きな資源量が見込まれています。特に米国における増産は顕著であり、2018年には、世界最大の産油国・産ガス国となりました。

（2）原子力発電

核分裂時に発生する熱で水から高圧蒸気をつくり、発電する技術です。日本では石油危機以来、安定供給、経済性に加えて発電時にCO_2を排出しないエネルギー供給源として、原子力発電を増大してきました。

しかし、福島第一原子力発電所事故後、日本にある原子力発電所は一度すべて停止しました。**原子力規制委員会**が新規制基準（2013年7月施行）への適合を確認し、地元の了解が得られた原子炉については再稼働しています。

東日本大震災前の2010年には54基の原子炉が稼働していましたが、2020年7月現在、再稼働9基、新規制基準適合7基、審査中9基、未申請8基です（ただし、日本原子力研究開発機構（JAEA）の炉・建設中の炉を除く）。震災後に廃炉の決定をした原子炉は、21基に上ります。

また、発生する**使用済み核燃料**、**再処理**、放射性廃棄物の処理・処分なども、残された大きな課題です。

（3）再生可能エネルギー

水力、地熱、太陽光、太陽熱、風力、バイオマスなどの自然のエネルギーの流れを利用する技術です。エネルギー自給率を向上させ、枯渇せず永続的で、発電時にCO_2をほとんど排出しないという特長があります。

➡シェールオイル・シェールガス
頁岩（シェール）層に含まれる石油混じりの資源やガスのこと。掘削技術の進展等により、2000年代後半から生産量が急増し、「シェール革命」と呼ばれる。主な資源保有国は、米国、ロシア、中国、アルゼンチンなど。

➡原子力規制委員会
原子力の安全審査の抜本的強化のため、独立性の強い組織として、2012年9月に原子力規制委員会が新設された。同委員会では、耐震・津波に対する安全基準を強化し、重大事故対策に関する基準を導入し、さらにこれらを既存設備にも適用するなど安全規制等について徹底した見直しを進め、2013年7月に新規制基準を制定した。
P.204参照。

➡使用済み核燃料
P.174参照。

➡再処理
原子力発電で使い終わった使用済み燃料から、リサイクル可能なウラン、プルトニウムを取り出す行程。なお、この工程から発生するリサイクルできない液体をガラスに溶かし込んで固めた（ガラス固化）ものを「高レベル放射性廃棄物」という。

3-2 05 再生可能エネルギー

7 エネルギー☀

学習の ポイント ▶ 再生可能エネルギーは、エネルギー自給率向上への対応や脱炭素化に向けての要請から積極的な導入が求められています。再生可能エネルギーの特徴や現状を学びます。

➡再生可能エネルギー
巻頭カラー資料Ⅶ参照。

➡分散型エネルギーシステム
原子力発電所、火力発電所などの大規模な集中型発電所で発電し各需要家に送電するシステムではなく、地域ごとにエネルギーをつくりその地域内で使っていこうとするシステム。エネルギーの地産地消といえる。

➡日本における再生可能エネルギーの導入ポテンシャル
発電量ポテンシャルの試算によれば、太陽光発電では現在の全発電量の1/3程度、陸上風力発電では1/2程度、洋上風力発電では4倍程度を賄えるとされている。
一方、水力、地熱、バイオマスについては、太陽光発電、風力発電と比較するとそれほど大きくない。
なお、これらの試算は、立地条件以外の実現可能性には考慮されていないことに注意が必要。

➡電力系統安定化対策
P.84参照。

➡ウインドファーム
風力発電所を集中的に設置した大規模な発電施設。集中して設置することで、風力を平均的に受けやすくなる。

1 再生可能エネルギーとは

再生可能エネルギーは、自然環境の中で繰り返し補給される太陽光、風力、水力、波力・潮力、流水・潮汐、地熱、地中熱利用、温度差熱利用、雪氷熱利用、バイオマスなどです。長所として①**枯渇しない**、②**多くを国内で供給できる**、③**発電時にCO_2を増加させない**、④**分散型エネルギーシステム**に適しているなどがあります。また、太陽光発電や風力発電は、**導入ポテンシャル**が非常に大きいと試算されています。

一方、①コストが高い、②技術開発がこれからのものも多い、③出力が変動する、④広い面積が必要になるなどの短所もあります。特に、太陽光発電や風力発電は、発電量が気象条件に左右されます。そこで、電力供給量の乱高下を緩衝するために、現在、揚水式水力発電や火力発電を利用しています。これらの電源の大量導入に向けて、**電力系統安定化**のために送配電網の整備、蓄電池の導入などのインフラ整備が急がれます。

2 主な再生可能エネルギーの状況

（1）太陽光発電

太陽電池で、太陽光を15～20％の効率で直接電力に変換する発電システムです。太陽光発電は日照に依存するため、気象条件、時間帯、季節によって発電量が変動します。日照条件が非常によく、発電量が多くなりすぎると、他の電源を用いて変動を緩衝する必要が出てきます。

2018年時点で、**メガソーラー**を含めた日本の発電設備容量は5,616万kWで、世界で第3位です（図表3-20）。2018年における全世界での設備容量は51,229万kWで、依然大きく、増加し続けています。

（2）風力発電

風力発電は、風の持つ力の30～40％を風車で電力に変換することができます。日本では、風況に恵まれた北海道、東北、九州を中心に大規模な**ウインドファーム**の建設が進んでおり、2019年時点で、出力約392万kWとなりました。日本の風力資源は偏在しており、電力大消費地への

3-2 エネルギー

送電が課題です。また、洋上風力発電は、日本において導入ポテンシャルが非常に大きく、技術開発が待たれます。

世界では、風力発電は太陽光発電と並んで導入が進んでおり、2018年における全世界での設備容量は65,056万kWに達します（図表3-21）。

（3）バイオマスエネルギー

バイオマスエネルギーとは、化石資源を除く動植物に由来する有機物で、エネルギー源として利用可能なものを指します。**カーボン・ニュートラル**の考え方から、CO_2を排出しないものと扱われています。

廃棄物を燃料とする**バイオマス発電**は、廃棄物の再利用や減少につながり、循環型社会構築に寄与します。しかし、資源が広い地域に分散しているため、高コストな収集・運搬・管理が課題です。近年、**FIT制度**を活用したバイオマス発電設備の増大により、**木質バイオマス**を中心とする輸入量が増えています。輸送用としては、**バイオエタノール**や**バイオディーゼル**などの**バイオ燃料**があります。

（4）水力発電

大規模水力発電は、日本においては開発し尽されており、今後は中小水力発電の開発や活用が必要です。

また、**揚水発電**は需要の低い夜間などに揚水した水を使って必要時に発電をすることができ、蓄電設備として利用できます。

（5）地熱発電

地熱発電は、地下の地熱エネルギーを使うため枯渇する心配がなく、常時蒸気を噴出させるため、発電も連続して行われます。しかし、開発期間が長いことや、立地地区が国立公園や温泉地域と重なることが多いため、行政や地元関係者との調整が必要なことなどが課題です。

タービンを回すほど温度の高くない温泉水を利用した**バイナリー発電**も導入が始まり、地産地消のエネルギー源として期待されています。

➡**バイオマスエネルギー**
バイオマスエネルギーの原料となる資源は、廃材や木くず、生ごみや家畜のふん尿、サトウキビ、とうもろこし、海藻など多種多様である。
廃棄物を燃料とするバイオマス発電は、廃棄物の再利用や減少につながる。また、家畜排泄物、稲わら、林地残材などを利活用することにより、農山漁村の自然循環機能の持続的発展を図ることが可能となる。

➡**カーボン・ニュートラル**
CO_2の増減に影響を与えない性質のこと。植物などの生物に由来する燃料を燃焼させるとCO_2が発生するが、その植物は生長過程で光合成によりCO_2を吸収しており、ライフサイクル全体で見ると大気中のCO_2を増加させず、収支はゼロになるという考え方。

➡**FIT制度**
P.84参照。

➡**木質バイオマス**
主に、樹木の伐採や造材で発生した枝、葉などの林地残材、製材工場などから発生する樹皮やのこ屑、住宅の解体材、街路樹の剪定枝など。
木質バイオマスは、発生する場所（森林、市街地など）や状態（水分の量や異物の有無など）が異なり、特徴にあった利用を進めることが重要である。

➡**揚水発電**
貯水池を発電機のある場所の上下に建設して、必要な時には上の貯水池から水を流して発電。電力が余剰の時には下の貯水池から上の貯水池へ電力を使って水の汲み上げ（揚水）を行う。

➡**バイナリー発電**
温泉水などによって沸点の低い媒体を加熱・蒸発させてその蒸気でタービンを回し、発電する方式。

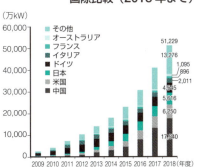

図表3-20　太陽光発電導入量の国際比較（2018年まで）

資料：IEA Photovoltaic Power Systems Programme「Snapshot of Global Photovoltaic Markets 2016」を基に作成
資料：IEA「PVPS TRENDS 2019」を基に作成
出典：資源エネルギー庁『エネルギー白書2020』

図表3-21　風力発電導入量の国際比較（2019年まで）

資料：Global Wind Energy Council（GWEC）「Global Wind Report（各年）」を基に作成
出典：資源エネルギー庁『エネルギー白書2020』

3-2 06 省エネルギー対策と技術

7 エネルギー　9 産業革新

学習のポイント　省エネルギーを推進するため、さまざまな取り組みが行われています。家庭やオフィスなど、身近なところで注目されている省エネ対策や技術を紹介します。

1 省エネルギー技術

（1）ヒートポンプ

ヒートポンプは、気体を圧縮すると温度が上昇し、膨張させると温度が下がる原理を利用して空気の熱を汲み上げ、利用するシステムです（図表3－22）。現在の技術では、消費電力の約3倍以上の熱エネルギーを生み出すことができるといわれており、エアコンや冷蔵庫など身近な家電製品に活用されています。

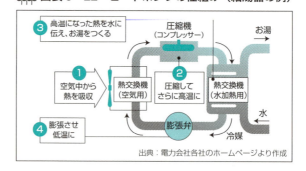

図表3－22　ヒートポンプの仕組み（給湯器の例）

出典：電力会社各社のホームページより作成

（2）燃料電池

都市ガスなどから得られた水素を、空気中の酸素と電気化学反応させて発電します。発生する熱も温水として利用できる**コージェネレーション**であり、エネルギー効率の高いシステムです。

現在、自動車用、産業用、家庭用で技術開発が進んでおり、携帯電話やパソコンなど、モバイル機器の電源としても注目されています。**家庭向け燃料電池**の普及も始まっています。

（3）インバーター

インバーターとは、交流電気をいったん直流にし、さらに**周波数**の異なる交流に変える装置で、多くの家電製品に使用されています。周波数を変えることでモーターの回転数を制御し、エアコン、冷蔵庫の温度設定などをきめ細かく制御して消費電力を抑える技術です。

➡燃料電池
固体高分子形やリン酸形などいくつかの種類がある。固体高分子形は家庭用、モバイル機器用、自動車用として、リン酸形は工業用コージェネレーションとして実用化されている。

➡コージェネレーション
エンジンやガスタービンが使われるが、家庭用のコージェネレーションを行う技術として、最近では「エネファーム」という名称の燃料電池システムが販売されている。これは都市ガス、LPG、または灯油から水素をつくり、燃料電池を駆動するもので、燃料電池の発電効率が35～45%、排熱利用効率が30%程度になる。

➡家庭向け燃料電池
業界統一名称では「エネファーム」と呼ばれている。発電時に発生する熱エネルギーを給湯や暖房に利用するコージェネレーションシステム。

➡周波数
1秒間に繰り返される変化（波）の回数。単位はHz。

（4）複層ガラス、断熱サッシ

　一般の住宅では窓などの開口部から、大きな熱の出入りがあります。このため窓を**複層ガラス**や**断熱サッシ**にすることによって、断熱性能を大幅に改善することができ、省エネルギー化になります。

（5）LED（発光ダイオード）

　LEDは、蛍光ランプに比べて消費電力が約4分の3、寿命が4～7倍といわれ、近年低価格化が進んだため、家庭内の照明、街路灯、信号機などに普及してきています。

2　システムとしての省エネルギー対策

　省エネルギーを進めるためには、個別技術の導入に加えて、複数の事業者や地域が連携するシステムとしての対応が必要です。需要家側の行動も関わります（ディマンドレスポンス）。また、エネルギーの使用実態を把握し、それに適した供給を行うために、AIやIoT、ビックデータ等の活用も重要になります。

（1）ZEH（ネット・ゼロ・エネルギー・ハウス）

　ZEHは、外壁の断熱性能の向上や、高効率な設備システムの導入などにより大幅な省エネルギーを実現し、かつ、再生可能エネルギーを導入することにより、年間のエネルギー消費量収支ゼロを目指した住宅のことを言います。第5次エネルギー基本計画では、2030年までに新築住宅の平均で、ZEHの実現を目指すとしています。

（2）コージェネレーション

　コージェネレーションは、発電を行い、発生する排熱で温水や蒸気をつくり、建物や地域の給湯や冷暖房などに使用するシステムです。冷却水や排ガスなどの排熱を有効に利用できるため、エネルギー効率は75～80％と優れています。地域冷暖房のインフラを整えれば、地域全体としての省エネルギー化を図れます。

（3）スマートグリッド、スマートコミュニティ

　電力の**スマートメーター**などの通信・制御機能を活用して、送電調整のほか時間帯別など多様な電力契約などを可能にする電力網が**スマートグリッド**です。エネルギー需給の管理を行うことができるため、電力を効率よく利用することができます。また、地域で導入できれば、**スマートコミュニティ**として、エネルギー供給の効率化、大幅な省エネルギー、非常時のエネルギー確保が可能となります。

（4）ESCO（Energy Service Company）事業

　ESCO事業は、省エネルギー改修にかかるすべての経費を、省エネルギーによる光熱水費の削減分で賄う事業です。2017年の市場規模は249億円にのぼりました。

➡複層ガラス
　複数枚の板ガラスの間に中間層をつくり、乾燥空気やアルゴンガスを封入したり、真空状態にして、断熱性能を向上させたガラス。

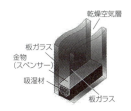

➡ディマンドレスポンス
　P.84参照。

➡スマートメーター
　電力を計測し、電力会社などとの通信機能によって情報交換や制御ができる次世代電力量計。電力の見える化や外部からの家庭内家電の制御などの機能を持つ。

➡スマートコミュニティ
　スマートメーター等を利用したスマートグリッド（次世代送電網）による電力の有効利用、熱や未利用エネルギーなどを地域全体で活用し、地域の交通システム、市民のライフスタイルの変革などを複合的に組み合わせた、地域単位での次世代エネルギー・社会システムの概念。

3-3 生物多様性・自然共生社会

3-3 01 生物多様性の重要性

14 海洋資源 🐟　**15 陸上資源** 🌳

学習の ポイント ▶ 地球上には、生命誕生以来、さまざまな生物種が生まれてきました。生態系の多様さと、その恵みについて学びます。

1 生物多様性とは

　生物の多様性とは、さまざまな生態系が存在することと、生物の種間及び種内にさまざまな差異が存在することです。さまざまな生態系を**生態系の多様性**、種間の差異を**種の多様性**、種内の差異を**遺伝子の多様性**と呼びます。

　生態系の多様性は、**干潟**、サンゴ礁、森林、湿原、河川など、いろいろなタイプの生態系がそれぞれの地域に形成されていることです。地球上には、熱帯から極地、沿岸・海洋域から山岳地域までさまざまな環境があり、生態系はそれぞれの地域の環境に応じて歴史的に形成されてきました。

　種の多様性は、いろいろな動物・植物や菌類、バクテリアなどが生息・生育しているということです。地球上には、知られている（学名のついた）ものだけで173万種の生物がおり、まだ知られていない生物も含めると3,000万種ともいわれる生物が存在すると推定されています。

　遺伝子の多様性は、同じ種であっても、個体や個体群の間に遺伝子レベルでは違いがあることです。例えば、アサリの貝殻やナミテントウの模様はさまざまですが、これは遺伝子の違いによるものです。メダカやサクラソウなどは、地域によって遺伝子集団が異なることも知られています。

2 わたしたちと生物多様性の関わり

　生物多様性基本法の前文には、生物多様性と人類の関わりと、生物多様性に支えられた自然生態系の扶養力がわたしたちの生存基盤であり、セーフティネットであるということが、以下のように簡潔にまとめられています。

> 人類は、生物の多様性のもたらす恵沢を享受することにより生存しており、生物の多様性は人類の存続の基盤となっている。また、生物の多様性は、地域における固有の財産として地域独自の文化の多様性をも支えている。

➡生態系
P.44 参照。

➡種
　一般的に、世代を超えて維持される形質を持つ集団。生物分類上の基本単位の一つ。

➡干潟
　干出と水没を繰り返す、平坦な砂泥底の地形。多様な海洋性生物や水鳥などの生息場所となるなど重要な役割を果たしている。

➡生物多様性基本法
　2008年5月に議員立法により成立、2008年6月に公布・施行された。生物多様性の保全及び持続可能な利用について基本原則を定めるとともに、これまで生物多様性条約に定められた締約国の義務により閣議決定されてきた「生物多様性国家戦略」を、法律に基づく戦略として位置づけている。また、地方自治体による「生物多様性地域戦略」の策定を促している。

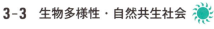

そして、わたしたちは人類共通の財産である生物の多様性を確保し、そのもたらす恵沢を将来にわたり享受できるよう、次の世代に引き継いでいく責任があると述べています。

3 自然の恵み — 生態系サービス

わたしたちの暮らしは、清純な大気や水、食料や住居・生活資材など自然環境から受け取る「恵み」によって支えられています。この自然の「恵み」の多くは、生態系の働きでつくり出されたものです。

国連環境計画（UNEP）によって行われた**ミレニアム生態系評価（MA）**では、これらの「恵み」を**生態系サービス（Ecosystem Service）**として、次の4つに整理しています。

すなわち、食料や淡水、木材及び繊維、燃料、医薬品の原料などを提供する**供給サービス**、気候の調整や洪水制御など自然災害の防止と被害の軽減、疾病制御や水の浄化などの**調整サービス**、自然景観などの審美的価値や宗教などの精神的価値、教育やレクリエーションの場の提供などの**文化的サービス**、栄養塩の循環、土壌形成、光合成による酸素の供給などの**基盤サービス**の4種類で、生態系がもたらす「恵み」の重要性を改めて示しています。

> **➡ミレニアム生態系評価（MA）**
> （Millennium Ecosystem Assessment）
> 国連の主唱により2001年から2005年にかけて行われた地球規模の生態系に関する総合的評価。95か国から1,360人の専門家が参加。生物多様性と人間との関係がわかりやすく示されており、次の結果がまとめられている。2005年3月発表。
> ①過去50年、人間はかつてない速さで生態系を改変し、種の絶滅など生物多様性に甚大な影響をおよぼした。
> ②生態系の改変は、生態系サービスの劣化やさまざまなリスクの増大を伴い、対策をとらないと将来世代の利益は大幅に減退する。
> ③生態系サービスの劣化は今世紀前半に顕著に増大し、持続可能な開発の確保などに障害が予測される。
> ④生態系の回復はある程度可能であるが、政策・制度・実行の面で大幅な変革が必要となる。
> （出典：ミレニアム生態系評価編、横浜国立大学21世紀COE翻訳委員会責任翻訳『生態系サービスと人類の将来』オーム社）

図表3-23 生態系サービスの種類と分類

〈供給サービス〉	〈調整サービス〉	〈文化的サービス〉
食料　淡水 木材及び繊維　燃料 その他	気候調整　洪水制御 疾病制御　水の浄化 その他	審美的　精神的　教育的 レクリエーション的 その他

〈基盤サービス〉
栄養塩の循環　土壌形成　一次生産（光合成）　その他

COLUMN

バイオミメティクス（バイオミミクリー・生物模倣）

「バイオ」は生物、「ミメティクス」は模倣物を意味します。つまり、「自然に学ぶものつくり」をして最先端の科学技術を開発することをいい、生態系サービスのうち、供給サービスの一つとして位置づけられます。
下記のような多くの事例があります。
- カワセミのくちばしを模した先端を持つ新幹線
- フクロウの羽を模して騒音を低減したパンタグラフ
- 野生ゴボウの実（オナモミの仲間）が自分の服や犬の毛にたくさんつくことをヒントにしたマジックテープ
- 蚊にさされても痛くないことから開発された痛くない注射器

3-3 02 生物多様性の危機

14 海洋資源　15 陸上資源

学習のポイント ▶ 今、かつてないスピードで、種の絶滅が起こっています。その原因と、生物多様性を育む自然環境について考えます。

1 急速に失われる地球上の生物多様性

　地球上で起きた**生物の大量絶滅**は、過去に5回あったといわれています。これらの自然状態での絶滅は数万年～数十万年の時間がかかっており、平均すると1年間に0.001種程度であったと考えられています。

　一方で、人間活動によって引き起こされている現在の生物の絶滅は、過去とは桁違いの速さで進んでいます。1975年以降は、1年間に4万種程度の生物が絶滅していると言われています。

➡生物の大量絶滅

　生物の誕生以来、5回の大絶滅が化石記録などから確認されている。最も新しいのは約6,500万年前の恐竜の絶滅で、原因は、隕石の衝突や地殻変動による大規模な環境変化と考えられている。現在進んでいる第6回目の生物の絶滅を、人類が引き起こした大絶滅と考える学者もいる。

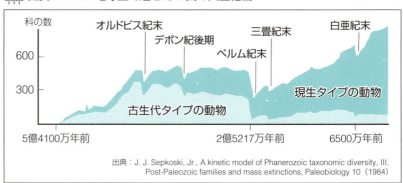

図表3-24　地球上で起きた5回の大量絶滅

出典：J. J. Sepkoski, Jr., A kinetic model of Phanerozoic taxonomic diversity, III. Post-Paleozoic families and mass extinctions, Paleobiology 10 (1984)

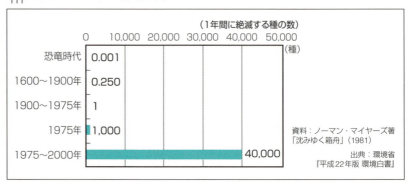

図表3-25　種の絶滅速度

資料：ノーマン・マイヤーズ著「沈みゆく箱舟」(1981)
出典：環境省『平成22年版 環境白書』

3-3 生物多様性・自然共生社会

2 世界の野生生物の現状

　国際自然保護連合（IUCN）が作成する「レッドリスト」は、野生動植物の現状を知る手がかりとなるものです。2020年7月に公表されたIUCNのレッドリストでは、既知種（学名のついた）の173万種のうち12万372種について評価されており、そのうち3万2,441種が**絶滅危惧種**として選定されています。また、959種が絶滅または野生絶滅となっています。

3 野生生物種減少の原因

　現在起きている野生生物種減少の直接的な原因としては、以下のようなものが指摘されています。
①**開発や森林伐採など生息環境の変化**
②**魚の乱獲など生物資源の過剰な利用**
③**外来種の侵入**
④**水質汚濁など過度の栄養塩負荷**
　このほか、地球温暖化などの気候変動による影響が今後生じることも懸念されています。

　地球規模で現在進みつつある野生生物種の減少は、大規模な開発・森林伐採による生息地の破壊、化学物質などによる環境汚染など、生息環境の劣化が原因と考えられ、さまざまな**人間活動が直接・間接に影響**しています。

　種の宝庫ともいわれる熱帯林では、非伝統的な焼畑耕作、過剰放牧、商業的伐採、森林火災などによる生息地の減少も進んでいます。また、象牙や毛皮の採取や密猟などによって、多くの野生動物が絶滅の危機にあります。このような野生生物種減少の背景には、途上国などの貧困や急激な人口増加、より豊かな生活の追求など、社会的、経済的な問題も存在しています。

➡**国際自然保護連合（IUCN）**
　1948年に設立。本部はスイスのグランにあり、国や政府機関、NGOなどが参加。地球の自然環境や、生物多様性を保全し、自然資源の持続的な利用を実現するための政策提言、啓発活動、他団体への支援を目的とする。P.201参照。

➡**レッドリスト、レッドデータブック**
　レッドリストは、絶滅のおそれのある野生生物の一覧表で、種名や絶滅の危険度などが記載される。それに対し、レッドデータブックは、レッドリスト等に基づいて、その生物の生活史や分布など、より詳細なデータが掲載されている。

➡**外来種**
　P.45参照。

➡**熱帯林**
　P.43参照。

➡**伝統的な焼畑耕作**
　P.118参照。

➡**サンゴ礁の危機**
　2004年には、世界のサンゴ礁の20%が壊され、回復できそうにないと報告されている。さらに24%は危機的状態で、10～20年後には壊れてしまうといわれている。原因は、高過ぎる水温や病気、オニヒトデなど自然現象によるものと、赤土や沿岸の開発など、人間の活動によるものとがある。

COLUMN

サンゴ礁の生物多様性とその重要性

　サンゴ礁の海は、海洋面積全体の0.2%を占めるのみですが、海に生息する生き物の25%がサンゴ礁とかかわって生きているといわれています。サンゴ礁に依存している生き物の種類は非常に多く、サンゴ礁は「海の熱帯林」とも表現されています。

　サンゴは水温18～30℃の暖かい海に棲む生き物ですが、水温が高過ぎると体の中の褐虫藻が外に出てしまい、栄養を十分にとれなくなり、弱っていきます。このとき、サンゴの体色が薄くなったり、骨格が白く透けて見えるようになるため、この現象を「白化現象」（巻頭カラー資料Ⅲ参照）と呼んでいます。

　「サンゴ礁の脆弱な生態系を悪化させる人為的圧力が最小化され、その健全性と機能が維持される」という愛知目標に対して、地球規模生物多様性概況の第4版では、陸域や海域の活動に由来する圧力は、増大し続けており、2015年までに達成されることは非現実的である、と評価をしています。

4 ▶ 日本の野生生物の現状

　日本で確認されている生物の種の総数は、約9万種です。まだ知られていない生物も含めると30万種を超えるとも推定されており、狭い国土に多様な生物が生息しています。また、陸生哺乳類、維管束植物の約4割、爬虫類の約6割、両生類の約8割が、日本にのみ生息する生物（日本固有種）で、その割合が高いことも特徴です。

5 ▶ レッドリスト2020

　環境省は2020年3月に「**環境省レッドリスト2020**」を公表しました。絶滅危惧種は、レッドリスト2019から40種種増加（42種追加、2種削除）し、合計3,716種となっています。

　また、将来的に絶滅危惧種になる可能性がある準絶滅危惧種は7種減少して、合計1,364種になっています。

➡絶滅のおそれのある種の
カテゴリー（ランク）
●絶滅
すでに絶滅したと考えられる種。
●野生絶滅
飼育・栽培下、あるいは自然分布の明らかに外側で野生化した状態のみ存在している種。
●絶滅危惧種
・絶滅危惧ⅠA類
ごく近い将来における野生での絶滅の危険性が極めく高い。
・絶滅危惧ⅠB類
ⅠAほどではないが、近い将来における野生での絶滅の危険性が高い。
・絶滅危惧Ⅱ類
絶滅の危険が増大している。
●準絶滅危惧
現時点では絶滅の危険は小さいが、生息条件の変化によっては「絶滅危惧」に移行する可能性のある種。
（環境省レッドリストカテゴリーと判定基準2020より）

図表3-26　日本の絶滅のおそれのある野生生物の種数

分類群		評価対象種数(a)	絶滅	野生絶滅	絶滅危惧種(b)	準絶滅危惧	情報不足	絶滅危惧種の割合(b/a)
動物	哺乳類	160	7	0	34	17	5	21%
	鳥類	約700	15	0	98	22	17	14%
	爬虫類	100	0	0	37	17	3	37%
	両生類	91	0	0	47	19	1	52%
	汽水・淡水魚類	約400	3	1	169	35	37	42%
	昆虫類	約32,000	4	0	367	351	153	1%
	貝類	約3,200	19	0	629	440	89	19%
	その他無脊椎動物	約5,300	1	0	65	42	44	1%
	動物小計		49	3	1,446	943	349	―
植物等	維管束植物	約7,000	28	11	1,790	297	37	25%
	蘚苔類	約1,800	0	0	240	21	21	13%
	藻類	約3,000	4	1	116	41	40	4%
	地衣類	約1,600	4	0	63	41	46	4%
	菌類	約3,000	25	1	61	21	51	2%
	植物等小計		61	13	2,270	421	195	―
13分類群合計			110	14	3,716	1,364	544	―

出典：環境省レッドリスト2020

COLUMN

マツタケが絶滅危惧種に

　国際自然保護連合（IUCN）は2020年7月に公表したレッドリストで、マツタケについて初めての評価が行われ、生育量が著しく減少しているなどとして新たに絶滅危惧種に指定しました。絶滅危惧種は絶滅の危険性が高い順に3段階に分かれていますが、マツタケは3番目のランクになりました。6年前に絶滅危惧種に指定されたニホンウナギの再評価も行われ、これまでと同じ絶滅危惧種のうち、2番目に当たる「危機」に分類されました。

3-3 生物多様性・自然共生社会

6 日本の生物多様性の危機の構造

日本の生物多様性の危機には、次の4つがあります。

第1の危機：開発など人間活動による危機
人間活動ないし開発が直接的にもたらす種の減少、絶滅、あるいは生態系の破壊、分断、劣化を通じた生息・生育空間の縮小、消失。

第2の危機：自然に対する働きかけの縮小による危機
生活様式・産業構造の変化、人口減少など社会経済の変化に伴い、自然に対する人間の働きかけが縮小撤退することによる、里地里山などの環境の質の変化、種の減少ないし生息・生育状況の変化。

第3の危機：人間により持ち込まれたものによる危機
外来種や化学物質など、人為的に持ち込まれたものによる生態系のかく乱。

第4の危機：地球環境の変化による危機
地球温暖化など、地球の環境の変化に伴う生物多様性の変化。

これらの危機に対しては、国内あるいは地球規模でさまざまな対策が講じられてきています。効果がみられているものもありますが、生物多様性の危機は依然として進行しています。

7 生物多様性のモニタリング

わたしたちのさまざまな行いが、自然環境に大きな影響を及ぼしています。こうした生態系の変化は、すぐに気づくことができるものばかりではなく、知らない間に、重大な問題が引き起こされている場合もあります。

そのため、**緑の国勢調査**とも呼ばれる、植生や野生動物の分布など国土全体の自然環境の状況を調査する自然環境保全基礎調査が行われています。ここでは、陸域、陸水域、海域の詳細な現地調査から全国の動植物の分布、植生、干潟、藻場、サンゴ礁の現状等を把握して、生物多様性に関する基礎情報を収集しています。

また、さまざまな生態系のタイプごとに自然環境の現状及び変化を長期的に定点調査する**モニタリングサイト1000**では、高山帯、森林・草原、里地里山、陸水域（湖沼及び湿原）、沿岸域（砂浜、磯、干潟、アマモ場、藻場及びサンゴ礁）、小島嶼について、約1,000か所の調査サイトのモニタリング調査を実施しています。

これらの自然環境保全基礎調査やモニタリングサイト1000の成果は、電子化されて管理され、環境省生物多様センターが提供する「**生物多様性情報システム（J-IBIS）**」により公開されています。

➡**自然環境保全基礎調査**
「自然環境保全法第4条」に基づき国が実施する調査。1973年に第1回調査が開始され、2012年に第7回総合取りまとめが実施されている。

➡**藻場**
沿岸域に存在する海藻の生い茂る場所。多くの海洋生物の産卵・生育場所となるほか、水質改善や光合成によるCO_2吸収などの働きをもち、「海の森」とも例えられる。

➡**モニタリングサイト1000 ロゴマーク**

➡**アマモ場**
藻場とは、海藻が茂る場所のこと。特に、アマモの仲間から構成されている藻場をこのように呼ぶ。

3-3 03 生物多様性に対する国際的な取り組み

13 気候変動　**14** 海洋資源　**15** 陸上資源　**17** 実施手段

学習の ポイント ▶ 生物多様性保全については、さまざまな国際的な枠組みがあります。その中心は生物多様性条約です。国際的な取り組みや展開について学びます。

1 国際協力の枠組み

（1）ラムサール条約

1971年にイランのラムサールにおいて採択され、1975年に発効した**ラムサール条約**は、特に水鳥の生息地の**国際的に重要な湿地とそこに生息・生育する動植物の保全を促進する**ことを目的としています。日本は1980年に加入し、釧路湿原、尾瀬、琵琶湖などに加え、2018年10月には宮城県志津川湾及び東京都葛西海浜公園が追加され、現在52か所が条約湿地として登録されています（2018年10月現在）。

（2）ワシントン条約

1973年にアメリカのワシントンD.C.で採択され、1975年7月に発効した**ワシントン条約**は、絶滅のおそれのある野生動植物の**国際取引を規制**するもので、約3万種がその対象となっています。日本は1980年11月に条約を批准し、締約国となりました。

（3）世界遺産条約

1972年にパリで採択され、1975年に発効した**世界遺産条約**（世界の文化遺産及び自然遺産の保護に関する条約）は、文化遺産及び自然遺産を人類全体のための世界の遺産として損傷、破壊等の脅威から保護し、保存するための国際的な協力、及び援助の体制を確立することを目的としています。

具体的には、締約国の分担金からなる世界遺産基金により、各国の世界遺産の保護対策を支援する仕組みなどがあります。

世界遺産は、**文化遺産、自然遺産、複合遺産**に分類され、そのうち自然遺産は、「自然美」「地形・地質」「生態系」「生物多様性」の面で顕著な普遍的価値（世界で唯一の価値）を有するものとされています。事務局は世界遺産センターと呼ばれ、ユネスコが管轄しています。

現在、日本では複合遺産はありませんが、文化遺産が19件、自然遺産が屋久島、白神山地、知床、小笠原諸島の4件で、合計23件となっています（2020年6月現在）。

➡ラムサール条約
正式名称「特に水鳥の生息地として国際的に重要な湿地に関する条約」。締約国は自国内の重要な湿地を、事務局の審査を経て「国際的に重要な湿地に係る登録簿」に登録する。この条約では、湿地の保全とそのワイズユース（賢明な利用）を提唱している。
巻頭カラー資料Ⅳ参照。

➡ワシントン条約
正式名称「絶滅のおそれのある野生動植物の種の国際取引に関する条約」。
絶滅のおそれのある動植物の保護を目的とし、国際取引を規制する。生物及びそのはく製や、皮革製品などの加工品も規制対象。

➡ワシントン条約国内法
日本におけるワシントン条約国内法は1987年に制定され、その後1992年に制定された「種の保存法」の中に引き継がれている。

➡日本の世界自然遺産
・屋久島
　（1993年12月登録）
・白神山地
　（1993年12月登録）
・知床（2005年7月登録）
・小笠原諸島
　（2011年6月登録）
巻頭カラー資料Ⅶ参照。

3-3 生物多様性・自然共生社会

各国の世界遺産の保護対策は、締約国の分担金からなる世界遺産基金により支援されています。

2 生物多様性条約

20世紀後半、拡大した人間活動によって、野生生物種の絶滅や生態系の衰退が地球規模で急速に進みました。1992年5月、ケニアのナイロビで開かれた国連環境計画（UNEP）の会合において、**生物多様性条約**が採択され、同年6月の地球サミットで条約加盟の署名が開始されました。

この条約は、**生物多様性の包括的な保全**と**持続的な利用を推進**するため、次の3つを目的としています。
①**生物の多様性の保全**
②**生物多様性の構成要素（生物資源）の持続可能な利用**
③**遺伝資源の利用から生ずる利益の公正で衡平な配分**

また、締約国は、生物多様性の保全と持続可能な利用のために、国家戦略の策定、重要な地域や種の特定とモニタリング、保護地域の指定管理などを行うことになっています。さらに、先進国による途上国への資金や技術の支援などが定められています。

3 バイオセーフティに関する「カルタヘナ議定書」

生物多様性保全と遺伝子組換え生物については、1999年コロンビアのカルタヘナで開催された特別締約国会議で、遺伝子組換え生物の輸出入などに関した手続きなどを定めた**カルタヘナ議定書**が討議されました。議定書は2000年に再開された会議で採択し、2003年9月に発効しました。

カルタヘナ議定書は、**バイオテクノロジー**により**改変された生物（LMO：Living Modified Organism）**が、生物の多様性の保全及び持続可能な利用に悪影響を及ぼすことへの防止措置を定めています。日本では本議定書を受けて、2004年に**カルタヘナ法**が施行されました。

4 生物多様性条約第10回締約国会議（COP10）と新たな目標

2010年10月、「いのちの共生を未来に」をテーマに、COP10が愛知県名古屋市で開催されました。180の締約国と関係国際機関、NGOなど約13,000人が参加しました。

会議では、地球規模生物多様性概況第3版（GBO3）の評価をもとに、新たな世界目標として、今後10年間に国際社会がとるべき道筋である**生物多様性戦略計画2011－2020**が採択されました。そして2020年までの短期目標（ミッション）と2050年までの中長期目標（ビジョン）、その達成に向けた具体的な行動目標として、少なくとも陸域17％、海域10％が保護地域などにより保全され、森林を含む自然生息地の損失速度

➡**生物多様性条約**
（CBD：Convention on Biological Diversity）
1992年5月の国連環境計画（UNEP）で採択され、1993年12月に発効した。
2018年現在、194か国及び欧州連合（EU）及びパレスティナが締結。米国は未締結。

➡**カルタヘナ議定書**
正式名称「生物の多様性に関する条約のバイオセーフティに関するカルタヘナ議定書」。
バイオテクノロジーにより改変された生物による生物多様性の保全及び持続可能な利用への影響を評価し、輸入の可否を決定するための国政的な枠組みを定めている。

➡**カルタヘナ法**
正式名称「遺伝子組換え生物等の使用等の規制による生物の多様性の確保に関する法律」。
2003年6月に成立、公布された。カルタヘナ議定書の円滑な実施を目的としている。

➡**地球規模生物多様性概況**
（GBO：Global Biodiversty Outlook）
国連生物多様性条約事務局が条約の実施状況を把握するため、地球規模で生物多様性の状況を評価した報告書。
GBO3では、生物多様性条約の実施状況について、地球規模で達成されたものは一つもないと結論し、このままでは「生態系が自己修復できる臨界点（ティッピング・ポイント）」を超え、生態系サービスの低下が生じる危険性が高いと記している。

が少なくとも半減、可能な場所ではゼロに近づけるといった20の個別目標が**愛知目標**として設定されました。

また、生物多様性を保全するには、原生的自然環境の保護だけではなく、農業や林業などの人間の営みを通じて形成・維持されてきた２次的な自然環境の保全も重要です。そこで、COP10開催中に**SATOYAMAイニシアティブ**を日本が提唱し、諸外国や関係機関と問題意識を共有して、世界規模で取り組みを進めていく**SATOYAMAイニシアティブ国際パートナーシップ（IPSI）**が発足しました。

そして、**遺伝資源へのアクセスと利益配分（ABS）**に関する国際的な枠組みである**名古屋議定書**が採択されました。

図表 3 – 27　生物多様性戦略計画 2011–2020

> **ビジョン（中長期目標【2050 年】）**
> 「自然と共生する（Living in harmony with nature）世界」
>
> **ミッション（短期目標【2020 年】）**
> 2020 年までに、回復力があり、また必要なサービスを引き続き提供できる
> 生態系を確保するため、生物多様性の損失を止めるための
> 効果的かつ緊急の行動を実施する。
>
> **20 の個別目標〔愛知目標〕**

図表 3 – 28　生物多様性の国際的な取り組み

年	主な取り組み
1975	「世界遺産条約」発効 「ラムサール条約」発効 「ワシントン条約」発効
1992	「生物多様性条約」署名開始
1993	「生物多様性条約」発効
2001	「地球規模生物多様性概況第１版（GBO1）」発表
2002	COP6「生物多様性条約戦略計画」採択、2010年目標設定
2003	「カルタヘナ議定書」発効
2005	「ミレニアム生態系評価」報告
2007	G8サミット開催（ドイツ） 環境大臣会合で生物多様性が初めて主要議題
2010	生態系と生物多様性の経済学（TEEB）最終報告 「戦略計画2011-2020」を採択 COP10名古屋で開催「名古屋議定書」「愛知目標」採択 「国連生物多様性の10年」決議
2014	「名古屋議定書」発効 「地球規模生物多様性概況第４版（GBO4）」発表 COP12韓国・ピョンチャンで開催
2016	COP13メキシコ・カンクンで開催 「カンクン宣言」採択
2018	COP14エジプト・シャルムエルシェイクで開催

➡カンクン宣言
生物多様性戦略2011－2020、愛知目標、カルタヘナ議定書及び名古屋議定書の実施に努力することなどを宣言。地球規模でエコロジカル・フットプリントを削減、土地の劣化と砂漠化への対処、地域間の社会的な格差への対処により、持続可能な経済成長を推進することなどの約束が盛り込まれている。

3-3 生物多様性・自然共生社会

5 その他の国際的なネットワークと国内の取り組み

（1） 生物圏保存地域（ユネスコエコパーク）

生物圏保存地域（BR：Biosphere Reserves） は、生態系の保全と持続可能な利活用の調和（自然と人間社会との共生）を目的として、1976年にユネスコが開始した事業です。モデル地域は、ユネスコ人間と生物圏国際調整理事会が各国の推薦を受けて登録します。

日本では**ユネスコエコパーク**の通称で、1980年に志賀高原、白山、大台ケ原・大峯山、屋久島が登録されました。以後、2012年に宮崎県の綾、2014年に南アルプス、只見、2017年に祖母・傾・大崩、みなかみ、2019年に甲武信が登録されて合計10地域（2019年6月現在）となっています。

（2） ユネスコ世界ジオパーク

世界ジオパークは、国際的重要性を持つ地質学的遺産を地域社会の持続可能な発展に活用している地域を、世界ジオパークネットワーク（GGN）が認定するものです。2015年にユネスコの正式事業となり、名称が**ユネスコ世界ジオパーク**となりました。

国内では、洞爺湖有珠山、アポイ岳、糸魚川、隠岐、山陰海岸、室戸、島原半島、伊豆半島、阿蘇の9地域（2020年3月現在）が認定されています。

なお、日本ジオパークネットワークが認定する**日本ジオパーク**は、とかち鹿追、三陸、佐渡、磐梯山、立山黒部、南アルプス、箱根、Mine秋吉台、桜島・錦江湾などの43地域（2020年4月）となっています。

（3） 世界農業遺産

2002年、地域環境を生かした伝統的農法や、生物多様性が守られた土地利用のシステムを保全し、次世代に継承する目的で、国連食糧農業機関（FAO）が認定する世界重要農業遺産システム（GIAHS）が創設されました。通称、**世界農業遺産**と呼ばれています。

国内では、2011年に「トキと共生する佐渡の里山」と「能登の里山・里海」が選ばれました。その後、「静岡の茶草場農法」「阿蘇の草原の維持と持続的農業」「クヌギ林とため池がつなぐ国東半島・宇佐の農林水産循環」「清流長良川の鮎（岐阜県）」「みなべ・田辺の梅のシステム（和歌山県）」「高千穂郷・椎葉山の山間地農林業複合システム（宮崎県）」「大崎耕土の巧みな水管理による水田システム（宮城県）」が認定。2018年3月には「静岡水わさびの伝統栽培」「にし阿波の傾斜地農耕システム（徳島県）」が認定され、11地域となっています。

世界では、2008年に中国、フィリピン、チリ、ペルー、アルジェリア、チュニジアの6か国で初めて認定され、2019年11月現在、21か国58地域が認定されています。

→ユネスコ
P.201参照。

→人間と生物圏計画（MAB：Man and Biosphere）
ユネスコによる長期間の政府間共同研究計画で1971年に発足。2019年6月現在124か国701保護区が登録されている。

→世界ジオパークネットワーク（GGN）
ユネスコと国際地質学連合（IUGS）の共同の国際協力研究事業である「国際地質科学計画（IGCP）」の下で、地質学的遺産の保護と国際的な認定を目的に、1999年に発足した国際ネットワーク。

→国連食糧農業機関（FAO）
P.201参照。

3-3 04 生物多様性の主流化

| 8 経済成長 | 14 海洋資源 | 15 陸上資源 |

学習のポイント ▶ 生物多様性の保全と持続可能な利用は、企業や民間の参画なしには実現できません。わたしたちの生活にも大きな影響を及ぼす、生態系サービスを保全する社会の活動を学びます。

1 多様な主体の連携の促進

　生物多様性の恵みを将来世代にわたって享受でき、自然と共生する社会を実現するためには、わたしたちの日常生活や社会経済活動の中に、生物多様性の保全と持続可能な利用を組み込んでいくことが必要です。

　愛知目標でも「各政府と各社会において生物多様性を主流化することにより、生物多様性の損失の根本原因に対処する。」とされています。

　2010年のCOP10では、「愛知目標」の達成に貢献するため、2011年から2020年までの10年間を、国際社会のあらゆる主体が連携して生物多様性の問題に取り組む**国連生物多様性の10年**とすることが採択され、2010年12月の国連総会において決議されました。日本では、**国連生物多様性の10年日本委員会**が設立され、多様な主体による連携した取り組みが行われています。

2 生物多様性の経済価値評価

　生物多様性の損失の大きな原因は人間の社会経済活動ですが、近年、生物多様性の損失が、人間の社会経済活動にもたらす影響にも目を向ける必要があると考えられるようになりました。

　2010年に最終報告書が公表された**生態系と生物多様性の経済学（TEEB）**では、さまざまな主体の意思決定に反映させていくためには、生態系や生物多様性の価値を経済的に評価し、「見える化」していくことが有効な手段の一つであるという考え方が示されました。そして、わたしたち人間が失っている生態系サービスの価値は、陸域をベースとした生態系だけでも毎年約50億ユーロ（約6,400億円、1ユーロ＝128円換算）に相当し、控えめに見積もっても2050年までに世界のGDPの7％に達する可能性があることが報告されました。

　また、**生態系サービスに対する支払い（PES）**は、生物多様性を害し、持続可能な発展を阻害している不均衡を修正するために必要な市場原理をつくり、需要を創造することができるとしています。

➡**国際生物多様性の日**
　生物多様性条約が締結された日として国連で定められた5月22日。
　国連では各国・地域で植樹を行う「グリーンウェイブ」のイベントを呼びかけ、日本では、環境省が中心となって各地でいろいろなイベントを催している。

➡**国連生物多様性の10年日本委員会（UNDB-J）**
　愛知目標の達成を目指し、国内のあらゆるセクターの参画と連携を促進するため、連携事業の認定、イベント開催、生物多様性主流化推進チームによる広報・主流化などを行う。

➡**生態系と生物多様性の経済学（TEEB）**
　生物多様性と生態系サービスの価値を経済的価値に変換し、その損失が経済に与える影響などを定量的に研究している。2007年からドイツ銀行のパバン・スクデフ氏を中心に研究が進められ、2010年の名古屋COP10で最終報告書が公表された。

3-3 生物多様性・自然共生社会

図表3-29 生態系サービスの貨幣価値の評価事例

事例	実施年	評価額（／年）	評価対象	場所
里地里山の生物多様性の価値	2014	733億円	生物多様性	全国
全国的なシカの食害対策の実施により保全される生物多様性の価値	2013	865億円	森林	全国
干潟の自然再生に関する経済価値評価	2014	7億6,000万円	干潟	全国
奄美群島を国立公園に指定することで保全される生物多様性の価値	2013	898億円	森林	鹿児島県
ツシマヤマネコの保護増殖事業に関する経済価値評価	2014	527億3,000万円	生物多様性	長崎県
函館市松倉川の生態系の評価	1996	193億円	河川	北海道
熊本市における地下水涵養機能保全政策の評価	2003	71億円	森林	熊本県

注記：評価はCVMによる。　出典：環境省資料より

3 ビジネスと生物多様性

　事業活動は、資源の調達や運搬、土地利用などさまざまな場面において生物多様性と密接に関係しています。TEEBでは、すべての事業者が生物多様性と生態系サービスに依存し、影響を与えているとして、事業者に生物多様性リスクへの対処の必要性を指摘するとともに、生物多様性や生態系サービスへの配慮が新しいビジネスチャンスを生み出す可能性があることも強調しています。

　日本でも、日本経済団体連合会から**日本経団連生物多様性宣言**（2018年10月改定）、環境省から**生物多様性民間参画ガイドライン**（2017年12月改定）が策定されています。

➡生態系サービスに対する支払い（PES: Payment for Ecosystem Services）
　人間の生活や企業活動の多くは生態系サービスに依存しているが、その生態系サービスの対価や、サービスを持続可能な形で利用するための保全活動に必要なコストを負担し、生物多様性を保全していくという考え方。

➡日本経団連生物多様性宣言
　2009年に7つの宣言と行動指針を発表した。
1. 自然の恵みに感謝し、自然循環と事業活動との調和を志す。
2. 生物多様性の危機に対してグローバルな視点を持ち行動する。
3. 生物多様性に資する行動に自発的かつ着実に取り組む。
4. 資源循環型経営を推進する。
5. 生物多様性に学ぶ産業、暮らし、文化の創造を目指す。
6. 国内外の関係組織との連携、協力に努める。
7. 生物多様性を育む社会づくりに向け率先して行動する。

➡生物多様性民間参画ガイドライン
　幅広い分野の事業者が生物多様性の保全と持続可能な利用に取り組んでいくために必要な、基礎的な情報や考え方などを取りまとめている。

COLUMN

花粉媒介をしてくれる訪花昆虫（ポリネーター）

　生物多様性版のIPCCといわれるIPBES（生物多様性及び生態系サービスに関する政府間科学プラットフォーム）の最初の評価レポート（2016年2月）では、世界の作物生産量の5～8％がハチなど動物の花粉媒介に依存し、その経済的価値は世界全体で最大年5,770億ドル（約64兆円）にのぼるという発表がされました。
　日本でも、国立研究開発法人農業環境技術研究所が行った評価で、花粉を運ぶ昆虫等が農業にもたらす経済価値の総額は約4,700億円（日本農業の算出額約5兆7,000億円の8.3％に相当する）と推計されるなど、その経済的価値は大きなものがあります。

セイヨウミツバチ

3-3
05 国内の生物多様性の取り組み

8 経済成長　14 海洋資源　15 陸上資源　17 実施手段

**学習の
ポイント** ▶ 生物多様性を健全に維持し、次世代にその恵みを継承していくことが大きな課題になっています。現在国内において進められている施策を見ていきます。

➡生物多様性国家戦略
　生物多様性に関する国の目標と施策方向を定めた計画。
　生物多様性国家戦略2012-2020は5番目の国家戦略となる。

➡生物多様性地域戦略
　生物多様性基本法で地方公共団体の策定が努力義務とされている。2019年末、43都道府県、18政令指定都市、77市区町村が策定している。

➡自然共生社会
　生物多様性が適切に保たれ、自然の循環に沿う形で農林水産業を含む社会経済活動を自然に調和したものとし、自然とのふれ合いの場や機会を確保することにより、自然の恵みを将来にわたって享受できる社会。

1 ▶ 生物多様性の保全

　1993年に発効した「生物多様性条約」を履行するため、1995年に最初の**生物多様性国家戦略**が策定されました。その後、2008年に施行された「生物多様性基本法」は、生物多様性国家戦略の位置づけを明確にし、地方自治体による**生物多様性地域戦略**の策定も促しています。

2 ▶ 生物多様性国家戦略2012－2020

　2012年9月、**生物多様性国家戦略2012－2020**が閣議決定されました。**自然共生社会**実現のために、2020年の短期目標及び2050年の長期目標を設定し、2020年までの重点施策として5つの基本戦略を策定し、**愛知目標**の達成に向けたロードマップが作成されています。

3 ▶ 重要地域の保全

　生物多様性の保全上重要な地域については、自然環境保全に関連する

🌲🌲🌲 図表3－30　生物多様性国家戦略 2012-2020 の概要

【自然共生社会における国土のグランドデザイン】
100年先を見通した自然共生社会における国土の目指す方向性やイメージを提示

⬇

【5つの基本戦略】…2020年度までの重点施策
1　生物多様性を社会に浸透させる
2　地域における人と自然の関係を見直し、再構築する
3　森・里・川・海のつながりを確保する
4　地球規模の視野を持って行動する
5　科学的基盤を強化し、政策に結びつける

第2部：愛知目標の達成に向けたロードマップ

「13の国別目標」とその達成に向けた「48の主要行動目標」
国別目標の達成状況を把握するための「81の指標」

第3部：行動計画

約700の具体的施策　　50の数値目標

3-3　生物多様性・自然共生社会

各種法律などに基づき、地域指定がなされ、保全されています。

このような地域指定制度には、**自然環境保全地域**のほか、**自然公園**、**鳥獣保護区**、**生息地等保護区**などがあります。森林については、**森林法**に基づく**保安林**、国有林野の管理経営に関する法律等に基づく**保護林**などがあり、都市については**都市緑地法**に基づく**特別緑地保全地区**などがあります。

④ 自然環境保全地域と自然公園の指定・管理

自然環境保全地域は、**自然環境保全法**または都道府県条例に基づき、指定された地域です。

ほとんど人の手が加わっていない原生の状態が保たれている**原生自然環境保全地域**、優れた自然環境を維持している**自然環境保全地域**または**都道府県自然環境保全地域**があります。

優れた自然の風景地は、**自然公園法**または都道府県条例に基づき、**国立公園**、**国定公園**、**都道府県立自然公園**に指定されています。2020年3月には、長野県の中央アルプスが57カ所目の国定公園として指定されました。自然公園は、脊梁山脈を中心に国土の約14.7％を占め、生物多様性の保全の屋台骨としての役割を担っています（巻頭カラー資料Ⅵ参照）。

また、**文化財保護法**により、文化財として価値のある自然環境については名勝や天然記念物として指定、保護するとともに、自然と人が関わりながら育まれた文化的景観を保護する観点からは、重要文化的景観が選定されています。

➡自然環境保全法
1972年制定。自然環境の保全に関する基本的事項及び自然環境保全地域制度等を定めた法律。

➡自然公園法
国立公園法を改正し、1957年制定。優れた自然の保護と自然とのふれ合いの増進を目的とし、自然公園を国立公園、国定公園、都道府県立自然公園の3種類に体系化した。
自然環境保全法に基づく自然環境保全地域等とは、自然環境の保護と同時に利用増進を図ることを目的としている点が異なる。

➡国立公園
日本を代表する優れた自然の風景地で、保護し利用の促進を図る目的で、環境大臣が指定する。

➡文化財保護法
1949年制定。文化財の保存・活用と、国民の文化向上を目的としている。

🏔 図表3-31　保護・保全地域の状況

保護地域名と地種区分等		年月	箇所数等
自然環境保全地域	原生自然環境保全地域	2020年3月	5地域（5,631ha）
	自然環境保全地域		10地域（2万ha）
	都道府県自然環境保全地域		546地域（8万ha）
自然公園	国立公園	2020年3月	34公園（220万ha）
	国定公園	2020年3月	57公園（145万ha）
	都道府県立自然公園	2020年3月	311公園（195万ha）
国指定鳥獣保護区	箇所数	2020年3月	86か所（59万ha）
	特別保護地区の地区数		71か所（16万ha）
生息地等保護区	個所数	2020年3月	9か所（890万ha）
	管理地区の箇所数		9か所（390万ha）
保安林	面積（実面積）	2019年3月	1,221万ha
保護林	箇所数、面積	2019年4月	667か所（98万ha）
文化財	名勝の指定数（特別名勝）	2020年3月	179（12）
	天然記念物の指定数		1,031（75）
	重要文化的景観		65件

出典：環境省、農林水産省、文部科学省資料より作成

5 国土のグランドデザイン

　生物多様性国家戦略2012－2020では、自然共生社会における国土のグランドデザインとして、重要地域の保全とともに、生物の生態特性に応じた生息・生育空間のつながりや、適切な配置が確保された**生態系ネットワーク**形成を通じて、国土全体にわたる自然環境の質の向上を目指しています。また、河川、湖沼、湿原、ビオトープ、湧水池などの水系は、森林、農地都市、沿岸域などをつなぐ重要な基軸となっていることから、積極的に保全・再生を進めることとされています。

図表3-32　生態系ネットワークのイメージ図

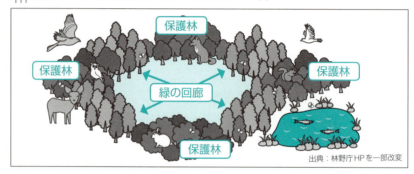

出典：林野庁HPを一部改変

6 自然再生の推進

　生態系ネットワークが分断されている場所では、そのつながりを取り戻すことが必要です。**自然再生推進法**は、過去に損なわれた自然環境の保全、再生、創造または維持管理の推進を図るため、2003年1月に施行された法律です。同法に基づいて、国や自治体などによって自然再生協議会がつくられ、2020年3月末現在、全国46か所で**自然再生事業実施計画**に基づいて、再生のための事業が推進されています。

7 種の保存法

　1993年、**絶滅のおそれのある野生動植物種の保存に関する法律（種の保存法）**が施行されました。これにより国内に生息・生育する、絶滅のおそれのある野生生物を**国内希少野生動植物種**に指定し、個体の取り扱い規制、生息地の保護、保護増殖事業の実施など、保全のために必要な措置が実施されています。2020年2月現在、356種が国内希少野生動植物種として指定されています。

　国内希少野生動植物種については、販売・頒布目的の陳列・広告、譲渡、捕獲・採取、殺傷・損傷、輸出入などが原則禁止されています。

　また、外国産の希少野生生物についても、国際希少野生動植物種を指定し、販売・頒布目的の陳列・広告や譲り渡しなどを原則禁止しています。

➡**ビオトープ**
　ビオトープは、森林、湖沼、湿地、岩場、砂地など生態系が保たれている生息空間のこと。ドイツ語で、生物を表す「ビオ」と、場所を表す「トープ」からできた造語。

➡**生態系ネットワーク（緑の回廊）**
　野生生物の生息地を森林や緑地、水辺などで連絡することで、生物の生息空間を広げ、多様性の保全を図ろうとするもの。エコロジカルネットワークとも呼ばれる。

➡**自然再生推進法**
　自然再生を総合的に推進し、生物多様性の確保を通じて自然と共生する社会の実現を図り、あわせて地球環境の保全に寄与することを目的とする。

➡**国内希少野生動植物種**
　哺乳類は、イリオモテヤマネコ、アマミノクロウサギなど15種。鳥類は、コウノトリ、イヌワシ、ハヤブサ、ライチョウ、シマフクロウなど44種。爬虫類は、キクザトサワヘビなど11種。両生類は、アベサンショウウオなど14種。魚類は、アユモドキ、ミヤコタナゴなど10種。昆虫類は、マルコガタノゲンゴロウ、ヨナグニマルバネクワガタ、など50種。陸産貝類はアニジマカタマイマイなど30種。甲殻類はミヤコサワガニなど6種。植物は、アマミデンダ、ホテイアツモリ、オキナワセッコクなど176種。

3-3 生物多様性・自然共生社会

8 外来生物法

外来生物とは、もともとその地域にいなかったのに、人間活動によってほかの地域から入ってきた生物のことを指します。そのうち**外来生物法**では海外起源の生物を対象としています。

日本の野外に生息する外来生物の数は、2,000種を超えるといわれています。これらは、意図的・非意図的にかかわらず、日常的に外国などからやってきます。外来生物の中には、農作物や家畜、ペットのようにわたしたちの生活に欠かせない生物もたくさんいます。

一方で、アライグマやオオクチバス、ヒアリ、ツマアカスズメバチなどの**特定外来生物**は、生態系、人の生命・身体、農林水産業に被害を及ぼすもの、または及ぼすおそれのあるものの中から指定されていますので、「入れない」「捨てない」「拡げない」ことが重要です。

9 民間資金による保全の取り組み

公的資金によらない、民間資金による保全のための取り組みとしては、これまでに、利用者負担の考え方を導入した「富士山保全協力金」や、寄付金等による土地取得によって自然環境を守る「しれとこ100m²運動」、「トトロのふるさと基金」などの活動が行われています。

2015年4月、「地域自然資産区域における自然環境の保全及び持続可能な利用の推進に関する法律（地域自然資産法）」が施行されました。この法律は、入域料を収受して行う保全事業や、自然環境トラスト活動やその促進事業に関わる地域を「地域自然資産区域」として都道府県・市町村が設定し、「地域計画」を作成して活動を実施するものです。

10 エコツーリズム

環境大臣を議長とする「エコツーリズム推進会議」では、**エコツーリズム**の概念を「自然環境や歴史文化を対象とし、それらを体験し学ぶとともに、対象となる地域の自然環境や歴史文化の保全に責任を持つ観光のあり方」としています。

2008年4月に施行された**エコツーリズム推進法**は、地域の創意工夫を活かしたエコツーリズムを通じた自然環境の保全、観光振興、地域振興、環境教育の推進を図るものです。

この考え方を実践するための旅行を、**エコツアー**と呼んでいます。エコツアーには、世界遺産を訪ねる旅行や、農村や里山に滞在して休暇を過ごす都市農村交流の**グリーンツーリズム**、**アグリツーリズム**や、漁村での体験活動や自然の中での遊びを通じて、水産業及び漁村に対する理解を深める**ブルーツーリズム**などがあります。

➡**外来生物法**
　正式名称「特定外来生物による生態系等に係る被害の防止に関する法」。2005年6月施行。

➡**特定外来生物**
　外来生物法によって、指定された外来生物。飼育・栽培、保管、運搬、販売・譲渡、輸入、野外への放出などが禁止され、生態系などに被害が起きている場合は、捕獲などの防除措置がとられる。
　2019年4月現在、148種の動植物が指定されている。

➡**エコツーリズム推進法**
　2008年4月施行。自然環境の保全、観光振興、環境教育の場としての活用を基本理念としている。

第3章
環境問題を知る

3-3 06 自然共生社会に向けた取り組み

| 8 経済成長 | 11 まちづくり | 14 海洋資源 | 15 陸上資源 | 17 実施手段 |

学習のポイント ▶ 日本の自然の仕組みを基礎として、自然と共生する真に豊かな社会の実現に向けた取り組みを学びます。

1 生態系サービスでつながる自然共生社会

　自然の恵みである生態系サービスの需給でつながる地域や人々を一体としてとらえ、その中で連携や交流を深め、相互に支え合っていくという**自然共生圏**の考え方が、生物多様性国家戦略2012-2020で示されました。さらに、2018年に策定された第5次環境基本計画では、それを発展させて、「循環」と「低炭素」を同時に達成する**地域循環共生圏の創造**を目指すこととされました。

　生態系サービスは、地方が主な供給源となっていますが、その恩恵は都市も含めた広い地域で受けています。しかし、こうしたつながりは目に見えにくいことから、都市は大きな負担をすることなく、地方が供給する**生態系サービス**を受けてきたといえます。

　地域循環共生圏の構築とは、こうした関係を見直し、各地域がその特性を活かした強みを発揮し、地域ごとに異なる資源が循環する自立・分散型の社会を形成することです。それぞれの地域の特性に応じて近隣地域と共生・対流し、**森・里・川・海のつながり**など、自然的なつながり

➡「つなげよう、支えよう 森里川海」プロジェクト
　環境省は2014年12月にプロジェクトを立ち上げて、森里川海の恵みを将来にわたって享受し、安全で豊かな国づくりを行うための基本的な考え方と対策の方向を取りまとめた。
　つなげるのは、自然だけなく、関わる人たちも含まれている。日本各地で、いろいろな取り組みが行われている。

図表3-33　わたしたちの暮らしを支える森里川海

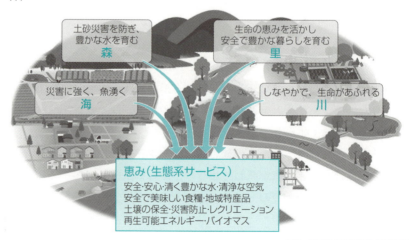

出典：環境省『令和2年版 環境白書』

3-3 生物多様性・自然共生社会

のネットワークをパートナーシップにより構築していくことで、地域資源を補完し、支え合う地域循環共生圏の創造を目指しています。

2 里地里山及び里海の保全活用

里地里山とは、集落を取り巻く二次林と人工林、それらと混在する農地、溜池、草原などで構成される地域です。農林業などに伴うさまざまな人為による適度なかく乱によって、特有の環境が形成・維持され、固有種を含む、多くの野生生物を育む地域となっています。

里海も、人手が加わることにより生物生産性と生物多様性が高くなった沿岸海域です。古くから水産・流通をはじめ、文化と交流を支えてきた大切な海域で、里山と同じく人と自然が共生する場所です。健全な里海は、人の手で陸域と沿岸海域が一体的に総合管理されることによって物質循環機能が適切に保たれ、豊かで多様な生態系と自然環境を保全することで、わたしたちに多くの恵みを与えてくれます。

しかし、里地里山、里海の多くは、人口の減少や高齢化の進行、産業構造の変化により人間活動が縮小してきており、大きな環境の変化を受け、生物多様性は質と量の両面から劣化が懸念されています。

現在では、放置された里山にシカやイノシシ、サルなどの野生鳥獣が出現するようになり、近隣の農地を含めた**鳥獣害**が問題となっています。

2015年に鳥獣保護法が**鳥獣保護管理法**に改正され、鳥獣の保護及び管理ならびに狩猟の適正化に加えて、鳥獣の管理が追加されました。シカやイノシシが増えすぎていることにより、自然生態系への影響及び、農林水産業への被害が深刻化しています。また、鳥獣の捕獲等の促進とともに、**ジビエ**利用促進を考慮した狩猟者の育成などが行われています。

➡鳥獣保護管理法
　鳥獣の保護及び管理を図るための事業を実施するとともに、猟具の使用に関わる危険を予防することにより、鳥獣の保護及び管理並びに狩猟の適正化を図ることを目的としている。
　法改正により、都道府県等が行う指定管理鳥獣捕獲等事業の創設、捕獲にあたる民間事業者を拡大するための認定鳥獣捕獲等事業者制度の導入等がなされた。

➡ジビエ
　狩猟によって、食材として捕獲された野生の鳥獣。シカやイノシシ、クマ、ウサギ、カモなど。

図表3-34　ニホンジカの捕獲数の推移

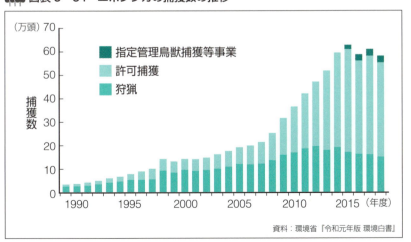

資料：環境省『令和元年版 環境白書』

3-4 地球環境問題

3-4 01 オゾン層保護に関する問題

12 生産と消費∞ 13 気候変動 17 実施手段

**学習の
ポイント** ▶ オゾン層は、有害な紫外線を吸収していますが、フロンなどにより破壊が進行したため国際的な取り組みが進められ、回復が予測されています。さらに、地球温暖化防止のため、国際的な対策の強化が合意されました。

1 ▶ オゾン層の破壊とフロン

　オゾン層は、地上から高さ約10数kmから50kmまでの成層圏にあって、太陽光線に含まれる有害な紫外線を吸収する重要な役割を果たしています。地上の気圧（1気圧）だと3mmの厚さしかありませんが、このオゾン層により、多種多様な動植物の生態系が守られています（ただし、地表のオゾンは、光化学スモッグの原因となる有害物質です）。

　しかし、1970年代の終わり頃から、南極上空で南半球の春季（9〜10月頃）に**オゾンホール**（オゾン層破壊）が観測され始めました。そして1980年代から急激に拡大し、2000年には、過去最大規模（面積：3,030万km²）を記録しましたが、現在では回復傾向にあります。北極圏でも、2011年などにオゾンホールが観測されました。

　オゾンホールの原因は、自然界に存在しない**フロン**というフッ素と塩素を含む化学物質です。フロンは化学的な安定性など優れた性質を持っているため、冷蔵庫やエアコンの冷媒や断熱材用の発泡剤などさまざまな用途に広く使われていました。

　日本では、1996年以降、オゾン層破壊性の大きい**特定フロン**（CFC、HCFC）の生産が全廃され、破壊性のない**代替フロン**（HFC）や**二酸化炭素や炭化水素などの自然冷媒**に切替えられています。しかし、特定フロンが家庭やオフィス、飲食店などに残っているので、これらが大気に放出、漏洩しないように回収・処理を行うことが課題です。

2 ▶ オゾン層破壊のメカニズム

　フロンは大気中に放出されると、**拡散・上昇**し、成層圏に到達します。そこで紫外線により分解され、塩素原子を放出します。この塩素原子が触媒となって、連鎖的・継続的に大量のオゾンが破壊されます（図表3-35）。

　成層圏のオゾン層破壊物質の濃度は、HCFCなど一部を除いて1990年代半ばから減少しており、対流圏大気中の濃度も同様の傾向です。なお、逆にHFCの濃度は急速に増加しています。

➡オゾン層
P.35、37参照。

➡オゾンホール
1974年に、米国のローランド、モリーナ両博士が、フロンガスによるオゾン層破壊の危険性を警告した。
その後、南極でオゾンホールの発生が確認された。巻頭カラー資料Ⅱ参照。

➡フロン
フロンは、オゾン層を破壊する特定フロン（CFC：クロロフルオロカーボン）、オゾン層破壊性の比較的小さい特定フロン（HCFC）、オゾン層破壊性のない代替フロン（HFC）に分けられる。なお、フロン排出抑制法では「フロン類」という。

➡フロンの拡散・上昇
フロンは空気よりも重いため、オゾン層に到達するには約20年かかるといわれている。そのため、大気中の度が下がっても、フロンの影響は長期に及ぶ。

3 オゾン層破壊の影響

オゾン層が薄くなると、有害な**紫外線**がオゾン層で吸収されずに地表への照射量が増え、生物のDNAに大きなダメージを与えます。

その結果、次のような影響が懸念されています。
①皮膚がんや白内障が増加する
②感染症に対する免疫作用が抑制され、疾病にかかりやすくなる
③動植物の生育阻害により、生態系に影響し、農作物の収穫が減少する

また、フロンはCO_2の数百～1万倍の地球温暖化係数（GWP）があり、**地球温暖化**にも影響しています。

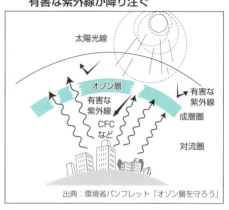

図表3-35　オゾン層が破壊されると有害な紫外線が降り注ぐ

出典：環境省パンフレット「オゾン層を守ろう」

4 オゾン層保護への取り組み

オゾン層の保護のため、1985年に**ウィーン条約**が、また1987年には**モントリオール議定書**が採択されました。その後、規制強化が順次行われ、先進国では特定フロンのCFCの生産を1996年に全廃（途上国では2010年）、HCFCも2020年に全廃（途上国では2030年）することとし、そのための支援を多国間基金により行うことなどが定められました。

国内では、これらの物質の製造の規制や排出の抑制措置のため、**オゾン層保護法**が1988年に制定されました。また、フロン回収・破壊法が2001年に制定。その後、**フロン排出抑制法**（2013年）に改正され、製造から廃棄まで、使用済みフロン類の回収・破壊を含むライフサイクル全体を対象とした包括的な対策が導入されました。さらに、2020年から回収義務などに関する規制が強化されました。

なお、家庭用の電気冷蔵庫やエアコンなどは**家電リサイクル法**、カーエアコンは**自動車リサイクル法**によって、それぞれフロンの回収が行われています。

このように、オゾン層の破壊には国際的な対策が迅速にとられ、南極でも2060年頃には1980年レベルまで回復すると予測されています。このため、オゾン層保護は地球環境問題の中では最も効果をあげている取り組みといわれています。

2016年には地球温暖化対策のためにモントリオール議定書を改正し、HFCの規制を導入することが合意されました。先進国は2019年から削減を開始し、2040年代にはすべての国が80～85％削減することとなり、これによって約0.4℃の気温上昇が防げると想定されています。

➡**ウィーン条約**
正式名称「オゾン層の保護のためのウィーン条約」。オゾン層の変化により生じる悪影響から、人の健康及び環境を保護する研究や観測に協力することなどを規定している。2020年現在、日本を含む198か国が締約。

➡**モントリオール議定書**
正式名称「オゾン層を破壊する物質に関するモントリオール議定書」。オゾン層破壊物質の全廃スケジュールを設定し、消費および貿易の規制、最新の科学、情報に基づく規制措置の評価を実施することなどを定めている。2020年現在、198か国が締約。

➡**オゾン層保護法**
正式名称「特定物質の規制等によるオゾン層の保護に関する法律」。2018年改正によりHFCも規制対象となった。

➡**フロン排出抑制法**
正式名称「フロン類の使用の合理化及び管理の適正化に関する法律」。2020年からは機器の廃棄時のフロン類引渡義務違反などに対する罰則の強化が行われた。

➡**家電リサイクル法**
P.135参照。

➡**自動車リサイクル法**
P.139参照。

3-4 02 水資源や海洋環境に関する問題

6 水・衛生　12 生産と消費　14 海洋資源　17 実施手段

学習のポイント　水資源の枯渇や汚染、海洋プラスチックごみが深刻な問題になっています。水資源の持続可能な利用や、海洋環境の保全に向けての世界の動きを見てみましょう。

1 水資源の現状

地球上の水は約14億km³で、その約97.5％が海水であり、淡水は2.5％程度しかありません。この淡水の大部分は利用が困難な氷河・万年雪などで、わたしたち人間を含む動植物が利用できる淡水は約0.8％です。しかも、そのほとんどは地下水で、河川や湖沼の淡水は約0.01％（10万km³）です（図表3－36）。さらに、水資源として毎年循環・再生する利用可能な水の量（**水資源賦存量**）は全量のわずか0.004％の5.5万km³／年といわれており、地域間の差や時間的な変動が大きくなっています。

世界の年間水使用量は、過去100年で6倍となり、現在は4,600km³、2050年には5,500〜6,000km³に増加する見込みです。取水量のほぼ70％を占める農業用水は、その大部分を占める灌漑用水が2050年までに5.5％増加、またそれぞれ20％、10％を占める産業用水や生活用水も使用量が大幅に増加し、このままでは2030年までに需要量の40％が不足すると言われています。

なお、水の使用量とその影響を示す**ウォーターフットプリント**は、世界平均で1,387m³／人／年で、農業が約90％を占めています。

また、産業・生活排水の80％が処理されずに環境に放出されていると

➡水資源
　P.38〜41参照。

➡水資源賦存量
　降水量から蒸発散によって失われる量を引いたもので、人間が最大限利用可能な水資源の量とされる。

➡ウォーターフットプリント
　製品などの原材料の栽培、生産、製造・加工、輸送・流通、消費までのライフサイクルで直接的・間接的に消費・汚染された水の量を表す指標。
　北米が最大で2,798m³／人／年、アジア太平洋地域は最小で1,156m³／人／年となっている（1996〜2005年）。

図表3－36 地球上の水の量

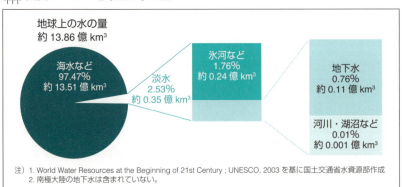

注）1. World Water Resources at the Beginning of 21st Century ; UNESCO, 2003 を基に国土交通省水資源部作成
　　2. 南極大陸の地下水は含まれていない。

出典：国土交通省『日本の水資源』

3-4 地球環境問題

いわれ、化学物質や農業からの窒素、リンなどの栄養塩類の流出とともに水質汚濁が懸念されています。

2 水資源問題の原因

水資源問題は、人口の増加と食料の増産や産業の発展による需要増が基本的な原因といえます。これに対して、点滴灌漑などの水利用効率の改善や安全で衛生的な水の供給、水資源問題を多面的にとらえた取り組み（統合的水管理政策）の導入、また当事者である住民や女性の役割を重視した水管理のための仕組みづくりなどの対策が不十分であったことが、水資源問題を深刻にしています。

気候変動も、今後の水資源問題を考える上で重要です。気候変動は、降雨量や土壌中水分の変動、氷河や氷雪の融解や河川の水量変化をもたらし、洪水や干ばつの頻度や深刻さも増やすと予想されます。

なお、食料等の輸入国での水資源の利用についての指標である**バーチャルウォーター**は、世界の貿易が年平均2,320km³で、8割弱が農産物です（1996〜2005年）。貿易により、輸出国側の水資源の過剰利用を引き起こすおそれがあることに注意が必要です。

3 水資源問題の影響

安全で衛生的な水を適正なコストで使用できることは、基本的な人権として重要です。このため、**ミレニアム開発目標（MDGs）**に続いてSDGsでも、2030年までに「**すべての人々の水と衛生の利用可能性と持続可能な管理を確保する**」（目標6）ことを定めました。

2017年には、安全な水を利用できる人の割合が71%、衛生的なトイレを利用できる人の割合が45%と増加していますが、それぞれ7.9億人及び20億人がまだ利用できず、対応が必要です。

4 水資源問題への取り組み

水資源の効率的な使用と人間のニーズと生態系の保全を優先した配分とともに、統合的な水資源管理を進めることがSDGsの達成に重要です。このため、国連「持続可能な開発のための水の10年」が2018年から開始され、**世界水フォーラム**（2018年）でも水インフラへの投資の増加を呼びかけました。アジア・太平洋地域では**水サミット**（2017年）で、2025年までの目標6の達成を宣言しました。

日本は、**アジア水環境パートナーシップ（WEPA）**などによって、水環境に関する国際連携を推進しています。国内では、**水循環基本法**や**SDGsアクションプラン2020**などによって、流域の総合的かつ一体的な管理とSDGsの達成を目指しています。

→バーチャルウォーター
　輸入する物質をその国で生産するとしたら、どの程度の水が必要かを推定した水の量。仮想水ともいう。

→ミレニアム開発目標（MDG）
　水と衛生施設に関するMDGとして、安全な飲料水と基礎的な衛生施設を継続的に利用できない人々の割合を、2015年までに半減するという目標が設定された。前者は6割減となり、達成された。後者は衛生施設へのアクセスがない人々の割合は32%で、目標の23%に減少させるためには改善が必要とされた。

→SDGs
　P.25参照。

→世界水フォーラム
　民間団体の世界水会議が主体となって開催する国際会議。3年ごとに開催されており、2018年はブラジルで開催。

→アジア太平洋水サミット
　アジア太平洋水フォーラムが主催し、各国が水問題について議論を行う国際会議。

→アジア水環境パートナーシップ（WEPA）
　2003年に日本の呼びかけにより、アジアの水環境問題の解決を目指して設立。現在13か国が参加している。

→水循環基本法
　P.149参照。

→SDGsアクションプラン
　P.28参照。

5 ▶ 水資源の有効な活用に向けた技術展開の動き

水資源を有効に活用する技術や手法として、例えば、日本のセラミック膜を利用した水処理技術が、海水の淡水化利用と省エネ化を実現するために導入されています。

また、開発途上国の上水道の漏水の低減技術やノウハウなどを丸ごと輸出する**水ビジネス**の展開も近年盛んになってきており、**海外インフラ展開法**による支援などが行われています。

6 ▶ 海洋汚染の現状と原因

海洋は、船舶事故による油汚染、富栄養化による赤潮や貧酸素海域の発生、化学物質などの有害物質の生態系や人体への影響、また、船舶の**バラスト水**による水生生物の越境移動、地球温暖化による海水の酸性化とサンゴ礁への影響など人間活動によるさまざまな影響を受けています。

海洋汚染の原因は、全体の7割が直接または河川などを経由した、陸上起因の汚染であるといわれています。また、海底鉱物資源の開発、廃棄物の海洋投棄や船舶からの汚染、大気を通じての汚染物の降下なども汚染の原因です。

7 ▶ 海洋汚染の対策

SDGsでは、海洋・海洋資源を保全し、持続可能な形で利用することが定められていますが、そのためには国際的な取り組みが重要です。

海洋法に関する国際連合条約は、海洋汚染の防止などのための国内法令の制定義務を締約国に課すなどの基礎的な枠組みを提供しています。さらに、海洋での廃棄物の投棄を禁止するロンドン条約のような、**海洋汚染防止のための条約**によって規制が行われています。それらに基づき、日本でも海洋汚染防止法によって廃棄物の海洋投棄の原則禁止などを実施しています。

また、閉鎖性の高い国際的な海域を対象として**ヘルシンキ条約**など18の地域条約や地域海行動計画があり、国連環境計画（UNEP）がモニタリングや緊急時の協力を呼びかけています。日本も日本海及び黄海を対象として、中国、韓国及びロシアとともに、**北西太平洋地域海行動計画（NOWPAP）**を1994年に採択し、漂流・漂着ごみ対策のための情報交換などを行っています。

8 ▶ 海洋プラスチックごみ問題

使い捨てプラスチックや漁具などのごみが海中に漂流・漂着し、ウミガメや海鳥が飲み込んだり、波や紫外線などの影響でマイクロプラス

➡海外インフラ展開法
日本の事業者が海外の社会資本事業へ参入することを促進することを目的とする。2018年施行。

➡海洋
P.39～41参照。

➡バラスト水
船舶の安定性を保つために、積載物が軽い場合に代わりにタンクに積み込む水のこと。到着先で放流されるため、中に含まれる生物が外来種として生態系に与える影響が指摘されている。
基準値を超えるバラスト水の排出禁止などを定めた船舶バラスト水規制管理条約が、2017年に発効した。

➡海洋法に関する国際連合条約（UNCLOS：United Nations Convention on the Law of the Sea）
1994年に発効した、海洋に関する包括的・一般的な事項を規定する条約。

➡海洋汚染防止のための条約
国際的な枠組みとして、ロンドン条約のほかに「船舶などからの有害液体物質などの排出の規制に関するマルポール条約」、「船舶の排出油による汚染に係る準備等に関する条約」、「船舶バラスト水規制管理条約」などがあり、日本でもこれらに基づく規制が行われている。

➡ヘルシンキ条約
バルト海沿岸9か国及びEUが締約国となり、有害物質の排出等を規制している。

➡北西太平洋地域海行動計画（NOWPAP：Northwest Pacific Action Plan）
1994年に4か国により採択された行動計画で、地域調整事務所が富山市と釜山市に置かれている。

3-4 地球環境問題

チックとなって汚染を引き起こすなど、海洋生態系や漁業、観光などに
さまざまな問題を引き起こしています。

海洋プラスチックごみは、世界全体で1.5億 t 以上もあり、さらに毎年
約800万 t が海洋に流出しているともいわれ、2050年には、海洋中のプ
ラスチックごみの重量が魚の重量を超えるとの試算もあります。海洋プ
ラスチックごみの主要発生源は、東アジア地域、東南アジア地域である
との推計がありますが、日本への漂着ごみは日本製のペットボトルも相
当な割合となっています。

また、**マイクロプラスチック**は、北極や南極でも観測されています。
化学物質を吸着することによって有害物質が含まれることもあり、具体
的な影響は十分には明らかになっていないものの、食物連鎖を通じた人
間などへの影響が懸念されています。

国際的な対策としては、G20ハンブルグサミット（2015年）で初めて
行動計画が合意され、2019年のG20環境・エネルギー大臣会合では適正
な廃棄物管理や海洋プラスチックごみの回収などについて、自主的取り
組みを実施するとともに、その成果を共有するための「**G20海洋プラ
スチック対策実施枠組み**」、さらにG20大阪サミットでは、プラスチック
の**ライフサイクル**での対策を通じて2050年までに追加的な汚染をゼロに
まで削減することを目指した「**大阪ブルーオーシャン・ビジョン**」がそ
れぞれ合意されました。また、約1,500万 t／年といわれる再生プラスチッ
ク資源の貿易は途上国への輸出が中心であり、輸出先での不適正なプラ
スチックごみの処理を防止するため、**バーゼル条約**では汚れたプラス
チックごみが規制対象とされました。

EUでは、2019年に特定プラスチック製品による環境負荷低減指令
を定め、海洋プラスチックの70％を占める使い捨てプラスチック製品
を2021年から禁止しました。これによって、廃棄量を半分以上削減
し、2030年までにCO_2換算で340万 t の排出削減を目指しています。また、
世界60か国以上で、プラスチック製買い物袋（レジ袋）の規制や課徴金
を導入しています。

日本では、**海岸漂着物処理推進法**が2018年に改正され、海洋プラス
チックごみ対策アクションプランを策定して、海洋ごみの回収・処理を
進めています。さらに「**プラスチック資源循環戦略**」を策定し、**３Ｒ＋
Renewable**を基本方針として、2030年までの累計の使い捨てプラス
チックの25％排出抑制、6割のリユースまたはリサイクル、さらに2035
年までに熱回収分も含めてすべての使用済み使い捨てプラスチックの有
効利用を目指しています。この一環として、2020年7月から年間500億
枚、一人当たり年間400枚を使用しているといわれる**レジ袋が有料**とさ
れました。

➡ **使い捨てプラスチック**
ペットボトル、プラス
チック製買い物袋（レジ
袋）、食品容器、ストロー等
通常、1回限りの使用でご
みとなるプラスチック製品。
なお、日本の1人当たり
プラスチック製容器包装廃
棄物は、米国に続き世界第
2位（年間約32kg／人）で
ある。

➡ **マイクロプラスチック**
一般に5mm以下の微細
なプラスチック類を指す。

➡ **バーゼル条約**
P.126参照。

➡ **海岸漂着物処理推進法**
正式名称「美しく豊かな
自然を保護するための海岸
における良好な景観及び環
境並びに海洋環境の保全
に係る海岸漂着物等の処
理等の推進に関する法律」
（2009年）。
海岸漂着物等の発生の抑
制、マイクロプラスチック
対策を含む海洋環境の保全
等を目的としている。

➡ **プラスチック資源循環戦略**
P.125参照。

➡ **3R＋Renewable**
Reduce, Reuse, Recycle
に加えて、再生可能資源の
利用により、廃棄物の発生
防止、循環利用を図ること。

➡ **レジ袋の有料化**
P.236参照。

115

3-4 03 酸性雨などの長距離越境移動大気汚染問題

3 保健　12 生産と消費　13 気候変動　15 陸上資源

学習のポイント ▶ 化石燃料の燃焼によって放出される酸性物質が、長距離を移動する間に酸性雨や光化学オキシダントとなって日本に飛来しています。また、アジア大陸で巻き上げられた黄砂も飛来しており、環境影響が懸念されています。

1 長距離越境移動大気汚染とは

➡硫黄酸化物（SOx）、窒素酸化物（NOx）、PM2.5
P.142、143参照。

　工場の排煙や自動車の排出ガスなどに含まれる**硫黄酸化物（SOx）**や**窒素酸化物（NOx）**などが、発生源から数千kmも移動している間に大気中で太陽光や炭化水素、水などの働きにより硫酸・硝酸に化学変化し、雨や雪に溶け込んだり、塵となって地表に降ってくるものを総称して、**酸性雨**といいます（図表3-37）。

➡酸性雨
　酸性の物質のうち、雨などに溶け込み地表に降ってきたものを「湿性降下物」、雨以外の乾いた粒子などの形で降ってきたものを「乾性降下物」と呼ぶ。両者を合わせて「酸性雨」という。「酸性降下物」という用語も使われる。

　また、近年は、移動中に大気汚染物質から生成された**光化学オキシダント**や、粒径が2.5μm以下の**PM2.5**の飛来も問題になっています。さらに、**黄砂**は、中国内陸のタクラマカン・ゴビ砂漠や黄土地帯などの乾燥・半乾燥地域で風によって地上数千mまで巻き上げられた土壌の微粒子（粒径3〜7μm程度）で、偏西風に乗って日本にも飛来しています。

図表3-37　酸性雨発生のメカニズム

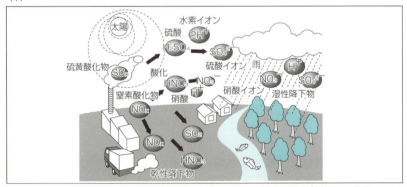

出典：環境省『環境学2002年版─大気─』

2 酸性雨や黄砂の現状

➡水素イオン濃度pH
　酸性、アルカリ性の強さの程度を示す尺度には、水素イオン濃度pH（ペーハーまたはピーエッチ）という数値を使う。中性の状態がpH7、値が小さいほど酸性が強く、値が大きいほどアルカリ性が強いことを表す。自然の雨も大気中のCO₂により弱酸性を示すため、酸性雨は、一般にpH5.6以下の雨とされている。

　酸性雨は、欧米などの先進国だけでなく、中国や東南アジアなどの途上国にも広がっています。2013〜2016年の測定では、**水素イオン濃度（pH）**の年平均が4.37となる雨がペタリンジャヤ（2016年、マレーシア）で観測され、一方で従来大気汚染の影響で酸性が強かった重慶（中国）では、排出規制の進展などにより回復する傾向が見られました。

3-4 地球環境問題

日本では、環境省が**酸性雨長期モニタリング計画**によって測定を行っており、2013〜2017年の地点別平均値はpH4.58〜pH5.17、全平均値はpH4.77と、依然として酸性雨が観測されています。降水中の硫酸イオンなどの濃度は冬・春季に高いことから、季節風とともに大陸から飛来していると推定されています。

黄砂は2000年以降、国内11地点での観測延べ日数が100日を超えることもありましたが、2019年は16日と年により変動が大きく、長期的な傾向は明らかではありません。

3 酸性雨や黄砂の影響

酸性雨による深刻な影響として、特に湖沼での生物の生息環境の悪化、森林の衰退が懸念されます。酸性雨は木々の生育に直接影響するだけでなく、土壌が酸性化して土の中の栄養分が溶け出したり、植物に有害な成分が溶け出したりして、木々が枯れたりします。

また、黄砂は浮遊粒子状物質による大気汚染、**視程障害**による交通への影響、洗濯物や車両の汚れのほか、有害な汚染物質を吸着して運搬している可能性も指摘されています。中国や韓国でも健康影響や家畜被害などが報告されており、日本でも黄砂とPM2.5の濃度が高い場合には、外出や屋外の運動を避けるなどの対策が推奨されています。

4 長距離越境移動大気汚染に対する取り組み

酸性雨などは、大気汚染物質の発生国と被害国が異なり、しかも被害が広域にわたるため、国際的な取り組みが必要です。

欧米では、1979年に**長距離越境大気汚染条約**が採択され、硫黄酸化物や窒素酸化物の排出削減対策がとられました。1999年には世界で初めて、富栄養化やオゾンなども含む、複数の汚染物質の複数の効果を防止対象とした**グーテンベルグ議定書**が採択されました。

東アジアでは、日本が提唱した**東アジア酸性雨モニタリングネットワーク（EANET）**が、定期的なモニタリング結果の報告、技術支援や普及啓発活動を行っており、今後は、PM2.5やオゾンのモニタリングを行うことになっています。また、国連環境計画によって**アジア太平洋クリーン・エア・パートナーシップ**が2014年に立ち上げられ、大気環境の改善に向けた情報交換や汚染対策の提案などを行っています。

黄砂については、過放牧や耕地の拡大などの人為的な原因の緩和策や植林などが重要です。国際的には日中韓3か国環境大臣会合の合意により、黄砂発生対策などの共同研究が行われています。また、環境省はライダーシステムによるネットワークを韓国、中国及びモンゴルと構築し、観測結果や黄砂予想分布図を公表しています。

➡**酸性雨長期モニタリング計画**
環境省（庁）は、1983年度に酸性雨対策調査を開始し、2003年度からは、東アジア地域において国際協調に基づく酸性雨対策を推進していくため、酸性雨長期モニタリング計画を策定し、湿性降下物、乾性降下物、土壌・植生、陸水のモニタリングを行っている。

➡**酸性雨の影響例**
ドイツ南西部山地のシュバルツバルトが枯れたり、ギリシャのパルテノン神殿やデンマークの人魚像などの歴史的建造物が溶け始め、1970年代から問題になった。スウェーデンでは、1950〜1970年代に湖水が酸性化して魚類が絶滅した事例がある。

➡**視程障害**
濃霧などによって、見通しがきかなくなることを言う気象用語。代表的なものに霧、靄、霞、煙霧などがある。

➡**東アジア酸性雨モニタリングネットワーク（EANET）**
1998年に酸性雨の国際協力を進め、環境影響を防止するために設立されたネットワーク。2020年現在、中国、インドネシア、日本、マレーシア、モンゴル、フィリピン、韓国、ロシア、タイ、ベトナム、カンボジア、ラオス、ミャンマーの13か国が参加している。

➡**ライダーシステム**
レーザー光線を上空に発射し、浮遊する粒子状物質から反射して返ってくる光を測定・解析することにより、通過する黄砂を地上で計測するリモートセンシングシステム。現在、日本、韓国、中国、モンゴルの計14か所の観測結果を、インターネットでリアルタイムで公表している。

3-4 04 急速に進む森林破壊

12 生産と消費 ∞ 13 気候変動 15 陸上資源 17 実施手段

学習のポイント ▶ 世界の森林面積の減少率は、近年低下しているものの、アフリカや南米などの熱帯地域では減少が顕著です。農地への転用などによる森林破壊は、生物多様性や気候変動に深刻な影響を及ぼすおそれがあります。

1 地球上の森林が減少している

国連食糧農業機関（FAO）によると、世界の森林面積は40億haで、地球の陸地面積の約30％に相当します。森林面積は**熱帯林**を中心に、2010年からの10年間で毎年0.12％に当たる約470万ha（四国2.6個分）が減少したと推定されています。特にアフリカや南米では継続して減少しており（図表3－38）、地球温暖化や生物多様性にも深刻な影響を及ぼすことが懸念されています。なお、日本は国土の約67％を森林が占めており、**森林・林業基本計画**では2030年の目標として、面積をほぼ同規模、**森林蓄積**を55.5億m³（約10％増加）としています。

➡国連食糧農業機関（FAO）
P.201参照。

➡熱帯林
巻頭カラー資料Ⅴ、P.43参照。

➡森林蓄積
森林を構成する樹木の幹の体積を森林蓄積という。日本の森林面積はほぼ横ばいだが、森林蓄積は年々増加しており、特に人工林（育成林）の有効な利用の促進が期待されている。

図表3－38　世界の地域別森林面積の推移（1990年～2020年）

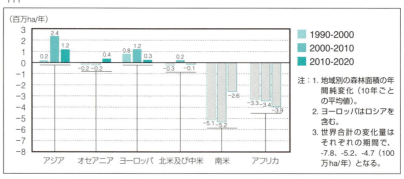

出典：FAO『世界森林資源評価 2020』より　参考 http://www.fao.org/forest-resources-assessment/2020/en/

2 森林破壊の原因

森林破壊の原因として、大規模な農地への転用、森林火災、不適切な商業的伐採、**非伝統的な焼畑耕作**、薪炭材の過剰伐採、過剰放牧などが指摘されています。オーストラリアや米国、ブラジルでは、厳しい干ばつや高温化による**森林火災**が森林の減少に拍車をかけています。また、丸太と製材の違法伐採木材の貿易額は63億ドルといわれ、森林保全関係法令の執行体制が弱い東南アジアやロシアなどから、中国などに輸出が行われています。

➡焼畑耕作
森林や草原を刈り払い、樹木や草などを燃やした灰を肥料として陸稲、イモ類、雑穀類などを栽培する農業形態。
伝統的な焼畑耕作は、数年間作づけした後に、別の場所に移動する。放棄された耕作地は、10～20年以上で植生が回復し、再び畑として利用できる。しかし、非伝統的な焼畑ではこのような土地をローテーションする手法を守らないため、森林破壊の原因となる。

3-4 地球環境問題

3 森林破壊の影響

熱帯林は、いったん伐採されると、再生は非常に困難です。森林が破壊されてしまうと、栄養分を含んだ土壌の表面が流出したり、日光を受けて乾燥したり、野生生物の生息・生育環境が失われることなどにより土壌が荒廃してしまうためです。

森林破壊の影響には、次のようなものがあります。
① 木材資源、食糧・農産物の減少による地域住民の生活基盤の喪失
② 土壌の流出、洪水・土砂災害などの発生
③ 熱帯林などにおける野生生物種の絶滅による生物多様性の減少
④ 森林破壊によるCO_2の排出など、地球温暖化などの気候変動の促進

なお、森林は陸上の生物種の少なくとも8割の生育の場となっています。また、森林は年間約20億tのCO_2を吸収していますが、一方で、開発途上国における森林減少・劣化に由来するCO_2の排出は、世界の総排出量の約1割を占めているといわれています。

4 森林破壊に対する取り組み

1992年の地球サミットで、**持続可能な森林経営**の理念を示した**森林原則声明**が採択されました。その後、国連森林フォーラムが設置され、全世界の森林面積を2030年までに3％増加させるなどのターゲットを定めた国連森林戦略計画2017－2030が採択されました。

また、SDGsでは目標15などで、2030年までに陸域生態系とそのサービスの保全・回復と持続可能な利用を確保し、森林の持続可能な経営の促進、森林減少の阻止、劣化した森林の回復および植林の大幅増を目指しています。

持続可能な森林経営のための国際的な基準・指標づくりでは、日本と環太平洋地域諸国による取り組みなどが進められています。また、第三者機関が持続可能な森林経営が行われている森林を認証し、その産出品の表示管理により需要者に優先的に購入を促す、森林認証制度が推奨されています。日本では、**森林管理協議会（FSC）**と**緑の循環認証会議（SGEC）**による認証が主に行われています。

さらに、違法伐採対策として、**クリーンウッド法**によって合法に伐採された木材を使用するための、木材関連事業者登録制度などが導入されました。

また、気候変動対策の一環として、途上国の森林減少、劣化に由来する温室効果ガスの排出量の削減に森林保全なども加えた**REDD+**の取り組みも行われています。

➡ 持続可能な森林経営
森林の生態系を維持し、その活力を利用して、多様なニーズに永続的に対応できるような森林を取り扱う経営。

➡「森林原則声明」
P.22参照。

➡ FSC®森林認証
FSC（Forest Stewardship Council、森林管理協議会）が、「環境的に適切な森林管理」「社会的な便益をもたらす森林管理」などが行われた森林を認証する国際制度。
巻頭カラー資料Ⅷ参照。

➡ SGEC森林認証
Sustainable Green Ecosystem Council（緑の循環認証会議）の略。適正に管理された認証森林から生産される木材などを、生産・流通・加工で管理し、市民・消費者に届ける制度。
巻頭カラー資料Ⅷ参照。

➡ クリーンウッド法
正式名称「合法伐採木材等の流通及び利用の促進に関する法律」（2016年）。
海外で違法に伐採された木材の輸入や流通の防止を目的とし、木材を扱う業者は、合法的に伐採された木材を扱うことが努力義務とされている。

➡ REDD+（レッドプラス）
開発途上国が森林を保護し、CO_2の排出を防止する取り組みに国際社会が経済的支援を行う仕組み。

3-4 05 土壌・土地の劣化、砂漠化とその対策

| 2 飢餓 | 6 水・衛生 | 12 生産と消費 | 13 気候変動 | 15 陸上資源 |

学習のポイント▶ 土壌は重要な天然資源ですが、浸食や砂漠化、気候変動などにより劣化が進んでいます。特に砂漠化は、アフリカ諸国などで深刻な影響が生じていて、対策が急務になっています。

➡持続可能でない農業

収穫と収穫の間に土地を休ませない過剰耕作、排水不足の灌漑による土地の塩害（塩性化）、機械化による土壌の圧縮や化学肥料に過度に依存するなど、農用地を荒廃させてしまう農業。

なお、塩害とは、地下水を汲み上げて農作物などにまき続けることなどにより、水中・地中に含まれる塩分が地表付近に凝結し、塩分濃度が上昇してしまう現象。

➡土地荒廃

土地は、土壌に加えて、ローカルな水資源、地表面、植生または作物から構成されている。生産性等の資源としての土地の能力が浸食や塩性化等によって減少することを、土地荒廃という。

➡国連砂漠化対処条約（UNCCD）

正式名称「深刻な干ばつ又は砂漠化に直面する国（特にアフリカの国）において砂漠化に対処するための国際連合条約」。

アフリカなど、砂漠化や干ばつの被害を受けている地域の持続可能な開発を支援することを目的としている。1996年に発効。2019年末現在、締約国は日本を含む196か国とEC。なお、毎年6月17日は世界砂漠化防止の日となっている。

1 土壌・土地の劣化と砂漠化

土壌は、長い年月をかければ再生できる資源ですが、干ばつのような自然現象や人間活動に伴う影響や負荷によって、全体の25%の農耕地などで劣化が進んでおり、毎年240億tの肥沃な土壌が失われています。主な原因としては、過剰耕作や不適切な灌漑、化学肥料の過剰な投入などの**持続可能でない農業**が挙げられます。

特に、乾燥した地域での気候変動や人間の活動などのさまざまな要素に起因する**土地荒廃**は砂漠化と呼ばれ、**国連砂漠化対処条約（UNCCD）**によって支援が行われています。砂漠化の影響を受けやすい乾燥地域は、地球の地表面積の約41%を占め、世界人口の1/3以上（20億人）の人々が暮らしています（図表3−39）。しかし、約1,900万km²の乾燥地が土地劣化し、169か国の約15億人が砂漠化の影響を受けていると推定されています。砂漠化が進行しているのは、アフリカ、アジア（中国、インド、パキスタン、西アジア）、南アメリカ、オーストラリアなどです。

2 土壌・土地の劣化と砂漠化の影響

土壌・土地の劣化によって、次のような影響が出ています。

①土壌の団粒構造の破壊と浸食の増加などによる農業の生産性の低下

②土壌や地下水・表流水の化学物質による汚染

③温室効果ガス（GHG）の排出

（世界のGHG排出量の23%が、農地の拡大などの土地利用変化や劣化に起因するといわれる）

④黄砂のような大気汚染現象の悪化

⑤生物の生息域の破壊などによる生物多様性の喪失

特に乾燥地域では、食料確保のために過剰な放牧や耕作が行われ、砂漠化を進行させています。さらに、それが農地の減少をもたらし、食料不足を招くという悪循環が生じています。

3-4 地球環境問題

3 土壌・土地の劣化と砂漠化に対する取り組み

　SDGsでは、**2030年までに飢餓を撲滅するため、生態系を維持し、気候変動や干ばつに対する適応能力があり、徐々に土地と土壌の質を改善させるような持続可能な農業を実践する**（ターゲット2.4）としています。それを進めるためには、土壌や灌漑用水などの管理に加えて、統合的な土地利用計画が必要です。また、ターゲット15.3では、砂漠化などによって劣化した土地と土壌を回復し、**土地劣化の中立性（LDN）が保たれた**世界の達成に尽力するとしています。

　一方、砂漠化対策については、1960年代から1970年代にかけてアフリカで起こった**サヘルの干ばつ**をきっかけに、国際的な取り組みが進められました。**国連砂漠化対処条約**では、先進国と途上国が連携して、国家行動計画の策定や資金援助や技術移転などの取り組みを進めています。2017年の締約国会議では、2030年までのLDNとSDGsの達成を目指して戦略的枠組みを策定し、それに従って現在までに123か国が**LDNの目標**を設定しました。この目標達成のために3億ドルを目標として基金が設置され、各国に対して資金的な支援が行われています。

　日本も、砂漠化対処に有効な知識や技術が地域内で普及・定着するように、住民自身による習得の支援や、資金の提供などに大きな協力をしています。例えば、モンゴルでは、住民参加による持続可能な牧草地利用のための検討事業などを実施しました。

➡土地劣化の中立性
（LDN：Land Degradation Neutrality）
　生態系機能及びサービスを保持し、食料安全保障を向上させるために必要な、土地資源の量と質が安定的か、または増進している状況。

➡サヘルの干ばつ
　サヘルは、サハラ砂漠の南側の地域のことで、モーリタニア、セネガル、マリ、ニジェール、チャドなどの国々が含まれる。1968～1973年にかけて大干ばつが起こり、多数の餓死者や難民が発生した。

➡LDNの目標
　マリ（アフリカ）では2030までに、毎年の森林破壊を25％（12万5千ha）減少させ、森林・耕地・放牧地で土地生産性が低下する面積を50％（百万ha）減少させるなどとしている。

図表3-39　砂漠化の影響を受けやすい乾燥地域の分布

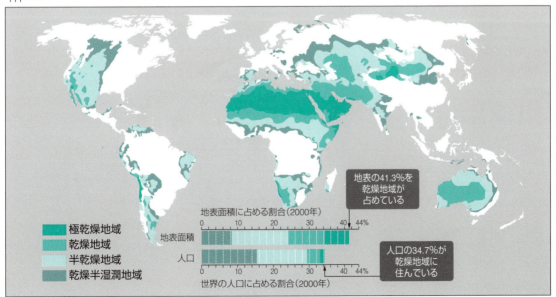

出典：環境省パンフレット「砂漠化する地球」

3-5 循環型社会

3-5 01 循環型社会を目指して

| 7 エネルギー | 8 経済成長 | 9 産業革新 | 11 まちづくり | 12 生産と消費 |

学習のポイント ▶ 物を大量に消費し、生まれた廃棄物を大量に処理する従来の社会システムではなく、物を循環させ、廃棄物を出さない循環型社会を実現していくために必要な知識を学びます。

1 「一方通行型の社会」から「循環型社会」へ

持続可能な社会を実現するためには、天然資源の大量消費、大量廃棄を前提とした**一方通行型の社会経済システム**ではなく、物質の循環の輪を途切れさせることなく、適正に廃棄物を処理する**循環型のシステム**に変えていく必要があります。そのために日本では、廃棄物の**発生を抑制（Reduce／リデュース）**し、できる限り**再使用（Reuse／リユース）**を行い、**リサイクル（Recycle／リサイクル）**し、どうしても廃棄せざるを得ないものは適正に処理を進めていく**3R**という考え方を掲げています。

適正な3Rと処分により、天然資源の消費を抑制し、環境負荷を可能な限り低減する**循環型社会**を構築するため、2000年6月に公布された**循環型社会形成推進基本法**では、リデュース（発生抑制）、リユース（繰り返し使用）、**マテリアルリサイクル**（原料としての再生利用）、**サーマルリサイクル**（熱回収）、適正処分の順で優先すべきと強調しています。

➡**循環型社会**
廃棄物などの発生抑制、適正な循環的利用の促進、適正な処分の確保により、天然資源の消費を抑制し、環境負荷を可能な限り低減する社会。

➡**循環型社会形成推進基本法（循環型社会基本法）**
3R推進のための法律。2000年6月公布、2001年1月完全施行。循環型社会の形成に関する施策を総合的かつ計画的に推進することにより、現在及び将来の国民の健康で文化的な生活確保に寄与することを目的としている。

➡**3R**
Reduce、Reuse、Recycleの頭文字をとって3Rという。
なお、2019年5月31日に政府が策定した「プラスチック資源循環戦略」においては、その基本原則を「3R + Renewable（持続可能な資源）」としている。
また、最近では、Refuse（不要なものの受け取りを断る）、Repair（直す）、Rental（借りる）など、さまざまなRへの取り組みが推奨されている。

図表3-40 循環型社会に向けた処理の優先順位

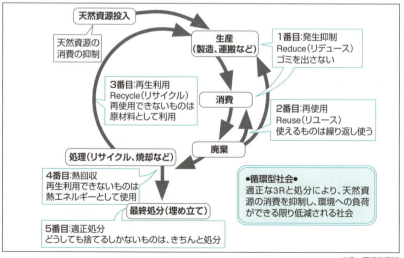

出典：環境省資料

図表3-41 日本における物質フロー（2017年度）

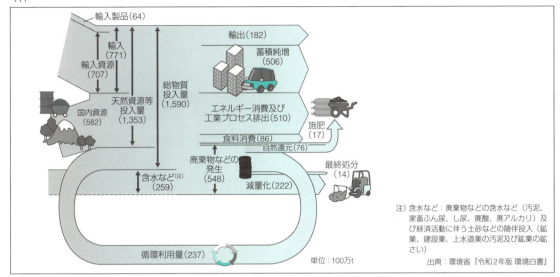

出典：環境省『令和2年版 環境白書』

2 日本における物質フロー

循環型社会を目指す上で出発点となるのは、"わたしたちがどれだけの資源をどのように使っているか"という「もの」の流れ（**物質フロー**）を把握することです（図表3-41）。日本の経済社会に入ってくる国内外の資源・製品などの量（総物質投入量）は、約16億tです。その3割程度の5億tが建物や社会インフラとして蓄積され、5.5億t近くが廃棄物などとして排出され、このうちの約4割の2.4億t程度は循環利用されています。このフローに入るもの、出るものを減らし、循環利用分を増やして環境への負荷を抑えていく必要があります。こうした物質フローを念頭に、後述の**循環基本計画**が策定されています。

3 循環型社会実現のための基本理念

循環型社会基本法には、**排出者責任**と**拡大生産者責任**という2つの考え方が示されています。排出者責任とは、次のように廃棄物の排出者の責任のことです。

（例）・廃棄物はきちんと分別する。
　　　・自分が出す廃棄物のリサイクルや処分に責任を持つ。

また、拡大生産者責任とは、生産者が製品の生産・使用段階だけでなく、廃棄・リサイクル段階まで責任を負うという考え方です。生産者は、生産段階までさかのぼった次のような対策が必要です。

（例）・リサイクルや処分がしやすいように、製品の設計や材質を工夫する。製品に、材質名などを表示する。
　　　・製品が廃棄物になった後、生産者が引き取りやリサイクルを実施する。

➡排出者責任

不法投棄の防止のため、廃棄物処理業者の処理責任だけではなく、廃棄物の排出者に、自ら排出した廃棄物が最終処分されるまでの処理責任が特に重く課された背景がある。

排出者責任とは、環境保全対策で基本的な考え方とされる汚染者負担原則（P.178参照）に基づくものである。

➡拡大生産者責任（EPR：Extended Producer Responsibility）

経済協力開発機構（OECD）が、増加する廃棄物問題に対処するために提唱した環境対策の政策ツールの一つ。生産者に対して、廃棄されにくい、またはリユースやリサイクルしやすい製品を開発・生産するようにインセンティブを与えようとするもの。
P.179参照。

4 循環型社会形成推進基本計画（循環基本計画）

循環基本計画は、循環型社会の形成に関する施策を総合的かつ計画的に推進するための基本的な計画です。2015年に国連で採択された持続可能な開発目標（SDGs）及び2018年に閣議決定された第5次環境基本計画を踏まえ、2018年6月には**第4次循環基本計画**が制定されました。

この循環基本計画では、環境的側面、経済的側面及び社会的側面の統合的向上を掲げた上で、①地域循環共生圏形成による地域活性化、②ライフサイクル全体での徹底的な資源循環、③適正処理のさらなる推進と環境再生、④災害廃棄物処理体制の構築、⑤適正な国際資源循環体制の構築と循環産業の海外展開などを政策の柱としています。

地域循環共生圏について循環基本計画では、循環資源、再生可能資源、ストック資源を活用し、地域の資源生産性を向上させることや、災害に強いコンパクトで強靱なまちづくりを目指すとしています。

また、循環基本計画においては、2025年度に向けた計画の目標として、**資源生産性、循環利用率、最終処分量**の3つの項目について目標を定めています。資源生産性は、投入された資源をいかに効率的に使用して経済的付加価値を生み出しているかを測る指標で、GDPを天然資源等投入量（国内・輸入天然資源及び輸入製品の総量）で割ることによって、算出しています。

➡地域循環共生圏
　P.108、246参照。

➡3つの数値目標
●入口（資源生産性＝国内総生産÷天然資源等投入量）：2025年度目標49万円／t。2017年度実績約39.3万円／tであり、2000年度と比べ、約63％上昇。
●循環
（入口側の循環利用率＝循環利用量÷（循環利用量＋天然資源等投入量））：2025年度目標18％。2017年度実績約15％であり、2000年度と比べ、約5ポイント上昇。
（出口側の循環利用率＝循環利用量÷廃棄物等発生量）：2025年度目標47％。2017年度実績約43％であり、2000年度と比べ、約7ポイント上昇。
●出口（最終処分量）：2025年度目標13百万t。2017年度実績13.6百万tであり、2000年度と比べ、約76％減少。

図表3-42　物質フロー指標の進捗状況

注：入口側の循環利用率の推移・出口側の循環利用率の推移は推計方法の見直しを行ったため、2016年度以降の数値は2015年度以前の推計方法と異なる。

出典：環境省『令和2年版 環境白書』

3-5 循環型社会

2019年5月には、資源・廃棄物制約、**海洋プラスチックごみ**問題、地球温暖化等の課題に対応するため、第4次循環基本計画を踏まえ、3R＋Renewable（再生可能資源への代替）を基本原則とした、「**プラスチック資源循環戦略**」が策定されました。

5 日本の3Rの状況

①発生抑制（Reduce）：主に家庭から排出される一般廃棄物（ごみ）の排出量は、2000年をピークに減少傾向にあります。

②再使用（Reuse）：一般消費者の国内リユース市場の規模は、環境省によれば約3.2兆円（2018年度）と推計され、インターネットのフリマアプリなどの利用により、年々拡大しています。

③リサイクル（Recycle）：一般廃棄物のリサイクル率は、市区町村などによる再資源化が進み、20％程度で推移しています。後述の容器包装廃棄物の分別収集が概ね浸透したところですが、自治体によっては、さらに台所ごみ（食品廃棄物）について分別収集・資源化の試みが行われています。また、事業活動に伴って発生する産業廃棄物の再生利用率は、50％台を維持しています。

④熱回収：発電設備がある一般廃棄物焼却施設数は、全体の35％（2018年度）。総発電量も増加傾向にあり、約96億kWhで321万世帯分の消費電力に相当します。

図表3-43 一般廃棄物と産業廃棄物の総排出量・リサイクル率・最終処分率の推移

年度		2011	2012	2013	2014	2015	2016	2017	2018
一般廃棄物	一般廃棄物総排出量（百万t／年）	45	45	45	44	44	43	43	43
	リサイクル率（％）	20.6	20.5	20.6	20.6	20.4	20.3	20.2	19.9
	最終処分率（％）	10.6	10.3	10.1	9.7	9.5	9.3	9.0	8.9
産業廃棄物	産業廃棄物総排出量（百万t／年）	381	379	385	393	391	387	384	376
	リサイクル率（％）	52.5	54.9	53.2	53.4	53.2	52.7	52.1	52.4
	最終処分率（％）	3.1	3.4	3.1	2.5	2.6	2.6	2.6	2.4

出典：環境省「一般廃棄物の排出及び処理状況等について」及び「産業廃棄物排出・処理状況調査報告書平成30年度速報値（概要版）」より作成

6 3Rの国際協力

循環型社会の構築を国際的に進めるため、2004年のサミットにおいて日本より**3Rイニシアティブ**が提唱され、3Rの推進に向けての取り組みは、G7各国の合意となっています。また、アジア各国を対象とした政策対話や技術協力など、3R推進の取り組みが進められており、その一環として、**アジア3R推進フォーラム**が2009年に設立されました。

➡海洋プラスチックごみ
P.114参照。

➡プラスチック資源循環戦略
リデュース、リサイクル、再生材・バイオプラスチック、海洋プラスチック対策、国際展開、基盤整備を重点戦略とし、次のマイルストーンを掲げている。
①2030年までにワンウェイプラスチックを累積25％排出抑制
②2025年までにリユース・リサイクル可能なデザインに
③2030年までに容器包装の6割をリユース・リサイクル
④2035年までに使用済プラスチックを100％有効利用
⑤2030年までに再生利用を倍増
⑥2030年までにバイオマスプラスチックを約200万t導入

➡3Rイニシアティブ
2004年のG8サミットで小泉総理（当時）により提唱され、これを契機にさまざまな国際的な取り組みが進むこととなった。
2008年G8北海道洞爺湖サミット、2015年G7エルマウサミット等において各首脳の支持を受けた。

➡アジア3R推進フォーラム
アジア各国における3Rの推進による循環型社会の構築に向け、アジア各国政府、国際機関、援助機関、民間セクター、研究機関、NGOなど幅広い関係者の協力の基盤のためにつくられた。2014年2月のインドネシア・スラバヤでの第5回フォーラムより、「アジア太平洋3R推進フォーラム」となった。2019年3月バンコクでの第9回会合では、プラスチックごみ汚染防止に向けた「バンコク3R宣言」が採択された。

3-5 02 廃棄物処理にまつわる国際的な問題

8 経済成長　9 産業革新　11 まちづくり　12 生産と消費

学習のポイント ▶ 廃棄物に関連して、世界ではどのようなことが起こり、問題となっているかを学びます。

1 世界中で増える廃棄物

わたしたちが生活をするということは、多くの場合において、廃棄物の発生を伴います。また、人口が増えたり、経済が発展する過程では廃棄物の発生量も増えることが知られています。世界全体では、発展途上国での急激な経済発展と人口増加を背景に廃棄物の発生量が増加し、2050年には今の倍以上の廃棄物が発生することが予測されています。

そのため、ごみが回収されず不衛生な状態で放置されたり、集めたごみが適切に処理されないなど、さまざまな環境問題が顕在化しており、この先どう対応するかは、大きな課題となっています。

2 有害な廃棄物の国境を越えた移動

（1）有害な廃棄物の越境移動：バーゼル条約

先進国の有害な廃棄物が発展途上国に持ち込まれ、処理技術の未熟さや体制が不十分であることから適正な処理がされず、環境に悪影響を与えることがこれまでに起きています。

このため、国際的な対策として**バーゼル条約**が定められ、有害廃棄物の輸出時には事前に相手国に通告して同意を得ることや、不適正な輸出

➡バーゼル条約
正式名称「有害廃棄物の国境を越える移動及びその処分の規制に関するバーゼル条約」。1989年に採択され、1992年5月に効力が発生した。日本では、「特定有害廃棄物等の輸出入等の規制に関する法律（バーゼル法）」と「廃棄物の処理及び清掃に関する法律」により必要な措置をとっている。

図表3-44　世界の廃棄物量の推移

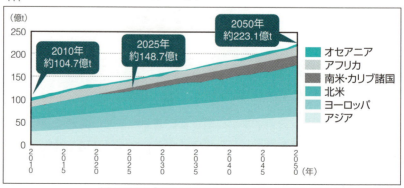

出典：田中勝著『世界の廃棄物発生量の推定と将来予測に関する研究』（廃棄物工学研究所）

3-5 循環型社会

や処分行為が行われた場合の返送（**シップバック**）の義務などが規定されています。世界187か国が条約に加盟し、日本も1993年に加わりました。条約の対象となる有害廃棄物は、2018年には日本から鉛蓄電池等21万5,890tが輸出され、電子部品スクラップ等2万7,910tがリサイクル目的で輸入されています。

また、プラスチックごみによる海洋汚染の深刻化にバーゼル条約においても対処するため、我が国等の提案により汚染されたプラスチックが条約の規制対象に加えられ、2021年1月1日より適用されます。

日本は廃プラスチックの輸出大国で、主に中国に輸出してきましたが、2017年末に中国政府が輸入を禁止したことから、国内での処理が増えてきました。国際的な情勢の変化に関わらず、適切なリサイクルが確保されるよう、国内の安定したリサイクル体制の整備が重要な課題です。

条約の対象ではない廃棄物も、越境移動が増えています。日本から輸出された廃棄物には、古紙や鉄スクラップもありましたが、現在は石炭灰のセメント材料としての輸出です。石炭灰は2007年から2012年の間に倍増し、2018年に139万tが韓国、香港、タイで使用されています。

（2）E-waste問題

UNEPの報告によれば、**世界の電気電子機器廃棄物（E-waste）**の発生量は2019年に5,360万tにのぼり、この5年間で21%増加しました。使用済みの家電や電子機器が途上国に輸出され、リサイクルの過程で不適切に処理された結果、廃棄物に含まれる有害物質による環境汚染が起きています。これらはE-waste問題と呼ばれ、特にアジア太平洋地域で深刻です。廃家電・電子製品は、鉛やカドミウムといった重金属など有害性物質を含みますが、金やプラチナ、レアメタルなどの有用な金属も多く含まれており、国内でリサイクルの上、適切に処理されるべきものです。

また、廃家電などが中古利用などと偽って途上国に運ばれ、こうした問題の一因となっていることも懸念されています。そのため、技術ガイドラインの策定や、各国での**インベントリ作成**（排出量、輸出入量の整理）などが進められています。また、**小型家電リサイクル法**により、そうした電気電子製品の回収、国内リサイクルを進めています。

➡ シップバック
近年、日本から輸出された貨物が相手国の税関で通関できず、日本にシップバック（返送）される事例が多く発生している。環境省の報告によれば、2019年度は、E-wasteや廃プラスチックについて、アジア諸国からのシップバック事例が17件発生した。

➡ E-waste
電気製品・電子製品の廃棄物であり、Electronic wasteから名づけられた。WEEE（Waste Electrical and Electronic Equipment）とも呼ばれている。

➡ レアメタル
P.52参照。

➡ 廃家電などのインベントリ
「目録」を指す言葉だが、ここでは、基本的に廃家電・電子製品の個別の種類ごとの廃棄量を指す。E-wasteインベントリ把握のため、UNEPは"E-waste Volume I：Inventory Assessment Manual"を出しており、インベントリ把握のための手法の選び方、分析の仕方、ケーススタディなどを紹介している。

➡ 小型家電リサイクル
P.136参照。

COLUMN

有害廃棄物の越境移動の事例

有害廃棄物の越境移動のケースとしては、1976年のイタリア・セベソの農薬工場の爆発事故により生じたダイオキシンに汚染された土壌が1982年に行方不明になり、後にフランスで発見された事例（セベソ汚染土壌搬出事件）や、1988年にイタリア、ノルウェーなどからのPCBを含む廃トランスなどが、ナイジェリアに投棄された事例（ココ事件）などがあります。

3-5 03 廃棄物処理にまつわる国内の問題

8 経済成長　9 産業革新　11 まちづくり　12 生産と消費∞　17 実施手段

学習のポイント ▶ 廃棄物の取り扱いは、わたしたちが生活する中で避けることのできない課題です。日本国内でどのように廃棄物が発生し、処理され、どのような問題が生じているのかを見ていきます。

1 廃棄物とは何か

「廃棄物の処理及び清掃に関する法律」（1970年法律第137号。以下「**廃棄物処理法**」）では、「廃棄物」は、「ごみ、粗大ごみ、燃え殻、汚泥、ふん尿などの汚物又は不要物で、固形状又は液状のもの」と定義され、自ら利用したり他人に有償で譲り渡したりできないために不要になったものをいいます。放射性物質及びこれによって汚染されたものは除かれますが、東日本大震災に伴う原子力発電所の事故により生じたものについては、特別の取り扱いがあります（P.170参照）。

廃棄物は、大きく**産業廃棄物**と**一般廃棄物**に区分されます。「産業廃棄物」は、事業活動に伴って生じた廃棄物のうち、**法令で定められた20種類のものと輸入された廃棄物**をいいます。「一般廃棄物」は、**産業廃棄物以外の廃棄物**を指し、し尿のほか、主に家庭から発生する家庭系のごみですが、オフィス、飲食店、学校などから発生する事業系ごみも含まれます。

爆発性、毒性、感染性そのほかの、人の健康または生活環境に関わる被害を生じるおそれのある有害廃棄物は、**特別管理一般廃棄物**、**特別管理産業廃棄物**として、ほかのものと混合させないなどの厳しい管理が求められます。

➡ **20種類の産業廃棄物**
燃え殻、汚泥、廃油、廃酸、廃アルカリ、廃プラスチック類、紙くず、木くず、繊維くず、動植物性残さ、動物系固形不要物、ゴムくず、金属くず、ガラスくず・コンクリートくず及び陶磁器くず、鉱さい、がれき類、動物のふん尿、動物の死体、ばいじんと、これら廃棄物を処分するために処理したもの。

➡ **特別管理一般廃棄物**
一般廃棄物のうち、爆発性、毒性、感染性そのほかの、人の健康または生活環境に関わる被害を生ずるおそれのあるもの。例えば、病院から出る血の付いたガーゼなど。

➡ **特別管理産業廃棄物**
産業廃棄物のうち、爆発性、毒性、感染性そのほかの人の健康または生活環境に関する被害を生ずるおそれのあるもの。例えば、灯油、軽油や病院・研究機関から出る病原菌の付いた実験器具など。

🌲 図表3-45　廃棄物の区分

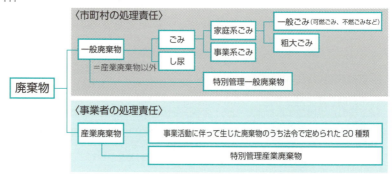

出典：環境省『令和2年版 環境白書』

2 廃棄物の排出量・処理の現状

日本で排出される廃棄物の量は、年間約4億2,000万tです。その大半は産業廃棄物で、2018年度の全国の総排出量は約3億7,577万tでした。一般廃棄物（ごみ）の総排出量は、2018年度で4,272万tとなっています。

ごみの排出量は経済成長とともに1990年頃までは急増していましたが、その後の経済の停滞により横ばいから微増となり、循環型社会基本法が整備された2000年を境に、減少傾向へと変わりました。産業廃棄物については1990年以降、4億t前後で推移しています。

排出されたものの処理では、一般廃棄物・産業廃棄物ともに概ねリサイクル率は増加、最終処分率は減少してきていますが、近年はリサイクル率が減る傾向も見られます（図表3-43）。

ごみの総排出量は人口に左右されるため、ほかの国などと比較するために**1人1日当たりのごみ排出量**という指標が用いられます。日本の2018年度の1人1日当たりのごみ排出量は、918gとなっています。

3 廃棄物の計画的処理

一般廃棄物については、市町村が一般廃棄物処理計画において、排出抑制の方策、分別、収集方法や処理方法を定め、収集・処理します。**家庭ごみ**については、排出抑制の徹底を目的として有料化する市区町村が増えており、環境省の調査では、2018年度には全市区町村の65.1％にあたる1,134市区町村が生活系のごみ（粗大ごみを除く）について、有料の指定ごみ袋の導入などにより収集の手数料を徴収しています。

一方、事業者は、その事業活動に伴って生じた廃棄物を自らの責任に

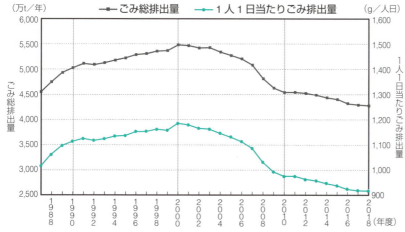

図表3-46　ごみ排出量

注）2012年度以降の総人口には、外国人人口を含んでいる。
出典：環境省『令和2年版 環境白書』

➡**循環型社会形成推進基本法**
P.124参照。

➡**1人1日当たりのごみ排出量**
ごみの排出とその削減を考える上でよく使用される指標。廃棄物の発生量は経済レベルと相関があることが知られているが、日本は先進国の中では1人1日当たりのごみ排出量が少なく、イタリア、フランス、ドイツといった先進国では日本の1.5倍程度、米国では日本の2倍近くにもなる。2007年の中国は日本の3分の1程度となっている。
また、人口規模との関連も知られており、2018年度の日本のデータでは、人口50万人以上の市町村の平均値は928gだった一方、1万人を切るところでは899gだった。なお、同年度最も排出量が少なかった長野県南牧村では306gと報告されている。

➡**家庭ごみの分別収集**
法令で分別収集が義務づけられている容器包装廃棄物だけではなく、ごみの減量化・再生利用の推進のため、ごみの分別収集が進められている。ただし、分別対象物・分別区分・処理方法などは、集積場所の確保、リサイクル・廃棄物処理施設の状況、再生品市場、減量効果などについて地域の実情を総合的に勘案して定められるものであり、全国一律ではない。

おいて、自らまたは地方自治体や専門業者に委託して適正に処理しなければなりません。なかでも、前年度の発生量が1,000t以上の産業廃棄物の排出事業者及び50t以上の特別管理産業廃棄物の排出事業者は、多量排出事業者処理計画を作成し、知事に提出しなければなりません。

4 ▶ 日本の廃棄物対策の系譜

　日本の廃棄物処理に関する法制度は、図表3-47のように変遷してきました。廃棄物処理の考え方は、歴史をさかのぼると1954年制定の清掃法、さらに1900年制定の汚物掃除法に行きつきます。廃棄物処理は、当初、感染症対策といった公衆衛生の向上に重点が置かれていました。やがて、高度経済成長に伴う産業系廃棄物による環境汚染の社会問題化などを背景に、1970年に廃棄物処理法が制定され、環境規制面を強化し、廃棄物の適正処理対策を充実させました。

　その後、社会・経済の発展、生活様式の変化などに伴い、廃棄物の量が増大し、質が大きく変化したことから、1990年代からは排出抑制やリサイクルに舵を切り、リサイクル関連法が導入されるようになりました。そして、2000年の循環型社会形成推進基本法の制定により、廃棄物対策は3R促進の視点が重視されるようになっています。近年は、天然資源の消費を抑制し、廃棄物として排出されたものの原料・燃料への再資源化、廃棄物発電等により、循環型社会形成と低炭素社会構築を統合的に進めることに力を入れています。

　なお、日本には、最終処分場の確保が困難、廃棄物が大量に発生、廃

➡ごみ焼却の現状
　2018年度におけるごみの直接焼却率は80.1%であり、他国と比べても極めて高い。

➡ごみ発電の現状
　2018年度においては、全国の自治体のごみ焼却施設1,082か所のうち、379か所で発電が行われている。総発電能力2,069MW、総発電電力量9,533GWh/年。

図表3-47　法制度の制定・改定の経緯

年代	法制度制定・改正など	主要ポイント	キーワード
20世紀前半まで	1900年以前には特別の法制度はなし	日本社会には一種の循環社会が存在していた	―
	「汚物掃除法」（1900）	―	汚物処理
	「清掃法」の制定（1954）	ごみの全量焼却の方針(1963)	公衆衛生
1970年代	「廃棄物処理法」の制定（1970）	環境関連法が一斉に成立 環境庁が設立	生活環境の保全 規制（適正処理）
1980年代	―	生活様式の変化：大量生産・消費・廃棄⇒ごみ量の拡大、ごみ質の変化	
1990年代	「資源リサイクル法」の制定（1991） 「廃棄物処理法」の改正（1991）	排出抑制、再生利用などの考え方、特別管理廃棄物などの導入	リサイクル
	「容器リサイクル法」（1995） 「家電リサイクル法」（1998） 「廃棄物処理法」の改正（1995、1997）	ダイオキシン対策の導入	―
2000年代	「循環型社会形成基本法」（2000） その他循環関連法の制定、「廃棄物処理法」の改正	「循環国会」ともいわれる 3R政策の推進	循環型社会
	「自動車リサイクル法」（2002） 循環型社会形成基本計画（2003、2008、2013、2018）	―	―
2010年代	「小型家電リサイクル法（2012）」	―	―

130

棄物が腐敗しやすい、といった廃棄物処理上の課題があります。このため、1900年制定の汚物掃除法施行規則、1963年の生活環境施設整備緊急措置法の制定、ごみ焼却施設整備への国庫補助金などにより、**廃棄物の焼却による埋め立て処分量の削減と、質の安定化**が行われてきました。

また、**ごみ焼却に伴うダイオキシン類の対策**も1999年頃よりとられるようになりました。ごみの焼却に伴う余熱は、焼却施設内外において温水や蒸気として利用されるとともに、発電も広く行われています。

さらに、産業廃棄物や家庭系の粗大ごみ・不燃ごみについても、破砕や磁力選別等により、有用物等の回収・再生が幅広く行われています。

5 廃棄物処理法の仕組み

廃棄物は「不要になったもの」ですから、きちんと費用をかけて適正処理しようという動機づけが働きにくく、ともすると不法投棄や不適正処理を招きかねません。このため、廃棄物処理法にはさまざまな基準と規制があります。以下に代表例を示します。これらの規制への違反は、改善命令や罰則などの対象になります。

①処理基準：廃棄物の種類ごとに、収集・運搬・中間処理・最終処分の方法が定められている。（例：ごみ焼却の焼却ガスが800℃以上）

②保管基準：事業者は、囲いを設け、周囲に飛散、流出、地下浸透、悪臭発散等が生じないようにしなればならない。

③産業廃棄物管理票（マニフェスト）：産業廃棄物処理を委託する際に交付し、その回付により確実な処分を確認しなければならない。

④処理業者の許可制：廃棄物処理を業としようとする者は、一般廃棄物については市町村長の、産業廃棄物については都道府県知事の許可を受けなければならない。

⑤廃棄物処理施設設置の許可制：市町村による一般廃棄物処理施設の設置を除き、廃棄物処理施設を設置しようとする者は、都道府県知事の許可を受けなければならない。その際、生活環境影響調査を行わなければならない。

図表3-48 産業廃棄物管理票（マニフェスト）

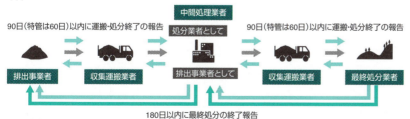

出典：日本産業廃棄物処理振興センターHP『学ぼう！産廃』

→**産業廃棄物管理票（マニフェスト）**

マニフェストは、平成3年の廃棄物処理法改正によって、特別管理産業廃棄物に関し義務化された。産業廃棄物の排出事業者は、その処理の委託にあたり、産業廃棄物の種類や数量、運搬や処理を請け負う事業者の名称などを記載する複写式の伝票（紙マニフェスト）を交付する。

委託者は、その業務が終了した時点でマニフェストの必要部分を排出事業者に回付する。平成10年12月からは、全産業廃棄物を対象にマニフェスト使用が義務づけられ、紙マニフェストに加えて、電子情報を活用する電子マニフェストが導入された。情報管理の合理化、処理システムの透明化、不適正処理等の原因究明の迅速化等の観点から、電子マニフェストの普及拡大が図られている。

3-5 04 そのほかの廃棄物の問題

9 産業革新　11 まちづくり　12 生産と消費

学習のポイント ▶ 廃棄物の問題のうち、処理が難しくなかなか進まないことから問題となったものや、不適切な廃棄物の投棄や放置といったいわゆる不法投棄、さらに最終処分場の問題について学びます。

1 処理が困難な廃棄物（PCB）

1972年以前に製造されたトランスやコンデンサーといった電気機器には、発がん性のある**ポリ塩化ビフェニル（PCB）**が含まれているものがありますが、長期保管される間に不適正保管や紛失などの問題があり、その処理体制の整備は長い間進みませんでした。2001年に**PCB特措法**が制定され、処理の道筋がつくられました。国、都道府県、企業の出資による処理のための基金を得て、日本環境安全事業株式会社が設立され、全国5か所において2004年12月から2016年3月を事業期間として処理が進められました。しかし、多数の使用中機器や未届けPCB使用機器などの存在等から、処分期間が2022年度末に延長されました。

一部の可燃性の高濃度PCB廃棄物については、低濃度PCB廃棄物として処理できることとなり、2027年3月末まで処理期限を延長しました。

2 廃棄物の不法投棄

廃棄物はきちんと処理を行わなければ環境汚染を引き起こすため、廃棄物の**不法投棄**は大きな問題です。産業廃棄物の不法投棄は、ピーク時より減少したものの毎年発見されており、環境省によれば、2018年度には新たに155件、15.7万tの不法投棄が判明しました。また、最終処分場への過剰搬入などの不適正処理事案は148件、5.2万tが報告されています。

不法投棄などに伴う生活環境保全上の支障の除去は、実際に投棄をした者や不適正に処理を委託した排出事業者に対して、都道府県知事が措置命令を出して行わせることが基本ですが、実行者などが不明だったり対応する能力がない場合、行政が税金を使って処理せざるを得ないこともあります。2019年3月時点で、撤去などの原状回復措置が取られていない不法投棄等の残存量は2,656件、1,561万tあります。残存分も含め、件数・量ともに、不法投棄の4分の3が建設系廃棄物です。

不法投棄対策は、未然防止と早期発見・早期対応による拡大防止が重要です。このため、都道府県などにおける監視活動の強化や、現地調査

➡ PCB特措法
正式名称「ポリ塩化ビフェニル廃棄物の適正な処理の推進に関する特別措置法」。

➡ 産廃特措法による支援（P.133）
正式名称「特定産業廃棄物に起因する支障の除去等に関する特別措置法」。1998年6月16日以前（適正処理対策が強化された廃棄物処理法の1997年改正の施行以前）に発生した事案を対象とする。現時点では同法の有効期限は2022年度までとされている。都道府県などによる代執行を国が補助などをすることにより支援を行うものであり、2013年末までに18事案の支障除去等実施計画について環境大臣の同意がなされている。

3-5 循環型社会

や関係法令等に精通した専門家による支援などが進められています。

また、1998年以前に発生した事案については、**産廃特措法**に基づき国が行政の代執行を財政支援しています。それ以降に発生した事案には、国からの出えん（寄附）に加え、産業界の協力を得て造成された**産業廃棄物適正処理推進基金**により処理などの経費の支援が行われています。

3 最終処分場の残余容量と残余年数

廃棄物処理の最終段階は**最終処分場**での埋め立てです。建設には、莫大な費用と広大な土地が必要です。廃棄物処理施設は社会にとって必要な施設ですが、"迷惑施設"と受け止められ、地域住民感情などもあり、新規確保は困難です。一般廃棄物では**残余容量**が減少し、産業廃棄物では横ばい傾向にあります。リサイクルの進展などさまざまな取り組みによる最終処分量の減少に伴い、**残余年数**は増加傾向にありますが、依然として厳しい状況です。

4 災害廃棄物

近年、頻発する豪雨や地震などの大災害により発生する**災害廃棄物**への備えが緊要となっています。大規模災害時には、さまざまな種類の廃棄物が一度に大量に発生します。災害廃棄物の適正かつ円滑・迅速な処理は、生活環境の保全や被災地域の復旧・復興に重要なため、国、地方公共団体、研究機関、民間事業者等の連携を促進し、都道府県域を超えた広域連携体制の構築が進められています。

➡産業廃棄物適正処理推進基金による支援
1998年6月17日以降に行為のあった事案を対象とする。国の補助のほか、経団連をはじめ、建設業界、産業廃棄物処理業界、医療団体などの産業界からの出えんを得て設立された基金で、2015年度からはマニフェストを頒布等する団体等の出えんを得ている。2019年度末までに延べ107事案への支援が行われた。

➡残余容量
現存する最終処分場に、今後埋め立てられる廃棄物量を示したもの。

➡残余年数
現存する最終処分場が満杯になるまでの、残り期間の推計値。残余容量と当該年の年間埋め立て量を比較して推計した指標。

➡災害廃棄物
P.170参照。

図表3-49　産業廃棄物の不法投棄案件数及び投棄量の推移

出典：環境省『令和2年版 環境白書』

> **COLUMN**
>
> 「産業廃棄物特別措置法」が適用された豊島（てしま）不法投棄事案（香川県）
>
> 　悪質な廃棄物処理業者により、1975年頃から1990年にかけて、大量の産業廃棄物が事業場に搬入され、約62万m³の廃棄物（汚染土壌含む）が放置されました。専門的知見、迅速な解決などの観点から、公害等調整委員会による豊島住民と香川県との間の調停が進められ、香川県が廃棄物などを搬出し、焼却・溶融処理などを行うこととなりました。廃棄物撤去・処理事業は、国庫補助金や地方債を財源として2003年度から進められ、2017年6月に撤去を終了し、2022年度までの完了に向け、地下水汚染監視等が行われています。

3-5
05 リサイクル制度

8 経済成長 | **9 産業革新** | **11 まちづくり** | **12 生産と消費** | **17 実施手段**

学習の ポイント ▶ リサイクルを進めるためには、廃棄物の種類や排出状況に応じた対応が必要です。さまざまなリサイクル制度について学びます。

➡ 家庭から捨てられる一般廃棄物
一般廃棄物のうち容器包装廃棄物の占める割合は大きく、環境省の「容器包装廃棄物の使用・排出実態調査」の結果では、2019年度は、容積比61.6%、重量比24.1%となっている。

➡ 容器包装リサイクル法
正式名称「容器包装に係る分別収集及び再商品化の促進等に関する法律（1995年法律第112号）」。

➡ 拡大生産者責任
P.179参照。

1 ▶ リサイクルの促進

　循環型社会を目指す上で、リサイクルの促進は重要です。日本では、循環型社会基本計画が策定された2000年前後に、多くのリサイクル法が策定されました。リサイクル対象の物品によって、その性質や排出方法、関係者が異なるため、物品の特性に応じた個別法が制定されています。循環型社会の形成に向けた取り組みが進んでいるともいえますが、リサイクルしても環境負荷がなくなるわけではありません。そもそも、資源の消費を抑制し、廃棄物を出さない社会づくりが重要であることを忘れてはいけません。

2 ▶ 容器包装廃棄物

　容器包装リサイクル法では、日本で初めて**拡大生産者責任**の考え方が取り入れられ、製造業者等へ再商品化義務が課されました。消費者が容器包装廃棄物を**市町村**が定めるルールに従って分別排出し、市町村が分別収集して、事業者が再商品化（リサイクル）するという**三者の役割**を定めています。

　再商品化は、事業者が自らの事業において利用した容器包装、または製造・輸入した容器に対して行うものです。多くの場合、容器包装リサイクル法に基づく指定法人にリサイクルを委託し、容器包装の種類、排出見込量、事業の種類ごとに決められるリサイクルに要する費用を負担することにより義務を果たしています。

　2018年度の分別収集を実施している市町村の数は、ガラス製容器、ペットボトル、スチール製容器、アルミ製容器、段ボール製容器の5品目において全市町村数の9割を超えています。また、分別収集見込量に対する再商品化量は、容器包装全体で8割を超えています。

　市民・市町村における分別の精度が上がるとリサイクルが効率的に進められるため、2008年4月から、想定よりもリサイクル費用が少なく済んだときには、少なく済んだ分の半額を事業者が市町村へ支払う制度が

3-5 循環型社会

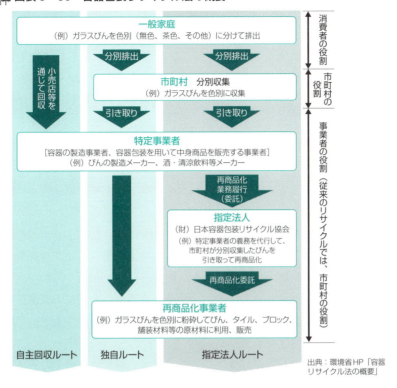

図表3-50 容器包装リサイクル法の概要

出典：環境省HP「容器リサイクル法の概要」

導入されています。2018年度には、1,115千円が支払われました。
　プラスチック資源循環戦略を踏まえ、プラスチックの過剰な使用の抑制を進める取り組みの一環として、容器包装リサイクル法に基づき、2020年7月1日から海洋生分解性プラスチックやバイオマス素材の配合率が一定以上等の環境性能が認められる製品を除いた、プラスチック製買物袋（レジ袋）の全国一律有料化が開始されました。

3 家電廃棄物

（1）家電4品目

　家庭用エアコン、テレビ（ブラウン管式・液晶式・プラズマ式）、電気冷蔵庫・冷凍庫、電気洗濯機・衣類乾燥機の4品目は、**家電リサイクル法**の対象です。これらの家電を廃棄する際には、消費者（排出者）は、家電店への引き渡しと収集・運搬料金及びリサイクル料金を支払うこと（**後払い**）が求められます。この料金は、製品の種類、メーカー、大きさなどによって異なり、1,000円程度から5,000円程度となっています。なお、近隣に家電店がない地域においては、市町村が廃家電を引き取り場所へ運搬することがあります。
　また、小売業者（家電店）による廃家電の引き取り及び製造業者等（製造業者、輸入業者）によるリサイクルが義務づけられており、拡大

➡プラスチック資源循環戦略
P.125参照。

➡家電リサイクル法
正式名称「特定家庭用機器再商品化法（1998年法律第97号）」。

➡後払い
P.139参照。

生産者責任が取り入れられています。製造業者などに引き取られた廃家電は、全国に44施設（2020年7月現在）あるリサイクル工場で金属が回収されるほか、エアコンや冷蔵庫などに使用されているフロン類も回収されます。2019年度には1,477万台が製造事業者等により引き取られました。品目ごとに**再商品化率**の基準（55～82％）が定められていますが、図表3－51に示すとおり、近年いずれも基準を上回っています。2018年度に、これらの廃家電の出荷台数に対する回収率目標を56％以上とすることが定められ、2018年度の出荷台数に対する回収率は59.7％でした。

家電リサイクル法の特徴の一つに、製造業者自らが廃製品をリサイクルする点が挙げられ、これがよりリサイクルがしやすい商品の設計や材料の開発に貢献しているといわれています。

（2）小型電子機器等

携帯電話などの電子機器には、金などの貴金属やレアメタルが多く含まれており、**都市鉱山**とも呼ばれています。

家電リサイクル法の対象外の、大部分の使用済み小型電子機器等（小型家電）の収集と、レアメタルなど有用物の回収を促進するため、2013年4月に**小型家電リサイクル法**が施行されました。

同法では、民間事業者は大臣認定を受けて（廃棄物処理業の許可は不要）、市町村が分別収集した小型電子機器などを引き取り、リサイクル事業を行うことができます。2019年7月時点では1,620市町村（全市町村の93％、人口ベースで97％）が公共施設に回収箱を設置する等により参加または参加の意向を示しています。回収量は年々着実に増加しており、2018年度には約10万 t が回収されました。

➡**家電4品目の再商品化率**
　2015年に定められた再商品化率の基準は、エアコン80％、ブラウン管テレビ55％、液晶式・プラズマ式テレビ74％、冷蔵庫・冷凍庫70％、洗濯機・衣類乾燥機82％。

➡**「みんなのメダルプロジェクト」**
　2017年4月から、東京オリンピック・パラリンピック競技大会で必要とされるメダル原材料の確保を図る「都市鉱山からつくる！みんなのメダルプロジェクト」が東京オリンピック・パラリンピック競技大会組織委員会等により行われ、2019年3月までに目標を達成。

➡**都市鉱山**
　P.53参照。

➡**小型家電リサイクル法**
　正式名称「使用済小型電子機器等の再資源化の促進に関する法律（2012年法律第57号）」。

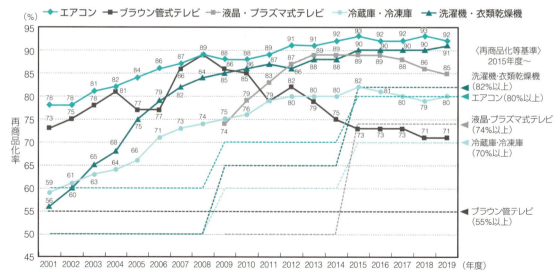

図表3－51　再商品化率の推移（品目別）

注）2005～2019年度にブラウン管式テレビの再商品化率が減少したのは、一部のブラウン管ガラスが逆有償となったため。

出典：家電製品協会「2019年度版家電リサイクル年次報告書」より作成

3-5　循環型社会

（3）パソコン、周辺機器

資源リサイクル法では、2001年4月から事業系パソコン、2003年10月からは家庭系パソコンの回収及び再資源化を、製造等事業者に対して義務づけています。

2018年度においては、パソコン本体約25万台が回収され、その再資源化率は、デスクトップPCが79.8％、ノートブックPCが62.1％等となっています。パソコンについては、小型家電リサイクル法に基づく回収も行われています。

4　建設廃棄物

建設リサイクル法では、コンクリート塊、アスファルト・コンクリート及び建設発生木材について、合計床面積が80㎡以上の建設工事の受注者・請負者などに対して分別解体や再資源化を行うことを義務づけるとともに、解体工事業者を都道府県知事に登録させています。

2018年度の対象建設工事における届出件数は40万4,628件、2019年3月末時点で、解体工事業者登録件数は1万2,309件となっています。

2018年度における建設廃棄物の搬出量は約7,440万tで、2012年度の7,269万tより2.4％増加していますが、最終処分量は約212万tで、2012年度の290万tより26.9％減少しています。

建設リサイクル法の施行前は、建設廃棄物が産業廃棄物の最終処分量の約4割を占めていましたが、建設廃棄物のリサイクルの進展により、ひっ迫した最終処分場の残余年数の改善や**不法投棄**の減少に寄与したといわれています。

建設廃棄物の再資源化・縮減率の現状、目標を図表3－52に示します。

図表3－52　建設廃棄物のリサイクル目標

品目		指標	2018 目標値	2018 実績値	2024 達成基準値
	アスファルト・コンクリート塊	再資源化率	99％以上	99.5％	99％以上
	コンクリート塊	再資源化率	99％以上	99.3％	99％以上
	建設発生木材	再資源化・縮減率	95％以上	96.2％	97％以上
	建設汚泥	再資源化・縮減率	90％以上	94.6％	95％以上
	建設混合廃棄物	排出率	3.5％以下	3.1％	3.0％以下
建設廃棄物全体		再資源化・縮減率	96％以上	97.2％	98％以上
建設発生土		有効利用率	80％以上	79.8％	80％以上

（参考値）

建設混合廃棄物	再資源化・縮減率	60％以上	63.2％	－

出典：国土交通省『建設リサイクル推進計画2020』

➡資源リサイクル法
正式名称「資源の有効な利用の促進に関する法律（1991年法律第48号）」。業種、品目を指定して、製品の製造段階における3R対策、設計段階における3Rの配慮、分別回収のための識別表示、事業者による自主回収・リサイクルシステムの構築などを規定。「再生資源の利用の促進に関する法律（1991年制定）を2000年6月に改正・改題したもの。

➡建設リサイクル法
正式名称「建設工事に係る資材の再資源化等に関する法律（2000年法律第104号）」。

➡建設業の取り組み
P.221参照。

➡不法投棄
P.132参照。

➡建設混合廃棄物
現場分別が進むほど、再資源化や縮減が難しく最終処分場に持って行かざるを得ないものの割合が増加するため、排出率のみが目標指標とされている。

2018年度には、多くの品目と建設廃棄物全体については目標を達成していますが、建設発生土では目標80%以上に対し79.8%と達していません。

5 食品廃棄物

食品リサイクル法は、加工食品の製造過程の残渣や流通過程で生じる売れ残り食品、消費段階での食べ残し、調理くずなど（食品廃棄物等）について、登録された再生利用事業者が肥料、飼料などとしての**再生利用**や**熱回収**などを進めるもので、一般家庭から排出される生ごみは対象外です。2017年度においては、食品産業から1,767万ｔ、家庭から783万ｔの食品廃棄物等が発生したと推計されています（図表3－53）。

2024年度までの再生利用等の目標は、食品産業の業態別に50～95%と定められており、2017年度における再生利用等実施率は食品産業全体では84%ですが、食品製造業以外では達成されておらず、食品産業の下流側ほど低くなっています。

また、近年、本来食べられるにもかかわらず廃棄されている食品、いわゆる「**食品ロス**」が大きな社会的注目を集めています。2017年度においては、事業系328万ｔ、家庭系284万ｔ、合計612万ｔが発生しました。日本は、多くの食料を海外に依存していますが、その多くを**食品ロス**として廃棄していることになります。

第四次循環基本計画（2018年6月）は家庭から発生する食品ロス量について、また食品リサイクル法に基づく基本方針（2019年7月）は食品関連事業者から発生する食品ロス量について、いずれも2030年度までに2000年度比で半減するとの目標を定めています。また、国際的にも、国連のSDGsにおいて、**2030年までに世界全体の1人当たりの食品ロスを半減させる**（ターゲット12.3）との目標が掲げられています。

対策として、食品製造工程での規格外品や流通段階でのロス商品を福祉施設等に無料で提供するフードバンク、家庭等で余った食材を福祉施設等に無料で提供するフードドライブ、宴会時等の食べ残しを減らす「3010運動」などが行われています。

➡**食品リサイクル法**
正式名称「食品循環資源の再生利用等の促進に関する法律（2000年法律第116号）」。

➡**食品廃棄物の再生利用等の基準**
2024年度までの再生利用等の目標は、食品製造業は95%、食品卸売業は75%（2019年度までの目標は70%）、食品小売業は60%（2019年度までは55%）、外食産業は50%。
2017年度における再生利用等実施率は、食品製造業が95%、食品卸売業が67%、食品小売業が51%、外食産業が32%と推計されている。

➡**食品ロスへの取り組み**
P.233参照。

図表3－53　食品廃棄物等の発生及び処理状況（2017年度）（単位：万t）

	発生量 （食品ロス量）	再生利用等量				焼却・ 埋立等量
		飼料化	肥料化	その他	計	
事業系食品廃棄物及び有価物	1,767 （328）	913	214	147	1,274	329
家庭系食品廃棄物	783 （284）	－	－	－	57	726
合計	2,550	－	－	－	1,331	1,055

注：「その他」はメタン化、油脂製品、熱回収等

出典：環境省『令和2年版 環境白書』より作成

6 使用済み自動車

　使用済み自動車は資源価値の高いものですが、産業廃棄物最終処分場の逼迫による**シュレッダーダスト**処分費の高騰、不法投棄などの懸念、エアコン冷媒のフロン類とエアバッグ類の適正処理などが課題となってきたことから、2003年に**自動車リサイクル法**が制定されました。

　使用済み自動車は、自動車販売業者等の引取業者からフロン類回収業者に渡り、フロン類が回収されます。その後、自動車解体業者において有用な部品、部材が回収され、残った廃車スクラップは破砕業者により有用金属が回収され、その際に発生するシュレッダーダストが自動車製造業者等によってリサイクルされます。

　自動車リサイクルにかかる費用は、自動車を購入した際に支払う（**先払い**）再資源化預託金により賄われます。

　2018年度末においては8,032万台について残高8,624億円のリサイクル料金が預託されており、2018年度には338万台の使用済み自動車が引き取られました。

　シュレッダーダストについては70%、エアバッグ類については85%の再資源化目標率が定められており、2018年度においてはそれぞれ97.1%〜98.7%及び94%と、目標を達成しています。

➡シュレッダーダスト
　工業用シュレッダーで廃家電や廃自動車を破砕した廃棄物をいう。鉄や非鉄金属（銅、アルミニウムなど）などを回収した後、産業廃棄物として捨てられるプラスチック、ガラス、ゴムなどの破片の混合物。

➡自動車リサイクル法
　正式名称「使用済自動車の再資源化等に関する法律（2002年法律第87号）」。

➡リサイクル料金の「後払い」と「先払い」
　製品などが使用され、廃棄される際のリサイクルや処理処分の費用には「後払い」と「先払い」がある。消費者は、家電リサイクル法の対象4品目については廃棄の際に支払い（後払い）。一方、自動車リサイクル法では車を購入する際には、その購入代金とともに預託金（デポジット）として支払う（先払い）。後払い方式では処理料金負担を逃れるための不法投棄が懸念される一方、先払い方式には将来的な処理料金の算定の難しさなどがある。なお、2003年10月以降に生産されたパソコンのリサイクル費用は、その購入時に預託金として支払われている。

図表3-54　自動車リサイクル法の仕組み

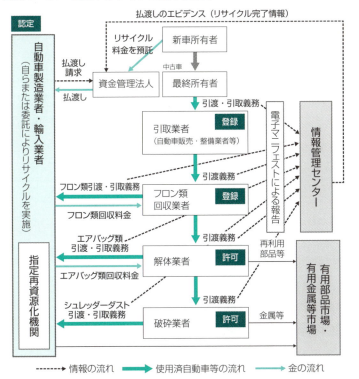

出典：経済産業省より作成

3-6 地域環境問題

3-6 01 地域環境問題

17 実施手段 ✿

学習のポイント ▶ 地域環境問題を考えるとき、日本社会が公害問題に直面し、それを乗り越えてきた歴史から学ぶことが必要です。地域環境問題とは何か。そして、地球環境問題との違いと関連性を学びます。

1 ▶ 地域環境問題をどう捉えるか

　社会経済が発展する過程で最初に直面する環境問題は、多くの場合、**大気汚染、水質汚濁、土壌汚染**問題などの公害、そして自然環境や生態系の破壊です。このように、原因と影響が比較的近接した地域に現れ、その関係を捉えやすいものを**地域環境問題**と呼びます。

　原因が特定できる問題は、その解決が比較的容易と考えられますが、地域の大気汚染問題の中にはPM2.5のように国境を越える課題、いわゆる**地球環境問題**と関係するものもあります。地球環境問題と地域環境問題は、密接に関連しているという認識も大切です。

➡大気汚染
　P.142参照。

➡水質汚濁
　P.146参照。

➡土壌汚染
　P.150参照。

2 ▶ 地域環境問題とは何か

　環境基本法（1993年制定）では、事業活動などの人の活動に伴って生ずる相当範囲の①**大気の汚染**、②**水質の汚濁**、③**土壌の汚染**、④**騒音**、⑤**振動**、⑥**地盤沈下**、⑦**悪臭**によって、人の健康または生活環境に関わる被害が生じることを**公害**と定義しています。これら7つを、**典型7公害**といいます。本項では、地域環境問題として以下の問題を扱います。

🌲🌲🌲 **図表3-55　地域環境問題の例**

大気環境の保全に関わる問題	大気汚染など
水環境の保全に関わる問題	水質汚濁など（河川、湖沼、海、地下水など）
土壌環境に関わる問題	土壌汚染など（市街地、農用地など）
地盤環境に関わる問題	地盤沈下など
生活環境に関わる問題	騒音、振動、低周波音や悪臭など
自然環境の保全に関わる問題	生物多様性の保全、希少種や優れた景観などの自然資源の保護など
そのほかの問題	廃棄物、光害、電磁波、ヒートアイランドや放射性物質による環境汚染の問題など

➡環境基本法
　P.176参照。

➡地盤沈下
　P.152・153参照。

➡騒音、振動、低周波音、
　悪臭
　P.154参照。

➡生物多様性の保全
　P.92参照。

➡廃棄物問題
　P.132～133参照。

➡ヒートアイランド
　P.160参照。

➡放射性物質による環境汚
　染の問題
　P.168参照。

3 ▶ 地域環境問題の経緯

（1）1960年代まで

　高度経済成長のひずみである公害問題に、最初に真正面から向き合う

3-6 地域環境問題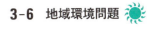

必要に迫られたのは、工場地帯やその近隣に住む地域の人々でした。各地で、紛争の発生、訴訟など市民と企業との対立が起こり、一方で協定の締結、条例の制定などの自治体の取り組みも進みました。

こうした社会の動きを受け、1960年前後に、我が国初の本格的な公害規制である水質保全法、工場排水規制法、ばい煙規制法が制定されました。しかし、これらは特定地域、特定物質に限定されるなど対症療法的なものであったため十分な効果を上げることができず、総合的・統一的な対策は、1967年の**公害対策基本法**、1970年の**公害国会**を待つことになります。

（2）公害国会以降

公害国会以降、国は下の表に挙げるさまざまな政策手段を組み合わせることによって、諸対策の推進を図りました。

図表3-56 公害に対するさまざまな施策

基準・規則の整備	①技術開発と実施可能な段階的規制強化 ②地方公共団体に規制強化権限を付与 ③公害防止協定など関係者の自主規制など
地域計画の導入	①**公害防止計画**による重点対策地域指定 ②都市計画における地域・地区指定 ③工場の立地規制や誘導など
取り組み主体の形成	①事業場における**公害防止管理者**制度 ②地方公共団体担当職員の研修制度 ③公害対策ガイドラインなどの作成 ④教育現場での公害教育など
監視・指導	①モニタリングシステムの整備 ②排出量の定期的な調査と報告の義務化 ③地方公共団体の事業場立ち入り調査など
企業の支援	①公害防止対策に対する税制上の優遇措置 ②公害防止対策費の低利融資と保証や技術支援
被害補償制度	①公害等調整委員会制度 ②公害健康被害補償制度など

企業においては、公害対策は経営にマイナスの影響が大きく積極的に対応すべきではないとの意見もありましたが、各種規制法や支援策、世論の動向などを受け、国内の企業は短期間に多額の公害対策投資と体制づくりを敢行しました。この過程で、多くの公害対策技術を開発して産業化するとともに、**クリーナープロダクション**の開発や企業体質の強化などのプラスの効果もみられ、**環境コストの内部化**にも成功しました。

（3）新たに直面している地域環境問題

産業公害対策が一段落した頃に、新たに浮かび上がってきたのが、自動車等による排ガスや騒音、生活雑排水などによる河川の汚濁、地下水の過剰汲み上げによる地盤沈下等の都市・生活型公害です。近年、問題になっているプラスチック海洋ごみも、この一つといえます。こうした地域環境問題は、都市や土地利用に関わる問題であり、ライフスタイルにも関わる問題です。

➡**公害対策基本法**
日本の公害防止対策の根本をなしている法律で、1967年に施行。公害の定義や国、地方公共団体、事業者の責務、白書の作成などを定めた。当初は、生活環境の保全は経済成長との調和を図りながら進めるという規定が盛り込まれていたが、激甚な公害問題に対処する必要性が増し、削除された。その後、地球環境問題等の新たな課題に対応すべく、1993年の「環境基本法」成立により廃止となったが、内容の大部分は引き継がれている。

➡**公害国会**
1970年11月末に開かれた臨時国会（第64回国会）をいう。公害関係法令の整備の主な狙いは、①公害の防止に対する国の基本的な姿勢の明確化、②規制対象物質の拡大などの規制の強化、③自然環境保護の強化、④事業者責任の明確化、⑤地方公共団体の権限の強化。

➡**公害防止協定**
地方公共団体と企業の間で交わした公害防止に関する約束。法律の規制にとらわれず、対象項目、適用技術などを地域の実情に合った形で盛り込んでおり、企業側の遵守状況も良好なことから、日本の産業公害の改善に大きく貢献したとの評価がある。

➡**公害防止管理者**
特定工場における公害防止組織の整備に関する法に基づき、特定工場の公害防止に関する必要な知識と技能を持つ公害防止管理者の選任が義務づけられた。

➡**クリーナープロダクション**
低環境負荷型生産システム。

➡**環境コストの内部化**
環境負荷削減費用を生産する財・サービスの価格に組み込むこと。

3-6 02 大気汚染の原因とメカニズム

3 保健 　12 生産と消費 　13 気候変動

**学習の　　▶ 典型7公害の一つ「大気汚染」について、その原因となる主要な大気汚染
ポイント　　　物質について学びます。**

1 大気汚染とは

　大気汚染とは、工場や自動車など**人為的発生源**から発生する大気汚染
原因物質により、大気中の微粒子や汚染成分が増加したり、拡散・反応
などを経て大気汚染物質を生成するなどして、人の健康や生活環境に悪
影響をもたらすことをいいます。

　18世紀の産業革命以降、化石燃料の利用拡大に伴って先進諸国で大気
汚染が顕在化しました。**ロンドンスモッグ事件**や**四日市ぜんそく**などは、
その典型的な事例です。日本では、1960～1970年代に気管支ぜんそく等
の患者を多発させる深刻な大気汚染に直面しましたが、官民一体となっ
た対策努力により、激甚な大気汚染は改善することができました。近年、
中国やインド等の新興国の大都市や工業地帯で著しい大気汚染が生じて
おり、国際がん研究機関（IARC）は、大気汚染が多数の肺がん死を引
き起こしていると2013年に発表しています。

2 主要大気汚染物質

（1）ガス状物質

　二酸化硫黄（SO_2）などの**硫黄酸化物（SOx）**は、石炭や石油などの
化石燃料の燃焼により、燃料中の硫黄分が空気中の酸素と結合し発生し
ます。SO_2は、呼吸器系の疾患（慢性気管支炎、気管支ぜんそくなど）を
引き起こすおそれがあり、四日市ぜんそくの主たる原因ともなりました。

　窒素酸化物（NOx）は、燃料を高温で燃やすことで燃料中や空気中の
窒素と酸素が結びついて発生する物質で、固定発生源である工場、火力
発電所、また移動発生源である自動車など、多様な発生源から排出され
ます。NOxの一種である二酸化窒素（NO_2）は、高濃度になると呼吸器
へ悪影響を与えることで知られています。

　揮発性有機化合物（VOC）は、揮発性を有し、大気中で気体状となる
有機化合物の総称で、トルエン、キシレン、酢酸エチルなど多種多様な
物質が含まれます。VOCは有機溶剤に含まれ、塗料やインク等を扱う業

➡人為的発生源

事業活動（固定発生源）
や自動車（移動発生源）な
ど、人の活動に起因する発
生源。一般に大気汚染は、
人為的発生源からの物質に
よって大気が汚染されるこ
とを意味する。なお、火山
の噴火による火山灰降下な
ど自然由来のものは自然発
生源と呼ばれる。

➡ロンドンスモッグ事件

1952年12月、ロンドン
で発生した大気汚染。石炭
やディーゼル油の燃焼から
生じる亜硫酸ガスが霧と合
体してスモッグ（smog）に
なって拡散し、気管支炎な
どにより4,000人以上の死
者を出した。

➡四日市ぜんそく

P.32参照。

➡揮発性有機化合物

（VOC：Volatile Organic
Compounds）

常温常圧で空気中に容易
に揮発する物質の総称で、
主に人工的に合成された物
質。大気中に放出される
と、光化学反応によって光
化学オキシダントや浮遊粒
子状物質の発生に関与する
ことが多い。一部は臭気や
有害性を持ち、シックハウ
ス症候群の原因になること
がある。2004年、大気汚染
防止法が改正され規制対象
になった。

種からの排出が大部分を占めています。

また、NOxとVOCが太陽からの紫外線を受けて反応し、発生する物質が**光化学オキシダント（Ox）**で、**光化学スモッグ**の原因となります。日差しが強く、気温の高い、風の弱い日に発生しやすく、目の痛みや吐き気、頭痛などの健康被害を引き起こします。

（2）粒子状物質

粒子状物質（PM）のうち、直径が10μm以下のものを**浮遊粒子状物質（SPM）**といいます。工場などからの**ばいじん**や**粉じん**、ディーゼル車の排出ガス中の黒煙などのほか、大気中のSOxやNOx、VOCなどのガス状物質が粒子化することで生成するものもあります。微小、軽量であるため、呼吸器の奥に入り、悪影響を与えます。近年は、特に細かいPM2.5（直径が2.5μm以下の超微粒子）の問題が注目されています。図表3-57に大気汚染物質の発生源と生成関係を図示します。

（3）有害大気汚染物質

有害大気汚染物質は、ベンゼンやジクロロメタンなど低濃度でも長期間の曝露により、発がん性などの健康影響が懸念される物質をいいます。「有害大気汚染物質に該当する可能性がある物質」として248物質、「優先取組物質」として23物質がリスト化されています。

図表3-57　主要大気汚染物質の排出過程

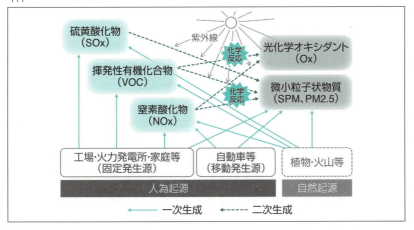

> **➡浮遊粒子状物質（SPM）**
> 化石燃料等の燃焼で直接排出されるものや、SOx、NOx、VOCなどのガス状汚染物質が大気中で化学反応することにより粒子化したものなどがある。
>
> **➡ばいじん**
> 化石燃料等の燃焼に伴い発生する、すすや燃えかすの固体粒子状物質のこと。
>
> **➡粉じん**
> 大気環境中に浮遊する微細な粒子状の物質の総称（燃焼由来の「ばいじん」と区別し、燃焼以外から発生する物質のみを指す場合もある）。セメント粉、石炭粉、鉄粉などがある。
> 粉じんのうち、石綿（アスベスト）は特定粉じんとして厳しい規制が義務づけられている。
>
> **➡有害大気汚染物質**
> 有害大気汚染物質として、248種類の物質が挙げられている。また、ベンゼン、トリクロロエチレン、テトラクロロエチレン、ジクロロメタンの4物質が、指定物質として排出抑制の基準が設定されている。
>
> **➡ベンゼン**
> P.152参照。

COLUMN

アスベスト（石綿）

アスベストは、かつて建材やブレーキライニングなどに広く使用されてきました。吸引すると塵肺、肺繊維症、肺がん、悪性中皮腫などの疾病を引き起こします。日本では、1970年代からその危険性が指摘され、75年には吹付アスベストが原則禁止され、2006年には製造や輸入、使用が全面禁止となりました。

吸引から発病までの潜伏期間が約40年と長く、近年の悪性中皮腫の増加は、過去のアスベスト汚染の影響ではないかと推測されています。労働安全衛生法、大気汚染防止法、廃棄物処理法などで規制するとともに、「石綿による被害の救済に関する法律」（2006年）が施行されました。この法令により、労働者災害補償法の補償対象にならないアスベスト健康被害者及びその遺族に対して救済給付金が支給されています。

3-6
03 大気環境保全の施策

3 保健 **12 生産と消費** **13 気候変動**

学習の ポイント ▶
大気汚染を克服して改善するために、国や自治体において講じられている施策や大気汚染対策のさまざまな方法を学びます。

➡**大気汚染防止法**
ばい煙規制法（1962年）に代わる形で1968年に制定された法律。1970年に公害国会で抜本改正されたのち、総量規制の導入（1973年）、有害大気汚染物質対策の導入（1995年）、VOC対策の導入（2004年）などが行われてきている。

➡**総量規制**
大気汚染防止法及び自動車NOx・PM法において定められている総量規制は、発生源が密集しており、通常の規制的措置では大気環境基準の達成が困難な地域に適用される。まず、汚染物質の大気拡散のシミュレーションを行うことによって、環境基準を確保する上で許容される地域としての総排出量を算定し、それを地域内の工場などに配分する形で、地域全体の総排出量を規制する。

➡**自動車NOx・PM法**
正式名称「自動車から排出される窒素酸化物及び粒子状物質の特定地域における総量の削減等に関する特別措置法」。首都圏及び愛知・三重圏、大阪・兵庫圏の市区町村を対象に2001年に制定された。NOx・PMの排出基準を満たさない車両の登録規制などを定めている。

➡**黄砂**
P.116参照。

1 ▶ 大気汚染対策の法制度

日本の大気環境保全に関して基本となる施策を定めている法制度は、**大気汚染防止法**（1968年制定）です。

大気汚染防止法は、工場や発電所などの固定発生源に対して、SOx、NOxなどのばい煙の排出基準、**総量規制基準**を設定するほか、VOC、粉じんの排出を規制し、自動車に対しては排出ガスの許容限度を定めています。規制基準などの基本となる部分は国によって定められますが、工場・事業場に対する立ち入り調査や指導、大気汚染の監視などは、自治体によって行われます。

自動車排出ガスに関しては、大気汚染防止法に加え、特定の大都市地域について**自動車NOx・PM法**が定められています。

2 ▶ 大気環境基準と大気汚染の状況

大気汚染に関する環境基準は、SO_2、CO、SPM、NO_2、Ox、PM2.5、ベンゼン、トリクロロエチレン、テトラクロロエチレン、ジクロロメタン、ダイオキシン類について定められています（図表3-58）。

大気汚染の状況は、日本各地域に設置された測定局で常時把握されています。測定局には**一般環境大気測定局**と**自動車排出ガス測定局**の2種類があり、SO_2、SPM、NO_2、Ox等が測定されています。環境基準の達成状況は、いずれの測定局においてもSO_2、SPM、NO_2はほぼ達成されている一方、Oxはほとんど達成できていません。Oxの環境基準が、1時間値が0.06ppmを年に1度でも超えると非達成になるという厳しい評価方法を取っていることも非達成の原因ですが、都市部では年間80日程度、光化学オキシダント注意報が出されており、さらなる対策の検討が必要となっています（図表3-59）。

なお、2011年にSPMの環境基準達成率が低くなりましたが、その原因は5月初旬に**黄砂**が大量に飛来したためです。黄砂は長距離越境移動の代表的な物質の一つであり、克服には国際的な取り組みが求められます。

3-6 地域環境問題

図表3-58 主要な大気汚染物質の大気環境基準

環境基準対象物質	環境基準値
二酸化硫黄（SO_2）	1日平均値が0.04ppm以下、1時間値が0.1ppm以下
一酸化炭素（CO）	1日平均値が10ppm以下、1時間値の8時間平均値が20ppm以下
二酸化窒素（NO_2）	1日平均値が0.04ppmから0.06ppmまでのゾーン内またはそれ以下
光化学オキシダント（Ox）	1時間値が0.06ppm以下
浮遊粒子状物質（SPM）	1日平均値が0.10mg/m³以下、1時間値が0.20mg/m³以下

図表3-59 光化学オキシダント注意報等の発令延日数及び被害届出人数の推移

出典：環境省『令和2年版 環境白書』

3 さまざまな対策

　大気汚染対策は、工場・事業場に関わる固定発生源対策と、自動車等の移動発生源対策に分けられます。主な固定発生源対策を図表3-60にまとめました（自動車に関わる対策はP.158「交通と環境問題」で説明）。

　固定発生源対策、移動発生源対策ともに、まず**エンド・オブ・パイプ**の排ガス浄化対策が基本になりますが、燃料転換により汚染物質の排出を無くすことや、電気自動車のように排ガスを出さない製品に代替することが抜本的な対策になることもあります。さらには、IT技術を活用して人の移動を少なくすることにより、交通機関からの排出ガスを削減することもできます。

図表3-60 大気汚染の主な固定発生源対策

排ガス処理装置の設置	排煙脱硫装置、排煙脱硝装置、集じん装置などの設置による排出ガス中からの汚染物質除去
燃料の転換	低硫黄重油、天然ガスなどの良質燃料への転換
クリーナープロダクション	低NOx燃焼技術、省エネルギーの推進など、製造工程の改善
都市計画	計画的な都市整備による、良好な居住環境の確保

➡**一般環境大気測定局**
　大気汚染防止法に基づいて設置された測定局のうち、住宅地などの一般的な生活空間における大気汚染の状況を把握するため設置されたもの。

➡**自動車排出ガス測定局**
　大気汚染防止法に基づいて設置された測定局のうち、道路や交差点などの自動車排出ガスの影響を受けやすい区域における大気汚染の状況を把握するために設置されたもの。

➡**排煙脱硫装置**
　排ガスを石灰石水溶液などと接触させて、排ガス中の硫黄分を除去し、石膏などに加工する装置。

➡**排煙脱硝装置**
　排ガス中の窒素酸化物をアンモニアと反応させるなどして分解する装置。

➡**低硫黄重油**
　硫黄分を高温高圧化し水素と接触させて除去した重油。

➡**低NOx燃焼技術**
　燃焼によって発生する窒素酸化物を抑制する技術。二段燃焼、排ガス再循環などがある。

3-6 04 水質汚濁の原因とメカニズム

3 保健 ／ 6 水・衛生 12 生産と消費

学習の ポイント ▶ 水は、生物が生命を維持するのに必要不可欠なものです。産業排水や生活排水などによって公共用水域が汚染される水質汚濁を中心に、その原因とメカニズムを学びます。

➡足尾銅山鉱毒事件

現在の栃木県日光市足尾地区にあった足尾銅山は、明治時代に開発され東アジアーの産出量を誇っていた。しかし、精錬・精製時に発生する排煙や鉱毒ガス（主成分は二酸化硫黄）、排水に含まれる鉱毒（主成分は銅イオンなど）が、緑豊かだった山々を禿山にし、崩れ落ちた土砂が渡良瀬川に流れ込んで洪水を引き起こし、さらに鉱毒が人々の健康や、下流域の田畑の作物に重大な被害をもたらした。農民らの請願や、衆議院議員の田中正造の天皇への直訴で政治・社会問題となったこの事件は、日本の公害運動の原点とされる。

➡赤潮

プランクトンの異常繁殖により海水が変色する現象のこと。色は赤色とは限らず、発生するプランクトンにより茶色、緑色の場合もある。
巻頭カラー資料Ⅲ参照。

➡閉鎖性水域

内湾、内海、湖沼など水の出入りが少ない水域のことで、外部との水の交換が少ないために水質汚濁が進行しやすい。

➡富栄養化

窒素化合物及びリン酸塩などの栄養塩類が長年にわたり供給され、プランクトンなどの生物生産性の高い富栄養状態に移り変わる現象。閉鎖性水域で発生しやすい。

1 水質汚濁とは

日本で初めて水質汚濁が大きな問題となったのは、明治時代に発生した**足尾銅山鉱毒事件**です。その後、高度経済成長期に重化学工業が発達すると、工場排水による魚類の激減、水俣病やイタイイタイ病などの深刻な公害病がもたらされ、社会問題となりました。また、東京湾、伊勢湾、瀬戸内海などでは、経済活動の集中によって水質汚濁が進行し、**赤潮**が頻発するようになり、周辺の漁業に被害をもたらしました。

近年では、内湾や湖沼など水の出入りが少なく汚染物質が蓄積しやすい**閉鎖性水域**や、都市部の中小河川での水質汚濁が課題として残っています。また、有害物質の地下浸透や廃棄物の投棄が原因の地下水の汚染、農地への施肥や畜産排水なども問題となっています。

2 水質汚濁の原因

水質汚濁は、工場・事業場からの産業排水や家庭からの生活排水などによって、河川・湖沼・海域などの水質が汚染されることで発生します。水質汚濁は、人間の健康に影響を与えるだけでなく、汚染された水域を利用する生態系にも被害を及ぼします。本来、自然環境には**自浄作用**があり、河川・湖沼・海域といった水域でも、一定程度までの汚濁であれば自然に回復することができます。しかし、産業排水や生活排水が大量に流入し、自浄作用で回復できる負荷を上回ると、水質が汚染されたままになり、水質汚濁が進行します。過剰な**栄養塩類**等により植物プランクトンなどが増殖して起きる水質汚濁は、**富栄養化**と呼ばれています。

水質汚濁の原因は、図表3-61のように分類されます。

図表3-61 水質汚濁の原因

分類	原因物質	原因排水
有害物質	カドミウム、有機水銀、鉛、六価クロムなどの重金属、ベンゼンなどの化学物質	鉱山、工場・事業場からの産業排水
有機物・栄養塩類	有機物、窒素化合物、リン酸塩など	生活排水、農業・畜産、食品関連事業場からの産業排水

3 水質汚濁の現状

公共用水域では、次の2種類の環境基準が定められています。
①人の健康の保護に関する環境基準（健康項目）：重金属、化学物質など
②生活環境の保全に関する環境基準（生活環境項目）：BOD、CODなど

生活環境項目については、水域の利用目的や水生生物の生息状況の適応性などによって異なる基準値が設定されており、また、地下水に関しては別途、環境基準が設定されています。

（1）公共用水域における水質汚濁の現状

図表3-62は公共用水域における環境基準の達成状況を表しています。

生活環境項目の環境基準の達成は、湖沼においては低調に推移しており、課題となっています。また、**赤潮**や**アオコ**の発生（巻頭カラー資料Ⅲページ参照）も依然として続いており、対策が求められています。

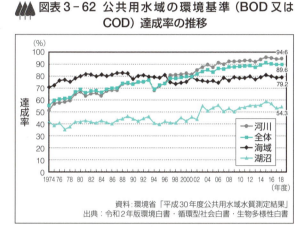

図表3-62 公共用水域の環境基準（BOD又はCOD）達成率の推移

資料：環境省「平成30年度公共用水域水質測定結果」
出典：令和2年版環境白書・循環型社会白書・生物多様性白書

（2）地下水における水質汚濁の現状

2018年度の環境省調査では、調査対象となった井戸のうち5.5%は、環境基準を満たしていませんでした。

過剰施肥、家畜排泄物の不適切処理、生活排水などが主原因の**硝酸性窒素・亜硝酸性窒素**による地下水汚染や、機械工場やクリーニング店などに起因するトリクロロエチレンなどの揮発性有機化合物（VOC）による地下水汚染対策が急がれます。豊洲新市場の**ベンゼン**などによる地下水汚染のように、工場跡地の土壌汚染が主原因となるケースがあります。

COLUMN　水質汚濁以外の水質汚染

海外では、コレラや赤痢などの病原菌による水の汚染が大きな問題となることがあります。現在の日本は、水道施設の発達によりこうした病原菌の問題はありませんが、1950年代の赤痢流行など、以前は日本もこうした病原菌に苦しめられていました。

また、2011年に起きた東京電力福島第一原子力発電所の事故によって、放射性物質による海や河川の汚染という新たな問題が発生しました。放射性物質は、拡散や循環の仕方がこれまでの化学物質とは異なる可能性があることから、汚染の影響の解析が進められています。

➡ **BOD（Biochemical Oxygen Demand）**
生物化学的酸素要求量。水中の汚染物質を分解するために、微生物が必要とする酸素の量。値が大きいほど水質汚濁は著しく、主に河川の汚染指標として使用される。

➡ **COD（Chemical Oxygen Demand）**
化学的酸素要求量。水中の汚染物質を化学的に酸化し、安定させるのに必要な酸素の量。値が大きいほど水質汚濁は著しく、主に海域や湖沼の汚染指標として使用される。

➡ **アオコ**
主に、初夏から秋にかけて湖沼水が緑色に変色する現象をいう。原因は富栄養化による藻類の異常繁殖で、緑色の粉をまいたような状態から青粉（アオコ）という。

➡ **硝酸性窒素・亜硝酸性窒素**
それぞれ硝酸塩・亜硝酸塩として含まれている窒素のことで、水中では硝酸イオン・亜硝酸イオンとして存在している。肥料、家畜のふん尿や生活排水に含まれるアンモニウムが酸化されたもので、作物に吸収されなかった窒素分が、土壌から溶け出して富栄養化の原因となる。化学的に不安定な亜硝酸性窒素は、嘔吐、チアノーゼ、虚脱昏睡、血圧低下、脈拍増加、頭痛、視力障害など、人の健康にも影響を及ぼす。

➡ **ベンゼン**
P.152参照。

3-6 05 水環境保全に関する施策

6 水・衛生　14 海洋資源　15 陸上資源　17 実施手段

学習の ポイント ▶ 水質汚濁の主な原因は、生活排水や産業排水、農業排水です。現在はこうした排水の汚濁対策のほか、水循環の保全にも重点が置かれています。

1 水質汚濁対策の制度

公共用水域及び地下水における水質に関しては、環境基本法に基づき環境基準が示されています。

公共用水域及び地下水に関しては、**水質汚濁防止法**によって排出規制等が定められていますが、全国一律の規制では十分ではないとされる湖沼や閉鎖性海域については、特別な対策がとられています。

例えば、東京湾、伊勢湾、瀬戸内海など人口や産業が集中して汚濁が著しい広域的閉鎖性海域では、有機性の汚水や窒素、りんの排出総量を計画的に抑制する水質総量規制制度が、水質汚濁防止法に基づき適用されています。また、特定の湖沼については**湖沼水質保全特別措置法**が適用され、さらに**瀬戸内海環境保全特別措置法、有明海及び八代海を再生するための特別措置に関する法律**などにより、特定の海域について総合的な施策が実施されています。

2 水質汚濁対策の技術

下水・排水は、成分の濃度や種類、処理目標などに応じて、物理化学的方法と生物化学的方法を組み合わせて処理されます。

①物理化学的方法

沈殿、沈降、ろ過など汚染物質の形状、重さ、大きさなどの物理的性質を利用した方法や、凝集、中和、イオン交換など化学的性質を利用した方法があります。

②生物化学的方法

代表的な方法は、バクテリアを活用する**活性汚泥法**です。家庭排水、食料品工場、パルプ工場、し尿処理施設からの排水のように、有機性の汚濁物質を多く含む排水処理方法として広く採用されています。

生活排水は、浄化槽、下水処理場、**コミュニティプラント**などといった汚水処理施設において処理されます。下水道が普及している地域では下水処理場で処理され、それ以外の地域では主に浄化槽が使用されて

➡水質汚濁防止法
1970年制定。前身となる法律は、1958年に制定された「公共用水域の水質の保全に関する法律（水質保全法）」及び「工場排水等の規制に関する法律（工場排水規制法）」。

➡湖沼水質保全特別措置法
1984年に制定。水質汚濁防止法だけでは水質環境の保全が困難であった湖沼の水質の保全を図るために定められた法律。

➡瀬戸内海環境保全特別措置法
1973年に制定。瀬戸内海の水質環境の保全を推進するための法律。特定施設の設置の規制、富栄養化の被害の防止、自然海浜の保全などに関する制度を定めている。

➡活性汚泥法
人工的に培養し、育成された好気性微生物群（活性汚泥）に酸素を与えることで下水を処理する方法。

➡コミュニティプラント
廃棄物処理法の「一般廃棄物処理計画」に従い、市町村が設置する小規模な下水処理施設のこと。法律上の位置づけは、し尿処理施設。

3-6 地域環境問題

います。2018年末で、日本の汚水処理人口普及率は91.4％ですが、残る1,100万人の未普及人口の解消に向けて、各種汚水処理施設の整備が進められています。

2019年には浄化槽法の一部改正が行われ、単独処理浄化槽から**合併処理浄化槽**への転換と、浄化槽管理の向上のための措置が整備されました。下水道に関しては、雨水合流式下水道から**分流式下水道**への転換を進めたり、未普及対策や改築対策として、地域の実状に応じた低コスト、早期かつ機動的な整備及び改築が可能な、新たな手法の積極的導入を進めています。

3 水循環の保全に向けて

第2章（P.38～41）で見てきたように、水は生命の源であり、人を含む多様な生態系に多大な恩恵を与え続けてきました。国土の多くが森林で覆われている日本においても、水循環の恩恵を受けて、豊かな社会と独自の文化を創り上げることができました。

水資源が人類共通の財産であることを再認識し、水が健全に循環し、そのもたらす恵沢を将来にわたり享受できるよう、2014年に**水循環基本法**が制定されました。

これを受け、国はそれまでに各地域で取り組んできた流域マネジメントの活動や新たな取り組みを流域水循環計画として認定し、公表しています。熊本県北部11市町村が連携して地下水保全に取り組んでいる計画、滋賀県の「琵琶湖と人との共生」を基本理念として琵琶湖の総合的な保全に取り組む計画、品川区の都市型水害への対策にもつながる取り組みを推進し、河川・運河の水質改善、水辺空間の整備・活用を行う計画などが、流域水循環計画として認定されています。

➡合併処理浄化槽
し尿だけでなく、生活排水全般を処理する浄化槽。これに対し、し尿のみを処理するものを、単独処理浄化槽という。

➡分流式下水道
汚水と雨水を、別々の管（汚水管と雨水管）で流す下水道。汚水は浄化施設で処理し、雨水は直接河川へ放流する。合流式の方が建設コストが安いが、大雨のときに汚水が溢れたり、雨水が排水できなかったりする。

➡水循環基本法
2014年制定。本法に基づき2015年「水循環基本計画」が策定され、これにより、健全な水循環を維持回復するための施策を総合的かつ一体的に推進していくための仕組みが整えられた。2020年1月現在、44の「流域水循環計画」が公表されている。

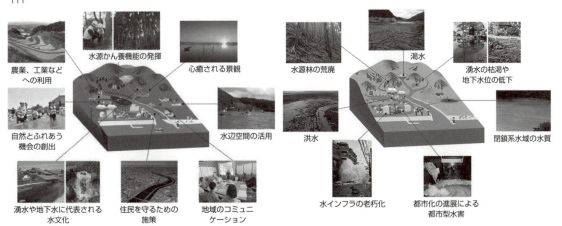

図表3-63 私たちと水循環の関わり・課題

出典：内閣官房水循環政策本部事務局HP

3-6
06 土壌環境・地盤環境

11 まちづくり　**12 生産と消費**

**学習の
ポイント** ▶ 土壌・地盤については、人の健康へ影響を及ぼす土壌汚染や、地下水などの過剰な採取が原因で発生する地盤沈下などが問題となっています。これらの特徴と現状、対策について学びます。

1 土壌汚染の特徴と現状

　土壌が有害物質により汚染されると、人の健康への影響、農作物や植物の生育阻害、生態系への影響が発生するおそれがあります。特に人の健康への影響については、汚染土壌に直接触れたり、口にしたりする直接的リスクと、汚染土壌から溶出した有害物質で汚染された地下水を飲んだり、栽培された農作物を食べるなどの間接的リスクが考えられます。

　土壌汚染の特徴は、水や大気と比べて**移動性が低く**、土壌中の有害物質も**拡散・希釈されにくい**ために、いったん汚染されると**長期にわたり汚染状態が継続**し、自然浄化が困難であるため、放置すれば人の健康に影響を及ぼし続けることが挙げられます。その範囲は、通常は局所的ですが、汚染物質が浸透し地下水まで汚染すると、汚染の範囲が広がることもあります。このため、汚染物質の土壌への排出を抑制する**未然防止対策**が重要となります。

　市街地などの土壌汚染事例の判明件数は、増加しています。これは、土壌汚染対策法に基づく汚染調査や、工場跡地の再開発・売却のときや環境管理の一環として自主的な汚染調査を行う事業者の増加などによるものです。事例を汚染物質別に見ると、フッ素・ホウ素化合物、鉛、六価クロムなどの重金属などに加え、金属の脱脂洗浄や溶剤として使われるトリクロロエチレン、テトラクロロエチレンなどの揮発性有機化合物（VOC）による事例も多くあります。

➡特定有害物質
　土壌汚染対策法で、重金属類（カドミウム、六価クロム、鉛、ヒ素など）、VOC（トリクロロエチレン、テトラクロロエチレン、ベンゼンなど）、農薬（有機リン化合物）など、29物質を指定している。土壌から地下水に溶け出した特定有害物質の摂取により、健康障害を生じるおそれがある。

図表 3-64　土壌汚染の主な原因物質

種類		主な物質	主な排出源
特定有害物質	VOC	トリクロロエチレン、テトラクロロエチレン、ベンゼン	メッキ工場、ドライクリーニング工場
	重金属など	鉛及びその化合物、フッ素及びその化合物、ヒ素及びその化合物	鉱山・精錬施設、メッキ工場など製造業、自然由来
	農薬・PCB	シマジン、有機リン化合物、ポリ塩化ビフェニル	農地、廃トランス保管場所
その他油分		重油、ガソリン	ガソリンスタンド、工場

3-6 地域環境問題

図表3-65　年度別の土壌汚染調査事例

出典：環境省「平成30年度土壌汚染対策法の施行状況及び土壌汚染調査・対策事例等に関する調査結果」

2　土壌汚染対策と課題

（1）未然防止対策

土壌への有害物質の排出を防止するため、**水質汚濁防止法**に基づく排水規制や有害物質を含む水の地下浸透禁止、**大気汚染防止法**に基づくばい煙の排出規制、廃棄物処理法に基づく有害廃棄物の埋め立て方法の規制、農薬取締法に基づく農薬の土壌残留に関わる規制など、法的拘束力を伴う仕組みにより未然防止対策が講じられています。

（2）土壌汚染への措置

農用地の土壌汚染に対しては1970年に制定された「農用地の土壌の汚染防止等に関する法律」により、農用地以外については2002年に制定された**土壌汚染対策法**（2010年改正内容）により、対策がなされています。

土壌汚染対策法では、有害物質使用施設が廃止された土地に加え、一定面積以上の土地の形質変更を行う場合などに、土壌汚染調査を義務づけています。土壌中に基準を超える特定有害物質が検出された場合は、**要措置区域**または**形質変更時要届出区域**として指定・公示されます。

要措置区域については、原則として知事が土地所有者に対して汚染の除去等を行うよう指示し、形質変更時要届出区域については、土地の形質等を変更しようとするときは、実施者があらかじめ知事に届出する必要があります。

汚染された土壌の措置の方法には、舗装や盛土などで直接口に入るリスクを下げる対策や、遮断工事による封じ込めや不溶化など地下水への浸透をしないようにする対策のほか、掘削除去や**原位置浄化**によって除去する方法があります。

掘削除去は費用負担が大きく、運び出された汚染土壌の不適正な処理による汚染拡散の懸念の問題もあるため、現在は**バイオレメディエーション**をはじめとする原位置浄化技術が推進されています。

➡基準不適合事例
地方自治体が把握した、土壌汚染事例の調査の結果、土壌汚染対策法で定める基準または土壌環境基準を超過した事例の数をいう。

➡要措置区域・形質変更時要届出区域
都道府県知事が、基準を超える特定有害物質が検出された土壌に対して行う分類方法。健康被害のおそれがあると認めた場合は要措置区域（汚染除去・浄化などが必要な区域）に、健康被害のおそれがあるとはいえない場合には形質変更時要届出区域（形質変更する際に届出が必要な区域）として指定・公示する。

➡原位置浄化
汚染された土壌を、その場所にある状態で抽出または分解などの方法により、特定有害物質を基準値以下まで除去する方法。

➡バイオレメディエーション
生物や菌類の浄化作用を利用し、VOCなどの有害物質で汚染された土壌を元の状態に戻す方法。

（3）課題

　土壌汚染対策の難しさは、技術的課題のほか、私的財産の価値に関わるという点があります。残存するリスクを伝達し、共通に認知するためには関係者間のコミュニケーションが不可欠であり、リスクの評価や定量化の手法、環境低負荷で低コストの土壌汚染浄化技術、**リスクコミュニケーション手法**などの開発が課題になっています。

　土壌汚染は土地利用、土地価格に影響するため、社会経済問題として認識し、対策、予防を行うことが必要です。

➡リスクコミュニケーション
　P.165参照。

➡ベンゼン
　水に溶けにくく、各種溶剤と混合しよく溶けるため、工業用の有機溶剤として多用された。粘性が低く、水より密度が小さいため、地下水面まで容易に浸透し、地下水の流れに乗って地下水上面を水平方向に移動する。
　発がん性物質（急性骨髄性白血病）であり、大気、水質、土壌において環境基準が設定され、排出規制されている。

> **COLUMN**
> **新東京都中央卸売市場（豊洲市場）の汚染問題**
> 　2001年、築地市場の移転先として予定されていた東京都江東区豊洲地区で、ベンゼン、シアン化合物などの有害物質による土壌汚染や地下水汚染が確認されました。この場所では、以前にガス会社が石炭の乾留によるガス製造を行っていました。汚染が確認された後、中温加熱処理、水洗浄処理、掘削微生物処理などの土壌浄化や地下水対策などのほか、汚染土壌の掘削と新たな土壌による盛土処理が行われました。しかし、移転が予定されていた2016年11月の直前に安全性への懸念が指摘されたため、移転を中断し、安全性の点検・再評価する事態になりました。その後、東京都による追加対策工事、将来リスクを踏まえた安全確保の確認を経て、2018年10月11日に開場されました。汚染が確認されてから、安全宣言がなされるまで、実に17年の時間を要しました。

3　地盤沈下の現状と対策

　地盤沈下とは、わたしたちの生活の基盤である地面が**相当範囲にわたって徐々に沈んでいく現象**をいいます。

　1965年頃、高度経済成長の過程で地下水採取量が急激に増加し、地盤沈下の問題が全国的に発生しました。地盤沈下の多くは、地盤の比較的軟弱な地域において粘土層に含まれている水分が採取されることで、粘土層が収縮して発生しています。

図表3-66　代表的地域の地盤沈下の経年変化

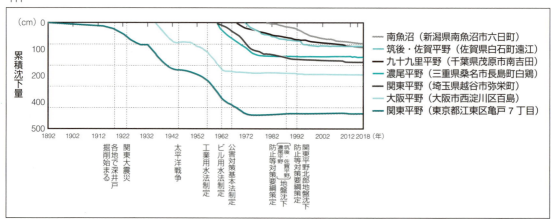

資料：環境省「平成30年度全国の地盤沈下地域の概況」

3-6 地域環境問題

（1）地盤沈下の現状

環境省が毎年公表する「全国の地盤沈下地域の概況」によると、年間2cm以上沈下した地域が、毎年数件報告されています。

地下水は、主に生活用水、工業用水、農業用水として利用されており、近年は、高度経済成長期と比較すると地下水の取水量が減り、地盤沈下はほぼ沈静化していますが、天然ガス開発や土木工事、地震などが原因で地盤沈下が発生する事例もあります。地盤沈下が著しかった代表的地域の経年変化を、図表3-66に示します。

（2）地盤沈下の対策

地盤沈下した土地は元に戻らないため、建造物やライフライン（ガス管など）の損壊や洪水時の浸水増大など、大きな被害をもたらす危険性があります。そこで地盤沈下防止を図るための対策の一つとして、大量の地下水採取を防ぐために地下水の取得を規制する法令が制定されています（図表3-67）。また、地盤沈下が特に著しい地域については、政府が**地盤沈下防止等対策要綱**を策定し、地域の実情に応じた総合的な対策が推進されています。

地下水については、2014年に制定された**水循環基本法**によって地下水マネジメントが推進されています。

図表3-67　地下水採取規制の概要

法令	概要
工業用水法	地下水の採取により地盤沈下などが発生し、かつ工業用水の利用量が多く地下水の合理的な利用を確保する必要がある地域において、一定規模以上の工業用井戸について許可基準を定めて許可制としている。
建築物用地下水の採取の規制に関する法律	地下水の採取により地盤が沈下し、それに伴い高潮、出水などによる災害が発生するおそれがある地域において、一定規模以上の建築物用井戸について許可基準を定めて許可制としている。
条例等に基づく規制など	多くの地方公共団体では地下水採取に関する条例などを定めて、地盤沈下の防止を図っている。

出典：環境省資料より

➡地盤沈下防止等対策要綱
地盤沈下とこれに伴う被害の著しい濃尾平野、筑後・佐賀平野、関東平野北部の3地域について策定された要綱。地下水の過剰採取の規制、代替水源確保及び代替水供給による地下水保全、地盤沈下によるかん水被害の防止及び被害の復旧など、地域の実情に応じた総合的な対策を目的としている。

➡水循環基本法
P.149参照。

COLUMN

消雪パイプ（融雪装置）による地盤沈下

1970年代、日本海側の豪雪地帯において、地下水を汲み上げて路面に散水して雪をとかす「消雪パイプ（融雪装置）」が幹線道路を中心に急速に普及しました。その後、個人の住宅の屋根や駐車場などの消雪にも地下水が用いられるようになり、地下水の汲み上げ量が急激に増加した結果、地下水位の低下、地盤沈下などの現象が生じ、さまざまな施設に支障をきたすようになりました。特に、新潟県上越市や南魚沼市では、ひと冬に最大10cmもの沈下を記録したことがあります。

新潟県では、地下水位の低下が著しく、地盤沈下が進行するおそれがあるときに注意報や警報を発令し、地下水利用者である事業者や市民に、地下水の節水・削減対策の実施を要請する緊急時対策を行っています。無散水融雪装置や、降雪強度に応じて散水量を自動調節する可変型節水装置等の整備等もあり、事態は沈静化しているものの、沈下は今も続いています。

153

3-6 07 騒音・振動・悪臭

3 保健　　11 まちづくり

学習のポイント　騒音・振動・悪臭は都市生活型公害といわれ、規制基準が策定されています。これらの公害の要因と近年の傾向、講じられている対策について学びます。

➡騒音規制法
　工場・事業場における事業活動や建設工事に伴って発生する相当範囲にわたる騒音について規制を行うとともに、自動車騒音に関する許容限度を定める。1968年に制定。

➡航空機騒音
　1960年代以降の航空機のジェット化に伴い、空港周辺において問題化した。特に、大阪国際空港（伊丹空港）では、地域住民が損害賠償と航空機の夜間離着陸の差し止めを求める訴訟となった。1973年には「航空機騒音に係る環境基準」が設定され、騒音対策が実施されている。

➡新幹線騒音
　1964年の東海道新幹線の開業により、沿線各地で騒音と振動が大きな社会問題となった。特に、名古屋市内では、沿線住民が訴訟を起こし、1975年に「新幹線鉄道騒音に係る環境基準」が定められた。

1　騒音の原因と苦情の発生状況

　騒音とは、文字どおり、騒がしく、聞く人に不快と感じさせる音をいいます。騒音への対策として、環境基本法での環境基準、**騒音規制法**による許容限度などが定められていますが、感覚公害の側面があり、人によって感じ方が異なる点が特徴です。騒音は、精神的ストレスや健康被害の原因になるだけでなく、マンションや近隣住民間のトラブルの原因にもなりかねません。また、航空機騒音、新幹線騒音に関しては、空港周辺住民、沿線住民による訴訟に発展したケースもあります。
　近年は、人の耳に感知しにくい**低周波音**に関する苦情も増えていますが、法的な規制基準は設けられていません。低周波音の発生源には工場・事業場に設置された機械類や高架橋、風車などがあります。

2　振動の原因と苦情の発生状況

　振動とは、家屋などを振動させて物的被害を引き起こしたり、精神的ストレスや健康被害を与えたりするものをいいます。工場などの事業活動や建設作業、自動車や鉄道などによって発生します。**振動規制法**では、工場や建設作業に対する振動規制を行っています。

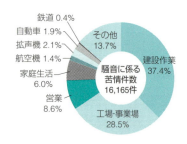

図表3-68　騒音に関する苦情件数の内訳（2018）

騒音に係る苦情件数 16,165件
- 建設作業 37.4%
- 工場・事業場 28.5%
- 営業 8.6%
- 家庭生活 6.0%
- 航空機 1.4%
- 拡声機 2.1%
- 自動車 1.9%
- 鉄道 0.4%
- その他 13.7%

出典：平成30年度騒音規制法施行状況調査

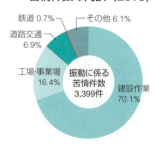

図表3-69　振動に関する苦情件数の内訳（2018）

振動に係る苦情件数 3,399件
- 建設作業 70.1%
- 工場・事業場 16.4%
- 道路交通 6.9%
- 鉄道 0.7%
- その他 6.1%

出典：平成30年度振動規制法施行状況調査結果

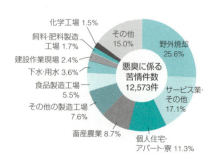

図表3-70　悪臭に関する苦情件数の内訳（2018）

悪臭に係る苦情件数 12,573件
- 野外焼却 25.6%
- サービス業・その他 17.1%
- 個人住宅・アパート・寮 11.3%
- 畜産農業 8.7%
- その他の製造工場 7.6%
- 食品製造工場 5.5%
- 下水・用水 3.6%
- 建設作業現場 2.4%
- 飼料・肥料製造工場 1.7%
- 化学工場 1.5%
- その他 15.0%

出典：平成30年度悪臭防止法施行状況調査結果

3 悪臭の原因と苦情の発生状況

悪臭とは、人が感じる不快な臭いの総称です。臭いは、個人差や嗜好性、慣れによって感じ方が異なりますが、**悪臭防止法**では、22種類の悪臭原因物質を政令指定し、工場、事業場の規制を行っています。規制にあたっては、悪臭原因物質の濃度規制、または人間の嗅覚を利用した臭気指数による規制を行っており、その測定を行う**臭気測定業務従事者**の資格制度も規定されています。

発生源別には、野外焼却（野焼き）やサービス業その他（飲食店等）が多くなっていますが、個人住宅・アパート・寮、下水・用水など規制の対象外の発生源に対する苦情も多いのが特徴です。

4 騒音・振動・悪臭の苦情件数の推移

騒音・振動・悪臭に関連する苦情件数の推移を図表3－71に示します。悪臭の苦情件数は2000年代初めから大幅に減少していますが、これは2003年に発生源の半数近くを占めていた**野外焼却（野焼き）**が、2001年に廃棄物処理法により原則禁止とされたことが大きな理由です。

図表3－71　騒音・振動・悪臭に関する苦情件数の推移

出典：令和2年版環境白書・循環型社会白書・生物多様性白書

5 日本における騒音・振動・悪臭防止技術と対策

工場や建築現場、レストラン、事業所などにおいては、さまざまな騒音・振動・悪臭対策が講じられています。

低騒音・低振動型の製造機械や建設機械の導入、脱臭装置の設置などの技術的な対策のほか、**作業内容・調理内容の見直し、作業時間帯の変更・短縮**など、ソフト面での対応も細かく指導されてきており、こうした取り組みが効果を上げています。

個々の事業者による取り組みに加え、**住工混在状態にある街並みを、**用途別の土地利用に改造するなどの都市計画面からの取り組み、交通・物流システムの再編成など、環境に配慮した「**まちづくり**」も重要です。

➡**低周波音**（P.154）
　人の耳には感知しにくい低い周波数（0.1Hz～100Hz）の空気の振動のことで、「低周波空気振動」ともいう。圧迫感などの心理的影響、睡眠障害、建具のがたつきなどの苦情を訴えるケースがある。

➡**振動規制法**（P.154）
　工事・事業場における事業活動や建設工事に伴って発生する、相当範囲にわたる振動について必要な規制を行うとともに、道路交通振動に関する措置を定めている。1976年に制定。

➡**悪臭防止法**
　典型的な感覚公害である悪臭を防止することを目的として、規制基準を定めている。1971年に制定。

➡**臭気測定業務従事者（臭気判定士）**
　悪臭防止法に基づく臭気指数規制のために設けられている国家資格。事業者に対する改善勧告・改善命令に必要な測定、自治体が実施する測定について、臭気測定業務従事者（臭気判定士）に委託して実施することができる。

3-6
08 都市と環境問題

3 保健 —〰♥ **7** エネルギー☀ **9** 産業革新 🔷 **11** まちづくり 🏙

学習の ポイント ▶ 人口が集中する都市部では、さまざまな環境問題が起こります。都市化に伴う環境問題が発生するメカニズム、日本の都市問題やその対策を学びます。

1 ▶ 都市の問題点

環境に汚染等の負荷がかかった場合でも、汚染物質の拡散や希釈、環境中でのさまざまな反応、吸収、分解等によって、環境負荷は軽減、解消されることがあります。しかし、限定された環境に大きな負荷がかかった場合には、このような環境負荷の軽減、解消機能は十分に働きません。

都市に巨大な人口や産業が集中すると、エネルギー利用に伴う大気汚染や水利用に伴う水質汚染、廃棄物の大量発生による処分先の不足等、都市環境に大きな環境負荷がかかり、さまざまな問題が起こります。

2 ▶ 大都市の環境問題

日本の総人口は約１億2,599万人（2020年１月１日現在）であり、東京・名古屋・大阪などの都市圏に人口が集中しています。また、都市には産業活動や物が集中し、住宅や商業施設、企業・工場が立地しています。その結果、さまざまな環境問題が発生します。

人口やそれに伴う活動量が多いことによって生じる問題の一つに、交通問題があります。詳しくはP.158の「交通と環境問題」で述べます。また、CO_2の排出による地球温暖化や大量に発生する廃棄物の処理は、地球環境問題であったり、他地域で廃棄物処理を行ったりするため、都市環境問題とは認識されにくいのですが、大きな発生源である都市においてしっかり対策を取る必要があります。

都市化に伴う象徴的な問題として、**ヒートアイランド現象**や**都市型洪水**、**光害**があります。都市型洪水は、降雨が短時間に一気に低地に流れ込む際に生じる都市特有の洪水です。地面がアスファルトなどに覆われているために、土壌に水を浸透させる貯水（保水）機能や滞留機能（遊水機能）が失われるとともに、排水能力が不足して発生します。ヒートアイランド現象に伴い短時間強雨が多発することも相まって、都市部において、こうした浸水被害が頻発するようになっています。

感覚公害と呼ばれる騒音、振動、悪臭などは、住宅や事業所が密集す

➡ヒートアイランド現象
P.160参照。
巻頭カラー資料Ⅲ参照。

➡光害
夜間の光の量が多いために起こるさまざまな悪影響のこと。都市化、交通網の発達などにより屋外照明が増加することで、不快感、交通への影響、野生生物・植物への影響などが報告されている。

➡感覚公害
人の感覚を刺激して、不快と感じられる公害（環境汚染）をいう。具体的には、騒音、振動、悪臭などがある。

156

3-6 地域環境問題

図表3-72　日本の主な都市問題

問題の根源にある大都市の特徴	さまざまな都市問題
人口・活動量の多さ	大量に発生する汚水、廃棄物の処理、自動車交通量の増大（渋滞）による騒音、大気汚染など
土地利用のあり方	住宅・工場・商業施設などの密集による騒音・振動・悪臭などの感覚公害、光害、災害時リスクの増大など
自然の改変・人工物（建造物・舗装等）の増大	都市型洪水、都市景観悪化、身近な自然とのふれあいの減少、ヒートアイランド現象など

るいわゆる住工混在によって、問題がより深刻化する場合があります。**近隣騒音**もその一つです。

　都市環境問題の解決には、都市に立地するさまざまな施設や都市内で展開される諸活動において的確に対策が施されることが大切ですが、今や都市という器自体の環境配慮設計が不可欠です。SDGsにおいても、**「包摂的で安全かつレジリエントで持続可能な都市および人間居住を実現する」**（目標11）と謳われています。

❸ 人口減少、高齢化を踏まえたまちづくりへの挑戦

　近年、日本では、人口減少、高齢化に伴い、地方都市の中心市街地の衰退、**スプロール化**、**スポンジ化**が問題となっています。

　地方都市では、人口が減り、高齢化が進むことにより、中心市街がいわゆるシャッター街となる一方、大規模店舗や住宅の郊外立地が進み、市域が拡大し、低密度化する傾向があります。このため、自動車への依存が高まり、公共交通機関は維持困難となり、エネルギー多消費型の生活となり、地域社会の維持管理コストが高くなる傾向があります。高齢者にとっては、住みにくい街になります。

　そこで登場したのが、**コンパクトシティ構想**です。コンパクトシティは、都市全体の中心から日常生活をまかなう近隣の中心まで、段階的にセンターを配置し、市街地を無秩序に拡散させず、自動車をあまり使わなくとも日常生活ができるような空間配置を目指します。その結果、公共交通機関の維持や都市空間の有効利用が可能となり、CO_2等の環境負荷の低減、市街地の活性化、都市インフラとサービスの効率向上、安価で効率的な行政運営といった効果が期待されます。

　日本では、2006年の**都市計画法**および**中心市街地活性化法**の改正を契機として、コンパクトシティの推進政策がとられてきました。さらに、都市計画における低炭素戦略の推進が必要との観点で、2012年に**エコまち法**が誕生しました。エコまち法は、市町村が市街化区域等について低炭素まちづくり計画を作成し、集約都市開発事業を実施したり、公共交通機関の利便性を向上させたりする仕組みとなっています。

➡近隣騒音
　近所の住宅などから発せられる騒音を指す。近隣騒音は公害とは異なり、騒音規制法や市の環境条例などの行政法規とは別の法律や条令・規約などにより、民事問題として取り扱っている。
　P.154参照。

➡レジリエント
　P.63「レジリエンス」を参照。

➡スプロール化、スポンジ化
　スプロール化とは、都市が郊外に無秩序・無計画に広がっていくこと。スプロールとは虫食いのこと。スポンジ化とは、スポンジの穴のように都市に未利用地が増えること。

➡2006年の都市計画法・中心市街地活性化法の改正
　中心市街における都市機能の増進及び経済活力の向上のため、市町村が作成する基本計画の政府認定制度の創設、支援措置の拡充等の中心市街地活性化法の抜本改正と、大型小売店舗などの出店を市街化調整区域等で規制する都市計画法の改正が行われた。

➡エコまち法
　P.73参照。

3-6
09 交通と環境問題

11 まちづくり **13 気候変動**

**学習の
ポイント** ▶ 交通機関の発達によって、さまざまな環境問題が発生します。特に環境影響
の大きい自動車を中心に、交通に伴う環境問題とその対策について学びます。

**➡交通と環境問題に関する
制度**
　自動車の排出ガスによる
大気汚染に関しては、「大気
汚染防止法」があり、特に
交通量の多い大都市地域に
対しては、「自動車NOx・
PM法」によって基準値が定
められている。
　また、自動車・航空機・
鉄道の騒音に対しては、そ
れぞれに環境基準が定めら
れている。別途規制が設け
られている。
　P.154～155参照。
➡自動車NOx・PM法
　P.144参照。
➡エコドライブ
　環境負荷の軽減に配慮し
た車の運転を行う取り組み。
　警察庁、経済産業省、国
土交通省及び環境省をメン
バーとするエコドライブ普
及委員会では、「ふんわり
アクセル」「車間距離を開け
て加速・減速の少ない運転」
「不要な荷物を下ろす」など
「エコドライブ10のすすめ」
を打ち出している。
➡カーシェアリング
　1台の自動車を複数の会
員が共同で利用する自動車
の利用形態。自動車での移
動距離が短くなる効果も期
待されている。
➡バイオ燃料
　バイオマスから製造され
る燃料。サトウキビやトウモ
ロコシなどから製造される
バイオエタノールや、大豆、
菜種やパームなどの植物油
や廃食用油などを原料とし
てつくられ、ディーゼル車
に利用されるバイオディー
ゼル燃料がある。

1 交通に伴う環境問題の種類

　交通に伴う主要な環境問題の一つに、燃料消費による地球温暖化や
排出ガスによる**大気汚染**があります。自動車の排出ガスには一酸化炭素
（CO）、炭化水素（HC）、窒素酸化物（NOx）、粒子状物質（PM）が含
まれ、光化学スモッグ、酸性雨などの原因となっています。また、環境
省によれば、2018年度の日本におけるCO_2排出量を部門別に見ると、運
輸部門は産業部門に次ぐ第2位で、全体の約18.5%を占めています（図
表3-73）。したがって、自動車の排出ガスを浄化し、排出量を減らす
ことが、大気汚染防止、地球温暖化対策になります。

　もう一つの問題は、交通に伴い発生する**騒音や振動**です。これらは、
道路や線路、空港の近隣に住む人々にとって深刻な問題となります。

2 交通に伴う環境問題に対する対策

（1）交通手段に関する対策

　交通手段については、**モーダルシフト**と単体での対策があります。

　モーダルシフトとは、貨物輸送を自動車（トラック）から鉄道・船舶
へ、一般の人々のマイカー移動をバス・鉄道移動へと切り替えることで、
環境負荷を削減する手法です（図表3-74）。

　また、各交通手段における対策として、**エコカー、エコシップ、エコ
レールライン**などの普及、環境負荷の小さい運転方法（**エコドライブ**）
の推進、**カーシェアリングやバイオ燃料**の普及があります。

　日本では、環境負荷の小さい自動車に対して、自動車重量税を減税し
たり（**エコカー減税**）、自動車取得時の課税額を軽減したり（環境性能
割）、毎年の自動車税を軽減する一方、新車登録から一定年数を経過し
た自動車の税を重くする（**グリーン化特例**）などにより、エコカーの普
及を推進しています。さらに地球温暖化対策の観点から、世界各国や日
本でガソリン車の新規販売を停止し、走行時に二酸化炭素の排出がない
電気自動車や燃料電池車に転換しようという動きがあります。イギリス

では2030年、フランスでは2040年までにガソリン車の新規販売を禁止する方針です。日本でも2030年代半ばに、ガソリン車（ハイブリッド自動車は除く）の新規販売を停止することが検討されています（2020年末現在）。

（2）交通システムに対する対策

交通手段そのものに対して対策を施すだけでなく、交通システムに対する対策も進められています。

近年では、自動車からの排出ガス対策として、カーナビゲーションやETCなどの**ITS（高度道路交通システム）**を普及させ、道路交通の効率化を図る取り組みが進められています。また、**パークアンドライド、ロードプライシング**などを導入することで、自動車の利用を削減しようという試みも見られます。コンパクトシティの実現による移動量の削減、緩衝地帯の整備など地域計画・都市計画による対策も効果を上げています。

➡ ITS（Intelligent Transport Systems）
カーナビゲーションシステムの高度化、自動料金徴収システム、安全運転の支援など、9つの開発分野からなる。

➡ パークアンドライド
最寄りの駅、バス停までは自動車を利用し、そこから電車やバスに乗り換え目的地まで移動する方式。

➡ ロードプライシング
道路渋滞、大気汚染対策として、大都市中心部や混雑時間帯での自動車利用者に対して料金を課し、交通量の削減を促すこと。特定の道路、車種を対象にする方法や、一定の区域を対象にする方法などがある。

図表3-73　運輸部門におけるCO_2排出量の内訳（2018年度）

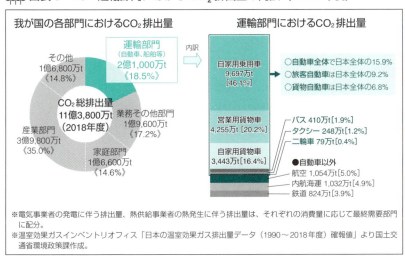

出典：国土交通省HP

図表3-74　輸送量当たりのCO_2排出量（2018年度）

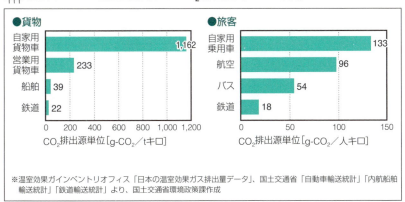

出典：国土交通省HP

3-6 10 ヒートアイランド現象

7 エネルギー | **11 まちづくり** | **13 気候変動**

学習の ポイント ▶ ヒートアイランド現象と呼ばれる「都市の温暖化」が進行しています。ヒートアイランド現象が原因で、大気汚染や健康被害など都市生活にさまざまな影響が出ています。

➡**熱汚染現象**
　石炭・石油の消費の増大や原子力発電などに伴って発生する熱エネルギーが、大気中や海水中に放出され、気温や海水温を上昇させる現象。

➡**天空率**
　主に建築設計において、天空の占める立体角投射率のことをいう。ある地点からどれだけ天空が見込まれるかを示し、100%が「全方向に天空を望む」状態、0%が「天空がすべて塞がれた状態」。

➡**熱帯夜**
　夜間の最低気温が25℃以上になる日。ほかにも、
- 夏日：1日の最高気温が25℃以上の日
- 真夏日：1日の最高気温が30℃以上の日
- 猛暑日：1日の最高気温が35℃以上の日
- 冬日：1日の最低気温が0℃未満の日
- 真冬日：1日の最高気温が0℃未満の日

などがある。

1 ヒートアイランド現象とは

　ヒートアイランド現象は、都市部の**熱汚染現象**です。都市の中心部の気温を等温線で表すと、島のように見えるために、このように呼ばれています。ヒートアイランド現象は年間を通じて生じていますが、特に、夏季の気温上昇が問題となっています。東京周辺では近年、都市化の影響により1.5℃から2℃を超える気温上昇が起きていると気象庁が示しています（巻頭カラー資料Ⅲ参照）。

　ヒートアイランド現象の主な原因としては、**人工排熱の増加**（建物や工場、自動車などの排熱）、**地表面被覆の人工化**（緑地の減少とアスファルトやコンクリート面などの拡大）、**都市形態の高密度化**（密集した建物による風通しの阻害や**天空率の低下**）の３つが挙げられます。

2 ヒートアイランド現象の影響

　ヒートアイランド現象により、わたしたちの健康や生活、植物などにさまざまな影響が生じています。その例を図表３−75に示しました。熱中症は高温多湿の環境で発症するので、ヒートアイランド現象下では昼間の野外や**熱帯夜**に発症するリスクが高まります。**都市型洪水**も、ヒートアイランド現象が引き金となって発生する可能性があります。

🌲🌲🌲 **図表３−75　ヒートアイランド現象による影響の例**

人の健康	● 夏季に猛暑日や真夏日が増加し、熱中症の発症が増える。 ● 夏季の高温化や熱帯夜の増加によって睡眠が阻害される。 ● 夏季の高温化により、光化学オキシダントが高濃度となる頻度が増える。 ● 都心部で暖められた空気により起こる熱対流現象で、大気の拡散が阻害され、大気汚染濃度が高まる。
人の生活	● 夏季の高温化により冷房負荷が増え、エネルギー消費が増加する。一方、冬季の高温化は暖房エネルギーを削減する。 ● 地表面の高温化により都市に上昇気流が起き、積乱雲となって短時間に激しい雨が降る場合があり、都市型洪水が多発する。
植物	● 春の開花時期が変化したり、紅葉時期が遅れる。

3 ヒートアイランド現象の緩和策と適応策

ヒートアイランド対策には、「緩和策」と「適応策」の2つの視点があります。

緩和策は、ヒートアイランド現象の原因を削減する対策です。緩和策の例として、人工排熱量を低減するための建物の省エネルギー推進や交通渋滞の緩和、地表面からの輻射熱を削減するための遮熱性舗装・保水性舗装の施工、緑化の推進、**地下水涵養**を確保するための透水性舗装や雨水浸透桝の普及などがあります。

国は、2004年、総合的なヒートアイランド対策の基本方針を提起し、**ヒートアイランド対策大綱**を策定しました。また、地域の実情に沿った取り組みも推進されています。例えば、東京都では、自然保護条例で一定規模以上の敷地を持つ新築・改築建築物の**屋上緑化**を義務づけていますが、この対策は他の自治体にも広がっています。

一方で、ヒートアイランド現象がある程度生じることは避けられないとする前提に立ち、健康影響などを可能な限り軽減する**適応策**があります。日射を遮蔽するテントの設置や**緑のカーテン**、樹木による木陰の創出、空調機器の室外機から放出される排熱の削減、歩行者空間の風通しの確保、人工的なミスト(霧状の水)の噴霧、広場への噴水設置など、さまざまな方法で**クールスポット**を創出して熱ストレスを軽減する手法があります。

➡ **地下水涵養**
雨水や河川水などが地中に浸透して、帯水層に水が供給されること。近年は、市街地の表面がアスファルトなどに覆われて雨水が地下に浸み込まなくなり、地下水涵養が少なくなっている。地下水涵養の確保は、都市型洪水、河川水の増水、地下水の塩水化などを防止するほか、地盤沈下対策にも有効である。また、地中の水分が蒸発する際に潜熱を奪うためヒートアイランド対策としても有効である。
地下水を人工的に涵養する方法として、雨水浸透桝の設置、透水性舗装の施工、水田の湛水(休耕田や農閑期等に田に水を張る)、涵養井(井戸から帯水層に水を供給する)などがある。

➡ **ヒートアイランド対策大綱**
国、地方公共団体、事業者、住民などの取り組みを適切に推進するための対策要綱。ヒートアイランド対策として、①人工排熱の低減、②地表面被覆の改善、③都市形態の改善、④ライフスタイルの改善の4つの対策の柱を示して、対策ごとに目標と具体的施策を示している。さらに、対策の効果を把握・評価するために、観測・監視体制の強化及び調査研究の推進を掲げている。

➡ **緑のカーテン**
ゴーヤやアサガオなどのツル性の植物を、窓の外や壁面に張ったネットなどに這わせて覆う取り組み。直射日光を遮ることで室内温度の上昇の抑制、建物の壁などへの熱蓄積防止によるヒートアイランド現象の緩和、葉の蒸散作用による気温低下などの効果が期待できる。
巻頭カラー資料Ⅲ参照。

➡ **クールスポット**
涼しく過ごせる場所。
巻頭カラー資料Ⅲ参照。

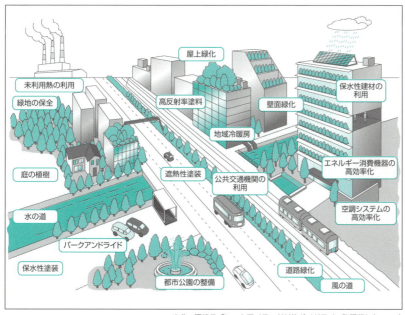

図表3-76 ヒートアイランド対策の模式図

出典:環境省「ヒートアイランド対策ガイドライン改訂版」(2013.3)

3-7 化学物質

3-7 01 化学物質のリスクと リスク評価

3 保健 ─◟◝♥ **12 生産と消費∞**

学習の ポイント ▶ わたしたちの身のまわりには多くの化学物質があり、利便性をもたらす一方で、さまざまな問題を引き起こしています。化学物質の有害性、環境リスクなどについて考えます。

1 化学物質が持つ二面性

わたしたちの身のまわりにあふれているプラスチック、塗料、医薬品、化粧品、農薬、洗剤などの製品のほとんどが、化学物質を利用してつくられています。

化学物質の数は極めて膨大で、アメリカ化学会のデータベース（Chemical Abstracts）には2019年12月時点で２億2,000万件以上が登録されており、その数は３年間で約２倍に増えています。

化学物質はわたしたちの生活にさまざまな利便性をもたらす一方、生産、利用、廃棄のライフサイクルにわたって適切な管理が行われないと環境汚染を引き起こし、人の健康や生態系に有害な影響を及ぼすことがあります。**レイチェル・カーソン**は1962年に『**沈黙の春（サイレント・スプリング）**』を著し、化学物質の環境汚染について警告を出しました。この本は、今日の環境保護運動の原点の一つともいわれています。

日本では1968年に**カネミ油症事件**が発生し、社会問題になりました。この問題を契機として1973年に制定された「**化学物質の審査及び製**

➡**「化学物質」の範囲**
一般的には天然物に対する概念として、人工的に合成された物質を指して用いられる。
科学の分野や法令においては、自然界に存在するものや、非意図的に生成されるものも含み、広く捉えられることが多い。

➡**カネミ油症事件**
1968年10月に、西日本を中心に広域で発生した食中毒事件。カネミ倉庫社製の米ぬか油に製造ラインの熱媒体が混入し、熱媒体に含まれていたPCBとそれが変化したダイオキシンにより米ぬか油が汚染されたことが原因。吹出物、色素沈着などの皮膚症状や、全身倦怠感、しびれ感など多様な症状が、長期間続いた。

🌲🌲🌲 **図表３-77 身のまわりの主な化学物質**

体内に 入るもの	食品類	●安息香酸、ソルビン酸など（保存料） ●食用赤色２号など（合成着色料） ●残留微量化学物質（農薬・化学肥料など）
	医薬品	●アセトアミノフェン、イブプロフェン、テトラサイクリンなど
肌に ふれるもの	衣類	●ナイロン、ポリエステルなど（化学繊維） ●テトラクロロエチレンなど（ドライクリーニング）
	化粧品や洗剤	●ヘキサクロロフェン、トリクロサン、パラベンなど（殺菌剤・防腐剤） ●LAS など（界面活性剤）
使うもの	殺虫剤・農薬・肥料	●パラジクロロベンゼン、フェニトロチオンなど
	家電製品	●PBDE など（難燃剤） ●アルミニウム、鉄など（金属類）
	塗料・接着剤	●トルエン、キシレン、ホルムアルデヒドなど ●酢酸ビニルなど（接着剤）
	自動車	●ベンゼン、トルエンなど

出典：環境省『平成18年版 こども環境白書』を基に作成

3-7 化学物質

造等の規制に関する法律（化審法）」により、原因物質のPCBは製造・輸入・使用が原則禁止となりました。PCBには「難分解性」、「蓄積性」、「人への長期毒性」などの特徴があり、化審法では、こうした性状等に着目して、さまざまな化学物質の審査・管理が行われています。

2 化学物質の人の健康及び生態系への影響

化学物質は、使用する側にとっては大変有益な物質ですが、環境中に排出された化学物質は、わたしたちが気づかないうちに広い範囲にわたって生態系や人の健康に影響を与えている可能性があります。過去においては、化学物質の使用や管理の方法、有害性の認識が不十分なことに起因する、事故や公害問題が発生した苦い経験があります。殺虫剤**DDT**や一部の食品添加物のように、かつて世界中で広く使用されていたもので、現在は有害性が指摘され、利用が制限されているものもあります。

近年では、住宅用の塗料や接着剤に含まれる**揮発性有機化合物（VOC）**などの化学物質が主な原因となる**シックハウス症候群**が問題となっています。日本では、厚生労働省による**室内化学物質濃度指針値**（例えば、**ホルムアルデヒドは0.08ppm**）の設定、建築基準法による建材の規制や換気設備の義務づけなどの対策がとられています。

3 化学物質の有害性と環境リスク

化学物質の環境への影響を考える際、重要なキーワードとなるのが**有害性**と**環境リスク**です。「有害性」はその化学物質に固有の性質で、人や生態系などに悪い影響を及ぼす性質（能力）をいいます。また、大気や河川、海などに排出された化学物質が、人や生態系に発がんなどの悪い影響を及ぼす可能性のことを、「環境リスク」と呼んでいます。

環境リスクの大きさは、有害性の程度と**暴露量**（呼吸、飲食、皮膚接触などの経路で体内に取り込んだ量）で決まります。環境中に排出された化学物質の環境リスクの大きさを把握・評価し、優先的に取り組むべき物質を明らかにした上でリスク削減措置を実施していくことが、効率的なリスクの低減を可能とします。

日本では、**労働安全衛生法**が2016年に改正され、特定化学物質（2020年1月1日現在673物質）の製造・取り扱いを行う事業場において、**リスクアセスメント**（リスク評価）の実施が義務づけられています。

リスク	＝	有害性	×	暴露量（摂取量）

➡化審法
P.165参照。

➡PCB
P.132参照。

➡DDT
第二次世界大戦後、殺虫剤として世界中で広く使われていた農薬の成分で、ジクロロジフェニルトリクロロエタン（Dichlorodiphenyl-trichloroethane）のこと。自然界で分解されにくいため、長期にわたり土壌や水に残留する。人に対しては発がん性があるといわれている。現在は、POPs条約により製造・使用が制限され、先進国の多くで使用が禁止されており、日本でも製造と輸入が禁止されている。しかし、マラリア防止の観点から17か国で製造または使用が認められている。

➡揮発性有機化合物（VOC）
P.142参照。

➡シックハウス症候群
ホルムアルデヒドやトルエンなどの揮発性有機化合物（VOC）による室内の空気汚染によって引き起こされる健康障害のこと。症状としては、目やのどに痛みや違和感のほか、アトピー性皮膚炎やぜんそくに似た症状に悩まされるケースも報告されている。

➡室内化学物質濃度指針値
厚生労働省により定められた、シックハウス対策のためのホルムアルデヒドなど13物質についての室内濃度の指針値。

➡発がん性リスク
人の疫学調査や生物学的知見や動物実験結果などに基づき調査する、化学物質及びその混合物、生活環境の発がん性のリスクのこと。WHOの専門機関である国際がん研究機関（IARC）などが発がん性リスクを報告している。

3-7 02 化学物質のリスク管理・コミュニケーション

12 生産と消費 ∞ | **16 平和** | **17 実施手段 ⊛**

> **学習の ポイント** ▶ 化学物質のリスクを管理するため、法律や規制に基づく取り組みや、企業の自主的取り組みが進んでいます。ここでは、化学物質のリスク管理やリスクコミュニケーションの取り組みについて学びます。

1 化学物質管理の国際動向

➡ **持続可能な開発に関する世界首脳会議（WSSD）**
P.17 参照。

2002年に開催された持続可能な開発に関する世界首脳会議（WSSD）（ヨハネスブルグサミット）において、2020年までにすべての化学物質を健康や環境への影響を最小化する方法で生産・利用することが合意されました。これを、「**WSSD2020年目標**」と呼んでいます。さらにSDGsでは、**製品のライフサイクルを通じて、化学物質の環境上適正な管理を実現する**（ターゲット12.4）こととしています。これらの目標に向かって、包括的な化学物質対策が国際的に推進されています。

（1）WSSD2020年目標とSAICM

WSSD2020年目標を実現するため2006年に開催された第1回国際化学物質管理会議（ICCM）において「**国際的な化学物質管理のための戦略的アプローチ（SAICM：サイカム）**」が採択され、各国・地域レベルで化学物質管理施策が進展しています。

（2）POPs条約

➡ **POPs（Persistent Organic Pollutants）条約**
残留性有機汚染物質に関するストックホルム条約。「毒性」「難分解性（環境中での残留性）」「生物蓄積性」「長距離移動性」が懸念される物質を対象とする。
2001年の採択時点での対象物質は12であったが、その後、順次追加され、2020年6月時点で「特に優先して対策をとらなければならない物質（製造・使用、輸出入の原則禁止）」として、28物質が指定されている。

2001年、北極圏の生態系でのPCB汚染の報告を背景とした国際的な議論を経て、PCB、DDT等の残留性有機汚染物質（POPs）の削減や廃絶などに向けた**POPs条約**が採択されました。日本では、POPs条約国内実施計画を策定するとともに、化審法、農薬取締法などにより規制しています。

（3）水銀に関する水俣条約

水銀に関する水俣条約は、水銀が人の健康及び環境に及ぼすリスクを低減するため、産出、使用、環境への排出、廃棄、貿易など、そのライフサイクル全般にわたる包括的な規制を定めた条約です。水俣病という悲惨な経験をした日本が主導し、2013年10月に熊本県において採択され、2017年8月に発効しました。日本は**水銀汚染防止法**制定や**大気汚染防止法**の改正など国内での取り組みを整備し、2016年に締結しています。

（4）REACH（Registration, Evaluation, Authorization and Restriction of Chemicals）規則

➡ **REACH 規則**
P.216 参照。

2007年にEUで導入された規則で、化学物質を年間1 t以上製造また

は輸入する事業者に対し、扱う化学物質の登録を義務づけています。これにより、部材等を供給する中小・中堅メーカーでも、化学物質の情報開示が大きく進展することとなりました。

（5）企業の自主的取り組み

化学物質を扱う企業の自主的な取り組みとして、**レスポンシブル・ケア活動**があります。これは、化学物質の開発から製造、物流、使用、廃棄・リサイクルに至るすべての段階で、自主的に環境保全と安全、健康を確保し、活動成果を公表し、社会との対話・コミュニケーションを行う活動で、1985年にカナダ化学品生産者協会により開始されました。日本では、1995年から日本化学工業協会が展開しています。

2 日本における法律に基づく取り組み

日本で製造、輸入及び使用される化学物質は、以下の法律で管理されています。これらの法律のほか、**ダイオキシン類対策特別措置法やPCB特措法、農薬取締法や労働安全衛生法**など、化学物質の特性や用途に応じてさまざまな管理が行われています。

①化審法（化学物質の審査及び製造等の規制に関する法律/1973年制定）

化学物質の性状を審査し、そのリスクに応じて、製造・輸入・使用などについて必要な規制を行う。2009年、国際的動向を踏まえ、既存化学物質を含めた包括的管理、リスクベース管理へ移行するよう改正された。

②化管法（特定化学物質の環境への排出量の把握等及び管理の改善の促進に関する法律/1999年制定）

PRTR制度並びに**SDS**の提供に関する措置により、事業者による自主的な管理の改善を促進する。

3 化学物質に関するリスクコミュニケーション

リスクコミュニケーションとは、市民（消費者、住民等）、企業、行政、専門家などの関係者が、リスクに関する情報を共有し、意見交換、対話などのコミュニケーションを通じて、リスクを低減していく試みをいいます。リスクコミュニケーションは、環境問題全般のほか、自然災害や食品などのリスク低減のために、市民の理解と協力が必要な分野で幅広く実施されています。

化学物質に関する**リスクコミュニケーション**は、化学工業をはじめとする民間企業や自治体の廃棄物処理施設等で、工場・施設見学や住民説明会などの形で実施する例が見られます。報告書やチラシなどによる情報発信のみでなく、双方向の取り組み（コミュニケーション）を重視することにより、住民の理解を促進し、信頼関係を築くことが重要です。

➡ダイオキシン類
ダイオキシン類は、ごみ焼却炉のほか、金属の精錬工程、タバコの煙、自動車排ガス等から発生する。自然環境中で分解されにくく、強い毒性を持ち、がんや奇形、生殖異常を引き起こすなど健康・生態系への悪影響が指摘されている。

➡ PCB特措法
P.132参照。

➡ PRTR（Pollutant Release and Transfer Register）制度
事業者が、環境中への排出及び廃棄物の処理に伴って事業所（年間1t（発がん性のある特定の物質については0.5t）以上取り扱う場合）の外へ移動する量を行政庁に報告する制度。行政庁は事業者からの報告や統計資料を用いた推計に基づき、排出量・移動量を集計・公表する。
報告等の対象となる「第一種指定化学物質」は、2020年6月現在462物質。

➡ SDS（Safety Data Sheet）
個別の化学物質について、安全性や毒性に関するデータ、取り扱い方、救急措置などの情報を記載したもの。

3-8 災害・放射性物質

3-8 01 東日本大震災と東京電力 福島第一原子力発電所の事故

3 保健 —ᴧᴧ♥　**6 水・衛生**　**9 産業革新**　**11 まちづくり**

学習の ポイント ▶ 2011年3月の東日本大震災による大量かつ多様な災害廃棄物の発生、ならびに原発事故で放出された放射性物質による環境汚染や廃棄物の汚染について学びます。

1 震災、原発事故による環境問題

　2011年3月11日に東北地方太平洋沖で発生したマグニチュード9.0（世界の観測史上4番目）の地震は、大津波を伴い、2万人近い死者・行方不明者をはじめ、甚大な人的・物的被害をもたらしました。**東日本大震災**と命名されたこの大災害では、津波や地震動によって大量の建造物が瓦礫（がれき）と化したほか、爆発や火災の発生、平常時に施設内で管理されていた有害物質の環境中への漏出などによる環境汚染も懸念されました。

　とりわけ、**東京電力福島第一原子力発電所事故**によって、大量の放射性物質が施設外に放出され、一般環境を広範囲に汚染したことは、今日の日本における最大の環境汚染問題と捉えるべきものです。

2 災害廃棄物の発生と環境問題

　巨大地震の際に、地震動による倒壊・損壊、火災による焼失などによって大量の瓦礫（がれき）が発生することは、過去の大災害でも経験してきましたが、東日本大震災の場合、沿岸部では大津波によって莫大な数の建物が損壊しただけでなく、津波で運ばれた砂や泥（津波堆積物）が**災害廃棄物**に加わり、問題をより深刻なものとしました。沿岸部の被災地では、倉庫に保管されていた水産物などの腐敗による害虫の発生など、衛生状態の悪化の防止も懸案課題となり、有機性廃棄物の分解は、仮置き場での自然発火による火災の原因ともなりました。建造物の解体時には、アスベストの飛散防止に十分な注意が必要となります。このように、災害廃棄物は、量の膨大さだけでなく、質的な面でも適切な対応が求められます。

3 原発事故による放射性物質の放出

　福島第一原子力発電所では、地震と津波によってすべての電源供給が絶たれて原子炉が冷却できなくなり、運転中の3つの原子炉の炉心が溶融（メルトダウン）しました。映像報道から3月12日と14日に発生した水素爆発による原子炉建屋の損壊が注目されがちですが、放射性物質

➡復旧のための財政援助
　東日本大震災からの応急復旧などを迅速に進めるため、「東日本大震災に対処するための特別の財政援助及び助成に関する法律」が2011年5月2日に公布、施行され、国庫補助率の嵩上げがなされた。

➡事故で放出された核種
　原子力発電所の事故で放出され、健康への影響が懸念される代表的な放射性核種としては、ヨウ素131、セシウム137、ストロンチウム90などが挙げられる。
　この事故では、ストロンチウム90の大気中への放出量はセシウム137の100分の1程度であることや、ヨウ素131については半減期が約8日間と短いことなどから、ある程度時間が経過したあとの空間放射線量への寄与はほとんどがセシウムによるものである。セシウムについては、半減期約2年のセシウム134と半減期約30年のセシウム137がベクレルで見てほぼ1：1で放出されたと推定されている。事故から時間が経過し、今後はセシウム137からの寄与が主となる。

の大気中への大量放出は、3月15日をはじめ断続的に発生したと考えられており、これが土壌を汚染し、河川や湖沼、また廃棄物の汚染にもつながりました。また、放射性物質は事故時に海洋へも流出したほか、事故後も**高濃度の放射性物質を含む汚染水の処理や管理**に多大な労力が投じられてきました。環境への放射性物質の放出防止は、廃炉過程を含めた中長期的な課題となっています。

今回の事故は、**国際原子力事象評価尺度（INES）**では最大の「レベル7（深刻な事故）」で、これは1986年のチェルノブイリ原子力発電所の事故に次いで世界で2例目です。

4 原発事故に伴う避難措置とその解除

福島第一原子力発電所における全電源喪失という事態を受け、発災当日に原子力緊急事態宣言が発令されました。3月11日夜に半径2km圏に対して出された避難指示は翌夜には半径20km圏となり、さらに3月15日には半径30km圏に対して屋内退避が指示されました。その後、4月22日には、**原子力災害対策特別措置法**に基づいて、20km圏内が**警戒区域**に指定されました。

また、それまで避難や屋内退避の指示のなかった30km圏外を含め、年間積算線量が20mSv以上と見込まれる地域が**計画的避難区域**に、局所的に前記の線量に達すると見込まれる地点が**特定避難勧奨地点**に指定され、避難措置がとられました。その後、これらの避難措置は順次解除されてきました（側注）。

図表3-78
避難指示区域の概念図
（2020年3月10日時点）
出典：経済産業省ホームページ

➡避難区域の再編と避難指示解除

警戒区域と計画的避難区域には強制力を持つ避難指示が出され、これらの区域から約8万人が避難した。

その後、除染後の帰還の目標時期に応じて、帰還困難区域、居住制限区域、避難指示解除準備区域の3区分への再編が進められ、2013年8月に完了した。

除染、地元との協議等を経て、2014年4月の田村市都路地区を皮切りに、順次、避難指示の解除が行われ、福島第一原発立地2町の全域と2町以外の帰還困難区域を除いて、2017年4月までに避難指示は解除された。さらに、立地2町の一部も含め、避難指示の解除が広がっている。

帰還困難区域内を通るJR常磐線は2020年3月に全線復旧し、その駅前などには特定復興再生拠点区域が設けられている（図表3-78）。

COLUMN

シーベルト（Sv）とベクレル（Bq）

原発事故に関連してよく使われる用語に、放射線、放射能、放射性物質の3つがあります。放射線とは、放射性物質の崩壊によって発生する粒子線（α線、β線）や電磁波（γ線、X線）の総称で、物質を透過する際に、原子や分子から電子を分離させる性質（電離作用）があり、この作用がつくり出すイオン（電子を帯びた原子や分子）が人体の細胞を傷つけるおそれがあります。

Sv（シーベルト）は放射線による物理的なエネルギーの強さを表すGy（グレイ）に、人体への影響の度合いを加味した単位です。また、Bq（ベクレル）は、放射線を出す能力（放射能）の単位で、1Bqは1秒間に1回放射性物質が崩壊することを意味します。同じ1Bqでも、半減期の長い核種（放射性物質の種類）のほうが、短い核種に比べて原子の数では多くなるため、Bqを放射性物質の量の単位とみなすことは正確ではありません。

3-8
02 放射性物質による環境汚染への対処

3 保健 —⩗♥　**6 水・衛生** 🔆　**9 産業革新** 🔬　**11 まちづくり** 🏙️

学習のポイント ▶ 原発事故に伴って、大量の放射性物質が大気や海洋に放出されました。環境を汚染するという想定外の事態に対して、放射性物質汚染対処特措法が制定され、除染などの環境回復が進められています。

➡環境法制と放射性物質

1967年に制定された公害対策基本法をはじめとして、大気汚染防止法、水質汚濁防止法、廃棄物処理法などの法令でも、放射性物質による環境汚染については除外規程が設けられていた。この除外規程は、1993年に環境基本法が制定された際にも踏襲されていた。

➡事故後の見直し

まず、原子力の安全の確保に関する組織・制度改革がなされたことに伴って、環境基本法及び循環型社会形成推進基本法から2012年に除外規程が削除された。2013年には大気汚染防止法、水質汚濁防止法、環境影響評価法なども放射性物質をカバーすることとなった。ただし、土壌汚染対策、廃棄物処理については、放射性物質汚染対処特措法と関連するため、2020年8月時点では未改正。

➡「放射性物質で汚染された廃棄物」という用語

放射性物質汚染対処特措法では、「事故由来放射性物質により汚染された廃棄物」という用語が使われている。事故で生じた放射性物質を含む廃棄物について、「放射性廃棄物」という表記も散見されるが、法律用語としての「放射性廃棄物」は別に明確に定義されている（P.172参照）。これと区別するために、略記する場合も「放射性物質汚染廃棄物」とするのがより正確である。

1 環境行政と放射性物質による汚染

放射性物質による汚染については、環境基本法やその前身である公害対策基本法において、ほかの法体系で定めることが明記されており、**従来の環境行政の枠組みからは除外**されてきました。しかし、ほかの法体系にあたる**原子炉等規制法**や**放射線障害防止法**は、放射性物質を利用する施設に関わる規制を定めたもので、施設外への適用は想定されていませんでした。このため、原発の事故によって、施設の外に放出された放射性物質による環境汚染は、法体系の狭間に陥る形となりました。

2 放射性物質による環境汚染と汚染された廃棄物の発生

事故によって原発から大気中に放出された放射性物質は、風で運ばれ、雨や雪の影響を受けながら地表に降下しました。事故直後に**放射性物質を含んだ空気塊（放射性プルーム）**が通過した地域では、**内部被ばく**を含めた初期被ばくに注意を向ける必要がありますが、時間が経過した後は、地表に沈着した放射性物質が発する放射線からの**外部被ばく**と、農産物や水産物に移行した放射性物質の食物経由の内部被ばくを防止するための措置が重要となります。

地表に沈着した放射性物質は、雨水とともに下水処理場へ流入したり、土が付着した草木がごみに出されたりすることによって、下水処理汚泥や廃棄物の焼却灰などに濃縮され、放射性物質で汚染された廃棄物の発生という新たな問題を引き起こしてきました。また、津波被災地の瓦礫への放射性物質の付着に対する懸念は、**災害廃棄物**の広域処理にも影響を与え、福島県内の一部地域の災害廃棄物の処理は、他県に比べて大幅に長い期間を要しています（P.170〜171参照）。

3 食品や飲料水に関する基準

食品による内部被ばくを防ぐため、厚生労働省は2011年に食品に含まれる放射性物質について暫定規制値を定め、これを上回る食品の出荷規

制を行いました。この暫定規制値は、汚染された食品を食べ続けた場合でも内部被ばく線量がセシウムについて年間 5 mSv に達しないよう算出されていました。同時に飲料水についても暫定基準を定めましたが、それを上回る放射性ヨウ素131が東京都の一部の水道水からも一時的に検出されたことで、原発事故の影響が広範囲に及んだことが示されました。

その後、食品の基準は、セシウム以外の核種も考慮して年間 1 mSv を超えないよう、一般食品については 100 Bq/kg、乳児用食品、牛乳については 50 Bq/kg、飲料水については 10 Bq/kg に強化されました。

4 放射性物質汚染対処特措法の制定と除染

放射性物質による環境汚染に対する法の空白を埋めるため、2011年8月26日に**放射性物質汚染対処特措法**が成立しました。

この法律の下で、警戒区域または計画的避難区域に指定されていた地域は**除染特別地域**に指定されて国が直轄で**除染**を行い、「汚染状況重点調査地域」に指定された地域については、市町村が策定した除染実施計画に基づく除染が実施されました。

除染の基本的な考え方は、特別措置法に基づいて、2011年11月に閣議決定された基本方針に示されています。基本方針では、「**除染対象には、土壌、工作物、道路、河川、湖沼、海岸域、港湾、農用地、森林等が含まれる**が、これらは極めて広範囲にわたるため、まずは、人の健康の保護の観点から必要である地域について優先的に除染の計画を策定し、線量に応じたきめ細かい措置を実施する必要がある」とされていました。また、これを受けて放射線の影響を受けやすい子どもの生活空間である学校や公園の除染が最優先に行われました。農用地の除染については、農業生産を再開できる条件を回復させるという点を配慮すること、森林については住居などの近隣における措置が優先されました。

福島県内の除染除去土壌等は、**中間貯蔵施設**に搬入後、30年以内に県外処分されることとなっています。

➡ **放射性物質汚染対処特措法**
正式名称「平成二十三年三月十一日に発生した東北地方太平洋沖地震に伴う原子力発電所の事故により放出された放射性物質による環境の汚染への対処に関する特別措置法」。関係主体の責務を定めたほか、放射性物質で汚染された廃棄物の処理、放射性物質で汚染された土壌等の除染などの措置の2分野について、施策の枠組みが定められた。

➡ **除染の状況**
国が直轄で除染を行う「除染特別地域」では、2017年3月末までに、市町村が除染を行う「汚染状況重点調査地域」では、2018年3月19日までに、すべての面的除染が完了した。

➡ **中間貯蔵施設**
福島県内では、除染に伴う放射性物質を含む土壌や廃棄物等が大量に発生したため、これらを最終処分するまでの間、安全に集中的に管理・保管する施設として設置された。

国が2011年10月に中間貯蔵施設等の基本的考え方(ロードマップ)を策定・公表して以降、関係自治体との調整が進められ、施設を大熊・双葉の両町へ集約することとなった。

2014年秋の臨時国会で、中間貯蔵開始後30年以内に、福島県外で最終処分を完了するために必要な措置を講ずる旨の法制化を実施。生活再建策・地域振興策の具体化と併せ、2015年3月に除染除去土壌などの搬入が開始された。

2020年8月までに、輸送対象物量の約60%が中間貯蔵施設に搬入された。

図表3-79 環境中の放射性物質による被ばく線量を下げるための方法

出典：環境省ホームページ「除染のお話」

3-8
03 災害廃棄物の処理

| 3 保健 | 6 水・衛生 | 9 産業革新 | 11 まちづくり |

学習の ポイント ▶ 東日本大震災で生じた災害廃棄物の処理の概要、そこで直面した課題や教訓を活かしたその後の地震災害や風水害による災害廃棄物の処理、巨大災害への平時からの備えの重要性などについて学びます。

➡東日本大震災により生じた災害廃棄物の処理に関する特別措置法

2011年8月18日公布。国の責務として、迅速・適切な処理を図ることや、市町村の費用負担の軽減を図るための財政的な措置を講じることなどについて定めている。

福島県の沿岸部では、放射性物質汚染対処特措法における対策地域内廃棄物に該当しない災害廃棄物に対して、この特別措置法に基づく国の代行処理が適用された自治体があり、その一部では2020年8月時点でもなお処理が実施されている。

➡放射性物質により汚染された廃棄物とその処理

下水処理過程で発生する汚泥やその焼却灰、一般廃棄物・産業廃棄物の燃え殻（主灰）や排ガスから捕集したばいじん（飛灰）、浄水場で発生する浄水発生土、稲藁など、農業活動に伴う廃棄物などが挙げられる。

事故以降、100Bq/kg、8,000Bq/kg、10万Bq/kgを境界とする基準を定めることで、再生利用してよいもの、通常どおり処理してよいもの、入念な措置を講じて処理すべきもの、処理せず保管するものなどに区分されてきた。このうち、8,000Bq/kgを超える廃棄物は指定廃棄物と呼ばれ、国が直轄で処理を行うこととされている。

1 東日本大震災における災害廃棄物の発生

東日本大震災の被害は広範囲にわたり、特に被害の大きい岩手、宮城、福島の3県の災害廃棄物量は、当初、約2,260万tと推計されていました。これは全国の一般廃棄物の年間発生量の約半分に相当する量です。

その後の精査により、沿岸部の災害廃棄物量は、岩手県で434万t、宮城県で1,160万t、福島県で173万tに修正され、3県沿岸部の合計は約1,770万t、東日本の13道県239市町村の合計では2,012万tとされています。また、津波堆積物量は1,060万tと推計されています。

災害廃棄物は、一般廃棄物とみなされて市町村が処理を行うこととされています。しかし、東日本大震災による沿岸部の被害は甚大で、市町村の行政機能が損なわれていたため、**災害廃棄物の処理**を市町村が県に委託する方式が多くの自治体でとられてきました。

発災後2か月余りを経た2011年5月に、**東日本大震災に係る災害廃棄物の処理指針（マスタープラン）** が提示され、瓦礫の仮置き場への搬入後の分別、処理・処分の考え方の大枠が示されました。

2 東日本大震災による災害廃棄物の処理と原発事故の影響

マスタープランに基づいて、具体的な処理計画が自治体ごとに策定され、岩手県と宮城県については、廃棄物を県外で処理する**広域処理**も処理計画に組み入れられていました。広域処理による処理量は当初の計画に比べて大幅に下方修正されましたが、両県含め12道県の災害廃棄物処理は、目標とされた2014年3月末までに完了しました。

福島県については、県外での広域処理は適用されていません。当初の警戒区域、計画的避難区域内の災害廃棄物は、放射性物質汚染対処特措法における**対策地域内廃棄物**に該当するため、国による直轄の処理が適用されたほか、**東日本大震災により生じた災害廃棄物の処理に関する特別措置法**（側注）に基づく国の代行処理も実施されています。

原発事故で放出された放射性物質による環境汚染は広範囲に及び、被

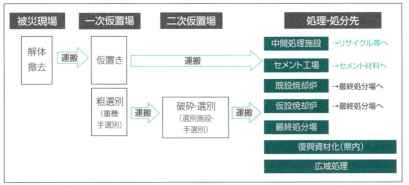

図表 3-80 災害廃棄物の処理手順（岩手県の例）

出典：岩手県災害廃棄物処理詳細計画 第二次改訂版

災地の災害廃棄物の問題とは別に、平時から発生していた廃棄物の処理にも影響を与えてきました。

災害廃棄物問題と放射性物質で汚染された廃棄物に共通する課題として、廃棄物や**津波堆積物**、**除染土壌**などを一時的に保管する仮置き場や、これらの処理・処分施設の立地場所の問題があります。災害廃棄物の迅速な処理には仮置き場や選別のための施設の用地が必要ですが、適した公共用地がなく、借用に時間を要して処理への着手が遅れる状況もみられました。除染で除去される土壌や除染作業で生じる**除染廃棄物**、放射性物質で汚染された廃棄物の保管、処理・処分のための施設についてはさらに深刻な状況が生じてきており、用地の確保や立地選定は、東日本大震災の重要な教訓です。

3 災害廃棄物対策のための法改正とその後の災害への対処

東日本大震災の教訓を踏まえ、平時の備えの強化から大規模災害発生時の円滑・迅速な対応に至るまで切れ目なく災害廃棄物対策を行うため、2015年に廃棄物処理法と災害対策基本法の一部が改正されました。国による災害廃棄物対策指針の策定、国、地方自治体、民間事業者の連携・協力の平時からの強化、東日本大震災では特別措置法の制定を待たねばならなかった大規模災害時の国による処理の代行などが定められました。

行政機関、事業者、専門家ら関係者間の連携の仕組みとして**災害廃棄物処理支援ネットワーク（D.Waste-Net）**が組織され、発足時期に発生した2015年の関東・東北豪雨や2016年の熊本地震で、早速、現地支援が行われました。その後も集中豪雨や台風の上陸などの風水害が続き、災害廃棄物の処理が全国的な関心事となっています。自治体の災害廃棄物の処理計画の策定が進みつつありますが、近年の風水害の被災地域で、計画の未策定や未改定による初動の遅れもみられました。南海トラフや首都直下地震など、巨大災害への備えの具体化も重要な課題です。

➡最終処分までの道のり
　福島県内の除染土壌や除染廃棄物については、仮置き後、中間貯蔵施設（P.169）と呼ばれる大規模な処理施設に搬入し、県外で最終処分を行う方針が示されている。
　一方、福島県以外で発生した指定廃棄物については、県ごとに処分場を設ける方針が示されている。その立地をめぐって、国と当該市町村との間での合意が難航し、選定の進め方に立ち戻って調整が続けられている。

➡災害廃棄物処理支援ネットワーク（D.Waste-Net）
　2015年に、自治体等の災害廃棄物対策を支援するため、災害廃棄物に関する有識者や技術者、業界団体等で構成されたD.Waste-Netが発足した。

3-8 04 放射性廃棄物について

3 保健 6 水・衛生 9 産業革新 11 まちづくり 12 生産と消費

学習の ポイント▶ 原子力利用からは、事故などの不測の事態がなくとも放射性廃棄物が発生します。放射性廃棄物に含まれる放射能が、人間や環境に与える影響を抑え込むための処分方法について学びます。

➡放射線・放射能・放射性物質
放射線を出す能力が放射能であり、放射能を持つ物質を放射性物質と呼ぶ。ただし、日本語では放射性物質のことを慣用的に放射能と呼ぶこともあるので、注意が必要。

➡廃炉・解体と放射性廃棄物
もともとは放射性物質を含まなかった部材の中にも、放射性廃棄物として扱われなければならないものが出てくる。放射線を浴びる環境で用いられたために、放射化と呼ばれる作用で放射能を帯びてしまうからである。

➡放射能の減衰
高レベル放射性廃棄物は、放射能が減衰する速度が非常に遅い種類の放射性物質が多く含まれるため、長期間、高い放射能レベルが継続してしまう。

1 ▶ 放射性廃棄物とは

原子力利用からは、事故がなくとも放射性物質を含む廃棄物が発生します。これが**放射性廃棄物**です。放射能は時間とともに自然に減衰しますが、人間や環境に影響を与える可能性が数万年以上に及ぶ場合があるため、極めて慎重に対処方法を考える必要があります。

2 ▶ 放射性廃棄物の発生

放射性廃棄物が発生する活動として第一に挙げられるのは、原子力発電です。原子力発電所の使用済み核燃料のほか、保守作業の際に使われる衣服や道具、除染に用いた水なども放射性廃棄物となります。原子力施設の廃炉・解体でも放射性廃棄物が発生します。

また、それ以外の場面でも放射性廃棄物は発生します。例えば、医療では検査や治療のために放射性同位体（ラジオアイソトープ）が広く利用されており、医療機関や研究所などで放射性廃棄物が発生します。

3 ▶ 放射性廃棄物の種類

放射性廃棄物は、日本では、含まれる放射能のレベルにより**高レベル放射性廃棄物**と**低レベル放射性廃棄物**に大別されます。

日本の場合、使用済み核燃料を「再処理」した後に残る、放射能レベルが極めて高い廃棄物が、高レベル放射性廃棄物となります。それ以外は低レベル放射性廃棄物となり、放射能のレベルによってさらにいくつかに分類され、それぞれ管理や処分の方法が決められています。

4 ▶ 放射性廃棄物の処分方法

（1）低レベル放射性廃棄物の処分

低レベル放射性廃棄物は、含まれる放射能のレベルによって、浅い地中に直接、廃棄物を埋める方法から、地下50〜100mにコンクリート製の囲いを設ける中深度処分まで、いくつかの方法に分けて処分されます。

3-8 災害・放射性物質

なお、放射能のレベルが極めて低いものは、放射性廃棄物とみなす下限値である**クリアランスレベル**を確実に下回ることを国が確認すれば、再生利用などを可能にする制度があります。廃炉で生じるコンクリートや鉄筋など、ごく微量の放射能を帯びているが、物量も多い廃棄物にこの制度を適用することが想定されています。

（2）高レベル放射性廃棄物の処分

高レベル放射性廃棄物は、強い放射線を出す放射性物質と長期間放射線を出し続ける放射性物質の両方を高い濃度で含んでいるため、人間や環境から隔離したかたちで処分すべきだとされています。

具体的な処分方法に挙げられているのが**地層処分**です。廃棄物を特別な容器に入れ、地下数百メートルより深い地中に埋設処分します。容器などの人工のバリアが劣化しても、地層自体のものを閉じ込める自然の性質を生かすことで、数万年以上のリスクを抑え込もうというものです。

日本では、2000年に法律で高レベル放射性廃棄物を地層処分することが定められた、**原子力発電環境整備機構**（NUMO）が設立されて、候補地を公募などで探してきました。政府が2017年7月に、調査対象となりうる地域を「**科学的特性マップ**」により示すなどした結果、2020年10月に北海道の寿都町が公募への応募を、同じく神恵内村が国からの調査受け入れの申し入れを応諾し、初期段階の調査が始まる見通しです。しかし、数千～数万年の超長期の安全性には疑問の声も根強くあります。

5 将来世代との関係

現在の政府の計画が順調に進んだとしても、地層処分の実施には今から100年程度かかり、処分場を閉鎖した後も超長期にわたってリスクが残ります。将来世代に不当に重い負担を残さないこと、将来世代の選択の権利を確保することが重要です。この問題は、極めて慎重で誠実な対処が必要な事柄なのです。わたしたちは、こうしたことも踏まえて原子力利用のあり方を考えていかなければなりません。

➡クリアランスレベル
「さまざまな再生利用、処分のケースを想定し、そのうち最も線量が高くなるケースでも年間0.01ミリシーベルトを超えない」ことが条件。放射能濃度の基準は、放射性核種（放射性物質の種類）ごとに定められている。

➡地層処分以外の処分方法
かつては海洋底処分、極地処分、宇宙処分なども検討されたが、海洋底処分や極地処分は環境保護の観点などから国際条約で禁じられた。宇宙処分はロケットの信頼性への懸念から、現実的ではないとされている。

➡原子力発電環境整備機構
P.79参照。

➡高知県東洋町の場合
2007年、高知県東洋町では、町長が地層処分場の候補地を探す調査への応募を行おうとしたが、多くの住民の反対を受け、辞職。出直し選挙で当選した新町長により、応募は撤回された。

➡超長期の安全性への疑問
例えば、日本学術会議は、「超長期にわたる安全性と危険性の問題に対処するに当たり、現時点で入手可能な科学的知見には限界がある」との見解を2012年9月に発表している。

COLUMN

海外の高レベル放射性廃棄物の地層処分場の現状

海外では、高レベル放射性廃棄物の地層処分場の建設に向けた動きが進んでいる国もあります。フィンランドでは、2001年に地層処分場の建設場所が決定され、2015年11月に政府が建設許可を発給し、翌年12月には建設作業が始まりました。2020年代初めの処分開始を目標に準備が進んでいます。また、スウェーデンでも地層処分場の立地・建設許可に向けた政府の審査が進んでいます。

その他、アメリカ、フランス、ドイツ、イギリス、カナダ、スイス、韓国など、主要な原子力発電利用国はみな、処分場候補地を探すプロセスの見直しをしてきました。どの国でも、政府や事業者が社会の信頼を確保し、超長期の安全性について人々の納得を得ることに大変苦労しています。

図表3-77 高レベル放射性廃棄物最終処分のイメージ図

出典：日本原子力研究開発機構（JAEA）

〈核燃料サイクルと使用済み核燃料〉

　日本のエネルギー政策は、国産資源が乏しい中で原子力をエネルギー自給に生かすとの方針から、使用済み核燃料から再び次の核燃料の原料を取り出せるようにする「核燃料サイクル」を行う方針を、長年にわたって堅持しています。そのために「高速増殖炉」や「再処理」といった技術の開発が、長年にわたり続けられてきました。しかし、さまざまな課題によりそれらの施設の安定的な運転・操業には至っておらず、「核燃料サイクル」は当初の想定どおりには実現していません。コストが非常にかさむことや安全性への懸念など、核燃料サイクル政策に批判的な意見も根強くあります。

　海外では、フランス、ロシア、中国は引き続き「再処理」に取り組む方針ですが、イギリスは2018年に再処理工場の操業を終了しました。アメリカ、フィンランド、スウェーデン、カナダなど他の多くの原子力発電利用国は、「直接処分」の方針です。

　一方、日本では、「核燃料サイクル」のために使用済み核燃料をすべて「再処理」する方針をとってきたため、その多くは日本各地の原子力発電所や青森県の原子力関連施設などのプールで貯蔵され続けてきました。しかし、これらのプール貯蔵施設の保管容量は、原子力発電所が再稼働すれば数年から数十年のうちに満杯になります。また、福島の原発事故ではプール貯蔵施設の損傷による事故のリスクも問題になりました。

　使用済み核燃料を貯蔵するより安全性の高い方法としては、キャスクと呼ばれる特別な容器に入れて空冷する「乾式貯蔵」が実用化されていますが、日本ではこの方法による保管はまだ限定的にしか行われていません。

核燃料サイクルの概念図

出典：資源エネルギー庁資料

第 4 章

持続可能な社会に
向けたアプローチ

第4章 持続可能な社会に向けたアプローチ

01 「持続可能な日本社会」の実現に向けた行動計画

学習の ポイント ▶ 1993年、日本では、地球環境問題をはじめとする環境政策課題の変化に対応すべく環境基本法が制定され、持続可能な社会づくりの行動計画である環境基本計画が策定されました。

➡環境基本法の対象範囲
　1993年に制定された環境基本法の目的条文の中で「現在及び将来の国民の健康で文化的な生活の確保に寄与するとともに、人類の福祉に貢献することを目的とする」として、環境問題が従来の国内法の対象枠組みを超えることを示している。

➡環境基本法の概要
　環境基本法は、まず基本理念（3〜5条）を示し、国、地方自治体、事業者、国民の役割分担を定めている（6〜9条）。
　次に環境の保全に関する基本的施策に関する3つの指針（14条）を示し、環境基本計画の策定（15条）、環境基準の設定（16条）、環境影響評価の推進（20条）、規制（21条）、経済的措置（22条）、環境教育（25条）、地球環境保全に関する国際協力（32〜35条）などの国が講ずべき具体的施策について定めている。

1 ▶ 環境基本法の制定

　1992年の地球サミットをきっかけに、日本でも環境問題に対する関心が高まり、環境行政の新たな展開が始まりました。まず、地球的視野に立ち、持続可能な社会の実現を目指して経済社会のあり方にまで遡って環境問題に取り組むためには、公害対策基本法と自然環境保全法の2つの法律を柱としてきた従来の環境政策の体系を根本的に改める必要があることから、**環境基本法**が1993年に制定されました。

> 〈環境基本法の基本理念〉
> ●環境の恵沢の享受と継承（第3条）
> ●環境への負荷の少ない持続的発展が可能な社会の構築（第4条）
> ●国際的協調による地球環境保全の積極的推進（第5条）

　環境基本法は、その目的に、現在及び将来の国民の健康で文化的な生活の確保への寄与と人類の福祉への貢献をうたい、21世紀に向けての環境保全の基本理念を示し、国に対して環境基本計画の策定を義務づけました。さらに同法は、国、自治体、事業者、国民の役割分担を示した上で、環境影響評価制度の導入、経済的手法の採用、事業者による環境保全型製品の供給、民間の自発的な環境保全活動の推進、環境教育の推進など、環境政策課題に取り組む政策手法の枠を広げました。

2 ▶ 環境基本計画の策定

（1）環境基本計画とは

　環境基本計画は、環境基本法に基づき閣議決定を経て政府が定める環境の保全に関する計画で、今後推進すべき環境政策の骨格を国民に示し、これらの施策を実現させていくための政策プログラムです。

　第1回計画は1994年に策定。毎年、進捗状況が検証されており、5〜6年ごとに改定されています。最新の第5次環境基本計画は、2018年4月に閣議決定されました。

第4章　持続可能な社会に向けたアプローチ

（2）長期的目標

環境基本計画（第1次）は、環境基本法の基本理念を実現するため、「循環」「共生」「参加」「国際的取組」の4つを長期的な目標として掲げています。

〈4つの長期的目標〉
- **循環**：自然界全体の物質循環、さまざまな生態系、社会経済活動を通じた物質循環などの、あらゆる段階において健全な循環が確保されること
- **共生**：健全な生態系が維持、回復され、自然と人間との共生が確保されること
- **参加**：それぞれの立場に応じた公正・公平な役割分担の下に、相互に協力・連携しながら、環境保全の行動や意思決定に自発的に参加すること
- **国際的取組**：国際社会に占める地位に応じ、各国と協調して、地球環境保全に向けて行動すること

（3）第5次環境基本計画（2018年）

2018年に策定された**第5次環境基本計画**は、SDGsやパリ協定など世界的な潮流を踏まえて、**環境、経済、社会の統合的な向上をはかりながら持続可能な社会を目指す**としています。計画は、SDGsの考え方を取り入れながら分野横断的な6つの「重点戦略」を設定しており、その実現には各主体によるパートナーシップの一層の充実や強化の必要性が示されています。また、人口減少時代を迎え、地域がその特性を活かした持続可能な地域づくりをすすめるため、木質バイオマスの利活用など地域資源を活かした自立・循環・共生に基づく**地域循環共生圏**の考え方を新たに提唱しています。そして、6つの重点戦略に加えて、引き続き東日本大震災からの復興や地域再生にも取り組むとしています。

➡ SDGs
P.25参照。

➡ パリ協定
P.65参照。

➡ パートナーシップ
P.196参照。

➡ 地域循環共生圏
P.108、124、246参照。

〈6つの重点戦略〉
①持続可能な生産と消費を実現するグリーンな経済システムの構築
②国土のストックとしての価値の向上
③地域資源を活用した持続可能な地域づくり
④健康で心豊かな暮らしの実現
⑤持続可能性を支える技術の開発・普及
⑥国際貢献による日本のリーダーシップの発揮と戦略的パートナーシップの構築

COLUMN

SDGsを取り入れた地域の環境基本計画

2015年9月に誕生したSDGsは、持続可能な地域づくりにも取り入れる動きが広がっています。SDGs未来都市にも選ばれた北九州市や札幌市では、環境基本計画にSDGsの考え方を取り入れて、政策目標との関連づけやESDや女性活躍などのパートナーシップの推進に活かされています。

また、北海道下川町など、地域の未来像を住民参加型で考える際の社会課題を整理するツールとして活用している事例もあります。

02 環境保全の取り組みにおける基本とすべき原則

学習の ポイント ▶ 環境保全のためのさまざまな制度やルールには、基本とすべき原則があります。ここでは、責任を負うべき者の原則、対策を行うべきタイミングの原則、ルールづくりの主体の原則に分けて、諸原則を学びます。

1 ▶ 基本とすべき原則はなぜ必要か

環境関係の政策の枠組みや法規制は、いまだ発展過程にあります。地球環境問題が注目されるようになったのは1980年代の半ば以降で、廃棄物のリサイクルという考え方が国の法制度の中に明確に位置づけられたのは、1990年代に入ってからです。今後も状況に対応するため、さまざまなルールをつくり出していく必要があるでしょう。その際に、よりどころとなるのが、環境保全の取り組みにおける原則です。

以下、基本とすべき諸原則を説明します。

2 ▶ 誰が環境保全の責任を引き受けるのか

（1）汚染者負担原則（PPP：Polluter Pays Principle）

汚染者負担原則（PPP）とは、**汚染の防止と除去の費用は汚染者が負担すべきである**という費用負担に関する原則です。

この原則は、1970年代に、OECD（経済協力開発機構）から各先進国政府に対して勧告され、その後、各国の政策に定着してきました。もともとは、企業に厳しい公害対策を求める国とそうでない国があると公正な貿易ができなくなるので、こうした事態を避けようという考え方に立って、OECDで議論が開始されました。

OECDのPPPにおいては、「汚染者」が負担すべき費用は、汚染防止措置を実施するための費用と、事故による汚染の後始末を行うための費用とされています。日本は、OECDの考え方に加えて、被害救済費用や原状回復費用も汚染者に負担させるべきとしています。

PPPの背景には、**外部不経済を内部化するための費用は汚染の原因者が支払うべきであり、税金を投入することは不公平で非効率でもある**という経済学的な考え方があります。補助金を用いた政策は、企業に受け入れられやすい政策ですが、PPPの例外と認められる場合に限って採用されるべきです。

OECDのPPPにおいて、その例外と認められている場合は、規制強化

➡ **OECDのPPPに関する勧告**
1972年の「環境政策の国際経済面に関するガイディング・プリンシプルに関するOECD理事会勧告」、1974年の「汚染者負担原則(PPP)の実施に関するOECD理事会勧告」、1989年の「事故汚染へのPPPの適用に関するOECD理事会勧告」の3つの勧告によりPPPは国際社会に定着した。

なお、OECDの汚染者負担原則は、「汚染者」によって負担された費用が、汚染を引き起こす製品やサービスの価格に反映されて、消費者に転嫁されることを禁じる趣旨ではない。逆に、汚染の代償が価格体系の中に適切に織り込まれることを進めようとするものである。

第4章　持続可能な社会に向けたアプローチ

に対応するために行われる過渡的な助成金、研究開発助成金、環境課徴金と組み合わせて行われる助成金です。日本のPPPは、汚染者が不明の場合や存在しない場合なども、その例外と認めています。

（2）拡大生産者責任（EPR：Extended Producer Responsibility）

ある製品の利用によって環境汚染が生じる場合、汚染者負担原則では、その製品を生産する者が「汚染者」なのか、その製品を消費する者が「汚染者」なのかが、あいまいです。例えば自動車が出す排ガスは、自動車メーカーと自動車の運転者のどちらが「汚染者」でしょうか。この点を明確にするのが、拡大生産者責任（EPR）の考え方です。

EPRとは、**生産者は製品の生産時のみならず、消費段階後についても製品に伴う環境負荷に対して責任を持つべきである**とする考え方です。従来、メーカーが製造した製品が消費を経て廃棄物になったとき、その処理責任は市町村が負っていました。しかし、これを生産者の側に移し、製品の設計段階での環境配慮を求めようとするものです。引き取り処理などの物理的責任を求める場合と、処理費用の負担という経済的責任を求める場合があります。

日本では、ごみ処理について、市町村から生産者側に責任を移す試みが徐々に行われてきています。例えば、**容器包装リサイクル法**は、一定の基準に適合するように市町村が容器包装を回収、前処理した場合に、生産者側の費用負担で再生利用する仕組みです。日本では、この制度も含めて、**家電リサイクル法**、**自動車リサイクル法**など、EPRの考え方を取り入れた法制度が導入されました。

（3）無過失責任（Strict Liability）

民法に定められた原則の一つに、過失責任の原則があります。これは、ある人が他人に損害を与えた場合、その人に故意や過失が認められる場合に限って、責任を求めるという原則です。個人の自由な活動を保障するために導入されました。

しかし、公害による損害など、加害者に故意・過失があったことを被害者に立証させるのは、被害者の救済という観点から問題がある場合がみられるようになりました。このため、**故意・過失が認められなくとも、加害者に損害賠償を求めることができる**無過失責任の考え方を取り入れた条文が、大気汚染防止法第25条、水質汚濁防止法第19条、原子力損害の賠償に関する法律第3条に導入されています。

3　どのタイミングで対策を実施すべきか

（1）未然防止原則（Prevention Principle）

未然防止原則とは、環境への悪影響は**発生してから対応するのではなく、未然に防止すべきである**という原則です。環境の破壊やそれに伴う

➡日本の汚染者負担原則
　1976年の中央公害対策審議会費用負担部会「公害に関する費用負担の今後のあり方について（答申）」では、日本で、環境防除費用のみでなく、環境復元費用や被害救済費用についても汚染者負担の考え方が導入されているとして、汚染者が負担すべき費用の範囲を広く捉えるべきとした。このため、日本では、汚染者負担の追求が不可能な場合も、汚染者負担原則の例外とされている。また、廃棄物・下水処理を念頭に置き、ナショナルミニマムを確保する必要がある場合も例外とされた。

➡ EPR
　P.123参照。

➡ OECDの拡大生産者責任（EPR）ガイダンスマニュアル
　2001年、OECDは「拡大生産者責任（EPR）──政府のためのガイダンスマニュアル」を公表した。この文書でEPRは、従来、製品価格に含まれていなかった製品のライフサイクルにわたる環境コストを、製品価格に反映させるための手段と位置づけられている。この解釈に従えば、環境コストの大部分を製品価格に反映させることが求められることになる。

➡容器包装リサイクル法
　P.134参照。

➡家電リサイクル法
　P.135参照。

➡自動車リサイクル法
　P.139参照。

被害が発生した場合、完全に元どおりにすることは大変難しく、公害病で重篤な影響を受けた場合も、補償金を費やしても、元の健康状態を取り戻すことは非常に困難です。自然環境も、ひとたび失われれば完全には元どおりになりません。

また、影響が発生する前に対策を講じ、影響を未然に防止した方が一般的に少ないコストで済むことを、環境庁（当時）の職員が水俣病、イタイイタイ病、四日市ぜんそくを例に、実際の公害被害額と未然防止のための費用とを比較して明らかにしました。図表4−1は、未然防止の費用の方が被害が発生した際に要する費用よりも小さいことを示しています。

図表4−1　公害被害費用と未然防止費用の比較

公害事案	公害被害額	未然防止費用
イタイイタイ病	25.18億円	6.02億円
水俣病	126.31億円	1.23億円
四日市ぜんそく	210.07億円	147.95億円

出典：地球環境経済研究会編著『日本の公害経験』合同出版

（2）予防原則 （Precautionary Principle）

環境問題が発生するかどうかについては、常に不確実性が伴います。予防原則は、**科学的に確実でないということを、環境の保全上重大な事態が起こることを防止するための対策の実施を妨げる理由にしてはならない**とする原則です。地球温暖化をはじめとして、原因から被害までのメカニズムが複雑な問題には、何らかの不確実性が伴います。しかし、予防原則に従えば、その影響が取り返しのつかないレベルとなる可能性がある場合には、対策を講ずる必要があるということになります。

近年、このような問題の重要性が増加しているため、予防原則の適用範囲が増えています。

（3）源流対策原則

公害の防止のための対策は、まず、汚染物質をその排出段階で規制するという形で始められました。また、廃棄物対策も、排出された廃棄物をいかに減量化・無害化するのかという観点で実施されてきました。このように、発生した汚染物質や廃棄物を排出口において処理する対策は、**エンドオブパイプ型対策**と呼ばれます。

一方、源流対策原則は、汚染物質や廃棄物が環境に排出される段階で対策を講ずるのではなく、**製品の設計や製法の段階（源流段階）において対策を講ずることを優先すべき**という原則です。発生抑制（Reduceリデュース）、再使用（Reuseリユース）、再生利用（Recycleリサイクル）の優先順位で対策を行うべきという考え方も、源流対策の原則の一環として位置づけることができます。

➡予防原則
リオ宣言（1992年）の第15原則には以下のように記されている。
「深刻な、あるいは不可逆的な被害のおそれがある場合には、完全な科学的確実性の欠如が、環境悪化を防止するための費用対効果の大きい対策を延期する理由として使われてはならない」

➡エンドオブパイプ型対策
P.20参照。

➡源流対策原則
源流対策の原則は、1990年代に各国に導入され始めた。米国の汚染回避法（1990年制定）は、「汚染は、実行可能な場合にはいつも、源流において回避され削減されなければならない」と源流対策原則を位置づけた。日本では、第1次環境基本計画（1994年）において排出抑制を筆頭とする優先順位が定められ、2000年の循環型社会形成推進基本法においてこの優先順位が法制化された。

図表4-2 源流対策と3Rの教育ツール

出典：京エコロジーセンターHPより

4 誰が政策を実施すべきか

(1) 対策と政策の違い

対策とは、汚染物質の削減、植林など、環境保全のための具体的な活動を行うことを指します。一方、政策とは、社会的課題の解決のために社会のルールを設けたり変更したりすることを指します。

対策実施者が、対策を行うべき段階で適切に対策を行うようにするためには、ルールが必要です。政策は国や自治体が行うものだという認識がありましたが、市民参加と分権の2つの方向で、この認識が変わってきています。

(2) 協働原則

協働原則は、市民参加の背景となる原則で、**公共主体が政策づくりを行う場合には、企画、立案、実行の各段階において関連する民間の各主体の参加を得て行わなければならない**というものです。1976年に、ドイツ連邦政府の「環境報告書」で、予防原則、汚染者負担原則と並んで協働原則が定式化したとされています。

環境政策に対する市民参加の必要性については、国際的にも認知され、リオ宣言（1992年）では第10原則として位置づけられました。日本においても、環境基本計画の長期目標の一つとして「参加」を位置づけました（P.196参照）。

➡リオ宣言
P.22参照。

(3) 補完性原則

分権に関して、最近注目されている考え方に補完性原則があります。

補完性原則は、**基礎的な行政単位で処理できる事柄はその行政単位に任せ、そうでない事柄に限って、より広域的な行政単位が処理する**という考え方です。この原則は、環境分野でも、市民で処理できる事柄は市民に任せ、そうでない事柄に限って政府が処理するという、官民の役割分担の考え方として適用できます。

03 環境政策の計画と指標

> **学習のポイント**　環境政策で解決すべき課題は広範に及ぶため、長期にわたる取り組みが不可欠です。このため、適切な環境目標を設定し、適切な指標を活用して、計画的に環境政策を進めていく必要があります。

➡PDCAサイクル

➡計画の PDCA サイクル
　自治体が策定する環境基本計画のPDCAに関しては、行政のみで行うのではなく、協働原則に則って、計画に関連する地域の関係者（ステークホルダー）や市民・住民の参加を得て進める事例が増えている。

➡環境基準が定められている環境事象
　典型7公害のうち、振動、悪臭及び地盤沈下については、環境基準を定めていない。これは、環境基準の設定に必要な科学的知見が欠如しているという側面と、そもそも環境的に許容される悪臭レベルや地盤沈下レベルなどはあり得ないという考え方が背景にある。
　P.142（大気）、146（水質）、150（土壌）参照。

➡典型7公害
　P.140参照。

1　計画的手法の意義

　環境問題で解決すべき課題は、解決までに長期間を要し、対策の継続が必要とされることが少なくありません。また、解決の優先順位が求められることも多々あります。このため、問題解決には多くの政策領域との密接な連携、異なる主体の役割分担と協力関係が求められます。

　そこで、環境政策の広範な分野の政策を推進する上で、環境基本計画をはじめとする「計画」の策定が重要な役割を果たしています。計画では、明確な目標（短期、長期）や目標達成のスケジュール、目標達成のための政策手段の設定、計画の推進を担う関係者間の役割分担、目標達成の確認手段などを定めることとなります。

　計画は、実行・点検・次期計画への橋渡し、というように発展していかなければなりません。つまり、計画（Plan）・実行（Do）・点検（Check）・見直し（Act）という**PDCAサイクル**が機能することが重要です。

2　公害防止のための目標 ── 環境基準

　環境基準とは、**人の健康を保護し、生活環境を保全する上で維持されることが望ましい環境上の条件**を、政府が定めたもの（環境基本法第16条第1項）です。環境基準は、**行政が公害防止に関する施策を講じていく上での目標**であって、事業者などに達成義務を直接課すものではありません。環境基準を達成するために政府が規制や課税などのさまざまな政策手法を採用し、事業者などに対策を講じるように働きかけるという関係にあります。また、環境基本計画などにおいては、計画の目標として用いられます。

　環境基準は、**典型7公害**のうち、**大気の汚染、水質の汚濁、騒音、土壌の汚染の4種**について定められることとなっています（環境基本法第16条第1項）なお、**ダイオキシン類対策特別措置法**第7条では、**ダイオキシン類による大気の汚染、水質の汚濁、土壌の汚染**に関わる環境上の条件について、政府が環境基準を定めることとなっています。

第4章　持続可能な社会に向けたアプローチ

図表4-3　環境基準の一覧

大気汚染に係る環境基準	二酸化硫黄、一酸化炭素、浮遊粒子状物質（SPM、PM10）、微小粒子状物質（PM2.5）、光化学オキシダント、二酸化窒素、ベンゼン、トリクロロエチレン、テトラクロロエチレン、ジクロロメタン、ダイオキシンの11物質に関する環境基準
水質汚濁に係る環境基準	人の健康の保護に関する環境基準（健康項目）、生活環境の保全に関する環境基準（生活環境項目）、地下水の水質汚濁に係る環境基準、水生生物の保護に関する環境基準
騒音に係る環境基準	一般的な環境基準、航空機・新幹線騒音に係る環境基準
土壌汚染に係る環境基準	農用地に係る基準を除き、水質汚濁に係る環境基準のうち、健康項目の基準とほぼ同じ

3　環境指標

　環境指標とは、環境保全の取り組みの度合いを測る尺度です。従来は、環境基準項目ごとの環境の質の状態や基準達成状況が用いられてきました。しかし、**環境基本計画**の導入（1994年）をきっかけに、政策や対策の進行管理を行うためには、よりわかりやすい総合的な指標が必要だという指摘がされ始めました。

➡環境基本計画
P.20、172参照。

　最も早く総合的な指標を導入したのが、**循環型社会形成基本計画**です。指標として**資源生産性**、**循環利用率**、**最終処分量**の3つの数値目標を導入しました。このうち、循環利用率については、入口側の循環利用率（経済社会に投入されるものの全体量のうち循環利用量の占める割合）と出口側の循環利用率（廃棄物等の発生量のうち循環利用量の占める割合）の2つで構成されています。

➡循環型社会形成推進基本計画
P.124参照。

➡資源生産性
P.124参照。

➡循環利用率
P.124参照。

➡最終処分量
P.124参照。

　第5次環境基本計画（2018年）は、環境基本計画の進捗状況についての全体的な傾向を明らかにし、環境基本計画の実効性の確保に資するため、環境の状況、取り組みの状況等を総体的に表す指標群を活用するとしています。

　経済の状態を表す指標としては、GDP（国内総生産）が定着しています。この指標を使って、各国の経済の状態を比較したり、景気を判断したりしています。環境の状態や持続可能性についても、国民に容易に理解され受け入れられ、国際的にも共有できる指標の開発と定着が望まれます。

　「豊かさ」を測るには、自然環境、文化や伝統、良好な生活環境、人と人とのつながり、精神的な満足感などの要素も重要です。これらの要素も取り入れた**持続可能性指標**の開発が大きな課題です。

➡持続可能性指標
P.194参照。

04 環境保全のための さまざまな手法

学習の ポイント ▶ 環境保全の取り組みを推進し、環境政策の目標を達成するためには、規制的手法、経済的手法など、さまざまな政策手法があります。ここでは、その手法を体系的に学びます。

1 さまざまな環境政策手法

環境問題への対応には、さまざまな政策手法を適切に活用し、さらに、それらを適切に組み合わせて政策パッケージを形成し、相乗効果を上げていく必要があります。主な環境政策手法は、図表4－4のとおりです。

図表4－4 さまざまな環境政策手法

手法の分類		定義	具体例
各主体を動かす手法	規制的手法	罰則などの法的制裁措置をもって、一定の行動を各主体に義務づける手法	自然公園内の行為規制、自動車排ガス規制
	経済的手法	経済的インセンティブの付与を介して各主体の経済合理性に沿った行動を誘導する手法	地球温暖化対策税、排出量取引、デポジット制度、補助金、税制優遇
	情報的手法	各主体の環境情報が、ほかの主体に伝わる仕組みにすることにより、各主体の行動を誘導する手法	環境報告書の公開 環境情報の公開 製品への表示
	合意的手法	各主体がどのような行動を行うかについて、事前に合意することを通じて、その実行を求める手法	公害防止協定、環境マネジメント規格の取得
	自主的取組手法	各主体が行動に努力目標を設け、自主的に環境保全の取り組みを行う手法	企業・団体等の環境に関わる自主行動計画
	手続き的手法	意思決定の場で環境配慮のための判断基準とその手続きを組み込む手法	環境影響評価制度 PRTR制度
	教育的手法・支援的手法	各主体が、一定の行動を自発的に行うよう、教育・学習機会を提供し、支援する手法	環境教育・学習、指導者や活動団体の育成、場所・機材・情報・資金の提供
自ら行う手法	事業的手法	自ら環境保全に関する事業を行い、あるいは環境保全に関する財・サービスを購入する手法	グリーン公共事業 グリーン調達
	調整的手法	問題が発生した際に、事後的に対応する手法	被害救済 裁判前の紛争処理

2 規制的手法

規制的手法は、環境政策の根幹を形成しています。環境保全上の支障が生じるおそれのある行為そのものを規制する方法（**行為規制**）と、環境影響の程度を規制する方法（**パフォーマンス規制**）が代表的な方法です。

第4章　持続可能な社会に向けたアプローチ

（1）行為規制

　環境に影響を及ぼすおそれのある行為について、具体的な行為の内容を指定して遵守させる方法です。例えば、自然公園法では、国立公園の特別地域における土地の形状変更などの行為は、許可を受ける必要があります。重油の流出などの緊急時の応急措置命令も、これに該当します。行為規制を採用すると、民間の創意工夫はある程度制約を受けますが、緊急の場合や行ってはいけないことを規制する場合には有効です。

（2）パフォーマンス規制

　定められた環境影響のレベルを確保することを求める方法です。環境影響のレベルの定め方には、環境影響の大きさを定める方法と、環境改善の程度を定める方法があります。

　パフォーマンス規制では、規制をどのような方法で達成するかは規制対象者に委ねられるので、行為規制と違って民間の創意工夫の余地があります。この際、技術評価をしながら、規制基準を随時引き上げていく**トップランナー制度**を採用すれば、民間の技術開発の意欲を失わせることなく、規制を行うことができます。一方で、常に環境影響のレベルを測定する必要があるため、施行に要する費用は行為規制よりも高くなります。

➡トップランナー制度
　P.85参照。

図表4-5　パフォーマンス規制の事例

環境政策分野	具体的事例
大気環境保全	大気汚染物質に対する排出基準、自動車排ガス規制など
水環境保全	水質汚濁物質に対する排水基準、総量規制基準など
生活環境	工場騒音規制、建設作業騒音規制、臭気濃度規制など
廃棄物	廃棄物の処理基準、保管基準など

3　経済的手法

　経済的手法には、負担を求めることによって誘導する経済的負担措置と、助成を行うことで誘導する経済的助成措置があります。経済的手法は、規制的手法を適用することが難しい多数の主体を、幅広く誘導することができます。脱炭素社会への移行を進めるため、炭素税や排出量取引などの**カーボンプライシング**が注目されています。

➡カーボンプライシング
　P.71参照。

（1）経済的負担措置

　経済的負担措置としては、税（**環境税**、**炭素税**、**水源税**など）や課徴金が典型例です。環境負荷量に応じて徴収する排出課徴金、ごみ有料化など公的サービスのユーザーから徴収するユーザー課徴金、自然保護のための入山料や大気汚染防止のためのロードプライシングなどの入り込み課徴金などがあります。

➡環境税、炭素税、水源税
　など
　P.237参照。

➡ロードプライシング
　混雑や大気汚染を緩和するために道路の通行に対して課税する手法。
　P.159参照。

（2）経済的助成措置

　経済的助成措置としては、補助金や税制優遇が典型例です。経済的助成措置には、各種補助金、税制優遇、低利融資、資金借り入れに関する公的債務保証、再生可能エネルギーなどの固定価格買取制度などがあります。経済的助成措置を講じる際には、汚染者負担原則の例外に合致しているかどうかを確認する必要があります。

（3）デポジット制度

　飲料容器などを指定場所に戻した場合に**預かり金を返却する**デポジット制度は、経済的負担措置にも経済的助成措置にもなります。デポジット制度は、飲料容器を返却しない人への未返却課徴金としても、自主的に回収する人への回収補助金としても解釈できます。

（4）排出量取引制度

　排出量取引制度とは、汚染物質を排出する権利を設定し、その売買を認める制度です。汚染物質の排出を削減、または汚染の浄化を行った者は、それにより余剰となる排出権（クレジット）を売って利益を得ることができます。対策費用が高い事業者がクレジットを購入し、対策費用が安い事業者の対策量が増えるので、社会全体として排出削減・浄化のコストを抑えることができると言われています。

　排出量取引制度には、制度全体の排出許容総量（＝クレジット総量）を定め、それを制度参加者に配分する**キャップアンドトレード制度**（EU、東京都の制度など）と、制度参加者が一定の条件を満たした場合にクレジットが与えられる**ベースラインアンドクレジット制度**（二国間クレジットなど）があります。

4　情報的手法

　情報的手法は、主体に環境情報に関する説明責任を求め、それをほかの主体の目にさらし、社会的プレッシャーをかけることによって、環境保全上望ましい行動に誘導する手法です。公開される環境情報としては、事業活動に関する情報と、それによって生み出される製品に関する情報が想定されます。

（1）事業活動に関する環境情報

　事業活動に関する環境情報を公開させる制度としては、一定量以上の化学物質の環境中への排出や廃棄物としての移動を行う事業所に報告を求め、この結果をベースに行政が対外的に公表する**化管法（PRTR制度）**が該当します。

（2）製品に関する環境情報

　製品に関する環境情報を公開させる制度としては、化学物質排出把握管理促進法などにおいて、一定の化学物質についてSDSとともに譲渡す

➡再生可能エネルギーの固定価格買取制度
2011年8月に制定された再生可能エネルギー特別措置法において、2012年7月から導入された制度。再生可能エネルギーによって発電された電力を一定期間（概ね20年間）、一定の内部収益率が確保できるように定めた価格水準で買い上げることを保証している。
P.84参照。

➡EUの排出量取引制度
2005年にEUの31か国で導入された排出量取引制度。1万1,000か所以上の工場・発電所と航空機をカバーしている。この制度では、対象となる温室効果ガスの排出総量が2020年に2005年の21％減になるよう、徐々に削減されていくこととされている。

➡東京都の排出量取引制度
P.207参照。

➡二国間クレジット（JCM）
日本のパートナー国となった途上国で排出抑制対策を実施した場合に、クレジットを入手でき、日本の削減義務の達成に使用できる仕組み。なお、このクレジットをさらに売買することはできない。

➡化管法（PRTR制度）
P.165参照。

ることを義務づけていることなどが該当します。

なお、日本環境協会が運営する**エコマーク制度**をはじめとする環境ラベルも製品に関する環境情報を提供する役割を果たしています。

5 その他の手法

（1）合意的手法

合意的手法とは、対象者がどのような行動を行うかについて、行政や住民側と対象者とが事前に合意することを通じて、その実行を求める手法です。合意された場合、合意内容を実行する責任・責務が対象者に生じます。

典型的な例としては、協定を挙げることができます。**公害防止協定**、**地球環境保全協定**、**緑地協定**など、さまざまな協定が民間主体と行政との間、または民間主体と行政・地域住民との間で結ばれています。

（2）自主的取組手法

事業者などが自らの行動に一定の努力目標を設けて対策を実施するという取り組みによって、政策目的を達成しようとする手法です。事業者などがその努力目標を社会に対して広く表明し、政府などがその進捗点検を行うことによって、事実上、社会公約化されたものとなる場合には、さらに大きな効果が期待できます。

（3）手続き的手法

各主体の意思決定過程に、環境配慮のための判断を行う手続きと環境配慮に際しての判断基準を組み込んでいく手法です。例えば、**環境影響評価制度**、一定量を超える化学物質の移動・排出について報告を求める**PRTR制度**などは、手続き的手法にも該当します。

（4）教育的手法・支援的手法

各主体が、問題の所在に気づき、何をすべきかを知り、一定の作為（あるいは不作為）を自発的に選択するよう教育・学習機会を提供するとともに、指導者や活動団体の育成、場所・機材・情報・資金の提供などにより支援する手法です。

➡**エコマーク制度**
1989年に開始された環境ラベル制度で、公益財団法人日本環境協会によって運営されている。「生産」から「廃棄」にわたるライフサイクル全体を通して環境への負荷が少なく、環境保全に役立つと認められた商品にエコマークがつけられている。
巻頭カラー資料Ⅷ参照。

➡**公害防止協定**
P.206参照。

➡**地球環境保全協定**
省エネルギー推進、再生可能エネルギー導入など、公害防止のみならず、温暖化など地球環境保全対策を含んだ取組に関する協定。

➡**緑地協定**
土地所有者等の合意によって締結される、緑地の保全や緑化に関する協定。良好な住環境の創出・維持のために、協定区域の範囲、有効期限、敷地面積の緑被率、樹木の種類などを取り決める。

➡**環境影響評価制度**
1997年に制定された法律で定められた制度。事業者が大規模な事業活動に着手する前に、その環境影響を調査・予測・評価し、環境保全のための措置を講ずるよう、調査予測評価の結果の公表や意見聴取などを義務づけている。
P.190参照。

COLUMN

地球温暖化対策税

地球温暖化対策を強化することを目的に、「地球温暖化対策税」が創設され、2012年10月に施行されました。すべての化石燃料（石炭、石油、天然ガスなど）の利用に対する石油石炭税にCO_2排出量1t当たり289円を上乗せするもので、急激な負担増を避けるため、税率は3年半かけて3段階に分けて引き上げられました。税収は、2012年度391億円、2016年度以降は毎年2,623億円が見込まれています。税収は、省エネルギー対策、再生可能エネルギー普及、化石燃料のクリーン化・効率化などのエネルギー起源CO_2排出抑制の諸施策の実施にあてられています。

05 環境教育・環境学習

4 教育 📖

> **学習の ポイント** ▶ 持続可能な社会の構築に向けて、社会のあらゆる主体の環境意識を高め、行動・協働に移していくための環境教育・環境学習の役割について考えます。

1 環境教育・環境学習の役割と担い手

「環境保全の意欲の増進及び環境教育並びに協働取組の推進に関する基本的な方針」（2012年閣議決定）によれば、環境教育の目的は、
①**環境問題に関心を持ち、**
②**環境に対する人間の責任と役割を理解し、**
③**環境保全に参加する態度と環境問題解決のための能力を育成する**
こととされています。

環境教育・環境学習の対象は、幼児から成人まで幅広く、実践の場も地域社会から職場まで広範囲にわたります。実施主体も自治体、企業、学校、大学・研究機関、NGO・NPOとさまざまです。環境教育・環境学習の活動は、環境について学ぶプログラム、体験を通して感受性を育むプログラム、調査や環境保全活動に参加するプログラム、協働取り組みを通して互いに学ぶ合うプログラム、指導者育成やプログラム開発、教材開発のワークショップなど多岐にわたります。

2 環境教育に関する世界の流れ

環境教育という概念は、1948年の国際自然保護連合（IUCN）の会議で初めて国際的に認識されました。1972年の国連人間環境会議で採択された「人間環境宣言」の中で環境教育の重要性が指摘されたのを皮切りに、多くの会議で環境教育の役割が強調されるようになりました。1975年の国際環境教育ワークショップで採択された**ベオグラード憲章**は、環境教育の目的や内容を明確にし、世界に影響を及ぼしました。

1992年の地球サミットで採択されたアジェンダ21では、持続可能な開発を推進するための教育を進める重要性が強調されました。この考え方を受け、1997年の第3回環境教育世界会議では、**ESD**（Education for Sustainable Development：持続可能な開発のための教育）という考え方がテサロニキ宣言の中に盛り込まれました。さらに、2002年のヨハネスブルグサミットでは、日本政府と市民団体の共同発案に基づいて、**ESD**

➡環境教育・環境学習
一般に、教育とは「教える側」と「教えられる側」が存在するのに対し、学習とは「学ぶ側」を主体に考えた学びの過程である。本項では国際会議や法律等での特定の記載については、その名称等に従い、それ以外では環境教育と環境学習を同等に扱っている。

➡環境保全につながる具体的な行動
一般には、環境配慮行動と呼ばれる。
日常生活での環境配慮行動には、公共交通の利用、省エネ・省資源行動などがある。社会変革のための環境配慮行動には、環境保護団体の活動への参加、環境に配慮した政策づくりへの関与・支持、省エネ・省資源型の技術開発への貢献などがある。

➡ベオグラード憲章
1975年にユーゴスラビア（当時）の首都ベオグラードにおいて国連教育科学文化機関（UNESCO）と国連環境計画（UNEP）の共催により開催された「国際環境教育ワークショップ」で採択された憲章。世界の環境教育の指針となる考え方が示されている。

第4章　持続可能な社会に向けたアプローチ

の10年（持続可能な開発のための教育の10年）：2005－2014が提案され、実施されました。

2015年からは後継となる**行動プログラム（GAP）**、2020年からはSDGsの達成期限の2030年に向けて、社会の変容と個人の変容を連関させ、技術革新にも対応した「**ESD for 2030**」が策定されました。

図表4－6　環境教育に関する世界の流れ

年	会議名・開催場所	採択文書または関連する章
1972	人間環境会議／ストックホルム（スウェーデン）	人間環境宣言　第19項目
1975	国際環境教育会議／ベオグラード（セルビア＊当時ユーゴスラビア）	ベオグラード憲章
1977	環境教育政府間会議／トビリシ（ジョージア＊当時ソ連）	トビリシ宣言・トビリシ勧告
1992	国連環境開発会議／リオデジャネイロ（ブラジル）	アジェンダ21 第36章
1997	環境と社会に関する国際会議／テサロニキ（ギリシャ）	テサロニキ宣言
2002	持続可能な開発に関する世界首脳会議ヨハネスブルク（南アフリカ）	ヨハネスブルグ・サミット実施計画第121項
2007	環境教育世界会議／アーメダバード（インド）	アーメダバード宣言
2012	国連持続可能な開発会議／リオデジャネイロ（ブラジル）	我々が望む未来 229-235項

3　環境教育に関する日本の流れ

日本における環境教育の萌芽は、環境問題が深刻化した1960年前後に認められますが、「環境教育」という呼称の下に、その必要性が強調され始めたのは、地球環境問題が登場した1980年代後半です。その後、「ESDの10年」の国際提案をきっかけにESD推進会議が設立され、政策提言、ネットワークづくり、情報発信のための活動が活発化しました。文部科学省と環境省は、ESD推進ネットワークの拡充に向けて、**ESD活動支援センター**（2016年開設）、地方ESD活動支援センター（2017年開設、8ブロック）を設置するとともに、地域におけるESD支援・推進主体として、地域ESD推進拠点の登録を開始しました。

1993年に施行された環境基本法にも、環境教育や学習などに関する条文（25条）が盛り込まれ、2003年には**環境教育推進法**（旧法）が誕生しました。さらに、環境保全活動・環境教育の一層の推進、幅広い実践的な人材づくりや活用、協働取組の推進などを目的として、旧法が全面改正となり、2011年に**環境教育等促進法**が成立しました。2018年には、体験活動の意義などの捉え直しと、「体験の機会の場」の位置づけの見直しを主とした基本方針の変更がなされました。

「持続可能な社会の担い手づくり」は、学校教育の中でも積極的に進められています。また、環境教育・環境学習の質を維持できるよう、環境教育の指導者の育成に関する認定登録制度が設けられました。

➡ ESDの進展
「ESDの10年」開始後は環境教育・環境学習を中心とするESDの推進が図られ、ESD推進の拠点としてのユネスコスクールも飛躍的に増えた。また、大学においても学際的な学部・学科が誕生し、その多くが、持続可能な社会づくりに向けた人材育成に取り組んでいる。
社会教育においては、自治体や公民館や博物館などを中心とした環境教育・ESDが進められているほか、NPO・NGOによる自然体験教育や環境人材育成分野での活動も活発に行われている。

➡環境教育推進法
「環境の保全のための意欲の増進及び環境教育の推進に関する法律」（2003年）は、持続可能な社会を構築する上での環境教育の重要性を示した上で、環境教育の基本理念や国民、民間団体、国、地方自治体といった社会の主体の責務や、基本方針や環境教育の推進に必要な事項を定めている。同法は、2011年に環境教育等促進法「環境教育等による環境保全の取組の促進に関する法律」に改正された。

➡環境教育の指導者の育成に関する認定登録制度
2003年、2011年の旧法、新法の双方において、第11条（人材認定等事業の登録）について明記されている。

06 環境アセスメント制度（環境影響評価）

`16 平和` `17 実施手段`

> **学習のポイント** ▶ 事業者が開発事業を行う前に環境への影響を予測し、自治体や住民などの意見を求め、できる限り環境保全に配慮された事業にしていこうとする仕組みが、環境アセスメントです。

1 環境アセスメント（環境影響評価）とは

環境アセスメント（環境影響評価）とは、事業者が大規模な開発事業や公共事業を実施する事前の段階で、環境への影響を調査、予測、評価し、自治体や住民の意見を参考にしながら、事業そのものを環境保全上、より望ましいものにしていく仕組みです。

2 環境影響評価法の制定

環境アセスメントは1969年にアメリカで誕生し、またたく間に世界各国に普及しました。日本でも、急速な高度経済成長に伴う自然環境の破壊と激甚な公害被害を背景に、1972年に公共事業に際しての環境アセスメントの実施が閣議で了解されました。その後、個別法などに基づいて電力立地、埋め立て、飛行場や新幹線建設などの大規模事業においてアセスメントが実施されるようになりました。

1980年頃からの法制化への動きに対しては、経済への悪影響を懸念する声が根強くありました。しかし、「リオ宣言」（1992年）で各国における環境アセスメントの推進が強調されたことをきっかけに法制化が加速し、1997年に**環境影響評価法**が成立し、1999年に施行されました。

自治体でも条例や要綱で独自のアセスメント制度を設けているところがあり、国の制度では対象になっていない埋蔵文化財や地域コミュニティの維持、安全などを評価対象としている例もあります。

> **➡環境影響評価法成立までの道のり**
>
> 環境アセスメントは、1969年に米国で制度化された後、日本でも導入され、1975年頃までに港湾計画、埋め立て、発電所、新幹線についての制度が設けられた。
>
> 1981年には制度の確立を目指して「環境影響評価法案」が国会に提出されたが、強い抵抗の末に1983年に廃案となった。ただし、翌年、閣議決定により法律の代わりに統一的なルールが設けられた（この閣議決定による制度を「閣議アセス」という）。
>
> その後、1993年制定の「環境基本法」で環境アセスメントの推進が位置づけられたことをきっかけに検討が始まり、1997年に「環境影響評価法」が成立、1999年6月に施行された。OECD加盟29か国の中で、最も遅い法制化だった。

> **➡閣議アセス**
>
> 1984年に国レベルの大規模事業を対象とする環境アセスメントの実施が閣議決定され、環境アセスメントの要綱「環境影響評価の実施について」が作成された。これに基づく環境アセスメントを、通称、閣議アセスと呼ぶ。

🌲🌲🌲 図表4−7 環境アセスメントの対象となる環境要素の範囲

環境要素	内訳
環境の自然的構成要素の良好な状態の保持	大気環境、水環境、土壌環境、その他の環境
生物の多様性の確保及び自然環境の体系的保全	植物、動物、生態系
人と自然との豊かな触れ合い	景観、触れ合い活動の場
環境への負荷	廃棄物等、温室効果ガス等

第4章 持続可能な社会に向けたアプローチ

3 環境アセスメントの仕組みと手続き

環境影響評価法に基づく環境アセスメントの手続きの流れは、図表4-8のとおりです。

アセスメントの対象となる事業は、道路、ダム、鉄道などの13種類の事業であって法律による免許を受けるなど国の関与があるものと、港湾計画です。このうち規模が大きく、環境影響が著しいものとなるおそれがある事業を**第一種事業**と定め、環境アセスメント手続きの実施を義務づけています。

第一種事業に準ずる**第二種事業**は、個別の事業や地域の違いを踏まえて、アセスメントを実施するかどうかの**スクリーニング（ふるい分け）**を行います。

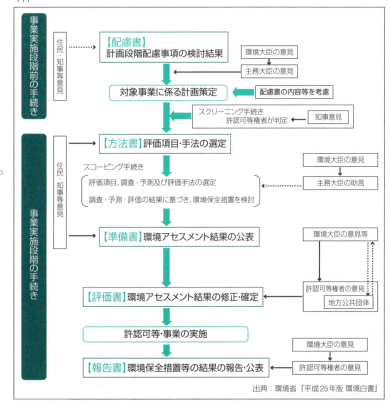

図表4-8 環境アセスメントの手続きの流れ

出典：環境省『平成25年版 環境白書』

環境アセスメント手続きとしては、評価項目等の選定を行う方法書（スコーピング手続き）、調査・予測・評価の結果や環境保全措置をまとめる準備書、関係者の意見を聞いて修正した評価書を事業実施者が順次作成していくことが定められています。

4 戦略的環境アセスメント（SEA）への進展

従来の環境アセスメントは、開発事業の方針や位置・規模などが決められた後の実施段階で行うため（いわゆる事業アセス）、環境配慮の検討の幅が限られていました。このため、より上位の計画段階や政策を評価対象に含める**戦略的環境アセスメント（SEA）**の導入が求められていました。その後、2011年4月の環境影響評価法の改正により、事業の計画段階において環境の保全のために配慮すべき事項の検討を求める**配慮書手続き**が規定され、戦略的環境アセスメントの考え方が導入されました。持続可能な社会に向けて、行政や住民・NPO、事業者らがそれぞれの立場で環境アセスメントに参加し、早期の段階で合意形成を図ることで、環境悪化を未然に防止することが重要です。

➡戦略的環境アセスメント
（SEA：Strategic Environmental Assessment）
戦略的環境アセスメントは、事業実施前の意思形成段階において、政策や計画・プログラムを対象に、環境影響を予測評価し、その結果を政策等の意志決定に反映させていく手続き。

戦略的環境アセスメントは、国よりも地方自治体で先行している。2002年の埼玉県を先駆けとして東京都、広島市、京都市などでも制度化された。海外でもアメリカ、カナダ、EU諸国などで導入が進んでいる。

07 国際社会の中の日本の役割

16 平和 ✊ **17 実施手段** ✿

学習の ポイント ▶ 環境問題への取り組みにおいては、国際社会の協調が不可欠です。日本の国際社会における立ち位置を理解し、日本が国際社会の中でいかなる役割を果たしていくべきかを考えます。

1 ▶ 世界の共通課題 —— 持続可能な社会づくり

わたしたち人類が地球の恩恵を享受し、発展し続けていくためには、わたしたちの生活を持続可能なものに変革していかなければなりません。

開発途上国では今、経済発展に伴う負の側面を抑制しながら持続可能な社会への移行が課題となっています。また、グローバル化の進展に伴い、気候変動、水問題、感染症、エネルギー等の地球規模課題は、国際社会全体に大きな影響を及ぼします。こうした課題は、一国のみでは解決し得ない問題であり、国際社会が団結して取り組む必要があります。

2 ▶ 国際社会で日本が果たすべき役割

日本は、地球環境問題に対して、どのような役割を果たしていくべきでしょうか。日本の立ち位置を、まず次の3点で再確認します。

（1）地球環境に対する影響

日本の人口は、推定77億人と予測されている世界人口の1.6%にしか過ぎませんが、世界のGDPの5.9%に相当する経済活動を行っており、地球環境に相応の影響を及ぼしています。

（2）地球の環境からの恩恵の享受

日本はエネルギー資源の大半、そしてかなりの食料を海外に依存しています。日本は、地球が健全な状態で維持されていて初めて、豊かな経済社会活動を営むことができるといえます。

（3）地球環境保全のための能力

日本は深刻な公害問題を克服した技術と経験を有し、研究開発能力や資金的な能力もあります。以上を念頭に置けば、日本は、次のような点を中心に地球環境問題に取り組んでいくことが求められます。

● 条約など国際的な政策の枠組みづくりの取り組みへの参加と貢献
● 開発途上国に対する援助など国際協力の推進とODA（政府開発援助）の実施における環境配慮の徹底
● 調査研究・観測及び科学技術開発面での国際貢献の推進

➡ **国際社会における日本の位置（人口、経済）**
国連「世界人口予測2019」によれば、世界人口は2019年に77億人と推計されている。日本の当時の人口は1.26億人余りで、世界人口の1.6%に当たる。
一方、経済規模については、国際通貨基金（IMF）の統計によれば、日本の2018年のGDP（名目）は約4.97兆USドルで、世界のGDPの約5.9%に相当する（世界3位）。なお、GDP世界1位は米国、2位は中国。

➡ **日本の食料、資源、エネルギーの海外依存**
P.52、56、86参照。

●日本自らの、環境負荷の小さい持続可能な社会経済の実現

3 開発途上国への支援

（1）政府開発援助（ODA）

　日本の**ODA（政府開発援助）**の2018年の実績は約172億ドル（支出総額ベース）で、世界第4位でした。この日本のODAの重点分野の一つが環境です。日本は地球サミット（1992年）や持続可能な開発に関する世界首脳会議（2002年）などの場で、国際社会に向けて環境分野のODAの強化を約束してきました。最近では、2019年に国連総会後に首脳レベルで開催された「SDGsサミット」において、国際協力においてもSDGsを推進することを発表しました。

　OECDのデータによれば、環境を主目的としたODAの日本の実績は2016～2017年平均で約83億ドルと、ドイツの69億ドルを抜いて世界第1位であり、環境分野の支援に力点が置かれていることがわかります。

（2）ODAにおける環境社会配慮

　ODAのプロジェクトは、道路やダムの建設など大規模なものが多く、その地域の環境や社会面への配慮がされているかどうか、アセスメントの実施が重要です。

　日本政府のODAの実施機関であるJICAでは、2010年に策定した「環境社会配慮ガイドライン」に基づき、ODAの実施が開発途上国の環境や社会に与える影響に十分注意を払い、環境社会配慮支援・確認を適切に実施し、情報の透明性や説明責任を確保しています。

（3）地方自治体や市民団体の環境協力

　地方自治体や市民団体も、環境問題に取り組んできた経験を生かし、国際環境協力を行っています。市民団体による環境協力を支援する資金メカニズムとして、地球環境基金も設けられています。

➡ **ODA（政府開発援助）**
　Official Development Assistance（政府開発援助）の頭文字をとったもの。OECD（経済協力開発機構）の開発援助委員会は、ODAについて次の3つの要件を満たすように求めている。
①政府または政府の実施機関によって供与されること
②開発途上国の経済発展や福祉の向上に寄与することを主目的とすること
③資金協力については、その供与条件が開発途上国にとって重い負担とならないこと

➡ **ODAの政府の実施機関**
　日本では、独立行政法人国際協力機構（JICA）が政府の実施機関に該当する。

図表4-9　主要国におけるODA実績の推移

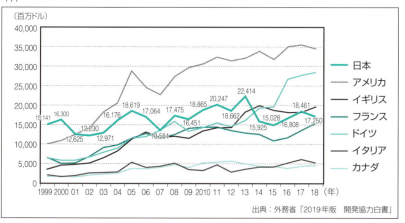

出典：外務省「2019年版　開発協力白書」

〈持続可能性を測る、さまざまな指標〉

　地球社会が持続可能な社会に近づいているかどうかを、どう評価したらよいでしょうか。評価指標の研究が、国連機関やさまざまな研究機関によって進められています。

　例えば、国際連合が策定した**SDGs**を測るための230の指標群や国連開発計画（UNDP）による人々の生活の質を測る**人間開発指数**（HDI: Human Development Index）、国際研究計画（UNU-IHDP）による**包括的富指標**（IWI: Inclusive Wealth Index）、経済協力開発機構（OECD）による**グリーン成長**を測る指標、国連環境計画（UNEP）による**グリーン経済**を測る指標などがあり、各国の政策立案・評価や環境教育などで活用されています。

　持続可能性を測るには、各分野を代表的に表す指標を組み合わせることが一般的ですが、複数分野を横断的に測り、端的に環境の状況を把握する統合指標もあります。

　例えば、人間の活動がどれほど自然環境に負荷を与えているかを面積で表す**エコロジカル・フットプリント**（Ecological Footprint）という指標があります。人間活動により消費する資源の再生産と発生させるCO_2の吸収に必要な生態学的資本を測定するもので、陸域と水域の面積で表されます。現在、世界のエコロジカル・フットプリント（需要）は、地球の生物生産力（供給）を超えており、私たちの生活を支えるには地球1.6個分が必要と算定されています（2020年時点）。2017年の日本の1人当たりのエコロジカル・フットプリントは4.7gha（グローバルヘクタール。1 ghaは、世界の平均的な生物生産力をもつ土地面積1 haを表す）で、世界平均2.8ghaの約1.7倍です。世界中の人が日本と同じ生活をすると、2.9個分の地球が必要となります。以下の図は、各国のフットプリントに応じて色の濃淡で表した地図です。日本を含む先進国が高い環境負荷を与える消費を行っていることがわかります。

国別・1人当たり別のエコロジカル・フットプリント

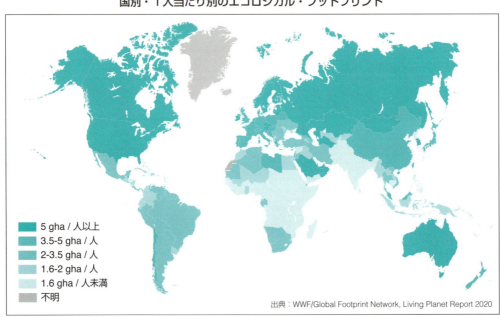

出典：WWF/Global Footprint Network, Living Planet Report 2020

第5章

各主体の役割・活動

5-1 各主体の役割・活動

5-1 01 各主体の役割・分担と参加

16 平和　**17 実施手段**

学習の ポイント ▶ 環境問題の解決には、社会を構成するすべてのメンバーが解決の担い手として参加し、それぞれの役割分担の下で取り組んでいくことが大切です。

1 ▶ あらゆる主体のパートナーシップ

　今、わたしたちは、地球温暖化問題、交通環境問題、廃棄物問題などの解決にあたり、社会経済活動の在り方そのものを問い直すことの必要性に迫られています。また、経済活動がグローバル化し、商品や原材料の国際移動、市場を通じて、わたしたちの活動が環境に及ぼす影響も地球的規模に拡大し、複雑になっています。

　そのためには、行政、企業、市民（消費者、生活者、有権者等）、NPO・NGO、科学者コミュニティ等のあらゆる主体の**パートナーシップ**（対等な協力関係）を通じて、それぞれの役割分担の下で問題解決に向けて取り組んでいくことが重要です。第5次環境基本計画では、今後の環境政策の重点政策課題を推進していく上でのパートナーシップの充実・強化を謳っています。

2 ▶ 参加の意義

　今日、環境問題の解決のための取り組みや持続可能な社会を築いていくための取り組みの主体は、社会のすべての構成員です。このことについて、リオ宣言（1992年地球サミット）は、次のように述べています。

> 〈リオ宣言第10原則〉
> 環境問題は…（中略）…関心のある全市民が参加することにより最も適切に扱われる。…（中略）…各国は、情報を広く行き渡らせることにより、国民の啓発と参加を促進し、奨励しなくてはならない。

　日本の環境基本計画では、第1次計画から4次計画において、「参加」の重要性を強調しています。第4次環境基本計画（2012年）においては、「行政、企業、NPOなどの多様な組織や年齢、性別、職業を問わず多くの市民が環境保全の施策形成・決定過程や具体的事業、取り組みに参画することが不可欠である」としています。参画という積極的な用語を用いて、参加の必要性を強調しています。

➡リオ宣言第10原則（参加条項）とオーフス条約
　リオ宣言第10原則を受けて、「オーフス条約」（環境に関する情報へのアクセス、意思決定における市民参加、司法へのアクセスに関する条約）が、1998年に国連欧州経済委員会（UNECE）で採択され、2001年に発効した。
　同条約は、環境政策分野における「参加」の推進を目的とし、①情報へのアクセス、②政策決定過程への参加、③司法へのアクセスを柱としている。2017年2月現在UNECE加盟国を中心に47か国と地域が締結している。日本は締結していない。

196

5-1 各主体の役割・活動

個人レベルで考えたとき、環境保全や持続可能な社会づくりへの**参加**としては、以下のようにさまざまな形態があります。

●自発的に環境保全の行動を日頃から実行する。

●関心ある分野について、NPOや地域社会の取り組みや活動に参加する。

●環境に関わる政策形成過程に意見を述べるなどの関与行動をとる。

政策形成過程への市民参加に関わる制度としては、**情報公開制度**、**パブリックコメント制度**、**環境アセスメント制度**などがあります。また2000年頃以降、市民からなる会議を設置して、一定のルールの下に議論を進める手法「**参加型会議**」が広く行われるようになりました。

図表5-1 環境分野における参加型会議の実施事例

会議名	年度	手法
安間川の整備に関するコンセンサス会議	2002	コンセンサス会議
市民会議・食と農の未来と遺伝子組み換え農作物	2003	市民パネル会議
なごや循環型社会・しみん提案会議	2006-07	ハイブリッド型会議
World Wide Views in Japan ～日本からのメッセージ：地球温暖化を考える～	2009	討論型世論調査
低炭素社会づくり「対話」フォーラム	2009-11	ステークホルダー会議
革新的エネルギー・環境戦略の選択肢に関する討論型世論調査	2012	討論型世論調査
脱炭素社会への転換と生活の質に関する市民パネル会議	2019	市民パネル会議

参考：でこなびHP『参加型手法と実践事例のデータベース』に最新動向を追加した

3 国、地方公共団体、事業者、国民（市民）の役割

環境基本法（1993年）は、環境保全に対する各主体、すなわち国、自治体、事業者、国民（市民）の責務（役割）を掲げています（第6～9条）。そして、環境の保全に関する行動がすべての者の公平な役割分担の下に自主的かつ積極的に行われるべきであるとしています。

各主体がそれぞれの役割を認識して課題に取り組み、その相乗効果が発揮されて初めて、持続可能な社会に近づくことが可能となります。

図表5-2 各主体とそれぞれの役割

主体	役割
国	・基本的・総合的な施策を策定し、推進する。 ・国全体や重要な事項について方針を定め、法律による枠組みをつくり、予算により事業を実施する。
地方公共団体（自治体）	・自然・社会条件に応じて、地域の施策を策定し、推進する。 ・条例による地域の枠組みをつくり、事業を実施する。
事業者	・事業活動において汚染物質の排出抑制などの環境対策を実施する。 ・市場を介して環境問題を発生させないよう、事業者が提供する製品やサービスの使用・廃棄における環境負荷を低減する。 ・製品が廃棄されるときに処理困難とならないようにする。 ・環境保全に配慮された原材料の調達を行う。 ・国・自治体の施策に協力する。
国民・市民	・日常活動による汚染の低減に努める。 ・国・自治体の施策に協力する。

➡情報公開制度

情報公開法は1999年に制定された。また、2001年には、独立行政法人などの保有する情報の公開に関する法律が制定された。

➡パブリックコメント制度（意見公募手続き）

行政機関が政策を立案し決定しようとする際に、あらかじめその案を公表し、広く国民から意見、情報を募集する手続きのこと。

パブリックコメント制度は、1999年に初めて閣議決定により導入され、2005年には「行政手続法」が改正され、法律上の制度となった。行政手続法では、行政機関が命令などを制定しようとするときには、30日以上にわたって広く一般の意見を求め、提出された意見を十分に考慮しなければならないことなどが定められている。

➡参加型会議

人々の関心の的となり、議論を必要とする社会的問題について、問題当事者（ステークホルダー）や一般の市民の参加の下、一定のルールに沿った対話を通じて、論点や意見の一致点、相違点などを確認し合い、合意点を見出したり、多様な意見の構造を明らかにしたりする会議をいう。これらの参加的な会議を通じて、市民の提案をまとめる場合もある。

5-1
02 行政、企業、市民、NPOの協働

16 平和　　**17 実施手段**

**学習の
ポイント** ▶ 環境保全の取り組みを効果的に行うためには、行政、企業、市民、NPOの協働の取り組みが必要です。また、PPPやPFIという新しい協働による事業の形態についても学びます。

➡協働原則に関する横浜市の事例

1999年に定められた「横浜市における市民活動との協働に関する基本方針（横浜コード）」では、市民活動と行政との協働に関しての6つの原則を掲げている。
①対等の原則
②自主性尊重の原則
③自立化の原則
④相互理解の原則
⑤目的共有の原則
⑥公開の原則

➡レインボープラン

「台所と農業をつなぐ・ながい計画」。1988年に市民・農家・行政の協働で有機物循環の仕組みが始まった。1997年以降、市民は生ゴミ分別、行政はその収集とコンポスト化、農家はコンポストを使った農産物生産と市民への販売という循環システムが動いている。

➡菜の花エコプロジェクト

休耕田や転作田で菜の花を栽培してナタネ油をとり、搾油で発生した油かすを飼料や肥料として有効活用する。また使用済みの廃食油を回収し、せっけんやバイオディーゼル燃料にリサイクルし、再び地域で利活用する地域自立の資源循環システムを目指している。

➡「地域協働」の具体的な事例
P.243参照。

➡フィランソロピー、メセナ活動
P.211参照。

1 ▶ 「協働」の取り組み

環境問題への取り組みにおいては、行政、企業、市民、NPOが、それぞれの特性や資源を生かして協力する協働を推進することがより大きな効果をもたらします。協働による活動は、山形県長井市の**レインボープラン**（1988年開始）や滋賀県愛東町（現在は東近江市）**菜の花エコプロジェクト**（1998年開始）など、30年も前から成果を上げてきた事例があります。これらの活動は、市民のニーズをもとに市民主導で始められ、行政や企業を含めた活動へと発展したものです。

ここでは、「**協働**」の意味を次のように定義します。

> 地域的・公共的課題を解決するために、社会を構成する各主体が、目的を共有し、情報を共有し、互いの特性や違いを認め尊重しつつ、対等な立場での役割分担の下で責任を持って取り組みを行い、その結果、相乗効果が生まれてくるような協力・連携を行うこと。

2 ▶ 「協働」推進の政策

2011年に誕生した**環境教育等促進法**（環境教育等による環境保全の取組の促進に関する法律）は、協働の取り組みの概念を法律として初めて掲げ、「国民、民間団体等、国または地方公共団体が役割を適切に分担しつつ対等の立場で相互に協力して行う」環境保全活動や環境教育などの取り組みの推進をうたいました。第5次環境基本計画においても、環境政策推進の上でのパートナーシップの重要性が強調されています。

3 ▶ さまざまな「協働」のかたち

協働による取り組みが、各地でさまざまな形態で進められています。

（1）企業の社会貢献としての協働の取り組み

従来、企業の社会貢献は、フィランソロピー、メセナ活動や災害時対応に関する企業と行政の協定に基づく活動が中心でした。しかし、最

近は「食」と「観光」の振興や地域の文化、自然環境の保全、人づくり、地域の活性化など、さまざまな分野における行政との協働事業へ広がっています。このように複数の分野を一括して行政と結ぶ協定を包括協定といいます。現在、包括協定はCSR（企業の社会的責任）を効果的に進める有力な手段の一つとなっており、以下に示すようにさまざまな企業が包括協定を結んでいます。

- 銀行などの金融機関……産業経済の成長などの促進（資金供給、起業支援、経営支援、企業誘致など）による地域の活性化
- 製造業、食品加工業……地域の材料、食材を使った地域ブランドの創造、育成、向上による地域産業の活性化や観光の振興
- IT企業……ITを活用した地域情報発信による観光促進や地域産品の販売促進による地域の活性化
- 大学など……魅力発信や地域の文化・人づくり、活力ある地域づくり
- コンビニ、スーパー……暮らしの安全・安心（震災対応含む）のための**セーフティステーション**、食や観光の振興など

（2）公共サービスに民間の力を活用

適切な公共サービスの維持には、公共施設等の老朽化、厳しい財政事情、人口減少などの課題があり、公共施設等の建替え・改修・修繕にかかるコストの効率化、広域管理、施設の集約化が必要となっています。

これらを実現する手段の一つとして、**官民連携事業（PPP）**、**民間資金等活用事業（PFI）** の活用があります。こうした事業は年々増加しており、PFI事業の累計においては平成31年3月31日時点で全国740件、契約金額約7兆4千億円になっています。PFI事業には空港、道路、文化施設、観光施設などから廃棄物処理施設、下水道などの環境施設も含まれています。

公共サービスに民間の力を活用する例が、今後ますます増えていくと見られます。

図表5-3　PPP事業の範囲

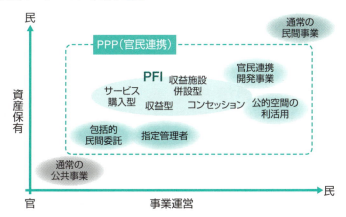

※上記はイメージであり、実際は事業により異なる。
出典：内閣府「PPP／PFIの概要」

→ **セーフティステーション**
コンビニエンスストアを地域の安全・安心の拠点として位置づけ、安全、安心なまちづくりに貢献していこうという試み。活動は、地域の市民、国、地方自治体の協力の下、「安全・安心なまちづくり」及び「青少年環境の健全化」を目指すもので、地震などの大災害時には一時避難場所にもなる。

→ **官民連携事業（PPP：Public Private Partnership）**
官民連携事業の総称。PPPにはPFI、公共施設の管理・運営を民間企業等に包括的に代行させる指定管理者制度、包括的民間委託、民間事業者への公有地の貸し出しなどがある。

→ **民間資金等活用事業（PFI：Private Finance Initiative）**
公共施設等の建設、維持管理、運営等を民間の力を活用して行う事業。民間の資金、経営能力、技術的能力を活用することで、国や地方公共団体等が直接実施するよりも効率的かつ効果的に公共サービスを提供することを目指す。

5-2 パブリックセクター（国際機関、政府、自治体など）

5-2 01 国際社会の取り組み

16 平和　**17 実施手段**

> **学習のポイント** ▶ 国際社会では、国連を中心とする多数の専門機関を始めとして、さまざまな国際機関が分担・調整しながら環境政策を行っています。

➡日本に本部を置く国連関連機関

●国連大学：共同研究や能力育成、学術的なサポートを通じて、緊急かつ地球規模の諸問題の解決に寄与。本部は東京。

●国連地域開発センター：1971年に設立され、地域開発の支援を目的とする。開発途上国の行政官を対象とした研修、調査研究、途上国政府に対する助言、情報交流のネットワークの拡充などを実施。本部は名古屋。

➡人間開発報告書

UNDPが1990年から毎年発刊している報告書。国の開発の度合いを測定する尺度として、1人当たりのGDP、平均寿命、就学率を基本要素に独自の数式に基づいて「人間開発指数」として指数化。各国の人間開発指数を提示するとともに、毎年異なるテーマの下に人間開発のあり方を問題提起し、国際社会の議論をリードしている。

➡OECDによる環境政策レビュー

OECD加盟国が、相互に、各国の環境保全に関する取り組み状況などを体系的に審査し、必要な勧告を行おうとするもの。

➡IPCC

P.60参照。

---

1 ▶ 国際的課題として環境問題に取り組む国際機関

今日、地球環境問題など国際社会の共通課題が増えています。これらの課題解決のためには、各国の協力が不可欠です。しかし、国々は国際的課題をめぐって対立することもあります。そのため、国家間の利害を調整し、国際的課題の解決を任務とする国際機関が多く設立されてきました。環境保全と持続可能な開発にも、多くの国際機関が関わっています。

2 ▶ 国際連合（国連）の取り組み

国連は、持続可能な開発に向け中心的役割を果たしています。国連総会とその補助機関、専門機関や数多くの計画、基金があり、国連システムを構成しています。

（1）国連総会（UN／国連本部…ニューヨーク）

国連総会は、国際協力に関する勧告を出すこと、国際法の整備を進めること、専門機関間の業務の調整を行うことなどの役割を有しています。**国連人間環境会議**（1972年）、**国連環境開発会議**（1992年）は国連総会の主催の下に開催されました。

（2）国連の補助機関と専門機関

国連総会により設立された補助機関のうち、特に環境保全や持続可能な開発の取り組みに関わりの強い機関が**国連環境計画（UNEP）**と**国連開発計画（UNDP）**です（図表5－4）。また、国連と連携関係をもつ15の専門機関があり、それぞれの分野で環境政策に携わっています。

（3）その他の国際機関や組織

国連以外にも多くの国際機関や民間組織が環境政策に携わっています。先進国が集まる**OECD（経済協力開発機構）**は、日本の環境政策にも大きな影響を与えてきました。また、研究者により構成される**IPCC**は気候変動に関する科学的知見を提供し、国際的な議論を支えています。

このほか、国の公選の議員をメンバーとする**地球環境国際議員連盟（GLOBE）**、世界各国の自治体などからなる**国際環境自治体協議会**

5-2 パブリックセクター（国際機関、政府、自治体など）

(ICLEI)、産業界、経営者から構成される**持続可能な発展のための世界経済人会議（WBCSD）**、環境も含めて各種国際規格の策定を進めている**国際標準化機構（ISO）**などの国際的な民間組織があります。

図表5-4　主な環境関連の国際機関

	機関名（略称／本部所在地）	概要
国連の補助機関	国連環境計画 (UNEP／ナイロビ)	国連人間環境会議による勧告を踏まえ1972年に設立。主な役割は、国連システム内の環境政策の調整と、環境の状況の監視・報告である。これまでUNEPの下で多くの環境条約が採択され、またUNEPは条約・議定書の事務局機能を提供してきた。1997年以来、定期的な環境の状況の監視・報告として、『地球環境展望（GEO）』を発行している。世界の各地域で地域海行動計画の策定・実施を促進しているほか、途上国への環境技術の普及事業も行っている。
	国連開発計画 (UNDP／ニューヨーク)	国連内最大の技術協力機関で、環境と持続可能な開発に関する途上国への技術協力を行っている。毎年「人間開発報告書」を発表し、社会の豊かさや進歩の度合いを測る包括的な経済社会指標である人間開発指数により、世界各国を評価している。
国連の専門機関	国連食糧農業機関 (FAO／ローマ)	農薬の安全性や農作物の遺伝資源の利用と保全、森林資源や漁業資源の利用と保全などを扱っている。
	国際海事機関 (IMO／ロンドン)	船舶からの海洋汚染防止に関する国際条約の制定や、その実施のための検討などを行っている。
	世界気象機関 (WMO／ジュネーブ)	気候変動に関する政府間パネル（IPCC）をUNEPと共同して運営している。また、オゾン層の状況についての国際的報告書を取りまとめて定期的に公表している。
	世界保健機関 (WHO／ジュネーブ)	化学物質が人の健康や環境に及ぼすリスクの評価（発がんリスクを含む）や各国の化学物質管理能力の向上などに取り組んでいる。
	国連教育科学文化機関 (UNESCO／パリ)	人間と生物圏計画（P.101参照）などの自然環境に関する国際的な研究を推進している。また、持続可能な開発のための教育（ESD）について主導的役割を果たしている。
	世界銀行 (IBRD／ワシントン)	途上国の貧困撲滅や開発支援のための資金提供機関として、気候変動対策や生物多様性保全など環境保全に関わる資金を提供している。また、地球環境ファシリティー（GEF）の運営を中心となって支えている。
その他国際機関・組織	経済開発協力機構 (OECD／パリ)	先進国の集まりで、政策提言や加盟国の政策レビューを行っている。環境分野では、汚染者負担原則（PPP）、拡大生産者責任（EPR）、税制のグリーン化などの提言が知られる。また、日本の環境政策に対しても政策レビューを行い、報告書を発表している。
	地球環境ファシリティー (GEF／ワシントン)	途上国等の地球環境問題への取り組みを支援する資金メカニズム。気候変動枠組条約や水俣条約などの国際環境条約の実施に必要な資金を途上国に提供する役割も担っている。対象分野は、気候変動、オゾン層保護、生物多様性、国際水域、化学物質、土壌劣化、持続可能な森林管理及びこれらの複合分野の8分野。
	気候変動に関する政府間パネル (IPCC／ジュネーブ)	UNEPとWMOとの合意により設置された。世界各国の研究者たちが3つの作業部会に分かれて、気候変動に関する科学的知見についての国際的アセスメントを行っている。
	国際自然保護連合 (IUCN／グラン)	民間団体、各国政府、地方公共団体が参加している半官半民の自然保護を目的とした国際的な団体。レッドリストを作成している種の保存委員会、世界国立公園会議を開催している保護地域委員会や環境教育委員会、環境法委員会などが設置されている。

COLUMN

国際条約が発効するまで

　地球環境問題は、科学的知見が蓄積されるに伴って、国際社会の政治的課題として取り上げられ、条約づくりに発展することがあります。そして、条約交渉開始が国際機関で決議されると、各国や国際機関などによる条約交渉が開始されます。交渉がまとまると、外交会議によって交渉の結果が確定され、条約案が「採択」されます。また、会議後に条約の内容に同意する国は「署名」を行います。その後、各国内の「締結」手続きとなる国会での「批准」などを経て、条約により定められた締結国数などの要件を満たすと、条約は「発効」します。

5-2 02 国による取り組み

16 平和 🕊 **17 実施手段** ✿

学習の ポイント ▶ 環境問題の解決には、国の役割が重要です。立法、行政、司法がそれぞれ環境問題の解決にどのような役割を担っているかを学びます。

1 ▶ 政府機関の役割

政府機関には、国会（立法府）、行政府、裁判所があります。それぞれが、環境問題の解決の取り組みにおいて役割を担っています。

2 ▶ 国会の役割

環境を保全し、持続可能な社会づくりを進めていく上で最も重要な国のルールは、法律です。国民や企業に何らかの義務づけを行い、政府の支出や手続きを定めるためには、法律が必要です。例えば、不法投棄をした人を罰することは法律の定めがあって初めて可能です。また、環境影響評価（アセスメント）のような重要な手続きも法律で定められます。

法律の制定は、憲法により、国権の最高機関である国会の任務とされています。また、環境保全のための国家予算や税の徴収も、国会の議決が必要です。環境関係の国際条約も国会の批准が必要とされています。

3 ▶ 法律ができるまで

国会に提出される法案には、内閣提出法案と議員提出法案がありますが、ここでは内閣提出法案を中心に説明します。

（1）法案の閣議決定

内閣提出法案は、政府各省が案を作成し、内閣として国会に提出する法案です。一般に、国レベルで解決すべき重要な課題に直面し、法律に基づく取り組みが必要であると判断されたときは、環境省などの各省は、専門家や関係者へのヒアリングも含め、必要な情報収集・調査を行い、論点を整理するなどの、法案策定作業を行います。その後、審議会（環境分野は、中央環境審議会）で学識経験者や利害関係者が審議し、さらにパブリックコメント制度などで国民の意見を聞き、案を固めます。

法案を内閣から国会に提出する場合には、閣議決定が必要です。閣議決定は全大臣の同意が必要ですので、閣議決定の前に法案について各省は合意していなくてはなりません。また、国会での円滑な審議を可能に

➡環境関係法における罰則
　環境関係の法律の多くには罰則が設けられている。罰則には、規定に違反すると罰則がかかる「直罰」と、規定違反に対しては、まず国や都道府県などが指導、命令をかけ、それにも違反した場合に罰則をかけるケースがある。

➡議員提出法案
　国会議員が内容を検討して国会に提案する法案である。関係者やNGOなどの要望や意見を聞いて案を作成する。最近、議員提出法案で重要な法律が定められることが多くなってきた。
　環境関連の議員提出法としては「生物多様性基本法」「環境教育等促進法」「ダイオキシン類対策特別措置法」「動物愛護法」「環境配慮契約法」などがある。

➡パブリックコメント制度
　P.197参照。

5-2　パブリックセクター（国際機関、政府、自治体など）

するため、閣議決定の前に与党の了承を得る必要もあります。法案は国会で審議される前にも、複雑な過程を経ています。

（2）法案の国会審議

国会に提出された法案は、衆議院と参議院の両方でそれぞれ審議が行われ、採決によって議決が行われます。各院では、法案はまず分野ごとに設置されている委員会（環境分野は**環境委員会**）において審議・議決され、その結果が本会議に報告、議決されます。両院で可決されれば法律として成立し、官報で公布されます。

（3）法律の施行

公布の後、準備作業や広報・周知のための期間を経たのち、法律が実際に適用されます（施行という）。その際に、**法律を実施するための詳細な事項**について、政令（通常**施行令**という）、省令（通常**施行規則**という）が定められます。技術的事項については、各省が出す告示や通知で定められることもあります。これら全体で、法律に基づく新たなルールが完成することになります。

図表5-5　法律・政令・省令の関係（大気汚染物質の規制の例）

法令の構造	定められている規制に関する主要事項
【法律】 大気汚染防止法	・汚染物質を排出する事業者は排出規制を遵守しなければならないこと ・国は排出規制に関する基準を定めること
【政令】 大気汚染防止法施行令	・規制対象とする汚染物質の種類の明確化 ・規制対象とする大気汚染物質排出施設の明確化
【省令】 大気汚染防止法施行規則	・基準の内容、基準値の明確化 ・基準順守の状況を確認するための測定・分析方法の明確化

4　行政機関の役割 ── 取り組みを実行する

（1）環境省などの府省

政府において、環境政策を中核となって担う行政機関は**環境省**です。しかし、環境問題は非常に広範な分野と関わりがあります。そのため、環境に関する政策は、**経済産業省**（産業政策、エネルギーなど）、**農林水産省**（森林政策など）、**国土交通省**（都市、緑地、河川、下水道、交通、海洋環境など）、**文部科学省**（科学技術、環境教育など）など、多くの政府機関が取り組んでいます。

一方、各省の政策の調整がとれていないと、環境政策は効果を十分発揮できません。そのため、環境省には、環境政策の方向を示し、各省の政策を総合的に調整、推進するための総合調整権限があります。

特に重要な政策や、国の基本的な針路を定めるような場合には、閣議で政策決定がなされます。環境基本計画、循環型社会形成推進基本計画、生物多様性国家戦略は閣議決定され、政府全体がその実施に責任を持つ

➡環境省

環境省は2001年に省庁再編に伴って設置された。前身は1971年に設置された環境庁である。環境政策を扱う行政機関は、ほかの政府機関と等距離で独立した存在であるべきであるとの考え方に立って、一つの独立した省として設置された。環境問題への取り組みは、国民や将来世代の利益のために、現行の政策に制約をかけなくてはならない場合もあるためである。2012年に環境省に外局として原子力規制委員会が置かれたが、原子力規制委員会は、環境省からも独立して業務を実施している。

主な業務は、①政府全体の環境政策の企画立案・推進、②地球環境保全対策、③大気汚染、水質汚濁等の公害を防止するための規制、監視測定、④自然環境の保全・整備、野生動植物の種の保存、⑤廃棄物対策、⑥化学物質対策、⑦原子力安全規制（原子力規制委員会が独立して担う）。

203

こととされています。また、地球温暖化対策のような重要施策については、内閣官房に関係省庁からなる対策本部を設け、機動的に取り組みを進めることもあります。

（2）その他の関連機関

専門性が高く、政府の他の機関から独立して政策を担うことが求められる場合には、国家行政組織法に基づく委員会が設置されます。環境政策分野では、**原子力規制委員会**と**公害等調整委員会**があります。原子力規制委員会は、2011年に発生した福島第一原子力発電所事故についての深い反省の上に立って、原子力規制を専門に担う独立機関として、2012年に設置されました。公害等調整委員会は、公害に関わる紛争の調停、裁定などを行っています。

また、個別の事業をより効率的、機動的に実施するために、独立行政法人や特別法に基づく法人が設置されています。環境分野の研究を担う国立環境研究所、ぜんそくやアスベスト疾患の患者への医療費などの支給、NGO助成などを行う環境再生保全機構がその例です。また、PCBの処理事業や、福島県で発生した除染で取り除いた土や放射性物質に汚染された廃棄物を中間貯蔵する事業を実施する中間貯蔵・環境安全事業株式会社が、特別の法律に基づいて置かれています。

5 司法・裁判所の役割

司法・裁判所は、国民・事業者の間や政府と国民の間で起きた紛争について、独立した立場で、法律に基づき判断を下す機能を持っています。

汚染物質の排出者の行為によって住民などに被害が出た場合には、被害者が、被害の補償や汚染行為の差し止めを求めて、裁判を起こすことがあります。いわゆる四大公害裁判（四日市ぜんそく、水俣病、新潟水俣病、イタイイタイ病）をはじめ、大気汚染、アスベスト問題などをめぐって裁判が起こされてきました。

1971年から1973年にかけて判決の出た**四大公害裁判はいずれも原告の公害健康被害者の全面勝訴**となり、その後の日本の公害規制を加速させ、環境影響評価の必要性の議論を促進させる大きなきっかけとなりました。

また、大阪、尼崎、川崎、東京、水島などでは、大気汚染について原因企業や道路設置者（国、道路公団）を相手に裁判が起こされました。その多くは企業、政府側が和解金を支払い、対策を約束するという内容で和解に至りました。裁判による和解は、政府の施策の進展に大きな影響を及ぼしています。主な環境訴訟の事例は図表5－6のとおりです。

日本では、政府の決定の取消を求める訴訟（取消訴訟）については、訴訟を起こすことができる人が狭く捉えられ、訴えの内容に踏み込まずに門前払いする判決も多くありました。そこで、2004年に**行政事件訴訟**

➡公害等調整委員会

公害に関わる紛争についてのあっせん、調停、仲裁裁定を行う委員会で1972年に設立された。総務省に置かれているが独立して業務を実施している。関係者にとって時間や資金の負担が大きい訴訟に比べ、より迅速に問題の解決を図ることを任務とする。

裁判とは異なり、自ら職権で証拠調べができることが大きな特長で、関係者の立証負担の軽減につながっている。豊島不法産業廃棄物投棄事件やスパイクタイヤ粉じん差し止め事件などで、調停を行い、不法投棄現場の原状回復やスパイクタイヤの使用禁止を実現させた。

➡独立行政法人

かつては特別の法律に基づいて設立される「特殊法人」が施策の実施機能を担ってきたが、省庁再編と同時に独立行政法人制度が導入され、特殊法人や各省の付属機関であった研究所の多くが再編の上、独立行政法人化された。政府から自立して運営され、施策実施の効率性や成果を高めることが期待されている。

5-2 パブリックセクター（国際機関、政府、自治体など）

法が改正され、政府の決定の取消を求める裁判を起こすことができる人の範囲を、より広く柔軟に解釈することが可能になりました。

図表5-6 主な環境訴訟の例

訴訟名	判決時期など	主な内容
熊本水俣病訴訟	1973年	原告の患者・被害者が全面勝訴し、被告企業に損害賠償を命じた。
新潟水俣病訴訟	1971年	
四日市公害病訴訟	1972年	
イタイイタイ病訴訟	1971年 1972年	
大阪空港訴訟	1974〜1981年	1969年に住民が国を相手に提訴。地裁（1974年）、高裁（1975年）は、夜間飛行差止め、損害賠償を認めたが、最高裁では損害賠償のみが認められ、夜間飛行差止めは否定された。
名古屋新幹線公害訴訟	1980〜1986年	1974年に提訴。1980年の高裁判決を経て1986年に和解。新幹線騒音対策の進展を促進。
西淀川公害訴訟	1991〜1998年	1978年〜1992年に提訴。1991年、1次訴訟判決、1998年、2〜4次訴訟判決を経て、企業、国などと和解。実質原告勝訴。
東京大気汚染訴訟	2002〜2007年	1996年提訴。2002年、判決を経て、2007年、原告住民と国、都、道路公団が和解。その後の自動車排ガス対策を促進。
アマミノクロウサギ訴訟（奄美自然の権利訴訟）	2001年	日本において自然の権利が争われた最初の裁判。1995年、自然保護活動家らと動物4種が原告。2001年、原告適格がないとして却下。
アスベスト訴訟（泉南訴訟）	2014年	2006年、提訴。労働法規による安全規制を怠った国に賠償責任を認める。

➡騒音規制法
P.154参照。

➡大気汚染防止法
P.144参照。

COLUMN

公害から得た教訓

四日市公害裁判は、三重県四日市市を中心に多発したぜんそく患者たちが、大気汚染物質を排出した石油化学コンビナートの複数の企業を相手取って起こした裁判です。裁判は1967年から1972年にかけて行われ、患者側が勝訴しましたが、被告企業の担当責任者、鶴巻良輔氏（のちに昭和シェル石油株式会社社長となる）は後年、次のように語っています。

「（前略）…水に関する法律、煙に関する法律があるんですが、どの法律にも抵触してはいなかった。世の中が急速に進歩しているときには、法律はうしろから付いてくるんですね。当時わたしは『判決はおかしい、なぜ敗訴になるのだ』と正直思いました。しかし、今日では、あの裁判はすばらしいものだったと思っています。あの裁判がなければ日本は現在、技術的にも公害、環境についても世界の三流国に落ちぶれていただろう、とつくづく思います。あの裁判を境として、環境の大切さが、我々企業の五臓六腑にしみ込んだと思います。まさに日本のある種の哲学の変局点でした」

出典：『龍谷法学』第32巻、第2号 1999年9月号：龍谷大学での講演より抜粋

5-2 03 地方自治体による取り組み

16 平和 **17 実施手段**

学習の ポイント ▶ 環境問題が顕在化して以来、地方自治体は地域が直面する環境問題の解決に対して重要な役割を果たしてきました。地方分権の時代にあって、その役割はさらに拡大しています。

1 地方自治体の環境問題への取り組み

環境問題は、産業公害、交通環境問題、廃棄物や生活排水などの日常生活レベルの問題、さらに地球環境問題など多様です。地球環境問題を含め、こうした環境問題の影響が発生するのは地域においてです。また、いずれの問題も日常の生活や事業活動から発生する環境負荷が集積して生じるものです。環境問題への取り組みは、私たちの生活様式や地域の経済活動から進めていく必要があります。取り組みを進めていく上で、私たちに身近な行政機関として、地方自治体が果たすべき役割には大きなものがあります。

2 公害問題への取り組み

戦後、公害問題が発生し、住民運動や反公害運動が巻き起こると、地域の自治体が、これに応えて公害問題に取り組み始めました。

深刻化する大気汚染などに対して**東京都工場公害防止条例**が1949年にいち早く成立したのを皮切りに、各自治体は、国の法制度が整えられる前に、独自に条例を制定していきました。また、公害発生源である工場との間で**公害防止協定**を締結して対策を講じていくなどの環境対策に乗り出しました。開発に対し自然環境を保全するという観点でも、1970年に北海道が**自然保護条例**を設けています。

1970年の公害国会により多くの法制度が整えられましたが、いずれも、政策の基本的な枠組みや規制の骨格は国が用意する一方で、規制の権限は自治体に委ねるという構造になっています。また大気汚染物質や水質汚濁物質に対する排出規制については、国が設定する全国一律の基準に対して、自治体が必要に応じて上乗せで規制を強化することができます。

3 新しい環境問題への取り組み

新しい環境問題についても、自治体が政策を先導してきた例を数多く見ることができます。環境影響評価（環境アセスメント）について

➡条例と協定

条例は、自治体の議会が制定するもので、国会が制定する法律に対応するものである。法律と同様、住民に義務づけや権利の制限、罰則をかけることができる。環境庁が発足した1971年には全都道府県で公害防止条例が制定されていた。

協定は、地方自治体や住民と工場などの事業所が結ぶもので、汚染物質の排出抑制、情報提供などを定めている。協定は契約の一種とされ、合意の下で交わされた約束としての効力があり、地域の実情に合わせた対策が実施できる。

➡地方分権

2000年施行の地方分権一括法以前は、地方自治体の環境政策の事務の多くは、国の事務執行の一環として位置づけられていた。しかし、地方分権一括法による地方自治法改正により、地方自治体の権限が強化され、環境関係の地方自治体の事務は、産業廃棄物の規制、国定公園に関する事務の一部、公害健康被害補償制度の施行などを除き、自治事務として位置づけられ、自治体が主導して問題に取り組むこととなった。

5-2　パブリックセクター（国際機関、政府、自治体など）

は、国の法制化が難航する中、1976年に川崎市がいち早く条例化しました。1979年には滋賀県が**琵琶湖の富栄養化の防止に関する条例**を制定し、1985年に宮城県が**スパイクタイヤの規制**を導入、1993年には神奈川県秦野市が地域の貴重な資源である**地下水の確保を目指した条例**を制定しました。これら自治体による先進的な取り組みが、多くの自治体の地域政策に影響を与え、国による法制化を促したのです。

　最近も、先駆的な取り組みを自治体にみることができます。地球温暖化対策については、2005年に京都府が温暖化対策推進条例を制定して以降、各自治体で条例制定が進みました。東京都は2008年、**東京都環境確保条例**を改正し、国では制度化されていない**温室効果ガスの国内排出量取引**について、独自のキャップアンドトレード型排出量取引制度を導入しました。

　東京都、神奈川県、千葉県、埼玉県が2003年から独自に導入した**ディーゼル車についての粒子状物質規制**は、粒子状物質排出濃度の基準を満たさないディーゼル車の流入を禁止するという、国が導入していない手法を取り入れて効果を上げました。**森林環境税**についても2003年、高知県が条例を制定して導入して以降、各自治体に広がっています。自治体が条例で独自の取り組みを進めている例を、図表5－7に挙げます。

🔺🔺🔺 図表5-7　自治体が条例で独自の取り組みを定めている例

温暖化対策	京都府温暖化対策条例（2005年・目標設定） 徳島県温暖化対策推進条例（2008年・排出量報告義務づけなど） 東京都環境確保条例（2008年・キャップアンドトレード制度）
大気汚染対策	東京都環境確保条例（2003年・ディーゼル車PM規制）
地下水保全	地下水汲み上げ規制（各地）／地下水浄化対策（秦野市1993年以降多数）
自然再生・共生	琵琶湖ヨシ群落保全条例（1992年・琵琶湖沿岸のヨシ原保全）
森林環境税	高知県森林環境税条例（2003年）以降多数
外来種対策	琵琶湖のレジャー利用の適正化に関する条例 （2003年・ブラックバス再放流禁止）
市民参加、協働	自治基本条例、環境基本条例など例多数

4　住民の施策への参加

　地方公共団体の役割は、地方自治法で「住民の福祉の増進を図ることを基本として、地域における行政を自主的かつ総合的に実施する役割を広く担う」とされています。

　そうした中、住民の役割を重視し、意見聴取や説明会の開催、住民提案制度の導入などを制度化する自治体が増えています。自治体が担う環境問題への取り組み、例えば、廃棄物処理や分別、リサイクルの推進、みどりの創出などが住民参加の下、まちづくりの一環として実施されるようになっています。

➡東京都のキャップアンドトレード型排出量取引制度
　東京都は2008年に環境確保条例を改正し、国に先駆けて「大規模事業所の温室効果ガス排出総量削減義務と排出量取引制度」を導入した。2010～14年度が第1計画期間、2015～19年度が第2計画期間、2020～24年度が第3計画期間とされている。
　第3計画期間においては、エネルギー使用量が原油換算で1,500kl以上の事業所（約1300カ所）を対象に、2002～2007年度の排出量をベースに計算された基準排出量から、区分ごとに25～27%の削減義務率が設定されている。目標以上に削減を進めると、排出削減クレジットを売ることができる。義務対象外の中小企業や再生エネルギー導入によるクレジットも別途、制度に取り入れられている。

➡住民参加の制度化
　大阪大学の大久保規子教授の研究プロジェクト「グリーンアクセスプロジェクト」のアンケート調査（2011年）によると、市民参加や協働に関する条例を制定している自治体（都道府県、市町村、特別区）は294あり、回答自治体の約30%にのぼる。自治基本条例や市民参加条例の形をとるものが多い。
　環境基本条例において、環境政策への市民参加の充実を規定している自治体は134、条例に基づき環境基本計画の策定時に市民参加を実施した自治体は508にのぼる。

第5章　各主体の役割・活動

207

5-3 企業の環境への取り組み

5-3 01 企業の社会的責任（CSR）

8 経済成長 | 12 生産と消費∞

学習の ポイント ▶ 企業の環境問題への取り組みは、企業の社会的責任（CSR）活動の一環として位置づけることができます。CSRが、どのように進展してきたのかを学びます。

1 企業の基本的責務

　企業は、自然資源を使い、さまざまな物質を排出しながら事業活動を行うことにより、環境に何らかの負荷を与えています。資源を大切に使い、排出を抑え、環境保全に努めることは、社会に対する責務です。

　環境基本法では、事業者の責務（第8条）として、事業活動においては公害を防止し自然環境を適正に保全すること、廃棄物を適正に処理すること、製品その他の物が使用・廃棄されることによる環境負荷の低減に努めること、環境への負荷の低減に資する原材料、役務（サービス）の使用に努めることなどが定められています。

2 社会の一員としての企業

　CSRとはCorporate Social Responsibilityの略で、日本語では一般的に**企業の社会的責任**といわれています。社会を構成する一員である企業は、持続可能な社会の実現に向けて自らの社会的責任を果たさねばなりません。企業は経済的な利益を上げることにより、永続することを目指す組織です。しかし、利益を追求するだけでなく、社会に与える影響に責任をもち、**ステークホルダー**に配慮し、適切な意思決定をすることが必要なのです。

　組織の社会的責任（SR）に関する手引きである国際規格**ISO26000**（2010年発行）では、組織が社会的責任を果たすことにより以下の効果が期待できるとしています。

- ●社会からの信頼を得る
- ●法令違反など社会の期待に反する行為によって、事業継続が困難になることの回避
- ●組織の評判、知名度、ブランドの向上
- ●従業員の採用・定着・士気向上、健全な労使関係への効果
- ●従業員とのトラブル防止・削減、ステークホルダーとの関係向上
- ●資金調達の円滑化、販路拡大、安定的な原材料調達

➡ステークホルダー
　企業・行政・NPOなどの組織の利害と行動に直接的・間接的な利害関係を有する者。利害関係者ともいう。企業におけるステークホルダーには、株主・投資家、消費者、取引先、従業員、地域社会をはじめとする幅広い対象がある。

➡ ISO
　P.212参照。

➡ ISO26000
　企業に限定せず、組織の社会的責任（SR）の規格として2010年に発行。あらゆる種類の組織を対象にしたもので、説明責任、透明性、倫理的行動、ステークホルダーの利害の尊重、法令遵守、国際行動規範の尊重、人権の尊重の7つの原則をはじめ、組織の中で社会的責任を実践していくための具体的な内容などを規定している。

5-3 企業の環境への取り組み

3 CSRの変遷

日本におけるCSRへの取り組みは、欧米におけるCSRの議論や**社会的責任投資（SRI）**、さらには**ESG投資**への進展、また、相次ぐ企業の不祥事に対し透明性を求める社会の声に対応する形で進展してきました。

日本経済団体連合会は**企業行動憲章**、東京商工会議所は**企業行動規範**を作成し、企業の社会的責任への取り組みの必要性を明らかにしました。国際的には1999年の世界経済フォーラムで**国連グローバル・コンパクト**が提唱され、多くの企業・団体が賛同し、活動を行っています。

また、自主的なCSRの動きだけでなく、会社法で要求されている内部統制は、不祥事を防ぐことを目的としています。

このように、時代とともに企業に求められる役割も変化し、企業の社会的責任の内容も、経済的あるいは法的な企業の責任を大きく超えた概念へと広がってきました（図表5-8）。近年は、企業自らが市場や社会に向き合い、顧客、株主、従業員、地域住民などの多様なステークホルダーとの関係を見直し、CSRを企業戦略の一環として事業の中核に捉えるようになってきています。

最近では**CSV**（Creating Shared Value）という考え方も広がっています。これは、提供する製品やサービスを通じて、社会的な問題解決に貢献するとの考えです。例えば、環境に配慮した製品やサービスを社会に提供することにより、社会の環境負荷低減に貢献するというものです。

一方、近年においても社会的責任の基本ともなる**法令遵守（コンプライアンス）**について、品質管理データの改ざんが行われるなど不祥事が発生しており、CSRの定着は途上段階です。

図表5-8 企業の社会的責任の変化

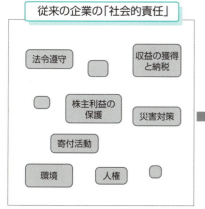
従来の企業の「社会的責任」
個別の問題に対して、個別に対応

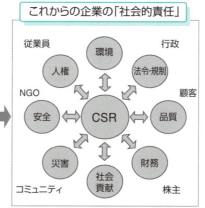
これからの企業の「社会的責任」
多様なステークホルダーを意識し、企業戦略の一環としてCSRを行う

➡**社会的責任投資（SRI：Socially Responsible Investment）**
1970年代頃から、米国や英国で発展した考え方。企業の社会的・倫理的行動（環境、人権、労働、差別問題など）を評価し、投資の可否を判断するような投資行動。

➡**ESG投資**
P.210参照。

➡**企業行動憲章（経団連）**
日本経済団体連合会が策定した企業行動のための10項目からなる憲章（1991年制定）。2017年にSociety5.0の実現を通じたSDGsの達成を柱として改定された。環境については「環境問題への取り組みは人類共通の課題であり、企業の存在と活動に必須の要件として、主体的に行動する」とある。

➡**企業行動規範（東商）**
東京商工会議所が企業行動のあるべき道しるべとして作成した（2002年制定）。環境については「環境への対応：低炭素社会・循環型社会に資する企業活動を行い、環境と経済が調和した持続可能な社会の構築に寄与するとともに、生物多様性保全にも配慮する」とある。

➡**国連グローバル・コンパクト**
企業・団体が持続可能な成長を実現するため、世界的な枠組みづくりへ参加する自発的な取り組み。人権の保護、不当な労働の排除、環境への対応、腐敗の防止の4つの分野とこれらに関連する10の原則に賛同し、実現に向けての努力が求められる。

➡**CSV**
Creating Shared Value（共通価値の創造）。企業の競争戦略論で知られるマイケル・E・ポーターなどにより、CSRを発展させた新しい概念として2011年に提唱された。

4 CSRの対象

CSRの対象として取り組む課題は、企業によりさまざまです。**ISO 26000**では社会的責任の中核主題として、①組織統治、②人権、③労働慣行、④環境、⑤公正な事業環境、⑥消費者課題、⑦コミュニティへの参加及びコミュニティの発展を挙げています。

ISO26000は、先進国から途上国までさまざまな国、地域で利用されるものです。課題の中には日本では法令や社会常識のレベルで浸透し、社会的責任の分野とは考えにくいものもあります。ISO26000では、組織はこれらの課題についてすべて同じレベルで対応するのではなく、組織における関連性・重要性から個々に判断すればよいとしています。

5 企業にとってのSDGs

ISO26000の中核主題とSDGsの目標の多くは重なっており、CSRとして既にSDGsにも取り組んでいる企業や、既存の事業活動がSDGsにつながっている企業も多くあります。そうした企業では、事業活動をSDGsに紐づけ、環境報告書等で示し、自社が社会の課題解決にいかに関連しているかを表明している例があります。

➡環境報告書
　P.214参照。

また、SDGsにある持続可能性や気候変動対策を従来の社会貢献活動として捉えるのではなく、ビジネスチャンスとして認識し、自社の経営戦略等に取入れ、中核的事業とする企業も増えつつあります。

企業がSDGsに取り組むことは、社会から求められる企業として価値を向上させるチャンスとなり、逆に取り組まないことは人権、環境、労働、腐敗防止などで問題が発生するリスクにもなり得ます。

また、**ESG投資**は企業の社会的課題への対応が重視されており、投資家からは企業のSDGsへの取り組みが注視されています。

➡ ESG 投資
　短期的な利益だけでなくE（環境）、S（社会）、G（企業統治）の視点を含めて企業の長期的持続可能性を評価する投資。投融資に際し、これらの3つの視点を含めて投融資先を評価、選別、監視する。The Global Sustainable Investment Alliance（GSIA）は、2018年の世界の ESG 投資残高は 30兆6,830億ドルとなり、2016 年から年平均15.6増加したと公表している。

6 SDGsの活用と効果

環境省は、「**持続可能な開発目標（SDGs）活用ガイド**」（2018年）において、企業がSDGsを活用することにより期待できる4つのポイントをあげています。

●**ポイント1：企業イメージの向上**

SDGsに取り組むことで、企業イメージの向上につながります。

●**ポイント2：社会の課題への対応**

社会の課題への対応は、経営リスクの回避とともに、社会への貢献や地域での信頼獲得にもつながります。

●**ポイント3：生存戦略になる**

SDGsへの対応がビジネスにおける取引条件になる可能性もあり、持続

5-3 企業の環境への取り組み

可能な経営を行う戦略として活用できます。

●ポイント4：新たな事業機会の創出

　取り組みをきっかけに、地域との連携、新しい取引先や事業パートナーの獲得、新たな事業の創出などにつながります。

7 イニシアティブへの参加

　ここでのイニシアティブとは、環境への率先的な取り組みや団体を意味します。国際的なイニシアティブに参加することで、自らの取り組みをより先進的、具体的なものとし、ステークホルダーに認知させることができます。代表的なイニシアティブとして、**気候変動のリスクと機会を特定し財務情報として公表するTCFD**、パリ協定に整合し科学的根拠に基づく中長期の温室効果ガス削減目標（SBT）を設定する企業を認定することや、企業が自らの事業の使用電力を100％再生可能エネルギーで賄うことを目指す**RE100**があります。

➡ **TCFD（気候関連財務情報開示タスクフォース）**
投資家等に適切な投資判断を促すための気候関連財務情報開示を企業等へ促すことを目的に設立。2017年6月に、自主的な情報開示のあり方に関する提言（TCFD報告書）を公表した。

➡ **RE100**
P.72参照。

➡**フィランソロピー、メセナ活動**
フィランソロピーとは企業による社会貢献活動を指す。その中でも、企業がコンサートや美術展などの文化事業の主催や資金援助を行う芸術文化支援のことをメセナ活動という。

➡ **CSR報告書・サステナビリティ報告書**
P.215参照。

図表5-9　日本のCSRに関する事項

時代	CSR関連事項
1960年代	・高度経済成長の過程で、公害問題が深刻化。 ・企業の環境責任が大きく問われる。
1970年代	・1970年に公害国会が開かれ、法制度の整備が行われるとともに、社会的に企業の責任が問われた。 ・石油ショック後の投機、買い占め、売り惜しみなどにより反企業ムードが高まる。
1980年代	・企業活動のグローバリゼーションの進展により、労働問題をはじめとするさまざまな社会問題が浮き彫りとなる。 ・さまざまな社会貢献活動が推進される。金銭的寄付だけでなく、人的貢献、ノウハウ提供型の社会貢献活動、フィランソロピー、メセナ活動などが活発化する。
1990年代	・バブル経済の崩壊の過程でさまざまな企業の不祥事が多発し、企業への不信感が高まる。 ・1991年、経団連（現日本経済団体連合会）が「企業行動憲章」を策定した。 ・大企業の内部では環境部などが設置されるようになり、ISO14001への取組みや環境報告書等により環境情報公表の動きが広がる。 ・1999年 世界経済フォーラムで国連グローバル・コンパクトが提唱される。
2000年代	・エコファンドをはじめとする社会的責任投資（SRI）の増加など、環境対策を含めた社会的側面からも企業を評価する動きが出現した。 ・先進企業を中心にCSR専任部署が設置され、自社のCSRの取り組みについて記載したサステナビリティ報告書・CSR報告書も発行される。 ・2002年 東京商工会議所企業行動規範を発行。 ・2006年 国連アナン事務総長がESGを投資プロセスに組み入れる「責任投資原則」（PRI）を提唱。
2010年代	・2010年 組織の社会的責任（SR）の規格としてISO26000が発行された。 ・2011年 ポーターによりCSVが提唱された。 ・2013年 東京商工会議所企業行動規範がISO26000を踏まえて「人権の尊重」を新設するなど改定された。 ・2015年 国連においてSDGsが採択された。 ・2015年 気候変動枠組み条約COP21においてパリ協定が採択された。 ・2015年 ISO14001：2015が発行された。 ・2017年 日本経済団体連合会「企業行動憲章」がSDGsの理念を取り入れ、改定された。

COLUMN

ジャパンSDGsアワード

　ジャパンSDGsアワードは、SDGs達成に向けた企業・団体等を国が毎年表彰するもの。2019年の第3回のSDGs推進本部長（内閣総理大臣）賞は、魚町銀天街振興組合である。商店街として「SDGs宣言」を行い、達成のためのイベントやサービスを、さまざまなステークホルダーと連携しながら実施している。

第5章　各主体の役割・活動

211

5-3 02 環境マネジメントシステム（EMS）

8 経済成長　12 生産と消費∞

学習のポイント　環境問題が複雑化するにつれ、規制だけで問題を解決するのは難しくなってきています。事業者が自主的に環境保全の取り組みを行うための仕組みである環境マネジメントシステム（EMS）について学びます。

1 環境マネジメントシステム（EMS）とは

　環境を自ら継続的に改善するための仕組みを**環境マネジメントシステム（EMS：Environmental Management Systems）**といいます。EMSが誕生した背景には、さまざまな環境問題を規制だけで解決することは難しいため、企業などの組織が自主的に環境への取り組みを行うことが必要であるとの認識が世界的に高まったことがあります。

　1996年には、EMSの国際規格として**ISO（国際標準化機構）**により**ISO14001**が発行されました。日本国内でも多くの企業が全社または事業所などの範囲で認証を受け、継続的改善に取り組んでいます。また、中小企業を対象にした日本独自のEMSとして環境省が基準を定めた**エコアクション21**があるほか、地域におけるEMS推進のための地域版EMSがあります。

➡ ISO（International Organization for Standardization）
国際標準化機構のこと。電気及び電子技術分野を除く全産業分野の国際規格を作成する団体。身近なものではフィルム、キャッシュカード、ねじなどもISOの中で国際標準となっている。ISO14001以外にISO9001（品質）、ISO50001（エネルギー）などのマネジメントシステムが規格化されている。

➡ ISO14001
2018年時点で、世界では約34万7千件（ISO調べ）、2020年7月時点で、日本国内では約2万4千件（JAB調べ）の認証数となっている。環境省の「環境にやさしい企業行動調査」（令和元年版）によると、500人以上の上場企業及び非上場企業・事業所の約5割がISO14001などのEMSを取得（事業所取得を含む）している。ISO14001は2015年改訂により、経営とEMSの統合が強調されるようになった。

➡ エコアクション21
エコアクション21は中小企業向けのEMSとして環境省がガイドラインを策定している。2004年度から認証制度がスタートし2020年7月時点で認証数は約7,700件となっている。

図表5-10　ISO14001 環境マネジメントシステム

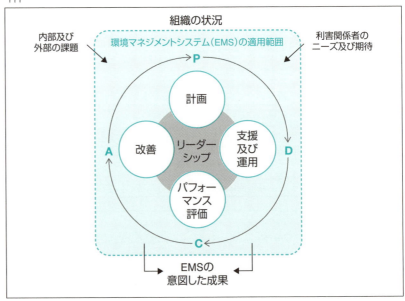

出典：『JIS Q 14001:2015』

5-3 企業の環境への取り組み

2 EMSの特徴

ISO14001は、図表5-10のような構造と下記の特徴を持っています。
①計画（**P**lan）、支援及び運用（**D**o）、パフォーマンス評価（**C**heck）、改善（**A**ct）の**PDCAサイクル**（デミングサイクル）に沿って継続的改善を行います。
②会社、事業所などの組織単位で導入します。
③何を改善対象とし、どのレベルまで改善するのかは、自らが決めます。
④基準に適合しているかどうかの判定のため、**第三者認証**が行われています。

なお、エコアクション21では上記の特徴と共通している点が多くありますが、原則全組織、全事業所で取り組む点、改善対象としてCO_2や廃棄物など決まっているものがある点、環境経営レポートという環境報告書を出す点などはISO14001と異なります。

EMSが広がった理由として、従業員らの環境意識の向上、エネルギー使用量削減、原材料の効率的使用、廃棄物排出削減など環境改善のツールとすることができること、対外的には取引先からの取得要請に応える、入札での評価を得る、投資家・金融機関の評価を得るなど**ステークホルダー**から認められることが挙げられます。

➡**第三者認証**
組織の構築したEMSが、基準（ISO14001、エコアクション21ガイドラインなど）に適合しているか、第三者である認証機関などが確認する仕組み。

3 EMSによる改善の対象

改善の対象は、組織が行っている活動と、その結果生み出される製品・サービスにおいて環境に影響を与えるものになります。自らの本来業務を通じて環境改善を行うことが重要であり、改善の対象は組織により異なります（図表5-11）。

🌲🌲🌲 図表5-11 EMSによる改善の対象例

業務内容	活動	製品・サービス
製造業	製造工程における省エネ 不良削減による廃棄物削減	製品の省エネ化、長寿命化 使用後分解しやすい製品
販売業	店舗施設における省エネ レジ袋削減などの廃棄物削減	健康・環境に配慮した商品の開発販売 地域特産品の販売
運輸業	低燃費輸送機器の導入 エコドライブなど省エネ運転	共同輸送、帰り便活用 最適な輸送ルート設定

4 EMSが取引先に与える影響

EMSが広がることにより、それぞれの組織の中で改善活動が行われるとともに、取引先への環境改善の要求により**サプライ・チェーン**の中で連鎖的に環境改善が推進されます。EMSの導入組織は、活動、製品・サービスから、さらにはサプライ・チェーンを通じて環境改善を図っています。

➡**サプライ・チェーン**
P.218参照。

213

5-3 03	環境コミュニケーションと そのツール

12 生産と消費 ∞ **17 実施手段 ✿**

> **学習の
ポイント** ▶ 環境問題を解決するためには、企業の環境情報の開示が重要な役割を担っています。環境コミュニケーションの必要性やそのツールについて学びます。

1 環境コミュニケーションの必要性

　企業は一連の事業活動の中で、資源、エネルギーの使用や廃棄物の排出により環境に負荷を与えています。企業は環境負荷をどのように低減するのかを検討し、対策をとることが不可欠です。

➡ステークホルダー
　P.208参照。

　企業が**ステークホルダー**へこれらの情報を発信し、ステークホルダーからの意見を取り入れさらなる改善を行うことを「環境コミュニケーション」と言います。環境コミュニケーションは企業とステークホルダーの間に相互理解・信頼や協力関係を生み、環境問題の解決に貢献します。

➡ ESG 投資
　P.210参照。

　ESG投資の拡大により、企業が投資を呼び込むためには、環境情報のより積極的な発信が求められるようになっています。環境コミュニケーションの重要性は、ますます拡大しています。

2 環境コミュニケーションのツール

（1）環境報告書

　環境コミュニケーションの代表的なツールは、**環境報告書**です。環境報告書は、企業が自らの事業活動に伴う環境への影響の程度や、その影響を低減するための取り組み状況をまとめて公表するものです。事業者と社会が**プレッジ・アンド・レビュー**（誓約と評価）を行うことで、事業者の環境活動等を推進する機能があります。

➡プレッジ・アンド・レビュー
　事業者が、環境配慮などの取り組みに関する方針や目標を誓約し公表することにより、社会がその状況を評価する効果が働く。

　環境配慮促進法では、特定事業者（国に準じて公共性の高い事業者）に年1回の環境報告書公表を義務づけるとともに、大企業に対しても環境報告書を自主的に公表するよう努めることを規定しています。環境省は環境報告ガイドラインを公開し、環境報告書作成を支援しています。

（2）環境報告書の発展

➡トリプルボトムライン
　社会・国家・企業等が持続的に発展するには、経済だけではなく、環境と社会の側面からも総合的に高めていくことが必要であるという考え方。

　企業の持続可能な発展には、環境面だけではなく経済・社会面の3つの面（**トリプルボトムライン**）を総合的に高めていく必要があります。この考え方に基づき、環境報告書は以下のように、より幅広い内容を含むものへと多様化・変化しています。

①サステナビリティ報告書・CSR報告書

環境面に加え、経済、労働、安全衛生、社会貢献といった側面についても記載した報告書です。作成のための国際的なガイドラインとして**GRIガイドライン**があります。

②統合報告書（IR）

企業の財務情報と、環境・社会への取り組み、企業統治、コンプライアンス等の非財務情報を統合し、企業全体の価値を示した報告書です。GRIガイドラインには2013年から掲載され、大企業を中心に広まっています。

③SDGsの導入

2015年にSDGsが公表されて以後、環境報告書等にSDGsへの取り組みを記載する動きが盛んになっています。企業の業務や環境・社会的取り組みと、SDGsの目標を紐づける形で活用されているほか、企業の本業自体がSDGsに貢献する（SDGsの本業化）とする報告書も増えています。例えば、製薬会社は企業活動を通じて目標3**「すべての人に健康と福祉を」**に貢献している、といった形です。従業員はこれを読むことで、「業務を通じて社会に貢献している」と認識でき、働きがいにつながります。また、対外的には、ESG投資やCSRを重視する顧客からの評価が期待できます。

SDGsの視点を導入することは、環境報告書等に新たな役割を与えるものと言えるでしょう。

（3）直接的なコミュニケーション

①ステークホルダー・ミーティング／ステークホルダー・ダイアログ

企業に関係する株主、消費者、NPOなどと対話を行う会合です。株主総会とは異なる形式でステークホルダーの意見を取り入れ、企業活動に生かしていくのが目的です。

②地域社会とのコミュニケーション

企業は地域社会と良好な関係を築き、維持していくことが必要です。地域社会での取り組みの例として、環境協定の締結、地域住民の代表や地元自治会との意見交換会の定期的な実施、工場見学・施設見学会の開催、学校への出前授業、美化活動（ごみ拾い、街路の清掃活動など）などがあり、地域社会とのコミュニケーションを図る企業が増えています。

③ソーシャル・ネットワーキング・サービス（SNS）

フェイスブックやツイッターなどのSNSも、環境コミュニケーションのために活用されています。情報を発信するだけでなく、情報を見た人々の反応を受け取り、さらなる改善につなげられる点が特長です。

➡ GRIガイドライン
オランダに本部を置くNGO団体であるGRI（Global Reporting Initiative）が作成したガイドライン。
あらゆる組織がサステナビリティ報告書を作成する際に、利用可能な枠組みを提供するために作成された。

5-3 04 製品の環境配慮

12 生産と消費

学習のポイント ▶ 製品への環境配慮は、今や社会的な要求です。メーカーも、製品の環境配慮としてさまざまな取り組みを行っています。製品の環境負荷と、環境負荷低減のための環境配慮設計の概要を学びます。

1 製品の環境負荷

わたしたちが使用している工業製品は、鉱石、石油、木材などの原料から種々の工程を経て作られています。こうした製品を作るために必要な資源の採取から、製造、使用、再資源化、廃棄（埋め立て）までの一連の工程からなる製品の一生を、**製品のライフサイクル**といいます。

製品は、製品のライフサイクルの各工程で多くの天然資源、エネルギーを使用しています。また、大気汚染物質、水質汚濁物質、廃棄物などの環境汚染物質を排出します。この一連の工程で使われる天然資源、エネルギーや排出される環境汚染物質が、製品に関連する環境負荷です。

図表5-12 製品のライフサイクルと環境負荷（工業製品の例）

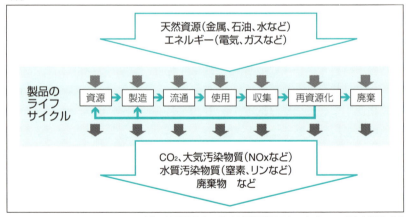

出典：家電製品協会HP及び家電製品製品アセスメントマニュアルを参考に作成

2 環境配慮設計に関する動向

製品は、その製品のライフサイクルの各工程でいろいろな資源を使用し、多くの環境汚染物質を排出しています。このため、製品のライフサイクルで使用する資源や環境汚染の低減を目的に、**省エネ法、資源有効利用促進法、家電リサイクル法、グリーン購入法**をはじめ欧州連合（EU）の**RoHS指令、WEEE指令、REACH規則**など、環境関連の法規制が

➡ **RoHS指令**
EU圏内で、電気・電子機器における鉛、水銀、カドミウム、六価クロム、ポリ臭化ビフェニル（PBB）、ポリ臭化ジフェニルエーテル（PBDE）の使用を2006年7月1日から原則禁止した指令。

➡ **WEEE指令**
EU圏内で、大型及び小型家庭用電気製品、情報技術・電気通信機器、医療関連機器、監視制御機器など幅広い品目を対象に、各メーカーに自社製品の回収・リサイクル費用を負担させる指令。

➡ **REACH規則**
化学物質の特性を確認し、予防的かつ効果的に、有害な化学物質から人間の健康と環境を保護することを目的としたEUの法規制。約3万種類の化学物質の毒性情報などの登録・評価・認定を義務づけ、安全性が確認されていない化学物質を市場から排除していこうという考えに基づいて制定。

世界的に強化されました。また、国際的にもISOが環境配慮に関する規格シリーズ（ISO14000番台）に製品設計の段階からの環境配慮が強化されました。このような状況の下、企業も①法規制への対応と法的リスクの軽減、②消費者のグリーン購入の浸透などの観点から、製品への環境配慮を積極的に進めています。

3 環境配慮設計の進め方

環境に配慮した製品設計では、製品ライフサイクルの一連の工程で発生する資源のロスや環境負荷をできるだけ小さくするのが課題です。環境配慮の設計では、業界団体や各企業が策定した環境配慮設計のガイドラインなどを使用するのが一般的です。このガイドラインは、その業界や企業によって異なりますが、いずれも製品のライフサイクルを考慮して、環境改善に重要な項目（省資源、省エネルギーなど）、強化される法規制の要求事項（省エネルギー、３Rなど）、および製品の特長を考慮して評価項目を決めています。その一例を図表5－13に示します。

このガイドラインを使用した環境配慮設計の手順は以下のとおりです。

①製品の企画・開発段階の検討

ガイドラインに基づいて環境改善の狙いとその効果を定性的に評価し、その結果を基に設計します。

②製品の設計段階の検討

設計段階では製品の具体的なデータ（寸法、重量など）が得られるため、これらのデータを使ってガイドラインの評価項目について環境改善の効果を**ライフサイクルアセスメント（LCA）**の手法などで定量的に評価します。改善効果が目標に達するまで繰り返します。

➡ ライフサイクルアセスメント（LCA: Life Cycle Assessment）
P.218参照。

③製品の使用・廃棄段階からのフィードバック

製品に使用時の情報、リサイクル情報、処理情報などを収集し、環境改善のデータとして活用します。

図表5－13 環境配慮設計ガイドラインの評価項目の例（家電製品）

No.	評価項目	No.	評価項目
1	減量化・減容化	9	再資源化の可能性の向上
2	再生資源・再生部品の使用	10	手解体・分別処理の容易化
3	包装	11	破砕・選別処理の容易化
4	製造段階の環境負荷低減	12	環境保存性
5	輸送の容易化	13	安全性
6	使用段階の省エネ・省資源	14	情報の提供
7	長期使用の促進	15	LCA（ライフサイクルアセスメント）
8	収集・運搬の容易化		

出典：家電製品 製品アセスメントマニュアル（第5版）

また、最近の環境配慮設計では、原料の調達から販売までを一連のチェーンと捉え、製品のライフサイクル全体の最適化を行う**サプライ・チェーン・マネジメント（SCM）**を加え、一層の環境改善を行うことも考慮されるようになってきました。

4 環境配慮設計の利点

環境配慮設計のねらいは、製品ライフサイクル全体を通じての環境負荷の低減などにありますが、このねらいに向けて努力する中で、企業には以下のさまざまなメリットも期待されます。
①製品原価、ランニングコスト、廃棄コストの削減
②法的責任の軽減、将来強化される法規制による損失の低減
③製品に関する継続的環境改善の定着化
④従業員の環境に関する意識の向上
⑤グリーン購入・調達を希望する顧客の取り込み
⑥循環型社会の形成の基本理念の達成

5 ライフサイクルアセスメント（LCA）

（1）LCAの考え方

LCAは、製品ライフサイクルの各工程におけるインプットデータ（エネルギーや天然資源の投入量など）、アウトプットデータ（環境へ排出される環境汚染物質の量など）を**科学的・定量的に収集・分析し、環境への影響を評価する**ものです。

データは自ら収集することが望ましいですが、すべてのデータを集めるには多くの困難とともに、多大なコストがかかります。このような場合、製品ライフサイクルの一部の工程を文献などで発表されているデータ（バックグラウンドデータ）を使って補う方法がとられます。

バックグラウンドデータとしての汎用データはまだ十分とはいえませんが、環境配慮に対するLCAの有効性から、多くのメーカーがLCAを活用して製品の環境負荷の低減やコスト削減などに役立てています。図

図表5-14　自動車のLCA分析の例

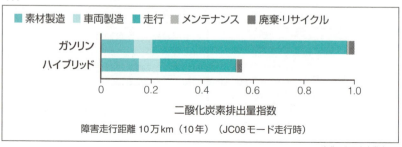

出典：トヨタ自動車HP

➡サプライ・チェーン・マネジメント（SCM）
　企業内外にわたって、製品の開発、製造部品の調達、製品の製造、配送、販売といった業務の流れを一つの「チェーン＝連鎖」と捉えることをサプライチェーンという。全体の効率化を目標とし、経営成果を高めるマネジメント手法のことをサプライ・チェーン・マネジメントという。

➡循環型社会の形成の基本理念
　P.123～124参照。

➡日本のバックグラウンドデータベース
　日本では現在、以下の3種類のデータベースの使用が多い。
・IDEAデータベース
　統計情報によるデータと積み上げデータをハイブリッドしたインベントリデータベース
・3EIDデータベース
　我が国の「産業連関表」を用いて算出した環境負荷原単位を収録したデータベース
・CFPデータベース
　カーボンフットプリン制度での活用を前提に作成された、CO_2換算量原単位を収録したデータベース

表5-14は自動車のLCA分析の一例で、温室効果ガスの一つであるCO_2の排出量で分析した結果です。ガソリン車では走行部分（使用段階）のCO_2排出量が製品ライフサイクルの約80％を占め、環境負荷の低減には燃費改善が最も効果があることがわかります。この結果を基に大幅な燃費改善を行ったのが、ハイブリッド車です。

（2）LCAの活用
● カーボン・フットプリント（CFP）

この制度は、製品のライフサイクル全体を通して排出される温室効果ガスをCO_2の量に換算して製品などにラベルで表示し、消費者に対して製品の環境負荷を**見える化**する仕組みです。製品ライフサイクル全体のCO_2排出量の算出にLCAの手法が利用されています。

2017年からカーボンフットプリントは、多様な環境への影響を対象とするエコリーフ環境ラベルと統合を開始しています。エコリーフとカーボンフットプリントのデータ収集から表示までの過程を共通化し、どちらの宣言にも対応できるようになりました。

● カーボン・オフセット

日常生活や経済活動の中で生じる温室効果ガスのうち、自らの努力で削減できない分を、その量に見合ったGHG削減活動への投資などにより埋め合わせるという制度です。この制度の温室効果ガスの算出に、LCAの手法が活用されています。

また最近は、従来のカーボン・オフセットの取り組みをさらに進め、排出量の全量をオフセットする**カーボン・ニュートラル**が注目されるようになってきました。

環境省はこれらの状況を踏まえ、2008年に政府全体の取り組みとして**国内クレジット制度**を開始し、2012年には、**カーボン・オフセット制度**を開始しました。また、2013年度からは、カーボン・オフセットの一層の活性化を目指し、国内クレジット制度を発展的に統合した**J-クレジット制度**が実施されています。

（3）LCAの用途
LCAは製品やサービスの環境への影響を定量的に評価できることから、次のような用途に使うことができます。

①環境負荷を低減した新製品、サービスの設計・開発
②グリーン購入の判断基準
③環境負荷削減効果の算出
④環境マネジメントシステムの目標設定、達成度の評価（P.208参照）
⑤環境ラベルの作成（エコリーフ環境ラベルプログラム等）
⑥環境報告書への記載
⑦カーボン・フットプリント、カーボン・オフセットのCO_2削減量の算出

➡ハイブリッド車
　エンジンとモーターなど、2つの動力源を持つ車をいう。走行性能を損なうことなく、従来のガソリン車に比べて燃費を大幅に向上することができる。1997年、初の市販車が登場した。

➡カーボンフットプリントマーク（CFPマーク）
　巻頭カラー資料Ⅷ参照。

➡カーボン・オフセット制度
　カーボン・ニュートラル認証制度とカーボン・オフセット認証制度の2つの認証を統合した制度。

➡国内クレジット制度
　2008年の京都議定書目標達成計画において規定されている。大企業などによる技術・資金などの提供を通じて、中小企業などが行った温室効果ガス排出削減量を認証し、自主行動計画や試行排出量取引スキームの目標達成などのために活用できる制度。2008年10月に政府全体の取り組みとして開始された。

➡エコリーフ環境ラベルプログラム
　信頼性・透明性を確保した算定方法に基づき、製品のライフサイクル全体にわたる定量的環境情報を、LCA手法を用いてエコリーフ等により見える化する。

➡エコリーフマーク
　巻頭カラー資料Ⅷ参照。

5-3 企業の環境への取り組み

5-3 05 企業の環境活動

8 経済成長 / 12 生産と消費∞

**学習の
ポイント** ▶ ここでは企業の環境活動について学びます。企業の事業活動及び製品・サービスを通じて、環境負荷の削減が行われています。

1 企業の環境活動

　企業活動では、自らの事業活動と製品・サービスを通じて環境への負荷が発生しています。企業は、これらの環境負荷を業界団体が策定した環境自主行動計画に基づき改善を進めています。また、近年はSDGsの課題に対する取り組みも大企業を中心に強化されてきました。

　「環境自主行動計画」 は、1996年から経団連などの業界団体が国の定める循環型社会形成推進基本計画及び地球温暖化対策基本計画を基に策定したものです。計画にはオフィス・物流改善、３Rの推進、森林保全などの持続可能な社会づくりと、CO_2排出量の削減や再生可能エネルギーの利用などの地球温暖化対策が含まれています。経団連は現在、持続可能な社会づくりを**循環型社会形成自主行動計画**、地球温暖化対策を**低炭素社会実行計画**の２つに分けて計画を策定しています。

（1）製造業

　製造業は、過去に四大公害病を出した経緯もあり、環境対策として大気汚染、水質汚濁、騒音・振動等の防止などの公害防止を基本とした上で、省資源、省エネルギー、廃棄物削減・リサイクル活動を進めています。

➡**コージェネレーション**
　P.90参照。

➡**LCA**
　P.218参照。

➡**FEMS**
　工場エネルギー管理システム（Factory Energy Management System）の略称。

➡**トップランナー基準**
　P.85「トップランナー制度」を参照。

基礎素材型産業	・製造業のエネルギー消費の75%を占め、省エネを重要課題とし、設備の高効率化、**コージェネレーション**の導入などを実施 ・エネルギー管理の徹底（FEMSの活用） ・**LCA**的な視野で、最終製品の環境改善に寄与する材料の供給
加工組立型産業	・エネルギー管理の徹底（FEMSの活用） ・LCAを積極的に採用した環境配慮製品の開発 ・自動車、家電などのエネルギー消費機器では省エネ法に定める**トップランナー基準**の達成 ・国内のみならず海外の環境法規制に対応した製品の提供
生活関連型産業	・消費者が身近に接する製品が多いため、エコマークやカーボン・フットプリントなど消費者に見える形で製品の環境配慮 ・食品産業界では食品リサイクル法に基づき食品廃棄物のリサイクルの実施

5-3 企業の環境への取り組み

（2）建設業、運輸業、小売業

　省エネのほかに、建設業は建設廃棄物の抑制、運輸業は共同輸送の推進、小売業は使用済み容器包装や食品廃棄物の適正処理のリサイクルなど、それぞれが業務に応じた取り組みをしています。

建設業	・建設廃棄物の抑制・適正処理…建設リサイクル法の遵守 ・建物の環境性能評価システム「**CASBEE**」による環境配慮設計の推進 ・年間のエネルギー消費量をゼロ又はマイナスにする建物（**ZEB**、**ZEH**）の開発・普及の促進 ・**建築物省エネ法**によるトップランナー基準の達成 ・化学物質対策…VOCの削減、フロン、アスベスト、PCBの適切な処理の徹底
運輸業	・**モーダルシフト**、共同輸送の推進 ・エコドライブの推進…エコドライブ管理システム（EMS） ・省エネ輸送機器（エコカー、エコシップ、エコレールライン）への変換 ・無駄の排除…再配達の削減（宅配ボックスの設置など）
小売業	・省エネ化…照明のLED化、空調機の高性能機への転換、商品補充・陳列時の熱漏洩の低減（ショーケース） ・無駄の排除…**スマートセンサー**による見える化 ・包装材の薄肉化やバイオマス・再生プラスチックの使用、紙容器化、レジ袋の有料化 ・カーボン・オフセット製品の販売 ・使用済み容器包装、食品廃棄物のリサイクル

➡ CASBEE
　建築物の環境配慮や建物の品質を総合的に評価するシステム。建築物のライフサイクル、環境品質と環境負荷、環境性能効率の3つの観点から評価する。

➡ ZEB、ZEH
　ネット・ゼロ・エネルギービル、ハウスの略称。

➡スマートセンサー
　感知した信号をマイクロプロセッサーで処理する機能を持ったセンサー。

（3）情報通信業、金融業

　この分野の企業は、環境改善のシステムや業務を開発・提供することで他の分野の環境改善を支援し、大きな効果を出しています。

情報通信業	・ICTを活用したグリーン化 ⇨エネルギー効率の改善…**ITS**、**BEMS**、**HEMS**の開発・普及 ⇨人・物の移動の削減…テレワーク、電子申請、音楽等の配信 ⇨物の生産、消費の効率化・削減…電子出版・配信
金融業	・企業の環境配慮を支援する投資 ⇨**社会的責任投資（SRI）**…**エコファンド**、**ESG投資**、**SDGs投資** ・環境改善、環境技術開発を支援する融資（環境融資） ⇨エコ住宅ローン、エコリフォームローン、省エネローン、エコローン（エコクリーン資金）、エコカーローンなど

➡ ITS
　P.159参照。

➡ BEMS、HEMS
　ビル及び家庭用エネルギー管理システムの略称。
　ビル、家庭内のエネルギー使用機器をネットワークでつなぎ、複数の機器を自動制御して省エネや節電を行う。

➡社会的責任投資（SRI）
　P.209参照。

➡エコファンド
　企業の財務面のみならず、環境への貢献度も評価して投資対象を決める投資信託商品。

➡ ESG投資
　P.210参照。

2　サプライチェーンの環境負荷低減

　企業は、自らの直接的な環境負荷の改善だけではなく、サプライチェーンにおける上流・下流の調達先・委託先における環境負荷低減を促すことにより、社会全体に影響を与えることもできます。例えば、グリーン購入基準により購入品や調達先・委託先の環境配慮を促進することや、先進企業で行われている、調達先の温室効果ガスの排出量を把握することなどで環境負荷の低減につなげることができます。

第5章
各主体の役割・活動

221

5-3
06 第一次産業と環境活動

2 飢餓 　**12 生産と消費∞** 　**14 海洋資源** 　**15 陸上資源**

**学習の
ポイント** ▶ 農・林・漁業は、後継者の不足などから衰退傾向が強く、活性化が模索されています。自然環境と一体となった第一次産業の現状と、これからの試みについて学びます。

　日本の農林水産物・食品は、安全でおいしく高品質であるとの評価があり、生産者が価値を発信し、消費者の信頼を得てブランド力をつけることに取り組んでいます。

　また、活性化の手段として、第一次産業（生産）・第二次産業（加工）・第三次産業（販売）が連携する**6次産業化**も注目されています。

1 農業

　コンポストなどの有機肥料を用いた土づくりによる化学肥料の削減や、農薬を用いない有機農業が、JAS規格に適合していることを登録認証機関が審査・認証し、認証された事業者の農作物に**有機JASマーク**を付けるなどのJAS制度が、2018年の**JAS法**の改正により変更されました。改正JAS法では、対象が、農林物資の品質に加え、生産方法、試験方法、農林物資の取扱方法等にも広がるとともに、鑑賞用の植物・魚、真珠、漆等を含む農林水産品・食品全般に広がっています。

　また、近年普及が進められている**GAP（農業生産工程管理）**の規格・認証制度を活用して、食品の信頼性や価値の維持・向上を図り、国際市場における競争力を強化する取り組みが行われています。GAP認証取得経営体数（農産物）は、7,363経営体（2020年3月末現在）となっています。

2 林業

　日本の森林は、戦後や高度経済成長期に植栽されたスギやヒノキなどの人工林が大きく育ち、木材として利用可能な時期を迎えようとしています。利用可能な森林が増える中、木材自給率も上昇を続け、2017年には過去30年間で最高水準となる36.2％となるなど、国内の森林資源は、「伐って、使って、植える」という森林を循環的に利用していく新たな時代に入ったと言えます。

　一方、日本の森林は小規模・分散的で、長期的な林業の低迷や森林所有者の世代交代等により森林所有者への森林への関心が薄れ、森林の管理が適切に行われない、伐採した後に植林がされないという事態が発生

➡コンポスト
　生ごみなどの有機性廃棄物を微生物の働きによって分解し、堆肥にする方法、技術、もしくは堆肥そのものを指す。

➡JAS法
　正式名称「日本農林規格等に関する法律」。

➡GAP
　Good Agricultural Practice:農業生産工程管理。農業において、食品安全、環境保全、労働安全等の持続可能性を確保するための生産工程管理の取り組み。

5-3 企業の環境への取り組み

しています。また、所有者不明や境界不明確等の課題もあり、森林の管理に非常に多くの労力が必要になっています。このため、林業の成長産業化の実現と森林資源の適正な管理の両立を図る「**森林経営管理法**」が2019年4月に施行され、「**森林経営管理制度**」が始まりました。

林業従事者は減少傾向で推移し、2015年で4.5万人です。このため、林野庁では、人材の育成及び確保のため「**緑の雇用**」事業等を通じた現場技能者の育成を進めるとともに、施業集約化の中核となる**森林施業プランナー**や、地域全体の森林づくりを計画し、指導できる技術者として**フォレスター**の育成が行われています。

3　漁業

過剰な漁獲による水産資源の減少が、世界的な問題となっています。その中には、日本市場での需要の高さが乱獲の原因となっている資源も少なくありません。魚介類では、マアジやマイワシなど**沿岸漁業**の漁獲量が年々減少し、マグロやウナギなどは稚魚の資源枯渇がワシントン条約でも問題となっています。

日本の水産物の生産量は、1965～1976年度のフェーズ1は**遠洋漁業・沖合漁業**の拡大により増加し、1976～1990年度のフェーズ2は主にマイワシ（主に飼料用）の漁獲量の伸びにより増加。1990年度以降のフェーズ3は、主にマイワシの漁獲量の落ち込みにより減少しています。

店舗では、計画的に資源管理を行い、持続可能な漁法で獲られた魚には**MSC認証**が、持続可能な方法で養殖された魚には**ASC認証**の環境ラベルがつけられて販売されています。

また、水産資源保護のため、クロマグロやニホンウナギなど**資源枯渇傾向にある魚類の完全養殖**が研究されており、前者は試験的流通が始まっています。**魚付き林**の整備など、海の環境を整備し、魚を呼び戻そうとする試みも行われています。

➡森林経営管理制度
適切な経営管理が行われていない森林の経営管理を、林業経営者に集積・集約化するとともに、それができない森林の経営管理を市町村が行うことで、森林の経営管理を確保し、林業の成長産業化と森林の適切な管理の両立を図る。

➡ MSC認証
Marine Stewardship Council（海洋管理協議会）の認証制度。水産資源や海洋環境を守って獲られた水産物を認証する。認証には、漁獲する漁業の現場や、水産物の加工・流通の過程でも審査が行われる。

➡ ASC認証
Aquaculture Stewardship Council（水産養殖管理協議会）の認証制度。

➡魚付き林
魚類繁殖のために保護されている海岸沿いの森林のこと。魚が好む日陰を木々が作る、栄養塩類を供給しプランクトンを育てるなどの効果があるとされる。近年では漁場の上流にあたる山林も、広義の魚付き林と捉えて保護する運動もある。

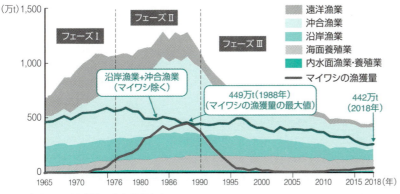

図表5-15　漁業・養殖業の生産量の推移

注：魚介類および海藻類の生産量を表す。　　出典：農林水産省『漁業・養殖業生産統計』

5-3
07

働き方改革と環境改善

3 保健　5 ジェンダー　8 経済成長

学習のポイント 働き方改革により業務を効率化すれば、エネルギーや資源の消費量を減らし、環境負荷の削減につなげることができます。

1 働き方改革

働き方改革とは、働く人の視点に立って、労働制度の改革を行い、企業文化や風土も含めて働き方を変えようという取り組みです。「働き方改革関連法」が2018年6月に可決・成立するなど、官民を挙げて改革が進められています。

現在、日本の人口は減少局面を迎えており、これに伴い労働力人口の減少も始まっています。国立社会保障・人口問題研究所の推計によれば、1990年台に約7,600万人とピークだった15～64歳の生産年齢人口は、2060年には約4,400万人にまで減少する見込みです。人口減少社会に適合するためには、産休、育休から復帰しやすい環境を整え、女性の離職率を下げるなど、より多くの人がそれぞれに合った働き方ができる働き方改革が必要となります。

働き方改革にはさまざまな取り組みがありますが、**労働生産性**を向上

➡日本の人口
P.47参照。

➡労働生産性
投入した労働量に対し、どれくらいの生産量が得られたかを表す指標。国家の名目労働生産性は「就業者一人あたり付加価値額」で考えることができる。
(公財)日本生産性本部によれば、2018年の日本の名目労働生産性は8万1,258ドル(824万円)。これはG7の中で最も低く、OECD加盟35か国中21位となっている。

図表5－16　働き方改革の背景と取り組み、地球環境への影響

働き方改革が必要な背景
●人口減による労働力不足 ●慢性的な長時間労働 ●正規・非正規労働者の賃金格差 ●女性離職率の高さ　など

↓

働き方改革の取り組み
●業務を効率化し、労働生産性を高めることで、労働時間を削減し、労働力不足にも対応 ●同一労働・同一賃金化 ●女性が活躍しやすい環境の整備 など

↓

地球環境への影響
●業務の効率化は、エネルギー消費を削減し、環境保護にもつながる

5-3 企業の環境への取り組み

させ長時間労働を是正することは、特に地球環境の保護に繋がります。労働時間を短縮すれば、エネルギーや資源の使用量も減少するためです。また、2020年には新型コロナウイルス対策として、テレワーク、デジタル化等が世界的に一気に普及しました。環境保護のためには、これらの取り組みの定着が望まれます。

2 環境保全につながる働き方改革の取り組み

（1）テレワーク
インターネットを利用し、自宅や**サテライトオフィス**などで業務を行う業務形態を指します。会議をインターネット上で行うオンライン会議もテレワークの一つです。仕事と子育て・介護等との両立が行いやすく、オフィスで使用するエネルギーや、通勤のために排出されるCO_2も削減できます。

（2）ペーパーレス化
従来、紙で作成・回覧・保存されていた文書を電子化することです。文書の回覧や検索を行いやすくし、業務を効率化すると共に、紙の消費量を削減します。テレワークの導入にあたっては、自宅等でもオフィスと同等の業務を行えるようペーパーレス化が必要となります。

（3）宅配便の再配達防止
ネット通販の普及などにより、宅配便の取扱個数は2006年からの10年間で約10億個、率にして1.3倍増加しました。一方で、国土交通省の調査では取扱個数の約2割が再配達となっており、長時間労働と環境負荷の原因になっています。再配達削減のため、**宅配ボックス**設置や、**オープン型宅配ボックス**の整備が推進されています。

（4）営業時間の見直し
小売店や飲食店では、労働環境の改善や生産性の向上等を目的に、深夜営業を中止し、営業時間を短縮する動きが進んでいます。

（5）朝型生活へのシフト
働き方改革が全国的に進行すれば、国民全体の就寝時間が前倒しされ、朝型生活にシフトすることが期待されます。環境省の試算では、夜間の電気の使用量を1日1時間減らした場合、1世帯あたり年間約165kgのCO_2削減になります。

3 SDGsと働き方改革

働き方改革はSDGsの目標8「**働きがいも経済成長も**」の達成に貢献し、ターゲット8.5「**2030年までに、若者や障害者を含むすべての男性及び女性の、完全かつ生産的な雇用および働きがいのある人間らしい仕事、ならびに同一労働同一賃金を達成する**」は、働き方改革そのものです。

➡テレワーク
　ICT（Information and Communications Technology）を活用した、場所や時間にとらわれない柔軟な働き方。働く場所によって、自宅利用型テレワーク、モバイルワーク、施設利用型テレワークがある。

➡サテライトオフィス
　都市中心部にある企業のオフィスとは別に、従業員の居住地に近い郊外に設置されたオフィス。

➡オープン型宅配ボックス
　駅などに設置したロッカーで、宅配便の荷物を受け取れるサービス。

5-4 個人の行動

5-4 01 環境問題と市民の関わり

12 生産と消費 ∞ | **16 平和** | **17 実施手段**

学習のポイント ▶ わたしたち市民は、さまざまな顔と役割を持って生活し、活動していますが、常に環境問題と接点があります。環境問題の解決、持続可能な社会づくりにおいて、市民が果たすべき役割について考えます。

1 暮らしと環境問題とのつながり

わたしたちの暮らしは、衣食住や通勤・通学の移動など、さまざまな要素から成り立っていますが、どれもが環境問題と関わりがあります。

わたしたちは、さまざまな場面で環境負荷を生み出す原因者でありますが、必要な情報を得て意図を持った行動をすることで、環境負荷を低減する主役にもなり得ます。

2 市民の役割を考える

わたしたちは、さまざまな立場で環境問題に取り組むことが可能です。

①生活者として

わたしたちは「生活者」として日常の消費財や家電製品・自動車や住宅を利用して暮らしています。そして、その行動を通じて資源やエネルギーを使い、汚水を生じ、ごみを発生させています。ここに環境面からの配慮をすることで、**環境負荷を低減**することができます。

②消費者として

わたしたちは「消費者」として日々の買い物はもとより、家電製品、自動車、住居などを購入します。そのとき、少しでも環境に配慮された製品・サービスを選べば、環境への負荷を低減することができるだけでなく、製品などを提供している事業者に対して消費者としての意思を示し、**「市場」のグリーン化**に影響を及ぼすことができます。

③地域住民・地球市民として

わたしたちは地域社会の構成員「地域住民」でもあり、地球上の社会の構成員「地球市民」でもあります。個人による取り組みには限りがあっても、地域内外・国内外の人々とつながりなどを通じて、効果的な**環境保全活動を実現**できます。近年、近隣や地域社会の人々、NPOなどが助け合って地域を守る**「共助」**の考え方も注目されています。

④働き手として

わたしたちは生計を立てるために、会社に勤めたり、商店を経営した

➡自助／共助／公助

特に防災対策・災害対応の分野で多く使われてきた概念。自分や家族の命は自分たちで守る「自助」、近隣が助け合って地域を守る「共助」、国や自治体が支援する「公助」の「三助」の考え方は、江戸時代の米沢藩主・上杉鷹山が提唱したとされる。阪神淡路大震災以降、注目されるようになってきた。

➡NPO

P.238参照。

り、農業や漁業に従事したりと、さまざまな仕事に就いて働きます。本章の前項「各主体の役割・分担と参加」において、パブリックセクターや事業者等の取り組みを見てきましたが、わたしたち一人ひとりが意識を高めることで、職員・社員・職人・経営者等の立場で、それぞれの専門家として、環境問題を解決していくことができます。

④**有権者・納税者として**

民主主義社会において、国の主権者は国民・市民です。有権者は選挙を通じて国や地方自治体の政策の基本の方向について意思表明することができます。また、個々の環境に関わる政策に対しても関心を持ち、そこに民意を届け、国民の意見を反映させることが重要です。さらに納税者として、環境の視点から税が有効に使われ、効果を上げているのかを監視する努力も必要です。

3 ライフスタイルを考える

ライフスタイルは、「個人または集団の生活・行動」と捉えることができます。図表5-17は、ライフスタイルを中心に、それに影響を及ぼす要素を周辺に配置し、それらの関係性を示しています。

ライフスタイルは、**マーケット（家庭・オフィスなど）** と **公共空間（都市・地域・交通）** の２つの要素に大きく影響を受けます。市民はマーケットを介して製品・サービスを選び、利用します。市民は公共空間に住まい、移動し、公共的サービスを受けます。こうして市民はライフスタイルを形成していくのです。

ライフスタイルを環境配慮型のものとするには、市民に必要な情報が届けられ理解されるよう、環境に関する情報・教育の役割が重要です。また、マーケット・公共空間が環境配慮型のものとなり、市民が環境配慮行動を選択できるよう、公共政策の役割も重要です。

図表5-17 ライフスタイルに与える影響・ライフスタイルが与える影響

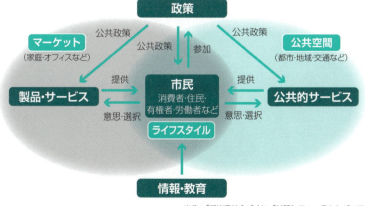

出典：「低炭素社会づくり『対話』フォーラム」パンフレット

5-4 02 生活者／消費者としての市民

2 飢餓　3 保健　4 教育　11 まちづくり　12 生産と消費 ∞

学習のポイント　わたしたちは日々、ものやサービスを購入し、それらを消費して暮らしています。生活者として、また消費者として、どのような視点をもって行動することが持続可能な社会の実現につながるかを学びます。

1 生活者としてのアプローチ

豊かで便利な生活は、環境への負荷の排出を伴います。地球温暖化の原因であるCO_2の排出で見ると、家庭部門からの排出量は、日本の総排出量約11億3,800万t（2018年度）の約15％を占めています。これに自家用車やバスなど移動手段からの排出を加えると約20％を占めることになります。

水に目を向けると、オフィスやホテル等も含む生活用水として約146億m^3（取水量ベース）が使用されており、これは工業用水（約110億m^3：取水量ベース）より多い量です（2017年）。家庭では、風呂、トイレ、台所、洗濯などで使用しますが、この中で特に台所からは環境負荷の大きい汚れた排水が流されています。

家庭からのごみは、近年排出量が減少する傾向にあり、2018年度の年間排出量は約2,967万tで、1人1日当たり約638gと算定されます。家庭からのごみは、製造業やオフィス等からの廃棄物を合わせた国全体の排出量（約4億2,000万t）の約7％を占めています。また、食品ロスでは、国内での発生量612万tのうち、284万tが家庭からと推計されています（2017年度）。

このように、わたしたちは、さまざまな環境負荷を伴って日々の生活

➡ **部門別CO_2排出量**
国立環境研究所のGHGインベントリーオフィスの統計によれば、2018年度の日本のCO_2排出量は11億3,800万tであり、産業部門約35％、運輸部門約19％、民生業務部門約17％、民生家庭部門約15％である。なお、ここでは発電に伴うCO_2排出量を、電力を用いた部門の排出量と見なすという考えで整理している（間接排出量）。
P.71参照。

➡ **工業用水**
工業の分野において、ボイラー用水、原料用水、製品処理用水、洗浄用水、冷却用水、温調用水等に使用されている水。
実際には、一度使用した水の再利用も行われており、再利用水を含めた使用量は400億m^3を超える。

➡ **ごみ排出量**
一般ごみには、家庭からのごみと事業所からのごみがある。事業所ごみを合わせた一般ごみの1人1日あたり排出量は、約918g。
P.129参照。

➡ **食品ロス**
本来食べられるのに廃棄されている食品。
P.233参照。

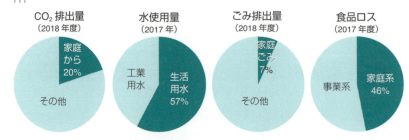

図表5-18　日本の主な環境負荷における、生活者による割合

注）水使用量では、オフィスやホテル等も生活用水に含まれている。また、農業用水はグラフから除いている。

出典：環境省および国立環境研究所『2018年度の温室効果ガス排出量（確報値）について』、国土交通省『令和2年版 日本の水資源の現況について』、厚生労働省『一般廃棄物処理事業実態調査』『産業廃棄物排出・処理状況調査報告書』、農林水産省HPのデータをもとに作成

を営んでいます。こまめな節電、空調の適温設定、入浴や洗顔時の節水、公共交通の利用、ごみの削減・分別など、生活の各シーンにおいて、環境に配慮した行動が重要であり、意識しなくても自然にそのようにふるまえる**新しいライフスタイル（生活様式）**が求められているのです。

2 消費者としてのアプローチ

1 商品の一生（ライフサイクル）を知ろう

消費者としての取り組みを考えるとき、大切にしたいのが**商品の一生（ライフサイクル）**に目を向けることです。日々の暮らしを支えているものやサービスは、地球上のさまざまな動植物や資源を原料とし、世界中の人々の労働と多くのエネルギーを使って生産・運搬され、わたしたちの手元に届きます。そして、暮らしの中で使用され、不要となったものは廃棄もしくはリサイクルされます。これが商品の一生です。

例えば、省エネルギー性能に優れた家電製品は、市民が購入し賢く使用することで、はじめて省エネ性能を発揮し、CO_2削減が可能となります。わたしたち市民は、製品を購入し、使用（消費）し、廃棄・リサイクルするシーンにおける主役なのです。

一方で、わたしたちが直接関わらない原料の調達や加工・製造、廃棄後の処理・輸送等のそれぞれの過程でも、資源の過剰採取、自然破壊、水・大気・土壌の汚染、温室効果ガスの排出、生産者や労働者の健康被害、労働搾取など、さまざまな環境問題、人権問題が発生している可能性があります。

➡商品の一生
　ライフサイクルとも呼ばれる。ライフサイクルアセスメント（LCA）は、製品のライフサイクルの各段階において生じる環境負荷を取り上げ、その影響を定量的に測定し、評価する手法を言う。
　P.216参照。

図表5-19　商品の一生

➡パーム油
　食品や洗剤等の原料となるパーム油に関わる困難な状況を改善するために、2004年にアブラヤシ生産者、消費財メーカー、銀行、NGOなどによる「持続可能なパーム油のための円卓会議（RSPO）」が設立された。RSPOが認証したパーム油を使用した製品には、環境ラベルが貼付されている。
　巻頭カラー資料Ⅷ参照。

➡グリーン購入法
　グリーン購入促進のため、以下を定めて2001年に施行。
①国の機関への義務づけとグリーン購入商品などの情報の整理・提供
②地方自治体への努力義務
③企業・国民へのグリーン購入への努め

➡エシカル消費
　エシカル（ethical）とは英語で「倫理的」「道徳上」という意味。環境への配慮だけでなく、素材の選択や製造プロセス、待遇や対価の面で差別のない労働など、社会的な課題も視野に入れて配慮する。

➡フェアトレード認証団体
　世界フェアトレード機関（WFTO）が定めたフェアトレード団体が遵守すべき10の指針
①生産者に仕事の機会を提供する
②事業の透明性を保つ
③公正な取引を実践する
④生産者に公正な対価を支払う
⑤児童労働および強制労働を排除する
⑥差別をせず、男女平等と結社の自由を守る
⑦安全で健康的な労働条件を守る
⑧生産者のキャパシティ・ビルディングを支援する
⑨フェアトレードを推進する
⑩環境に配慮する

　わたしたちが商品を購入する際には、商品の一生に関心をもち、できるだけ環境や人に負荷をかけないように作られた商品を選択するよう、心がけることが重要です。一見、環境に良さそうな植物由来の洗剤も、その原料の**パーム油**を生産している農園は、広大な熱帯林を切り拓いて動物のすみかを奪い、労働者との間に権利侵害などの問題を抱えているプランテーションの可能性があります。消費行動は、商品、事業者、店舗への日々の投票なのです。

2　グリーン購入とグリーンコンシューマー

　商品やサービスを購入する際に、価格、品質、機能、デザインといった条件だけでなく、環境や社会への影響にも配慮して商品やサービスを選ぶことを**グリーン購入**といいます。国は**グリーン購入法**を制定してこの動きを促進しており、グリーン購入を積極的に行う消費者を**グリーンコンシューマー**と呼んでいます。1999年にグリーンコンシューマー全国ネットワークは「グリーンコンシューマーの10原則」を発表しました。

グリーンコンシューマーの10原則
①必要なものを必要な量だけ買う
②使い捨て商品ではなく、長く使えるものを選ぶ
③包装はないものを最優先し、次に最小限のもの、容器は再使用できるものを選ぶ
④作る時、使う時、捨てる時、資源とエネルギー消費の少ないものを選ぶ
⑤化学物質による環境汚染と健康への影響の少ないものを選ぶ
⑥自然と生物多様性を損なわないものを選ぶ
⑦近くで生産・製造されたものを選ぶ
⑧作る人に公正な配分が保障されるものを選ぶ
⑨リサイクルされたもの、リサイクルシステムのあるものを選ぶ
⑩環境問題に熱心に取り組み、環境情報を公開しているメーカーや店を選ぶ

　さらに、環境や社会的公正に配慮し、倫理的に正しい消費やライフスタイルは**エシカル消費（倫理的消費）**とも呼ばれます。SDGsの認知が高まるとともに、エシカル消費への社会の関心が高まりつつあり、消費者庁もその普及に取り組んでいます。

　開発途上国から輸入される食物や衣類をはじめとする商品には、生産者に正当な賃金が支払われていなかったり、生産効率を上げるために現地の環境を汚染していたり、生産者の健康に被害を及ぼしているものが数多くあります。**フェアトレード**は、このような不公正な関係を改め、開発途上国の生産者や労働者の生活改善と自立を目指して、原料や製品を適正価格で継続的に購入する公平・公正な貿易のことを指す、エシカル消費の一つです。第三者機関に認証されたコーヒーや紅茶、バナナ

やチョコレートには**フェアトレードマーク**が示されているほか、フェアトレード商品を扱う団体を認証する制度もあります。

また、フェアトレードの他にも、児童労働、**紛争鉱物**、資源管理、オーガニック、地産地消、被災地支援など、さまざまな視点からの商品選択が提案されています。

3 グリーン購入やエシカル消費の参考になる情報

グリーン購入やエシカル消費を行うときに重要な手がかりとなるのが、商品や店頭で見られる**環境ラベル**（巻頭カラーP.Ⅷ）やフェアトレードなどのマーク（図表5-20）、環境や持続可能性に関する企業情報を掲載した**CSR報告書**や**サステナビリティ報告書**などの情報です。

日本消費生活アドバイザー・コンサルタント・相談員協会（NACS）の環境委員会では、グリーンコンシューマーの育成には、企業と消費者との環境に関する意見や情報の交換が不可欠であるとの考えから、**グリーンコンシューマーが望む環境情報9原則**を策定しています。

消費者は情報を得るだけではなく、疑問や意見がある場合は、事業者や情報提供者に対し積極的に問い合わせることも重要です。そして、事業者側が真摯に消費者対応を行うことで環境コミュニケーションが活発になり、持続可能な社会に向けた取り組みの進展につながると考えられます。

また、「消費から持続可能な社会をつくる市民ネットワーク」は環境、人権、社会、未来を大切にした商品情報サイト「ぐりちょ Green & Ethical Choices」を運営し、具体的な商品選択のための視点やその条件に適合した商品情報を発信するなど、多くのNPOが消費者に有用な情報や活動を提供しています。

図表5-20　持続可能性につながる、食品に使われる環境ラベルの例

有機JASマーク	有機食品のJAS規格に適合した生産が行われているか、第三者機関が審査・認定した事業者が生産する農作物などに表示
レインフォレストアライアンスマーク	熱帯雨林や野生生物・水資源の保護、そこで働く人々の労働環境向上などに関する基準を満たした農園に認証を与えている
バードフレンドリーマーク	渡り鳥の休息地となる森林を保護するという観点から、環境と動植物の保護に配慮された日陰栽培の有機コーヒーの認証マーク
国際フェアトレード認証ラベル	生産者への適正な価格の支払い、労働環境保護、農薬使用規制、等の国際フェアトレード基準をクリアした製品を認証している
エコファーマーマーク	減化学肥料・減農薬などの持続可能性の高い農業生産方式を導入していると認定された農業者による農産物
MSC「海のエコラベル」	水産資源や環境に配慮した、持続可能な漁業で獲られた水産物
ASC認証マーク	環境に負担をかけず、地域社会に配慮し、持続可能な方法で養殖された水産物
マリン・エコラベル・ジャパン	持続可能な漁業及び養殖業による水産物。日本発祥の認証ラベル

➡紛争鉱物
　紛争状態が続くコンゴ民主共和国やその周辺国で採掘されるタンタル、タングステン、金、スズ等を指す。不法に採掘され、武装勢力の資金源となっている可能性が高く、国際社会では規制に向かっている。
　アメリカのドット・フランク法では、アメリカで上場している企業に対して、自社製品に紛争鉱物が含むか否かを調査し、証券取引委員会に報告するとともに自社HP上で開示することを義務づけている。

➡環境ラベル
　巻頭カラー資料Ⅷ参照。

➡サステナビリティ報告書・CSR報告書
　P.215参照。

➡消費生活アドバイザー
　1980年、消費者と企業、行政との架け橋となることを目的に消費生活アドバイザー制度は誕生した。消費生活アドバイザーは消費者利益の確保、企業の消費者志向の促進を行うことと同時に、持続可能な社会の形成に向けて積極的に行動する消費者市民の育成のための役割を果たしている。

➡グリーンコンシューマーが望む環境情報9原則
●こんな内容を知りたい
①持続可能な社会を目指した企業活動が見えること
②重要な情報を伝えていること
③社会的関心を反映していること
●こんな表現を望む
④わかりやすいこと
⑤比較できること
⑥具体的な表現であること
●こんな姿勢を望む
⑦確認できること
⑧消費者との対話の体制があること
⑨消費者の意見が反映されていること

4 消費者教育への反映

2009年に成立した消費者教育推進法では、消費者の選択や行動が、現代及び将来の世代にわたって社会経済情勢や地球環境に影響を及ぼすことを自覚して行動できる**消費者市民**という概念が示されています。また、その育成に取り組むことが、国と地方自治体に義務づけられました。これを踏まえ、学校や消費生活センターなどさまざまな場で行われている消費者教育の中に、グリーンコンシューマーやエシカル消費などの内容が充実されつつあります。

3 「衣」「食」「住」「移動」でできること

わたしたちは、自分たちが使う製品がどのように作られ、運ばれて売られているのか、使用後どのように処理されているか、また、自分たちの行動がどれくらいの資源やエネルギーを消費しているのか、ごみや有害物質を排出しているのか、など、生活に関わるさまざまな知識を深め、どのような取り組みができるのかを考え、行動することが大切です。

1 衣

毎日着る衣類にも寿命はあります。長く大切に衣類を使うためには、ブラッシングで日々の汚れを落とす、ローテーションする（続けて着ない）などの配慮が有効です。購入の際には、強度があり劣化が少ないといわれる綿などの天然素材や、流行に左右されないデザインのものを選ぶことなども考えましょう。

ファストファッションの大量消費は、決して持続可能な社会につながりません。**オーガニックコットン**のような自然と体に優しい素材の衣類、**フェアトレード**による衣類や雑貨、紛争鉱物を使わないジュエリーなどを、大切に、長く使いたいものです。また、成長期の子ども服などは、フリーマーケットやネットを活用して再利用していくこともグリーン購入といえるでしょう。

➡「消費者市民」の定義
北欧諸国の呼びかけによって生まれたコンシューマー・シティズンシップ・ネットワーク（CCN）では「消費者市民とは、倫理、社会、経済、環境面を考慮して選択を行う個人である。消費者市民は、家族、国家、地球規模で思いやりと責任をもって行動を行うことで、公正で持続可能な発展の維持に貢献する。」と定義している。

➡ファストファッション
最新の流行を取り入れながら低価格に抑えた衣料品を、短いサイクルで世界的に大量生産・販売するファッションブランドやその業態をさす。「早くて安い」ファストフードになぞらえて、このように言われるようになった。

➡オーガニックコットン
オーガニック農産物の生産方法の基準に従い、一定期間（例えば2〜3年）以上の生産実践の後、認証機関に認められた農地で農薬肥料の厳格な基準を守って生産された綿花。
オーガニックコットン（素材）を使用して製造されたタオルなどの「オーガニックコットン製品」については、素材とは別の認証制度があり、代表的なものにGOTS（オーガニックテキスタイル世界基準）がある。巻頭カラー資料Ⅷ参照。

➡フェアトレード
P.230参照。

COLUMN

綿花の生産と農薬

綿花の生産に使われる農薬は、世界の農薬使用量の約25%を占めています。なかでも収穫期に使われる「枯れ葉剤」は非常に毒性が高く、農民の健康を脅かすだけでなく、脊椎の奇形など子孫への影響も指摘されています。農薬を使用しない**オーガニックコットン**や、化学染料を使わない草木などによる染め方などが注目されています。

5-4 個人の行動

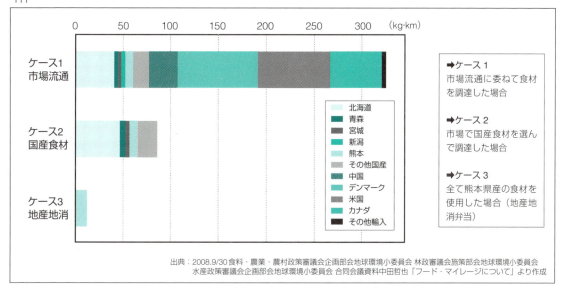

図表5-21 地産地消弁当でのフードマイレージの試算結果

→ケース1
市場流通に委ねて食材を調達した場合

→ケース2
市場で国産食材を選んで調達した場合

→ケース3
全て熊本県産の食材を使用した場合（地産地消弁当）

出典：2008.9/30食料・農業・農村政策審議会企画部会地球環境小委員会 林政審議会施策部会地球環境小委員会 水産政策審議会企画部会地球環境小委員会 合同会議資料中田哲也「フード・マイレージについて」より作成

2 食

（1）購入する食品の選択

日本の食料自給率は諸外国に比較して低く、食料品の多くを海外からの輸入に頼っています。食料品の輸送に伴うCO_2排出量を示すための指標に、**フードマイレージ**という考え方があります。図表5-21は、同じお弁当について、食材調達の違いによるフードマイレージの比較を示していますが、地元食材を選ぶことでフードマイレージが25分の1以下に減少しているのがわかります。また、食料の生産にどのくらいの水が必要だったかを推定した**バーチャルウォーター**の値から、その大量の水も同時に輸入していることを認識することも重要です。地産地消、旬などを大切にしたメニューは環境にも体にもやさしい食べ物になります。

また、野菜などの生産段階で使用する農薬は、効率的に農作物を生み出しますが、多くは土壌に吸収され、周辺の水質汚染の発生源ともなり得る可能性があり、生態系への影響が指摘されています。

有機栽培の野菜をはじめとする持続可能性を考えた食材や食品は、**有機JASマーク**や**エコファーマーマーク**などの**環境ラベル**などを手掛かりに購入することができます。また、「**トレーサビリティー**」システムを活用し、情報を得ることで、安心して農作物を選択することもできます。

マイボトルやマイバックを持ち歩く習慣も、ぜひ取り入れたいライフスタイルです。

（2）食品ロス問題（食品の廃棄・リサイクル問題）

日本の家庭から排出される食品廃棄物は、年間約783万tですが、そのうち**食品ロス**と呼ばれる可食部は約284万tと推計されています（環

→食料自給率
P.56参照。

→フードマイレージ
生産地と消費地が離れていると、輸送にかかるエネルギーが多く必要となり、地球環境に負荷を与えるという、イギリス生まれの概念。「食品の重量（t）」×「生産地と消費地の移動距離（km）」で表す値が大きいほどCO_2の量が多くなる。

→バーチャルウォーター
P.113参照。

→エコファーマー
土づくり、減化学肥料・減農薬などの持続可能性の高い農業生産方式を導入した農家を都道府県知事が認定する。

→環境ラベル
巻頭カラー資料VIII参照。

→トレーサビリティー
ある食品が、①いつどこで誰によって生産され、②どのような農薬・肥料・飼料が使われ、③どんな流通経路をたどって消費者に届けられたか、履歴を確認できるようにすること。

→食品ロス
P.228参照。

境省・農林水産省2017年度)。これは国民1人当たり1日約132g（茶碗1杯のご飯量）となります。

食品ロスで多いのは、手つかずのまま捨てられてしまう食品や食べ残しです。食材を買いすぎない、作りすぎない、**消費期限**や**賞味期限**をこまめに確認する、食材を上手に使い切る、食材を上手に保存するなどの工夫をしていきましょう。また、**フードドライブ**や**フードバンク**に寄付することは、生活に困窮する方への支援にもつながります。

（3）台所からの排水

家庭からの排水で、最も環境負荷が大きいのは台所排水です。食器を洗う前に油汚れを拭き取る、調理くずや食べ残しが流れないように水切り袋を使うなどのひと手間により、水にもやさしい生活ができます。

3 住

（1）エネルギー消費

家庭部門のエネルギー消費量は、生活の快適性や利便性を追求するライフスタイルの変化、世帯数の増加や個人消費の伸びとともに増加します。1973年度のエネルギー消費量を100とすると、2011年度には208.9まで拡大しました。その後、省エネ技術の進展や、環境保護意識の高まりによって家庭部門のエネルギー消費量は低下し、2018年度には185.6まで下がりました（図表5-22）。

家庭からの用途別CO_2排出量は、照明や家電製品などからが3割を占めるほか、暖房や給湯からの排出が多くなっています（図表5-23）。まずは生活者として、こまめに消灯する、エアコンの設定温度を調整する、家族がリビングに集まって暖房する部屋を減らすなど、節電に取り

➡**消費期限**
弁当、サンドイッチ、生めんなど、腐敗しやすい食品に用い、定められた方法で保存した場合、商品の劣化によって安全性が損なわれるおそれがない期限。

➡**賞味期限**
記載されている方法で保存した場合の品質保持期限。牛乳、卵、冷凍食品、スナック菓子など、品質が比較的長く保持されるものにつけられる。

➡**フードドライブ、フードバンク活動**
企業や家庭、農家等で余っている食品を持ち寄り、それらを個人や福祉団体等に提供する活動。

図表5-22　家庭部門におけるエネルギー消費と経済活動等

注1）1993年度以前の個人消費は（一財）日本エネルギー経済研究所推計。
注2）「総合エネルギー統計」は、1990年度以降、数値の算出方法が変更されている。
出典：経済産業省『エネルギー白書2020』

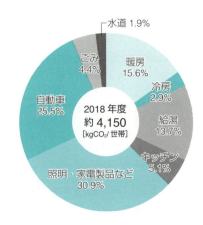

図表5-23　家庭からのCO_2排出量（用途別内訳）

出典：全国地球温暖化防止活動推進センター

5-4 個人の行動

組むことが重要です。

（2）住宅や設備等の購入

消費者としてLED照明器具、省エネ性能の高いエアコンや冷蔵庫を購入する、住宅の遮光・遮熱・断熱性能を高める、再生可能エネルギー中心の電力会社に変更する、自身で太陽光発電を取り入れる、**環境共生住宅やZEH**に住む、認証木材など環境に良い製品を購入するなどの行動は、環境への負荷を減らし、市場をグリーン化することにもつながります。

（3）化学物質

住まいの中では、さまざまな化学物質が使用されています。新築の家などで、頭痛や吐き気を引き起こす**シックハウス症候群**の原因となる塗料や接着剤はよく知られていますが、家庭用殺虫剤やスプレー式消臭剤なども、呼吸によりわたしたちの体に取り込まれています。また、排水口に流される洗剤やシャンプーなどについても、選択や使用量に気をつけて生活するよう心がけましょう。

4 移動

通勤や通学、買い物、旅行などの移動のシーンを考えてみましょう。家庭から排出されるCO_2の4分の1は自動車（図表5-23）からですし、バスや電車などの公共交通機関を利用する際にもエネルギーを使います。

環境省が、「**COOL CHOICE**」キャンペーンの一環として推進している「**スマートムーブ**」の取り組みを以下に紹介します。近年、都市部を中心に普及している**シェアサイクル（コミュニティサイクル）**を利用するのも、スマートムーブの一つです。

【smart move が推進する5つの取り組み】
①公共交通機関を利用しよう（電車、バス等の公共交通機関の利用）
②自転車、徒歩を見直そう（自転車や徒歩の移動の推奨）
③自動車の利用を工夫しよう（エコドライブの推奨やエコカーへの乗り換え）
④長距離移動を工夫しよう（エコ旅行やエコ出張等の実施）
⑤地域や企業の移動・交通におけるCO_2削減の取り組みに参加しよう（カーシェアリングやコミュニティサイクル等の利用促進）

また、ネットショッピング市場の拡大に伴って、宅配の増加によるCO_2排出量も増加しています。便利さの裏側にも目を向け、地域のお店での購入を心がけることは、低炭素化だけでなく、地域活性化の視点からも意義があるでしょう。また、配達時間を指定するなど、再配達を依頼しなくても済むような工夫も有効です。

➡環境共生住宅
　エネルギー・資源・廃棄物などの面で十分な配慮がなされ、周辺の自然環境と調和し、健康で快適に生活できるよう工夫された、環境と共生するライフスタイルを実践できる住宅。

➡ ZEH（ゼッチ）
　Net Zero Energy House の略。住まいの断熱性・省エネ性能を向上させ、太陽光発電などでエネルギーを創ることにより、年間の一次消費エネルギー量（空調・給湯・照明・換気）の収支を「ゼロ」にする住宅。エネルギー基本計画では、2020年までにZEHを標準的な新築住宅とすることを目指す。

➡ LED
　P.91参照。

➡シックハウス症候群
　P.163参照。

➡シェアサイクル（コミュニティサイクル）
　自転車を好きなタイミングで好きな時間だけ使用できる。ICカードやスマホだけで、サイクルポートから借り出し、別のポートで返すことも可能。予約なしで借りることもできるなどの利便性の高さから、都市部を中心に普及している。

➡エコドライブ
　P.158参照。

第5章
各主体の役割・活動

235

5-4
03 主権者としての市民

4 教育 **12 生産と消費** **16 平和** **17 実施手段**

学習の ポイント ▶ 民主主義社会において、主権者は市民です。有権者であるとともに、納税者でもある立場から、環境保全や持続可能な社会形成のための政策にどのように関与していけばよいのか考えます。

1 環境問題と公共政策

これまで、生活者、消費者、住民等としての環境配慮行動の重要性を述べてきましたが、環境保全型商品を買いたくても価格が高い、車の利用を抑制したくても公共交通の利便性が悪いなど、個人や地域で実現できる環境配慮の取り組みには限界があります。問題の根源を解決するための公共政策による取り組みがあって初めて、個人の環境配慮行動が実現できるという関係性があることに気づきます。

市民が、ごく自然に環境保全型の商品やサービスを選択したり、環境配慮行動を実践するためには、インセンティブの付与や、課税・規制といった公共政策の取り組みなど、政治や行政の適切な関与が効果的です。**レジ袋の有料化**や家電製品の**トップランナー制度**は市場に関与する公共政策の典型例です。では、この公共政策は、政治や行政に任せておけばよいのでしょうか。

2 主権者としての市民

民主主義社会における主権者は、国民・市民です。そこで、市民は主権者として、いかに自分たちの意思を政治や行政に伝え、政治や行政を使いこなすことができるかがとても重要です。

市民は、最終的な意思決定者である首長や議員などを選挙により選ぶことを通じて、公共政策の基本的な方向を選択しているといえます。またそれに加え、国民・市民から選ばれた首長・議員が真に国民・市民のために活動を行っているのかウォッチし、異議がある場合には、軌道修正を行うべく、意見を伝えることが大切です。

市民の意見を吸い上げるために、国や自治体が用意している場・チャネルを活用して意見を伝えることもできます。多くの自治体がホームページで設けている「市民の声」コーナー、自治体が主催するタウンミーティング、計画策定や法律・条令の検討段階の**パブリックコメント**、条例や予算等に対する請願書や陳情書の制度などは、誰でも活用でき

➡レジ袋の有料化
2020年7月1日から、一人ひとりのライフスタイルに変革法を促すことを目的に、小売業で手渡すレジ袋の有料化が始まった。背景には、海洋プラスチックごみ問題、地球温暖化がある。

➡トップランナー制度
P.85参照。

➡パブリックコメント
P.197参照。

5-4 個人の行動

す。請願書は議員の紹介が必要ですが、陳情書はそれも不要です。また、自治体の環境審議会などでは、市民から委員を公募する場合があり、委員として地域の環境政策づくりに参加することが可能です。

環境をはじめとする社会問題に自分の意見を持ち、署名活動やデモへの参加、SNSなどさまざまな形で発信していくことも政治への参加方法の一つです。最近では、市民が公共政策に対して自分たちの意見を形成し、政治や行政に届ける**参加型会議**という手法も試行されています。

社会を考え自分の意見を持ち行動できる市民を育てることを**主権者教育（シチズンシップ教育）**と呼びます。選挙権が18歳に引き下げられたことを背景に、学校においても主権者教育が重視され始めています。

3 納税者としての市民

市民には納税の義務があります。納税は、公的なサービスを受けるための費用を払っている、または将来世代への備えも含めて国づくり、地域社会づくりに投資しているとみることもできます。

税の徴収（課税）にはさまざまな方法があり、そのデザイン次第で課税が大きな環境保全効果を発揮します。その典型が環境税です。環境への影響をもたらす行為に対して課税し、環境保全に効果を有する対策の財源にあてます。具体的には**地球温暖化対策税、森林環境税、水源税**などがあります。一方、**エコカー減税**など、環境に配慮した製品の購入などについては税負担を軽減する**グリーン税制**があります。

以上からもわかるように、環境保全や持続可能な社会づくりに向けて、税がどのように課税され、どこに使われるべきか、市民は主権者として関心を持ち、意思を示すとともに、決定された税に対しては納税し、税の使い道、効果などに関心を持つことが必要です。

➡**参加型会議**
P.197参照。

➡**主権者教育**
社会の出来事を自ら考え、判断し、主体的に行動する主権者を育てる教育（総務省）。シチズンシップ教育。

➡**地球温暖化対策税**
P.71、187参照。

➡**森林環境税**
地方公共団体が自ら森林整備事業などを行い、その費用負担を幅広く求める目的で法定外目的税として徴収する税。森林の多面的機能の維持や回復を図るために高知県が2003年に初めて導入した。

➡**エコカー減税**
電気自動車などの次世代自動車や「国土交通省が定める排出ガスと燃費の基準をクリアした自動車」に対して、購入時にかかる「自動車取得税」、購入時と車検時にかかる「自動車重量税」を減免する措置。

➡**グリーン税制**
商品やサービスが環境や健康などに好影響をもたらすときには税負担を軽減し、悪影響をもたらすときには税負担を課すという「グッド減税・バッド課税」という考え方に基づく税制改革。グッド減税にはエコカー減税のほか、省エネ住宅や認定長期優良住宅に関する固定資産税の減額措置などがある。

図表5-24 地球温暖化対策税による家計負担

税によるエネルギー価格上昇額		エネルギー消費量 （年間1世帯当たり）（注）	世帯当たりの負担額
【ガソリン】	0.76円/L	448L	
【灯油】	0.76円/L	208L	1,228円/年
【電気】	0.11円/kWh	4,748kWh	（102円/月）
【都市ガス】	0.647円/Nm³	214Nm³	
【LPG】	0.78円/kg	89kg	

注）家計調査（平成22年）（総務省統計局）などを基に試算。　　　　　　出典：環境省HP

COLUMN

欧州における脱炭素転換への市民討議の波

脱炭素社会への転換を目指した欧州では、市民参加・熟議の動きが活発です。中でも2019〜20年にフランスと英国において開催された、無作為抽出で選ばれた市民からなる「気候市民会議」では、専門家のレクチャーと市民同士の徹底討議を合宿式に何度も重ねました。その結果、フランスにおいてはその議論が149項目（460頁）の政策宣言（2020.6）としてまとめられ、この提言をたたき台とする脱炭素転換政策の具体化作業が行われています。

5-5 主体を超えた連携

5-5 01 NPOの役割

17 実施手段 ✿

**学習の
ポイント** ▶ NPO／NGOは、持続可能な社会を築く上で重要な役割を担っています。ここでは、その現状や課題、期待される役割、活動を支える資金源などについて学びます。

➡**アジェンダ21で期待される役割**

アジェンダ21の第27章「非政府組織の役割強化」では、「参加型民主主義の形成及び実行には、非政府組織が重要な役割を果たす」ことが明記された。それに基づき、この章では、行動の基礎、目標、行動、実施手段などについて記載されている。

➡**特定非営利活動促進法**

「特定非営利活動を行う団体に法人格を付与すること並びに運営組織及び事業活動が適正であって公益の増進に資する特定非営利活動法人の認定に係る制度を設けること等により、ボランティア活動をはじめとする市民が行う自由な社会貢献活動としての特定非営利活動の健全な発展を促進し、もって公益の増進に寄与すること」を目的（第一条）として、1998年3月に成立し12月より施行された。

➡**NGO**

NPOと類似した言葉にNGO（Non-Governmental Organization）がある。NGOはもともと国連憲章に規定された用語だったこともあり、日本でもNPOよりもNGOのほうが早くから一般的に使われてきたが、NPO法の成立以降、法人格を取得した組織はNPOを使用することが多い。しかし、特に国際的な活動を行う民間組織はNGOという名前を用いている。

1 NPOの取り組み、環境NPOの特徴と役割

（1）狭義のNPO、広義のNPO

NPOという言葉が日本で広く知られるようになったのは、阪神淡路大震災（1995年）でのボランティア団体の活躍や、**特定非営利活動促進法（NPO法）**の成立（1998年）を契機に、さまざまな分野のNPOが各地で誕生したことによります。NPOはNon Profit Organization（非営利組織）の略で、さまざまな社会的使命の達成を目的として設立された、団体の構成員に対し収益を分配することを目的としない団体の総称です。NPO法に基づき法人格を取得し、責任ある体制で継続的に活動するものを特定非営利活動法人（NPO法人）といいますが、一般的にはボランティア団体、市民活動団体、財団法人なども含めた広い意味で使われています。

（2）環境NPOの特徴と役割

地球温暖化や生物多様性の喪失などの地球環境問題は、因果関係が根源的・複層的で、加害者・被害者の区分がなく、影響が時間的には将来世代に、空間的には地球全体に及ぶといった特徴があり、環境NPOの特性・役割につながります。

環境NPOは、予防原則に基づき、将来世代の利益（場合によっては人間以外の生態系）の代弁者という役割を担っている点に大きな意味があります。環境NPOには、環境全般に取り組む組織もあれば、特定分野で活動する組織もあります。また、活動形態も実践活動、普及啓発、調査研究、政策提言などさまざまあり、活動範囲も地域、国内、国際と多様です。

図5-25に示すように、主に実践活動や普及啓発を行う環境NPOには、それらの活動を通じて環境の保全や改善を行う役割、自己実現の場を提供する役割が期待されます。また、調査研究活動も含めて、活動を事業化することで雇用を創出する役割も期待できます。一方、主に調査研究や政策提言を行う環境NPOには、行政や政治への市民参加を促し

5-5 主体を超えた連携

図表5-25 環境NPOに期待される機能・役割

活動で生み出される価値	社会に対して	環境の保全・改善	雇用の創出
		環境教育、環境保全活動など必要とされるサービスを提供し、地域の環境保全・改善等を行う（主に実践型、普及啓発型）	活動を事業化・起業化することで、雇用（グリーンジョブ）の拡大を促す（主に実践型、普及啓発型、調査研究型）
	個人に対して	市民活動・政治への参加	自己実現
		市民を政治の場に駆り立て、団体の掲げる大義への支持を訴え、コミュニティに社会的資本を構築する（主に政策提言型、調査研究型）	会員・ボランティア・寄付者及びスタッフが、活動を通じて個人の社会参加への思いを実現することを可能にする（すべての環境NPO）

出典：Peter Frumkin『On Being Nonprofit』を基に作成

地域に社会的資本を構築する役割や、次世代や地球益に配慮して環境配慮型社会への転換を促し、新しい社会像・価値を提案するという新たな役割も期待されています。

2 日本の環境NPOの発展の経緯と現状

日本の環境NPO活動の源は、明治中期に渡良瀬川周辺で起きた**足尾銅山鉱毒事件**で、**田中正造**が被害を国に訴えた運動に始まるといわれます。戦後は、1950年代後半以降の公害反対住民運動や70年代の大規模公共事業に反対する住民運動、80年代の河川の汚濁など、都市生活型環境問題の改善に取り組んだ市民運動が起こりました。近年では、**地球サミット**や**COP3**など大規模な国際会議の開催を契機に環境団体の数も増加し、NPO法の成立により組織化された団体も増え、活動内容や形態も多様化しています。

しかし、日本の環境NPOの多くは小規模の団体にとどまり、日常的な資金不足、人材不足の状況にあります。この主な要因として、環境問題という中長期的課題に対する市民意識の不足や、活動による直接的恩恵が感じられず対価性が低いこと、**税制優遇措置**制度など社会システムの未整備などが挙げられます。一方、環境NPO側にも、活動を広めようとする努力の不足、ビジョンや戦略性の不足などの課題があります。そのため、市民や社会の理解と支持が十分に得られず、結果的に活動が広がらず、役割を果たしきれていないのが現状です。

環境NPOが十分に役割を果たすには、財務基盤の強化が肝要です。環境NPOの主な収入源は、会費、寄附、**公的基金・企業財団などの助成金**、行政の委託金、収益事業収入などです。組織の持続性と健全性を維持するには、広く多様な主体から資金を集めることが大切です。しかし、これらの助成金も、対象が実践活動に偏り気味であり、規模が少額、人件費が認められない場合もあるなど制約が多いこともあり、環境NPOの継続的な活動を支える支援ファンドの拡大が望まれています。

➡田中正造
　日本の公害の原点と呼ばれる足尾銅山鉱毒事件を告発した政治家。1901年、明治天皇に直訴を行ったことでも知られる。

➡地球サミット
　P.22参照。

➡COP3
　P.64参照。

➡税制優遇措置
　日本では認定NPO法人になれば寄付者に対して寄付金控除が認められるようになった。しかし、アメリカ、イギリス、ドイツ、スウェーデン、オランダなどでは、団体に対して免税適格要件が認められたり、団体への課税が免税になるなどの措置もある。

➡公的基金の助成金
　代表的なものとして、環境再生保全機構が助成を行う地球環境基金がある。
　地球サミット（1992年）で日本政府が民間の環境保全活動に対し資金的支援の仕組み整備を表明したことを受け、1993年に国と民間の拠出による基金が創設された。これにより、多くの環境保全活動が促進されている。

➡企業財団の助成金
　例えば、日立環境財団環境NPO助成、三井物産環境基金活動助成、イオン環境財団環境活動助成、セブンイレブン環境市民活動助成などが、環境NPOの活動支援に特化している。研究者への助成に特化した企業財団の助成金も多い。

第5章
各主体の役割・活動

239

5-5 02 ソーシャルビジネス

8 経済成長 **17** 実施手段

学習の ▶
ポイント

さまざまな社会的課題を市場として捉え、その解決を目的とするソーシャルビジネスが注目されています。ここではソーシャルビジネスの内容と、その役割について学びます。

1 ソーシャルビジネスとは

さまざまな社会的課題（高齢者の介護・福祉、環境問題、子育て・教育問題など）については、公的セクター（行政）により対応が図られてきました。しかし、社会問題が増加し、質的にも多様化・困難化している課題を、すべて行政が解決することは難しくなっています。

従来、こうした問題を解決する行政以外の担い手としては、市民ボランティアやNPOが存在しました。近年、新しい担い手として注目されているソーシャルビジネスは、公共サービスに民間の力を活用する事業形態です。企業、団体などでSDGsの達成に向けての取り組みが実施されていますが、ソーシャルビジネスは、より社会的課題の解決を目的にした事業形態といえます。

➡公共サービスに民間の力を活用
P.199参照。

主にソーシャルビジネスを行うことを目的として活動する事業主体のことをソーシャルビジネス事業者といい、**社会起業家**といわれる場合もあります。ソーシャルビジネスは地域においては**コミュニティビジネス**として推進されるケースもあります。コミュニティビジネスは活動領域や解決すべき社会的課題について、一定の地理的範囲が存在している点に、ソーシャルビジネスとの違いがあります。ソーシャルビジネスは対象とする社会的課題、地域との関連、成長段階により、さまざまな形態があります。

2 ソーシャルビジネスの収入源

ソーシャルビジネスの収入源は①事業収入、②行政からの収入（助成、補助など）、③その他財源（増資、寄附、会費）があります。ビジネスは継続性が必要であるため、ソーシャルビジネスにおいても事業収入の割合が高まることが望ましいといえるでしょう。

ソーシャルビジネスと類似の活動として、**ボランティア活動**があります。ボランティア活動も社会的課題を解決するためのものですが、その多くが無償の奉仕を前提としており、活動収入も行政からの収入、その

5-5 主体を超えた連携

図表5-26 ソーシャルビジネスの事業収入

出典：経済産業省「ソーシャルビジネス推進研究会報告書」

他財源に頼る比率が多くなっています。**ソーシャルビジネスは社会的課題を市場として捉え、事業として成立させる**ところにボランティア活動との違いがあります。

3 ソーシャルビジネスの事例

政策金融機関である日本政策金融公庫では、ソーシャルビジネスに対する支援を推進するため、2015年からソーシャルビジネス専用の融資を開始しました。図表5-27は、融資対象となった事業の分野であり、保健、医療、福祉の増進が最も多くなっています。図表5-28は、融資対象となった事業の事例になります。ソーシャルビジネスもIT技術を使い、社会的課題を解決するものが増えています。

図表5-27 ソーシャルビジネス事業活動の分野

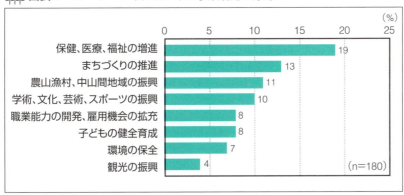

出典：日本政策金融公庫「地域や社会の課題解決に取り組むみなさまの事業計画や資金調達などに関するアンケート」2019年7月

図表5-28 ソーシャルビジネス事例

事業と主体	取り組み
「傘シェアリングサービス」 (株)Nature Innovation Group	傘のシェアリングサービスのためのアプリ「アイカサ」を開発、廃棄されるビニール傘の削減に取り組んでいる。
「ポイ捨てごみ問題の解決」 (株)ピリカ	ごみ拾いのモチベーションを向上させるSNS「ピリカ」を提供。ピリカは、拾ったゴミの写真をシェアし、楽しくごみ拾いを行う。

出典：日本政策金融公庫「人が活きる組織づくり」及びHP

5-5 03 各主体の連携による地域協働の取り組み

17 実施手段

学習のポイント
ローカルレベルでのSDGsに取り組むため、各地で環境に配慮した地域協働の取り組みが進められています。住民、学校、企業、NPO、行政が連携・協働することで、さまざまな角度から課題に向き合っています。

1 さまざまな主体による協働

環境、医療・福祉、教育、子育て、高齢化、まちづくりなど地域が抱える課題が複雑化している中で、公的セクターだけでは対応できないケースが増えています。それに対して、地域社会を構成するさまざまな主体（市民、NPO、企業、行政）が地域の課題解決のために協働して取り組む事例が増えてきました。国は**環境教育等による環境保全の取り組みの促進に関する法律**の基本方針において、分野横断的な環境保全活動のためには関係する主体による協働取組が重要という考え方を示しています。

2 持続可能な地域を目指して

地域の課題が複雑化するにつれ、扱うテーマやセクターの違う主体が協働で取り組むことで、持続可能な地域づくりを進める事例が広がっています。このように、一人で解決することが難しい課題に3者以上が対等な立場で取り組むことを、**マルチステークホルダープロセス**といいます。このマルチステークホルダープロセスについて内閣府では、①信頼関係の醸成、②社会的な正当性、③全体最適の追求、④主体的行動の促進、⑤学習する会議、という5つの特徴があると整理しています。ここから、取り組み主体による仕組みづくりに、成功の秘訣があることが見

図表5-29　マルチステークホルダープロセスによる課題解決

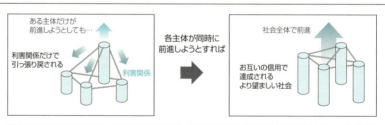

利害のある主体間においては、ある課題解決に対し「他者がやらないから自分もできない」といって、誰も行動できなくなる硬直状態が起きてしまうことがあります。そこで、その課題に関するすべてのステークホルダーが、「他者もやると信じて、自分も行動する」と考え、一歩ずつ踏み出すことで課題解決できるようになります。

出典：内閣府「マルチステークホルダー・サイト」

➡**地域の環境課題と社会課題を同時解決するための民間活動支援事業**
環境省において、複雑化する地域の課題を解決するため、環境・経済・社会それぞれの取り組みへの統合的なアプローチを促進するための事業。

➡**環境教育等による環境保全の取り組みの促進に関する法律**
基本方針の第19条に基づき、全国8か所に「地方環境パートナーシップオフィス（地方EPO）」とそれらをまとめる「地球環境パートナーシッププラザ（GEOC）」を設置。地域のNPOや企業、自治体等による協働取組を支援している。
促進法の基本方針は以下のURLを参照。
http://www.mext.go.jp/b_menu/houdou/30/06/__icsFiles/afieldfile/2018/06/26/1406439_2.pdf

➡**地球環境パートナーシッププラザ（GEOC：Global Environment Outreach Centre）**
環境省と国連大学の連携により、多様な主体による環境パートナーシップの促進を目的として活動を行っている。

えてきます。

　政府は中長期的に持続可能なまちづくりを目指す自治体を**SDGs未来都市**として選定し、地域の統合的な取組による価値創出を推奨しているほか、環境省は平成30年に閣議決定された第5次環境基本計画の中で「**地域循環共生圏**」を提唱しました。これは、地域がその特色を活かした強みを発揮し、地域資源を活用した自立・分散型の社会を形成しつつ、他の地域と資源を補完し支えあうことによって、環境・経済・社会が統合的に循環し、地域の活力が最大限に発揮されることを目指す考え方です。いずれも、地域での協働が重要な役割を担います。

3 ローカルSDGsにつながるまちづくりや協働の事例

　2015年9月の国連サミットにおいて「持続可能な開発目標（SDGs：Sustainable Development Goals）」を含む「持続可能な開発のための2030アジェンダ」が採択されました。ここでは環境・社会・経済の3側面の統合性や、あらゆるステークホルダー間のパートナーシップが重視されています。その考え方を持続可能な地域づくりに活用しようと、環境省では2018年から2019年の2年間、**モデル事業**を実施してきました。

　このモデル事業では顕在化している課題を解決するだけでなく、課題に対応できる地域社会に変えること（**ローカルSDGs**）が重要であるとして4つのポイント（①**統合性**：地域の課題は複雑に絡み合っており、その同時解決を目指すこと、②**バックキャスティング**：2030年の目標をおき、その実現を考えること、③**パートナーシップ**：地域の力を結集し

➡「SDGs未来都市」構想
　SDGsの理念に沿った統合的な取り組みを推進することにより、地方創生を実現しようというもの。選定の基準には、地域の「将来ビジョン」「ステークホルダーとの連携」「環境・社会・経済の3側面をつなぐ統合的な取り組み」などが含まれている。

➡地域循環共生圏
　P.246参照。

➡持続可能な開発目標（SDGs）を活用した地域の環境課題と社会課題を同時解決するための民間活動支援事業
　この事業によって得られた知見は、地球環境パートナーシッププラザのウェブサイトから閲覧可能。
（http://www.geoc.jp/partnership/sdgs）

図表5-30　ローカルSDGsに取り組むときの4つのポイント

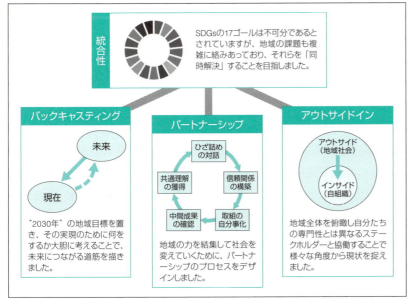

出典：GEOC「SDGsを使って、社会を変える」

て社会を変えること、④**アウトサイドイン**：異なる視点をもつステークホルダーが協働し、俯瞰的に現状を捉えること）を挙げています。

ここでは地域のNPOや行政、企業などの連携による事例を、環境省による**協働取組加速化事業**から紹介します。環境保全だけではない複合的な課題に対するこれらの取り組みからは、ステークホルダーがそれぞれのノウハウや資源を持ち寄り、それらを活かす仕組みを丁寧につくっていくことで、より大きな成果を達成しようという歩みが見られます。

a. 地域の一次産業と自然環境への配慮を同時に進める（沖縄県）

国内有数の多様な生態系と豊かな自然を誇る沖縄県ですが、そのシンボルの一つでもあるサンゴ礁が陸域からの赤土等流出による被害を受けています。海洋に流出する年間約30万tの赤土のうち86％が農地から流れている現状に対して、海を守るための働きかけを農業関係者に対して行うことが求められました。農地での対策は、植物を植えることで赤土を保持する対策（＝グリーンベルト）等、費用や労力など農家の負担が大きく、対策が普及しにくい状況にあります。そこで、県の農林水産部は重点地域10市町村に赤土対策協議会を設置して対策農家を支援する農業環境コーディネーターを配属。環境部は地元の小学校を対象に環境学習を行うなど、農林水産部と環境部が連携した仕組みづくりが進められてきました。

さらにNPO等が**中間支援機能**を担うことで、10市町村の農業環境コーディネーターと地域行政だけではなく、観光協会や研究機関、企業等との協働による新たな視点を組み込んだ農地での対策を可能にするネットワークが形成されました。このネットワークを基盤に、農業環境コーディネーターの地域間交流促進による対策技術の向上、グリーンベルト植栽植物の商品化試作、修学旅行で沖縄を訪れる児童を対象にした環境教育とグリーンベルト植栽体験企画等の活動に取り組んでいます。

b. 地域の森林資源活用と社会復帰プログラムをとおした協定（秋田県）

秋田県藤里町は県の最北端に位置し、青森県との県境一帯は白神山地という雄大な自然に恵まれた町です。しかし、秋田県においても森林の荒廃が進んでおり、間伐の推進と未利用材の活用が急務となっています。他方で、藤里町社会福祉協議会が2011年に行った調査によって、働く世代の10人に1人が引きこもり状態にあることがわかりました。対策として社会福祉協議会による就労支援・訓練が継続されていましたが、メニュー等がマンネリ化しているのではという声も地域にありました。

➡地域活性化に向けた協働取組の加速化事業（協働取組加速化事業）

環境省において、地域活性化の上で重要な役割を果たしているNPOやソーシャルサービスの協働の取り組みを支援する事業。事例をもとに効果的な中間支援機能や協働取組のポイントをまとめたハンドブックを発行しており、GEOCのウェブサイトからダウンロードができる。

➡中間支援機能

協働を効果的に進めるためには、多様な主体間の合意形成を促したり、新しい資源をつなぎ合わせることなどが重要である。ここで必要とされる機能を中間支援機能、それを担う組織を中間支援組織と呼ぶ。GEOCでは、環境省協働加速化事業をもとに中間支援機能を「変革促進」「プロセス支援」「資源連結」「問題解決策の提示」と整理している。

内閣府による中間支援組織調査については以下のURLを参照。
https://www.npo-homepage.go.jp/uploads/h13b-gaiyou.pdf

5-5 主体を超えた連携

そんな中、地域の環境NPOがこの2つの課題を掛け合わせることで、地域活性化を目指す取り組みを開始しました。

具体的には、地域の未利用材を使った木ハガキ製造を就労支援に組み込み、その木ハガキを使った環境教育を小中学校で行うことで就労訓練者のモチベーションアップにもつながる仕組みをつくりました。2015年に事業を開始し、2017年1月12日に藤里町と藤里町社会福祉協議会、一般社団法人あきた地球環境会議の3者による「福祉×森林」の視点から取り組む地域活性化推進の協力に関する「藤里町が元気になるパートナーシップ協定」が結ばれました。この協定をもとに、今後はより広範な地方創生施策との連携も期待されています。

c. 市民による海岸の維持管理と観光業の活性化（福井県）

福井県高浜町はその美しい海を求めて、かつては年間120万人を超える観光客が訪れていた地です。しかし、近年は往時の6分の1ほどに落ち込み、過疎高齢化によって美しい海岸の維持にも支障が出てきていました。そこでどんな地域にしたいかという未来像を地域で共有し、それを実現していく方法として、マリーナやビーチの国際認証である**ブルーフラッグ**取得を目指すことになりました。

認証の基準に沿って地域を見直してみると、漂着ごみ問題や環境教育の普及など取り組むべき課題が見えてきました。そこで住民や行政、消防、事業者や学校といったステークホルダーが加わり、それぞれのノウハウや事業への具体的な関わり方を話し合い、実施していくこととしました。

例えば、海水浴客も参加するクリーンキャンペーンや障がいを持つ人々を対象にしたイベントを開催することで、海岸を基点として多くの人が「美しく持続可能な海岸」の維持に参加できるようにしました。こういった取り組みの中で、若い住民による新しい観光ビジネスが誕生したり、地域の小学校で海についての体験学習が行われるようになっていきました。

高浜町は2016年に国際認証を取得しましたが、この活動は認証取得がゴールではありません。美しい海岸を守るという長期的な目標のために、地域住民が主体の協働体制、魅力的な観光地としての受入体制、海水浴客を対象とした環境教育の普及などの活動が続けられています。

➡ブルーフラッグ
ビーチやマリーナの国際環境認証で、「水質」「環境管理」「環境教育と情報」「安全」という4カテゴリー33基準を満たすことが要件となっている。

〈地域循環共生圏〉

　2018年に閣議決定された第5次の環境基本計画には、国全体で持続可能な社会を構築するため「**地域循環共生圏**」を創造していく、と書かれています。

　持続可能な社会を構築するためには、それぞれの地域が持続可能であることが必要ですが、広範に渡る経済社会活動が行われている現代においては、地域間で補完し合うことも重要です。そこで、各地域がその特性を活かした強みを発揮し、地域ごとに異なる資源が循環する自立・分散型の社会を形成しつつ、それぞれの地域の特性に応じて近隣地域等と共生・対流し、自然的なつながり（**森・里・川・海の連関**）や経済的つながり（人、資金等）を構築していくことで、農山漁村も都市も活かそうというのが「地域循環共生圏」の考え方です。

　「地域循環共生圏」における「循環」とは、食料、製品、循環資源、再生可能資源、人工資本、自然資本のほか、炭素・窒素等の元素レベルも含めたありとあらゆる物質が、生産・流通・消費・廃棄等の経済社会活動及び自然界を通じてめぐり続けることです。そして、この「循環」を適正に確保するため、物質やエネルギー等の資源の投入を可能な限り少なくするなどの効率化を進めるとともに、地域経済循環を促し、地域を活性化させることを目指します。

　「地域循環共生圏」における「共生」とは、人は環境の一部であり、また、人は生きものの一員であり、人・生きもの・環境が不可分に相互作用している状態です。「地域循環共生圏」は、**自然と人との共生、地域資源の供給者と需要者**という観点からの人と人との共生、都市や農山漁村も含めた地域同士が交流を深め相互に支えあって共生することを目指します。

　「地域循環共生圏」の創造の要諦は、地域資源を再認識するとともに、それを活用することです。見過ごされがちだった各地域の足元の資源に目を向けて価値を見出していくことが、地域における環境・経済・社会の統合的向上に向けた取り組みの具体化の第一歩となります。

地域循環共生圏の概念図

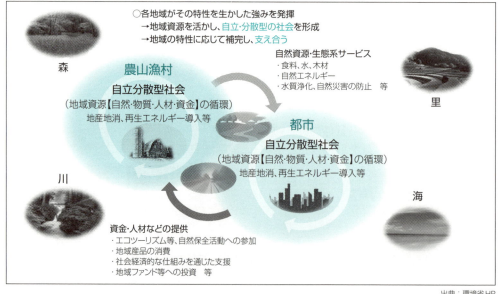

出典：環境省HP

第6章

エコピープルへの
メッセージ

第6章 エコピープルへのメッセージ

01 広範な知識と経験の充実

> **学習の ポイント** ▶ eco検定の合格は、新たなスタートです。検定合格後も引き続き知識を充実させ、持続可能な社会づくりの担い手として具体的な行動・協働に結びつけてください。

1 ▶ エコピープルとして

　一人ひとりが社会的存在としての自分の役割を確認し、社会を変革していくリーダーあるいはコーディネーターとして、Think Globally, Act Locallyの考え方に則った活躍を期待しています。

➡ **エコピープル**
　商工会議所では、eco検定合格者を「エコピープル」と呼称し、エコピープルが検定で得た知識をアクションにつなげていくための支援活動を実施している。
　P.252参照。

- 環境、経済、社会、ひいては人類の持続可能性について、知識や実践の充実に努める。
- 社会的存在としての自らの意義を相対的に認識：企業人、消費者、公的部門、有志などそれぞれの役割と協働の重要性を意識する。
- 社会変革のリーダーとして：大局観を持ってしっかりと将来を見据え、個人のビジョンや組織としての行動計画・戦略を策定する。
- 社会変革のコーディネーターとして：積極的に動き、賛同の輪を広げ、共通の目的のために絆を築いていくことが重要。パートナーシップを通じて社会を変えていく。
- Think Globally, Act Locallyの考え方で：日本の良さを認識し、経験や技術、心でアジアや世界の発展に貢献する。
- SDGsの達成に向けて：資源制約の克服と環境負荷の軽減、経済成長の達成、生活の質と福利の向上を同時に実現する持続可能な社会、SDGsの17の目標の達成に向けて取り組む。

➡ **Think Globally, Act Locally**
　「地球規模で考え、足元から行動せよ」の意味。
　今日の環境問題は、そのメカニズムや影響の及ぶ範囲が地球的規模の広がりを有するが、具体的な行動を起こしていくことが重要であることを述べている。

2 ▶ 環境保全型の暮らし

　わたしたち生活者は、**プロシューマー**、つまり消費者であり、かつ生産者として社会に参加しています。この2つの側面のバランスは、ライフスタイルのありようにより異なり、環境との関わり合いにも関係してきます。また、日常生活に環境配慮を織り込むことは環境をよくすることにとどまるものではありません。持続可能性にも配慮した、より積極的な環境配慮行動は、生活の質を向上させるという視点も重要です。例えば、高断熱高気密住宅や自転車の活用は、環境に優しいばかりでなく健康な生活づくりにも役立ちます。

➡ **プロシューマー（Prosumer）**
　アルビン・トフラーが著書『第三の波』で提示した概念。Producer（生産者）とConsumer（消費者）を合わせた造語。この本の中でトフラーは脱工業社会の情報・サービス産業への進化に伴い、生産者と消費者の垣根は次第に消え、消費者は自分たちで消費するものを自ら生産していくようになるだろうと記した。

第6章 エコピープルへのメッセージ

3 政策と市民参加

近年、社会経済に関わるさまざまな政策に、市民の意見を反映させようとする試みが広がっています。1970年代以降、欧米で始まった科学技術の導入を市民が事前に評価する「**テクノロジーアセスメント**」の実践を通じて、多くの参加型会議手法が開発されました。その後、この方法は、人々の関心の的となり、議論を必要とする社会的問題についても適用されるようになりました。問題当事者（ステークホルダー）や一般の市民の参加の下、一定のルールに従った対話を通じて、論点や意見の一致点、相違点などを確認しあい、可能な限りの合意点を見出そうとするものです。

その典型が**ミニ・パブリックス**といわれる方法で、無作為抽出により擬似的な公共空間をつくり、市民が参加して政策に関する議論を行います。日本でも1990年代の後半から、年金問題やBSE（牛海綿脳症）問題、エネルギー・環境問題などをテーマに、さまざまな参加型会議手法を用いて、国や地方レベルで市民の意見を政策に反映させる試みが行われています。

4 力を持ち寄る協働（グローバルパートナーシップ）

SDGsでも、「**誰一人取り残さない**」ことを誓っています。すべての関係者が参画し、力を持ち寄る「**グローバルパートナーシップ**」を通じて、すべての国が持続的で包摂的で持続可能な経済成長と働きがいのある人間らしい仕事（**ディーセント・ワーク**）を享受できる世界を目指しています。

こうしたことは、いずれも経済や社会の大きな変革を伴うことから一朝一夕とはいかず、もちろん簡単なことではありません。しかし、わたしたち一人ひとりの努力によってのみ、そこに近づき、実現できるものでもあるのです。

そのためにも、先進国が20世紀にたどってきた発展とは異なる新たな発展パターンを、開発途上国がたどることができるよう、最大の協力をすることが重要です。開発途上国の自然資源に過剰に依存することなく、また開発途上国の児童労働の問題の解決や、資源利用に伴う紛争を回避するためにも、環境配慮と社会配慮を併せ持った経済社会の構築が可能になり、技術協力や資金協力、国際交流を推進して、持続可能な社会になるよう支援していくことが必要です。

国内においても、都市中心の発想を超え、都市と農山漁村が自立分散社会を形成し、互いに補完、支え合う協働の仕組みが求められています。

➡**テクノロジーアセスメント**
（TA：Technology Assessment）
環境アセスメントと同じように、事前に科学技術の影響を評価する仕組み。新しい技術を普及させる前に、社会的影響や安全性、経済性、倫理性などについて総合的に評価を行う。

➡**参加型会議**
P.197参照。

➡**ミニ・パブリックス**
無作為抽出などの方法で市民を抽出し、疑似的な「パブリック（公衆）」をつくり出す試み。1990年代以降、ミニ・パブリックスによる討議を政策決定に活用しようとする社会実験が、世界中で行われている。2012年に政府のエネルギー・環境戦略を決定する際に行われた討論型世論調査は、その代表的な例である。

目指すべき社会と地球市民としての責任

02

学習のポイント ▶ 資源制約の克服と環境負荷の軽減、経済成長の達成、生活の質と福利の向上を同時に実現するのは簡単ではありません。地球市民として、日本が培ってきた経験や技術、心で世界の発展に貢献しましょう。

1 ▶ 持続可能性と幸福を測る指標

➡持続可能な開発目標
（SDGs）
　P.25参照。

　SDGsの達成状況を具体的に評価するために、国連で230の指標案が策定されました。例えば持続可能な消費の達成のためのターゲットとされている天然資源の持続可能な管理と効率的な使用の指標としては、国内物質消費量と資源の採掘量を示す**マテリアルフットプリント**が提案されています。一方、GDP（国内総生産）などの経済的指標に代わって国民の幸福を測る新指標をつくることで、より良い社会の実現に役立てようとする取り組みが進んでいます。

　例えば、ブータンでは**国民総幸福量（GNH：Gross National Happiness）**という指標に基づいて国家が国民の幸福を追求しています。これは、経済成長を重視する姿勢を見直し、「環境の保護」、「伝統文化の保全と推進」などの4本柱の下、「環境の多様性」「心理的な幸福」「健康」など9分野の指標で豊かさを測るものです。

➡OECD 国民の豊かさを測る幸福度の指標
（well-being indicators）
　先進国が世界の経済について協議するために設置した国際機関OECDの統計関係国際フォーラムの流れを汲み、最終的に『How's Life?』という報告書として2011年10月に取りまとめられた。この目的は、単にさまざまな事象の計測可能性を向上させるだけでなく、データに基づき、人々のより良い暮らしを実現するための政策決定力を強化していくことにあるとしている。その後、OECDではメンバー諸国の状況を定期的に評価している。
　P.55参照。

　また、OECD（経済協力開発機構）では、**国民の豊かさを測る幸福度**を、住宅、所得、雇用、地域のきずなとネットワーク、教育、環境、政治行政、健康、主観的満足度、安全、ワークライフバランスの11の指標で測り、「How's Life?」で公表しています。

2 ▶ SDGsと持続可能な低炭素・脱炭素社会への志向

　これまで見てきたように、人間活動に伴う地球環境への負荷は増大し続け、地球環境という生存基盤が危機に瀕しています。こうした中、2015年に「**SDGs**」と「**パリ協定**」が採択されました。

　世界は持続可能な社会に向けた大きな転換点を迎えています。SDGsの目標、ターゲット、そして各指標を活用することで、行政、民間事業者、市民等の異なるステークホルダー間で共通言語を持つことが可能となります。そして、暮らし、都市計画、製品・サービス、エネルギーなど多様な領域における**脱炭素社会**に向けた取り組みでは、SDGsの考え方を環境基本計画に取り入れる自治体や、自社の経営戦略や中期計画に

第6章 エコピープルへのメッセージ

取り入れ本業化する企業、**日本気候リーダーズ・パートナーシップ**のような、企業ネットワークを単位とした取り組みが増えつつあります。

3 地球市民としての責任

（1）日本の知恵と経験を生かす

　日本の国際社会における位置を考えてみると、日本は、世界のわずか1.7％の人口しか有していませんが、世界全体のGDPの6.1％に相当する規模の経済活動を行っています。従って、地球環境に少なからぬ影響を及ぼしていることを認識する必要があります。また、日本はその活動に必要な資源・エネルギーの大半や食料のかなりの部分を海外に依存しています。これは地球が健全な状態にあって初めて存続が可能であり、地球環境から多くの恩恵を享受していることを意味します。さらに、日本は、地球環境の保全のために必要な人的・技術的・経済的な能力を有しています。

　かつて日本は、激甚な公害を経験しました。経済の重化学工業化に伴い、汚染負荷が増大し、大気汚染や水質汚濁が大きな社会問題となりました。政府予算も経済成長を促進するものに重点的に配分され、全国の均等な発展を目指し各地方に工場群を重点配備したことは、全国各地で被害を生じさせることとなりました。そして水俣病、イタイイタイ病など深刻な健康被害を伴う**四大公害を発生**させることとなってしまいました。日本は、この痛ましい経験から学んだ教訓を、世界に向けて発信していく義務があります。

（2）将来世代への責任

　最後に、わたしたち日本人の果たすべき責任、期待される役割についてまとめます。

　まず、第一に、**情報通信技術（ICT）**等の科学技術も最大限活用しながら、経済成長を続けつつ、環境への負荷を最小限にとどめることです。目指すべき持続可能な社会の姿は、健全な物質・生命の「循環」を実現し、自然と人間との「共生」を図り、「低炭素／脱炭素」をも実現する、循環共生型の社会（環境・生命文明社会）となりましょう。第5次環境基本計画で示されたように、地域資源を持続可能な形で最大限活用することで、「**地域循環共生圏**」を創造していくことが重要です。

　第二には、開発途上国が、先進国が20世紀にたどってきた発展とは違う新たな発展パターンをたどることが可能となるように、最大限の協力をすることです。開発途上国が自然資源に過剰に依存することなく、**環境効率の高い経済社会**の構築が可能となるように、技術協力や資金協力を推進し、持続可能な社会となるよう支援していくことが大切です。

➡日本気候リーダーズ・パートナーシップ（Japan-CLP：Japan Climate Leaders' Partnership）
　持続可能な低炭素社会への移行に先陣を切ることを、自社にとってのビジネスチャンス・次なる発展の機会と捉える企業ネットワーク。2009年7月、持続可能な低炭素社会の実現には産業界が建設的な危機感を持ち、積極的な行動を開始すべきであるという認識の下、日本独自の企業グループとして設立された。
　現在、賛助会員を含めると80社以上の参加がある。

➡四大公害
　P.18、32参照。

➡ICT
　情報通信技術：Information and Communications Technology。

➡地域循環共生圏
　P.246参照。

「エコピープル＝eco検定合格者」になったら

❖ eco検定合格後の環境活動をサポート

商工会議所では、eco検定合格者を「エコピープル」、複数名のエコピープルが中心となって、"環境に関する基本的な幅広い知識を持って"活動する人たちの集まりを「エコユニット」(*)と呼んでいます。

東京商工会議所では、エコピープルとエコユニットの活動支援を目的に、エコピープル支援事業を展開しています。

<エコピープル支援事業の主な活動>

1. eco検定アワードの開催
   より多くの企業や団体、個人が環境に関する知識を身に付け、実際にアクションを起こす一助としていただくことを目的に、eco検定アワードを開催しています。積極的に環境活動に取り組むエコピープルやエコユニットを表彰します。

2. メールマガジンの配信
   月1回程度、エコピープル限定でメールマガジンを配信しています。

3. アクションレポートの掲載
   エコピープル支援事業WEBサイト（https://www.kentei.org/eco/people/）でエコピープルやエコユニットの活動などを掲載しています。WEBサイトやBLOG、SNSなどにリンクさせ、活動をアピールすることができます。

4. エコピープルマーク、エコユニットマーク(*)の付与
   マークは、名刺やWEBサイト、報告書などに使用することができます。

5. エコサロンの開催
   エコピープルが気軽に出会える交流の場です。エコピープルやエコユニットが自らの活動を発表し、情報交換することで活動をさらに活性化させることを目的に開催しています。

＊エコユニットは登録制です（登録無料）。また、エコユニットマークの使用にあたっては、事前の申請・承認が必要です。

地球環境条約一覧

	条約名	採択年	発効年	事務局機関	事務局所在地
地球環境問題	南極条約	1959	1961	南極条約協議国会議	ブエノスアイレス
	世界の文化遺産及び自然遺産の保護に関する条約（世界遺産条約）	1972	1975	UNESCO	パリ
	環境保護に関する南極条約議定書	1991	1998	南極条約協議国会議	ブエノスアイレス
	海洋法に関する国際連合条約	1982	1994	国連	ニューヨーク
	環境に関する情報へのアクセス、意思決定における市民参加、司法へのアクセスに関する条約（オーフス条約）	1998	2001	UNECE（国連欧州経済委員会）	ジュネーブ
大気汚染	長距離越境大気汚染条約	1979	1983	UNECE（国連欧州経済委員会）	ジュネーブ
	硫黄酸化物に関するヘルシンキ議定書（ヘルシンキ議定書）	1985	1987	UNECE（国連欧州経済委員会）	ジュネーブ
	窒素酸化物に関するソフィア議定書（ソフィア議定書）	1988	1991	UNECE（国連欧州経済委員会）	ジュネーブ
水質汚濁	1973年の船舶による汚染の防止のための国際条約（MARPOL条約）	1973	1983	IMO	ロンドン
	1990年の油による汚染に関する準備、対応及び協力に関する条約	1990	1995	IMO	ロンドン
廃棄物	1972年の廃棄物その他の物の投棄による海洋汚染の防止に関する条約（ロンドン条約）	1972	1975	IMO	ロンドン
	有害廃棄物の国境を越える移動及びその処分の規制に関するバーゼル条約（バーゼル条約）	1989	1992	UNEP	ジュネーブ
化学物質	国際貿易の対象となる特定の有害な化学物質及び駆除材についての事前のかつ情報に基づく同意の手続に関するロッテルダム条約（ロッテルダム条約）	1998	2004	FAO及びUNEP	ローマ及びジュネーブ
	残留性有機汚染物質に関するストックホルム条約（POPs条約）	2001	2004	UNEP	ジュネーブ
	水銀に関する水俣条約	2013	2017	UNEP	ジュネーブ
地球温暖化	気候変動に関する国際連合枠組条約（気候変動枠組条約）	1992	1994	国連	ボン
	気候変動に関する国際連合枠組条約の京都議定書（京都議定書）	1997	2005	国連	ボン
	パリ協定	2015	2016	国連	ボン
オゾン層破壊	オゾン層保護のためのウィーン条約	1985	1988	UNEP	ナイロビ
	オゾン層を破壊する物質に関するモントリオール議定書	1987	1989	UNEP	ナイロビ
生物多様性	特に水鳥の生息地として国際的に重要な湿地に関する条約（ラムサール条約）	1971	1975	IUCN	グラン
	絶滅のおそれのある野生動植物の種の国際取引に関する条約（ワシントン条約）	1973	1975	UNEP	ジュネーブ
	生物の多様性に関する条約（生物多様性条約）	1992	1993	UNEP	モントリオール
	生物の多様性に関する条約のバイオセーフティに関するカルタヘナ議定書（カルタヘナ議定書）	2000	2003	UNEP	モントリオール
	食料農業植物遺伝資源条約	2001	2004	FAO	ローマ
	生物の多様性に関する条約の遺伝資源の取得の機会及びその利用から生ずる利益の公正かつ衡平な配分に関する名古屋議定書（名古屋議定書）	2010	2014	UNEP	モントリオール
砂漠化	深刻な干ばつ又は砂漠化に直面する国（特にアフリカの国）において砂漠化に処するための国際連合条約（国連砂漠化対処条約）	1994	1996	国連	ボン

環境に関連する主な法律一覧表

分野	法律名	制定年
総合政策	環境基本法	1993
	環境影響評価法	1997
	環境教育等による環境保全の取組の促進に関する法律【環境教育等促進法】	2011
	国等による環境物品等の調達の推進等に関する法律【グリーン購入法】	2000
	環境情報の提供の促進等による特定事業者等の環境に配慮した事業活動の促進に関する法律【環境配慮促進法】	2004
	国等における温室効果ガス等の排出の削減に配慮した契約の推進に関する法律【環境配慮契約法（グリーン契約法）】	2007
地球環境保全	特定物質の規制等によるオゾン層の保護に関する法律【オゾン層保護法】	1988
	フロン類の使用の合理化及び管理の適正化に関する法律【フロン排出抑制法】（旧 特定製品に係るフロン類の回収及び破壊の実施の確保等に関する法律、2013年名称変更）	2001
	地球温暖化対策の推進に関する法律【地球温暖化対策推進法】	1998
	特定有害廃棄物等の輸出入等の規制に関する法律【バーゼル法】	1992
	海洋汚染等及び海上災害の防止に関する法律【海洋汚染防止法】	1970
	南極地域の環境の保護に関する法律	1997
	合法伐採木材等の流通及び利用の促進に関する法律【違法伐採対策法】	2016
	気候変動適応法	2018
生物多様性・自然環境保全政策	生物多様性基本法	2008
	絶滅のおそれのある野生動植物の種の保存に関する法律【種の保存法】	1992
	遺伝子組換え生物等の使用等の規制による生物の多様性の確保に関する法律【遺伝子組換え規制法（カルタヘナ法）】	2003
	特定外来生物による生態系等に係る被害の防止に関する法律【外来生物法】	2004
	自然環境保全法	1972
	自然公園法	1957
	自然再生推進法	2002
	森林法	1951
	文化財保護法	1950

分野	法律名	制定年
生物多様性・自然環境保全政策	景観法	2004
	鳥獣の保護及び管理並びに狩猟の適正化に関する法律【鳥獣保護管理法】（旧 鳥獣の保護及び狩猟の適正化に関する法律、2014年名称変更）	2002
	動物の愛護及び管理に関する法律【動物愛護管理法】	1973
	都市公園法	1956
	生産緑地法	1974
	都市緑地法	1973
	首都圏近郊緑地保全法	1966
	エコツーリズム推進法	2007
	生物多様性地域連携促進法	2010
	地域自然資産区域における自然環境の保全及び持続可能な利用の推進に関する法律【地域自然資産法】	2015
公害対策	大気汚染防止法	1968
	水質汚濁防止法	1970
	瀬戸内海環境保全特別措置法	1973
	湖沼水質保全特別措置法	1984
	浄化槽法	1983
	土壌汚染対策法	2002
	農用地の土壌の汚染防止等に関する法律	1970
	水銀による環境の汚染の防止に関する法律	2015
	騒音規制法	1968
	幹線道路の沿道の整備に関する法律	1980
	振動規制法	1976
	悪臭防止法	1971
	工業用水法	1956
	建築物用地下水の採取の規制に関する法律【ビル用水法】	1962
	特定工場における公害防止組織の整備に関する法律	1971
	人の健康に係る公害犯罪の処罰に関する法律【公害罪法】	1970
	公害防止事業費事業者負担法	1970

分野	法律名	制定年
被害救済等	公害健康被害の補償等に関する法律（旧 公害健康被害補償法、1988年名称変更）	1973
	水俣病の認定業務の促進に関する臨時措置法	1978
	水俣病被害者の救済及び水俣病問題の解決に関する特別措置法	2009
	公害等調整委員会設置法	1972
	公害紛争処理法	1970
	石綿による健康被害の救済に関する法律	2006
廃棄物・リサイクル対策	循環型社会形成推進基本法	2000
	廃棄物の処理及び清掃に関する法律【廃棄物処理法】	1970
	特定産業廃棄物に起因する支障の除去等に関する特別措置法【産業廃棄物特別措置法】	2003
	ポリ塩化ビフェニル廃棄物の適正な処理に関する特別措置法【PCB特別措置法】	2001
	資源の有効な利用の促進に関する法律【資源有効利用促進法】	1991
	容器包装に係る分別収集及び再商品化の促進等に関する法律【容器包装リサイクル法】	1995
	特定家庭用機器再商品化法【家電リサイクル法】	1998
	食品循環資源の再生利用等の促進に関する法律【食品リサイクル法】	2000
	建設工事に係る資材の再資源化等に関する法律【建設リサイクル法】	2000
	使用済自動車の再資源化等に関する法律【自動車リサイクル法】	2002
	使用済小型電子機器等の再資源化の促進に関する法律【小型家電リサイクル法】	2012
	東日本大震災により生じた災害廃棄物の処理に関する特別措置法	2011
化学物質対策	化学物質の審査及び製造等の規制に関する法律【化学物質審査規制法（化審法）】	1973
	特定化学物質の環境への排出量の把握等及び管理の改善の促進に関する法律【化学物質排出把握管理促進法（化管法）（PRTR法）】	1999
	毒物及び劇物取締法	1950
	農薬取締法	1948
	ダイオキシン類対策特別措置法	1999
放射性物質による環境汚染対策	平成二十三年三月十一日に発生した東北地方太平洋沖地震に伴う原子力発電所の事故により放出された放射性物質による環境の汚染への対処に関する特別措置法【放射性物質汚染対処措置法】	2011
	中間貯蔵・環境安全事業株式会社法（旧 日本環境安全事業株式会社法、2014年名称変更）	2003

分野	法律名	制定年
エネルギー政策	エネルギー政策基本法	2002
	エネルギーの使用の合理化に関する法律【省エネ法】	1979
	新エネルギー利用等の促進に関する特別措置法【新エネルギー法】	1997
	再生可能エネルギー電気の利用の促進に関する特別措置法【再生可能エネルギー特別措置法（固定価格買い取り制度）】（旧 電気事業者による再生可能エネルギー電気の調達に関する特別措置法、2020年名称変更）	2011
	建築物のエネルギー消費性能の向上に関する法律【建築物省エネ法】	2015
土地利用対策等	都市計画法	1968
	都市の低炭素化の促進に関する法律【エコまち法】	2012
	建築基準法	1950
	国土利用計画法	1974
	土地基本法	1989
	国土形成計画法（旧 国土総合開発法、2005年名称変更）	1950
	工場立地法	1959
	水循環基本法	2014
食及び住宅に関する法律	持続性の高い農業生産方式の導入の促進に関する法律【持続農業法】	1999
	食育基本法	2005
	住宅の品質確保の促進等に関する法律【住宅品質確保促進法】	1999
その他関連法制度	水道法	1957
	下水道法	1958
	公有水面埋立法	1921
	電気事業法	1964
	ガス事業法	1954
	鉱業法	1950
	鉱山保安法	1949
	金属鉱業等鉱害対策特別措置法	1973
	消費者基本法（旧 消費者保護基本法、2004年名称変更）	1968
	消費者教育の推進に関する法律【消費者教育推進法】	2012

日本及び国際社会における環境をめぐる動き

	日本の環境問題・政策の動き	年代	国際社会における環境をめぐる動き
公害対策・自然保護の黎明期	1880年代　足尾銅山鉱毒事件 1897　保安林制度（森林法） 1931　国立公園制度	戦前	
高度成長期の深刻な公害問題への対応	1957　自然公園法 1950～60年代の深刻化 ・四大公害（水俣病、新潟水俣病、イタイイタイ病、四日市ぜん息）をはじめ、全国各地で公害問題が深刻化	1950	1952　ロンドンスモッグ事件
	1967　公害対策基本法 ・基本法制定により、公害の対象範囲、環境基準の設定等が行われ、国における公害対策が本格化 1968　大気汚染防止法、騒音規制法	1960	
公害・自然保護行政の整備・強化	1970　公害国会（公害関連14法案可決） ・1970年末の臨時国会は、14の公害対策関連法が成立し、公害規制行政の基盤が一気に整備された 1971　環境庁発足 ・環境行政が大きく前進 ・環境庁発足により各省庁に分散の公害行政を一本化 ・公害防止・自然環境保護など環境保全全般を扱う体制に 1971－1973　四大公害裁判の判決 　　　　　　（原告勝訴） 1972　自然環境保全法 1973　公害健康被害補償法 1979　省エネ法	1970	1972　国連人間環境会議「人間環境宣言」 　　　　採択（ストックホルム） 　　　　国連環境計画（UNEP）設立 　　　　ローマクラブ『成長の限界』 ・地球の資源制約への警鐘。世界が豊かさを手に入れる一方で、人口増加や環境汚染などの現在の傾向が続けば、100年以内に地球上の成長は限界に達すると警告 1973　石油危機 ・1970年代、ラムサール条約（1971）、ワシントン条約（1973）、世界遺産条約発効（1972）が採択
公害対策の推進・地球環境政策の萌芽期	1970年後半～80年代 ・1970年前後に整備された環境法制度の徹底により、いわゆる激甚型の公害は沈静化 ・環境技術・開発の進展 ・交通環境問題、富栄養化対策、化学物質問題等の新しい課題に直面 ・公害健康被害への補償・救済問題に引き続き対応 ・環境政策のさらなる展開は苦難の時代（アセス法案の不成立） 1980年代の後半、公害・自然保護政策から環境政策に向けての地固めの時期 1988　オゾン層保護法制定	1980	1984　環境と開発に関する世界委員会 　　　　（WCED：ブルントラント委員会） 　　　　設立 1985　ウィーン条約採択 1987　モントリオール議定書採択 1987　WCED『我ら共有の未来』発表 　　　⇒「持続可能な開発」の考え方を提唱 ・各種の統計に基づき、国連が地球的規模での環境問題の深刻化を警告。破局を回避するための行動原理「持続可能な開発」の考え方が提唱された 1988　気候変動に関する政府間パネル 　　　　（IPCC）設立 1989　ベルリンの壁崩壊 ・環境に関する科学的利権の蓄積・東西冷戦の終結を背景に、地球環境問題が国際的な政治課題に浮上。その波は、日本にも一気に訪れた

	日本の環境問題・政策の動き	年代	国際社会における環境をめぐる動き
経済・社会のエコロジカルな展開（持続可能な社会の構築に向けて）	1992　自動車NOx法 　　　　種の保存法 1993　環境基本法 ・地球サミット（1992）の流れを受けて、公害と自然保護によらないより広い視点から環境問題に取り組むための基本法を制定。現在もこの基本法が環境政策の指針 1994　環境基本計画の策定（第1次） 1995　容器包装リサイクル法 1997　環境影響評価法 1998　家電リサイクル法 　　　　地球温暖化対策推進法 1999　PRTR法	1990	1992　地球サミット（リオデジャネイロ） 　　　　気候変動枠組条約・生物多様性条約 　　　　採択、リオ宣言 ・地球環境時代の幕開け ・世界180か国が参加した国際会議では、「共通だが差異ある責任の下」に各国が持続可能な開発を実現するため取り組むことに合意 1994　砂漠化対処条約採択 1997　気候変動枠組条約第3回締約国会議 　　　　（COP3）（京都）『京都議定書』採択 ・地球温暖化対策の国際的取り組みの前進 ・先進国が温室効果ガスを削減するための数値目標と達成期間について合意
	2000　循環型社会形成推進基本法 　　　　循環関連法6法案成立 ・循環型社会形成推進基本法のほか、食品リサイクル法、建設リサイクル法、グリーン購入法等の関連法案が制定、改正され、2000年は循環型社会元年に 2001　環境省発足 ・中央省庁再編に伴い、環境省が発足 2002　自動車リサイクル法が制定 2003　環境保全活動・環境教育推進法 2004　外来生物法 2007　21世紀環境立国戦略 2008　生物多様性基本法 2009　地球温暖化対策中期目標を国際公約 　　　　（GHG排出量90年比25%削減）	2000	2002　持続可能な開発に関する世界首脳 　　　　会議（WSSD）（ヨハネスブルグ） ・世界は持続可能な開発を実現しているか ・リオサミットから10年、持続可能な開発を実現するための「アジェンダ21」の検証などを目的とした国際会議 2005　『京都議定書』発効 2007　IPCC第4次評価報告書 2008　『京都議定書』第一約束期間スタート 　　　　（2012年まで） 　　　　G8北海道洞爺湖サミット 2009　気候変動枠組条約第15回締約国会議 　　　　（COP15）（コペンハーゲン） ・首脳級会合となったCOP15では、2013年以降のポスト京都議定書の枠組みを巡り、各国の駆け引きが激化
安全が基盤にある持続可能な社会の構築	2011　東日本大震災・福島第一原子力発電所 　　　　事故〔3.11〕 　　　　エネルギー・環境会議設置 　　　　再生可能エネルギー特別措置法 2012　革新的エネルギー・環境戦略決定 　　　　第4次環境基本計画 　　　　生物多様性国家戦略2012-2020 ・震災廃棄物、除染対策等が環境政策の重点課題に ・原子力災害からの環境回復とエネルギー・環境政策の見直し ・3.11後、環境基本法の改正により、環境中の放射性物質も環境法の対象となる。また、原発事故により、エネルギー政策・温暖化政策の根本的見直しが必要となった 2015　地球温暖化対策推進本部「日本の約束 　　　　草案」策定（2030年度にGHG排出 　　　　量13年度比26.0%削減） 2016　地球温暖化対策計画 2018　気候変動適応法、第5次環境基本計画	2010	2010　気候変動枠組条約第16回締約国会議 　　　　（カンクン）「カンクン合意」 　　　　2020年のGHGsの削減目標・行動の位置づけ 2010　生物多様性条約締約国会議 　　　　（COP10）（名古屋）『名古屋議定書』 　　　　『愛知目標』採択 2012　国連持続可能な開発会議（リオ+20） 　　　　（リオデジャネイロ） 2012　生物多様性及び生態系サービスに関する政府間科学政策プラットフォーム（IPBES）設立 2013　水銀に関する水俣条約採択 2013〜14　IPCC第5次評価報告書 2015　国連総会でSDGsを含む持続可能な開発のための2030アジェンダ採択 2015　気候変動枠組条約第21回締約国会議 　　　　（COP21）（パリ）『パリ協定』採択 2016　パリ協定発効 2019　IPBES 生物多様性と生態系サービスに関する地球規模評価報告書政策決定者向けの要約発表

SDGs 対応 索引

SUSTAINABLE DEVELOPMENT GOALS
世界を変えるための 17 の目標

1 貧困

| 2-2 | 05 | 貧困、格差、生活の質 | 54 |

2 飢餓

2-2	01	人口問題	46
2-2	03	食料需給	50
3-4	05	土壌・土地の劣化、砂漠化とその対策	120
5-3	06	第一次産業と環境活動	222
5-4	02	生活者／消費者としての市民	228

3 保健

3-4	03	酸性雨などの長距離越境移動大気汚染問題	116
3-6	02	大気汚染の原因とメカニズム	142
3-6	03	大気環境保全の施策	144
3-6	04	水質汚濁の原因とメカニズム	146
3-6	07	騒音・振動・悪臭	154
3-6	08	都市と環境問題	156
3-7	01	化学物質のリスクとリスク評価	162
3-8	01	東日本大震災と東京電力福島第一原子力発電所の事故	166
3-8	02	放射性物質による環境汚染への対処	168
3-8	03	災害廃棄物の処理	170
3-8	04	放射性廃棄物について	172
5-3	07	働き方改革と環境改善	224
5-4	02	生活者／消費者としての市民	228

4 教育

2-2	03	食料需給	50
4	05	環境教育・環境学習	188
5-4	02	生活者／消費者としての市民	228

5 ジェンダー平等を実現しよう

該当なし

6 水・衛生

2-1	03	水の循環と海洋の働き	38
2-2	01	人口問題	46
3-4	02	水資源や海洋環境に関する問題	112
3-4	05	土壌・土地の劣化、砂漠化とその対策	120
3-6	04	水質汚濁の原因とメカニズム	146
3-6	05	水環境保全に関する施策	148
3-8	01	東日本大震災と東京電力福島第一原子力発電所の事故	166
3-8	02	放射性物質による環境汚染への対処	168
3-8	03	災害廃棄物の処理	170
3-8	04	放射性廃棄物について	172

7 エネルギー

| 2-2 | 01 | 人口問題 | 46 |
| 2-2 | 02 | 経済と環境負荷 | 48 |

| 3-1 | 01 | 地球温暖化の科学的側面 | 58 |

3-1	01	地球温暖化の科学的側面 ………	58
3-1	02	地球温暖化対策―緩和策と適応策 …	62
3-1	03	地球温暖化問題に関する国際的な取り組み ………	64
3-1	04	日本の地球温暖化対策（国の制度）	68
3-1	05	日本の地球温暖化対策（企業・地方自治体・国民運動の展開）	72
3-1	06	脱炭素社会を目指して	74
3-2	01	エネルギーと環境の関わり	76
3-2	02	エネルギーの動向	80
3-2	03	日本のエネルギー政策の経緯	82
3-2	04	エネルギー供給源の種類と特性	86
3-2	05	再生可能エネルギー	88
3-2	06	省エネルギー対策と技術 ………	90
3-5	01	循環型社会を目指して ………	122
3-6	10	ヒートアイランド現象	160
5-4	02	生活者／消費者としての市民 ………	228

3-5	02	廃棄物処理にまつわる国際的な問題	126
3-5	03	廃棄物処理にまつわる国内の問題 …	128
3-5	04	そのほかの廃棄物の問題 ………	132
3-5	05	リサイクル制度	134
3-6	08	都市と環境問題	156
3-8	01	東日本大震災と東京電力福島第一原子力発電所の事故 ………	166
3-8	02	放射性物質による環境汚染への対処	168
3-8	03	災害廃棄物の処理 ………	170
3-8	04	放射性廃棄物について	172

10 不平等

| 2-2 | 05 | 貧困、格差、生活の質 | 54 |

8 経済成長

2-2	02	経済と環境負荷 ………	48
3-3	04	生物多様性の主流化	102
3-3	05	国内の生物多様性の取り組み	104
3-3	06	自然共生社会に向けた取り組み	108
3-5	01	循環型社会を目指して ………	122
3-5	02	廃棄物処理にまつわる国際的な問題	126
3-5	03	廃棄物処理にまつわる国内の問題 …	128
3-5	05	リサイクル制度	134
5-3	01	企業の社会的責任（CSR）	208
5-3	02	環境マネジメントシステム（EMS）	212
5-3	05	企業の環境活動	220
5-3	07	働き方改革と環境改善	224
5-3	02	ソーシャルビジネス ………	240

11 まちづくり

2-2	01	人口問題	46
3-3	06	自然共生社会に向けた取り組み	108
3-5	01	循環型社会を目指して ………	122
3-5	02	廃棄物処理にまつわる国際的な問題	126
3-5	03	廃棄物処理にまつわる国内の問題 …	128
3-5	04	そのほかの廃棄物の問題	132
3-5	05	リサイクル制度	134
3-6	06	土壌環境・地盤環境	150
3-6	07	騒音・振動・悪臭	154
3-6	08	都市と環境問題	156
3-6	09	交通と環境問題	158
3-6	10	ヒートアイランド現象	160
3-8	01	東日本大震災と東京電力福島第一原子力発電所の事故 ………	166
3-8	02	放射性物質による環境汚染への対処	168
3-8	03	災害廃棄物の処理 ………	170
3-8	04	放射性廃棄物について	172
5-4	02	生活者／消費者としての市民 ………	228

9 産業革新

2-2	01	人口問題 ………	46
2-2	04	資源と環境について	52
3-2	06	省エネルギー対策と技術 ………	90
3-5	01	循環型社会を目指して ………	122

12 生産と消費 ∞

2-2	03 食料需給	50
2-2	04 資源と環境について	52
3-1	04 日本の地球温暖化対策（国の制度）	68
3-1	05 日本の地球温暖化対策（企業・地方自治体・国民運動の展開）	72
3-1	06 脱炭素社会を目指して	74
3-4	01 オゾン層保護に関する取り組み	110
3-4	02 水資源や海洋環境に関する問題	112
3-4	03 酸性雨などの長距離越境移動大気汚染問題	116
3-4	04 急速に進む森林破壊	118
3-4	05 土壌・土地の劣化、砂漠化とその対策	120
3-5	01 循環型社会を目指して	122
3-5	02 廃棄物処理にまつわる国際的な問題	126
3-5	03 廃棄物処理にまつわる国内の問題	128
3-5	04 そのほかの廃棄物の問題	132
3-5	05 リサイクル制度	134
3-6	02 大気汚染の原因とメカニズム	142
3-6	03 大気環境保全の施策	144
3-6	04 水質汚濁の原因とメカニズム	146
3-6	06 土壌環境・地盤環境	150
3-7	01 化学物質のリスクとリスク評価	162
3-7	02 化学物質のリスク管理・コミュニケーション	164
3-8	04 放射性廃棄物について	172
5-3	01 企業の社会的責任（CSR）	208
5-3	02 環境マネジメントシステム（EMS）	212
5-3	03 環境コミュニケーションとそのツール	214
5-3	04 製品の環境配慮	216
5-3	05 企業の環境活動	220
5-3	06 第一次産業と環境活動	222
5-4	01 環境問題と市民の関わり	226
5-4	02 生活者／消費者としての市民	228
5-4	03 主権者としての市民参加	236

13 気候変動

2-1	01 生命の誕生と地球の自然環境	34
2-1	02 大気の構成と働き	36
2-1	04 森林と土壌の働き	42
2-2	02 経済と環境負荷	48
3-1	01 地球温暖化の科学的側面	58
3-1	02 地球温暖化対策—緩和策と適応策	62
3-1	03 地球温暖化問題に関する国際的な取り組み	64
3-1	04 日本の地球温暖化対策（国の制度）	68
3-1	05 日本の地球温暖化対策（企業・地方自治体・国民運動の展開）	72
3-1	06 脱炭素社会を目指して	74
3-2	01 エネルギーと環境の関わり	76
3-2	03 日本のエネルギー政策の経緯	82
3-3	03 生物多様性に対する国際的な取り組み	98
3-4	01 オゾン層保護に関する問題	110
3-4	03 酸性雨などの長距離越境移動大気汚染問題	116
3-4	04 急速に進む森林破壊	118
3-4	05 土壌・土地の劣化、砂漠化とその対策	120
3-6	02 大気汚染の原因とメカニズム	142
3-6	03 大気環境保全の施策	144
3-6	09 交通と環境問題	158
3-6	10 ヒートアイランド現象	160

14 海洋資源

2-1	01 生命の誕生と地球の自然環境	34
2-1	03 水の循環と海洋の働き	38
2-1	05 生物を育む生態系	44
2-2	03 食料需給	50
3-2	01 エネルギーと環境の関わり	76
3-3	01 生物多様性の重要性	92
3-3	02 生物多様性の危機	94
3-3	03 生物多様性に対する国際的な取り組み	98
3-3	04 生物多様性の主流化	102
3-3	05 国内の生物多様性の取り組み	104
3-3	06 自然共生社会に向けた取り組み	108
3-4	02 水資源や海洋環境に関する問題	112

| 3-6 | 05 水環境保全に関する施策 | 148 |
| 5-3 | 06 第一次産業と環境活動 | 222 |

15 陸上資源

2-1	01 生命の誕生と地球の自然環境	34
2-1	04 森林と土壌の働き	42
2-1	05 生物を育む生態系	44
3-1	02 地球温暖化対策—緩和策と適応策	62
3-2	01 エネルギーと環境の関わり	76
3-3	01 生物多様性の重要性	92
3-3	02 生物多様性の危機	94
3-3	03 生物多様性に対する国際的な取り組み	98
3-3	04 生物多様性の主流化	102
3-3	05 国内の生物多様性の取り組み	104
3-3	06 自然共生社会に向けた取り組み	108
3-4	03 酸性雨などの長距離越境移動大気汚染問題	116
3-4	04 急速に進む森林破壊	118
3-4	05 土壌・土地の劣化、砂漠化とその対策	120
3-6	05 水環境保全に関する施策	148
5-3	06 第一次産業と環境活動	222

16 平和

3-7	02 化学物質のリスク管理・コミュニケーション	164
4	06 環境アセスメント制度（環境影響評価）	190
4	07 国際社会の中の日本の役割	192
5-1	01 各主体の役割・分担と参加	196
5-1	02 企業、市民、NPO、行政の協働	198
5-2	01 国際社会の取り組み	200
5-2	02 国による取り組み	202
5-2	03 地方自治体による取り組み	206
5-4	01 環境問題と市民の関わり	226
5-4	02 生活者／消費者としての市民	228
5-4	03 主権者としての市民参加	236

17 実施手段

3-1	03 地球温暖化問題に関する国際的な取り組み	64
3-1	04 日本の地球温暖化対策（国の制度）	68
3-1	05 日本の地球温暖化対策（企業・地方自治体・国民運動の展開）	72
3-1	06 脱炭素社会を目指して	74
3-2	03 日本のエネルギー政策の経緯	82
3-3	03 生物多様性に対する国際的な取り組み	98
3-3	05 国内の生物多様性の取り組み	104
3-3	06 自然共生社会に向けた取り組み	108
3-4	01 オゾン層保護に関する問題	110
3-4	02 水資源や海洋環境に関する問題	112
3-4	03 酸性雨などの長距離越境移動大気汚染問題	116
3-4	04 急速に進む森林破壊	118
3-5	03 廃棄物処理にまつわる国内の問題	128
3-5	05 リサイクル制度	134
3-6	01 地域環境問題	140
3-6	05 水環境保全に関する施策	148
3-7	02 化学物質のリスク管理・コミュニケーション	164
4	06 環境アセスメント制度（環境影響評価）	190
4	07 国際社会の中の日本の役割	192
5-1	01 各主体の役割・分担と参加	196
5-1	02 企業、市民、NPO、行政の協働	198
5-2	01 国際社会の取り組み	200
5-2	02 国による取り組み	202
5-2	03 地方自治体による取り組み	206
5-3	03 環境コミュニケーションとそのツール	214
5-4	01 環境問題と市民の関わり	226
5-4	02 生活者／消費者としての市民	228
5-4	03 主権者としての市民参加	236
5-5	01 NPOの役割	238
5-5	02 ソーシャルビジネス	240
5-5	03 各主体の連携による地域協働の取り組み	242

eco検定公式テキスト　索引

【数字】

2030アジェンダ……………… 17
3E……………………………… 82
3E＋S………………………… 82
3R…………………………… 122
3R＋Renewable …… 115
3Rイニシアティブ……… 125
5つのP………………………… 26
6次産業化…………………… 222

【あ】

愛知目標……………… 100, 104
アオコ………………………… 147
赤潮…………………………… 146
悪臭……………………… 140, 155
悪臭防止法………………… 155
アグリツーリズム………… 107
アジア3R推進フォーラム 125
アジア太平洋クリーン・エア・
パートナーシップ………… 117
アジア水環境パートナーシップ
………………………………… 113
アジェンダ21 ……… 16, 23
足尾銅山鉱毒事件18, 146, 239
亜硝酸性窒素……………… 147
アスベスト………………… 143
アマモ場…………………… 97
あらゆる施策を体系的に総動員
………………………………… 75
有明海及び八代海を再生する
ための特別措置に関する法律
………………………………… 148

【い】

硫黄酸化物… 18, 78, 116, 142
一酸化二窒素…………… 58, 62
イタイイタイ病………… 18, 32
一次エネルギー…………… 77
一般環境大気測定局……… 144
一般廃棄物………………… 128
遺伝資源へのアクセスと利益配分
………………………………… 100
遺伝子資源………………… 49
遺伝子組換え生物………… 99
遺伝子の多様性…………… 92
インバーター……………… 90
インベントリ作成………… 127

【う】

ウィーン条約……………… 111
ウインドファーム………… 88
魚付き林…………………… 223
ウォーターフットプリント 112
美しい森林づくり推進国民運動
………………………………… 43

【え】

栄養塩類…………………… 146
エクソン・バルディーズ号
原油流出事故……………… 78
エコアクション21 ……… 212
エコカー…………………… 158
エコカー減税………… 158, 237
エコシップ………………… 158
エコツアー………………… 107

エコツーリズム…………… 107
エコツーリズム推進法…… 107
エコドライブ……………… 158
エコピープル……………… 252
エコファーマー…………… 233
エコファンド……………… 221
エコブランディング……… 72
エコマーク制度…………… 187
エコまち法………… 73, 157
エコリーフ環境ラベルプログラム
………………………………… 219
エコレールライン………… 158
エコロジカル・フットプリント
……………………… 17, 194
エシカル消費……………… 230
エネルギー基本計画……… 82
エネルギー効率の向上…… 75
エネルギー自給率………… 86
エネルギー政策基本法…… 82
エネルギー生産性………… 75
エネルギーミックス……… 83
エルニーニョ現象………… 41
塩害………………………… 120
エンドオブパイプ
……………… 20, 145, 180

【お】

オーガニックコットン…… 232
オーフス条約……………… 196
欧州グリーンディール…… 31
大阪ブルーオーシャン・ビジョン
………………………………… 115

屋上緑化……………………… 161
汚染者負担原則………123, 178
オゾン層……………… 37, 110
オゾン層保護法…………… 111
オゾンホール………………… 110
温室効果………………… 59
温室効果ガス……… 36, 58, 62
温室効果ガスの国内排出量取引
……………………… 207
温室効果ガス排出目録……… 65
温暖化防止活動推進センター 68
温度差熱利用………………… 88
温排水………………………… 79

【か】

カーシェアリング………… 158
カーボンオフセット… 71, 219
カーボンオフセット制度… 219
カーボンニュートラル
……………… 31, 89, 219
カーボンフットプリント 71, 219
カーボンプライシング
……………… 71, 75, 185
海外インフラ展開法……… 114
海岸漂着物処理推進法…… 115
海氷の減少………………… 41
外部被ばく………………… 168
外部不経済………………… 178
改変された生物…………… 99
海洋プラスチックごみ 115, 125
海洋の酸性化……………… 41
海洋法に関する国際連合条約
……………………… 114
外来種……………………… 45
外来生物法………………… 107
化学的酸素要求量………… 147
科学的特性マップ………… 173

化学物質の審査及び製造等の
規制に関する法律…… 162, 165
化管法……………… 165, 186
拡大生産者責任 123, 134, 179
核燃料サイクル…………… 174
化審法……………… 163, 165
可採年数…………………… 52
化石燃料……………… 31, 76
化石燃料依存率…………… 86
活性汚泥法………………… 148
合併処理浄化槽…………… 149
家畜伝染病………………… 50
課徴金……………………… 185
家庭ごみ…………………… 129
家電廃棄物………………… 135
家電リサイクル法
……… 111, 134, 136, 179
カドミウム………………… 18
カネミ油症事件…………… 162
茅恒等式…………………… 81
カルタヘナ議定書………… 99
カルタヘナ法……………… 99
瓦礫………………………… 166
感覚公害…………………… 156
環境……………………… 12
環境NPO………………… 238
環境アセスメント…… 190, 206
環境委員会………………… 203
環境影響評価……… 190, 206
環境影響評価制度…… 105, 187
環境影響評価法……… 20, 190
環境基準…………………… 182
環境基本計画……… 20, 176
環境基本法……… 20, 138, 176
環境教育…………………… 188
環境教育等促進法…… 189, 198

環境教育等による環境保全の
取り組みの促進に関する法律
……………………… 242
環境共生住宅……………… 235
環境効率…………………… 251
環境指標…………………… 183
環境自主行動計画………… 220
環境収容力………………… 47
環境省……………… 20, 203
環境省レッドリスト……… 96
環境税……………… 185, 237
環境訴訟…………………… 205
環境庁……………………… 19
環境と開発に関する世界委員会
……………………… 16
環境と開発に関するリオ宣言 16
環境と成長の好循環……… 74
環境配慮設計……………… 216
環境配慮促進法…………… 214
環境報告書………………… 214
環境マネジメントシステム 212
環境ラベル……… Ⅷ, 231, 233
環境リスク………………… 163
カンクン合意……………… 64
カンクン宣言……………… 100
乾式貯蔵…………………… 174
乾性降下物………………… 116
官民連携事業……………… 199
関与物質総量……………… 52
緩和策……………… 61, 62, 161

【き】

ギガトンギャップ………… 67
企業行動規範……………… 209
企業行動憲章……………… 209
企業の社会的責任………… 70
気候非常事態宣言………… 21

265

気候関連財務情報開示
タスクフォース……… 72, 211

気候中立…………………… 74

気候変動………………… 58

気候変動適応情報
プラットフォーム ………… 63

気候変動適応法……… 63, 71

気候変動に関する政府間パネル
……………… 16, 60, 201

規制的手法………………… 184

北大西洋地域海行動計画… 114

揮発性有機化合物 78, 142, 163

基盤サービス……………… 93

キャップアンドトレード制度186

教育的手法………………… 184

供給エネルギーの脱炭素化… 75

供給サービス……………… 93

共生関係…………………… 45

行政事件訴訟法…………… 205

共通だが差異ある責任……… 23

協働………………………… 198

協働原則…………………… 181

協働取組加速化事業……… 244

京都議定書……………… 20, 64

京都メカニズム…………… 65

京都メカニズムクレジット… 70

漁業……………………… 51, 223

極度の貧困………………… 54

金融のグリーン化……… 71, 72

近隣騒音…………………… 157

【く】

グーテンベルグ議定書…… 117

クールスポット…………… 161

クールチョイス…………… 73

クールビズ………………… 73

食い分け…………………… 45

国別登録簿………………… 68

グローバルストックテイク… 66

クリアランスレベル……… 173

クリーナープロダクション 140

クリーンウッド法………… 119

クリーン開発メカニズム…… 65

グリーン化特例…………… 158

グリーン経済……………… 194

グリーン購入……………… 230

グリーン購入法…………… 230

グリーンコンシューマー… 230

グリーン税制……………… 237

グリーン成長……………… 194

グリーンツーリズム……… 107

グリーン・ニューディール… 48

グリーン復興……………… 31

グリーンボンド………… 71, 72

グローバルストックテイク… 66

【け】

警戒区域…………………… 167

計画的避難区域…………… 167

経済開発協力機構……178, 201

経済人会議………………… 201

経済的手法………………… 185

経済的助成措置…………… 186

経済的負担措置…………… 185

経済的との調和条項……… 19

形質変更時要届出区域…… 151

原位置浄化………………… 151

限界集落…………………… 47

嫌気性生物………………… 34

健康項目…………………… 147

原子力……………………… 81

原子力規制委員会…… 87, 204

原子力規制庁……………… 21

原子力災害対策特別措置法 167

原子力発電………………… 87

原子力発電環境整備機構
……………… 79, 173

原子炉等規制法…………… 168

原生自然環境保全地域…… 105

建設廃棄物………………… 137

建設リサイクル法………… 137

建築物省エネ法…………… 85

源流対策原則……………… 180

【こ】

広域処理…………………… 170

行為規制…………………… 185

合意的手法………………… 187

公害………………… 18, 140, 205

公害国会……………… 19, 141

公害対策基本法……… 19, 141

公害等調整委員会………… 204

公害防止管理者…………… 141

公害防止協定…… 19, 141, 206

公害防止計画……………… 141

光化学オキシダント…116, 143

光化学スモッグ…………… 143

好気性生物………………… 34

光合成……………………… 34

黄砂……………………… 37, 116

コージェネレーション
……………… 87, 90, 91

高速増殖炉………………… 174

鉱物資源…………………… 52

後発開発途上国…………… 54

小型家電リサイクル法
………… 53, 126, 136

国際エネルギー機関……… 81

国際海事機関……………… 201

国際環境自治体協議会…… 200

国際原子力事象評価尺度… 167

国際自然保護連合…… 95, 201

国際人口開発会議………… 46

国際標準化機構⋯⋯⋯201, 212
国際フェアトレード認証ラベル
⋯⋯⋯⋯⋯⋯⋯⋯⋯⋯ 231
国際連合⋯⋯⋯⋯⋯⋯⋯ 200
国定公園⋯⋯⋯⋯⋯⋯⋯ 105
国内希少野生動植物種⋯⋯ 106
国内クレジット制度⋯⋯⋯ 219
国内排出量取引制度⋯⋯⋯⋯ 70
国民総幸福量⋯⋯⋯⋯⋯⋯ 250
国民的議論⋯⋯⋯⋯⋯⋯⋯ 82
国民の豊かさを測る幸福度 250
国立公園⋯⋯⋯⋯⋯⋯⋯ 105
国連開発計画⋯⋯⋯⋯ 17, 200
国連環境開発会議 16, 22, 200
国連環境計画⋯⋯⋯⋯ 14, 200
国連気候変動枠組条約⋯ 16, 64
国連教育科学文化機関⋯⋯ 201
国連グローバル・コンパクト 209
国連砂漠化対処条約⋯⋯⋯ 120
国連食糧農業機関⋯⋯118, 201
国連生物多様性の10年 ⋯ 102
国連人間環境会議⋯⋯ 14, 200
ココ事件⋯⋯⋯⋯⋯⋯⋯ 127
湖沼水質保全特別措置法⋯ 148
固定価格買取制度⋯⋯⋯ 71, 84
ごみ排出量⋯⋯⋯⋯⋯⋯ 129
コミュニティサイクル⋯⋯ 235
コミュニティビジネス⋯⋯ 240
コミュニティプラント⋯⋯ 148
コンパクトシティ⋯⋯ 73, 157
コンプライアンス⋯⋯⋯ 209
コンポスト⋯⋯⋯⋯⋯⋯ 222

【さ】

サーマルリサイクル⋯⋯ 122
再エネ賦課金⋯⋯⋯⋯⋯⋯ 84
災害廃棄物 133, 136, 168, 170
最終処分場⋯⋯⋯⋯⋯⋯ 133

最終処分量⋯⋯⋯⋯ 124, 183
再商品化⋯⋯⋯⋯⋯ 134, 176
再処理⋯⋯⋯⋯⋯⋯⋯⋯ 87
再生可能エネルギー⋯⋯ 76, 81
再生可能エネルギー特別措置法
⋯⋯⋯⋯⋯⋯⋯⋯⋯⋯ 84
再生可能エネルギー賦課金⋯ 84
最貧国⋯⋯⋯⋯⋯⋯⋯⋯ 54
サイレントスプリング 14, 162
サステナビリティ報告書
⋯⋯⋯⋯⋯⋯⋯⋯215, 231
サテライトオフィス⋯⋯⋯ 225
里海⋯⋯⋯⋯⋯⋯⋯⋯⋯ 109
里地里山⋯⋯⋯⋯⋯⋯⋯ 109
砂漠化⋯⋯⋯⋯⋯⋯⋯⋯ 120
サプライ・チェーン⋯⋯⋯ 213
サプライ・チェーン・マネジメント
⋯⋯⋯⋯⋯⋯⋯⋯⋯⋯ 218
サヘルの干ばつ⋯⋯⋯⋯ 121
参加型会議⋯⋯⋯⋯197, 233
参加型会議手法⋯⋯⋯⋯ 249
産業革命⋯⋯⋯⋯ 12, 59, 76
産業構造や都市・社会構造の
脱炭素化への転換⋯⋯⋯⋯ 75
産業廃棄物⋯⋯⋯⋯⋯⋯ 128
産業廃棄物管理票⋯⋯⋯ 131
産業廃棄物適正処理推進基金
⋯⋯⋯⋯⋯⋯⋯⋯⋯⋯ 133
酸性雨⋯⋯⋯⋯⋯⋯⋯⋯ 116
酸性雨長期モニタリング計画
⋯⋯⋯⋯⋯⋯⋯⋯⋯⋯ 117
算定・報告・公表制度⋯⋯⋯ 68
産廃特措法⋯⋯⋯⋯⋯⋯ 133
三フッ化窒素⋯⋯⋯⋯ 58, 62
残余年数⋯⋯⋯⋯⋯⋯⋯ 133
残余容量⋯⋯⋯⋯⋯⋯⋯ 133

【し】

シアノバクテリア⋯⋯⋯⋯ 34
シーベルト⋯⋯⋯⋯⋯⋯ 167
シェールオイル⋯⋯⋯⋯⋯ 87
シェールガス⋯⋯⋯⋯ 78, 87
シェアサイクル⋯⋯⋯⋯ 235
支援的手法⋯⋯⋯⋯⋯⋯ 187
紫外線⋯⋯⋯⋯⋯⋯ 34, 111
中心地市街地活性化法⋯⋯ 157
事業的手法⋯⋯⋯⋯⋯⋯ 184
資源生産性⋯⋯⋯⋯ 124, 183
資源有効利用促進法⋯⋯⋯ 216
資源リサイクル法⋯⋯⋯ 137
自己調節機能⋯⋯⋯⋯⋯⋯ 44
自浄作用⋯⋯⋯⋯⋯ 44, 146
自主的取組手法⋯⋯⋯⋯ 187
自主的に決定する約束⋯⋯⋯ 66
自助／共助／公助⋯⋯⋯ 226
自然遺産⋯⋯⋯⋯⋯⋯⋯ 98
自然環境保全基礎調査⋯⋯⋯ 97
自然環境保全地域⋯⋯⋯ 105
自然環境保全法⋯⋯⋯⋯ 105
自然共生圏⋯⋯⋯⋯⋯⋯ 108
自然共生社会⋯⋯⋯⋯⋯ 104
自然公園⋯⋯⋯⋯⋯⋯⋯ 105
自然公園法⋯⋯⋯⋯⋯⋯ 105
自然再生事業実施計画⋯⋯ 106
自然再生推進法⋯⋯⋯⋯ 106
自然資本⋯⋯⋯⋯⋯⋯⋯ 246
自然保護条例⋯⋯⋯⋯⋯ 206
自然冷媒⋯⋯⋯⋯⋯⋯⋯ 110
持続可能性指標⋯⋯⋯⋯ 183
持続可能な開発⋯⋯ 16, 22, 24
持続可能な開発に関する
世界首脳会議⋯⋯⋯⋯⋯⋯ 17
持続可能な開発委員会⋯⋯⋯ 23
持続可能な開発のための
2030アジェンダ⋯⋯⋯⋯ 25

267

持続可能な開発のための教育 25	循環型社会形成自主行動計画	振動…………………………… 140
持続可能な開発のための教育の	…………………………… 220	振動規制法………………… 154
10年 …………………… 189	循環型社会形成推進基本計画	深層循環………………………… 39
持続可能な開発目標	…………………………… 124	森林火災………………… 118
………………… 17, 25, 250	循環型社会形成推進基本法	森林環境税…………… 207, 237
持続可能な開発目標活用ガイド	…………………… 21, 122	森林管理協議会…………… 119
…………………………… 210	循環基本計画……………… 124	森林吸収源対策…………… 70
持続可能な開発目標実施指針 28	循環利用率…………… 124, 183	森林経営管理法………… 223
持続可能な社会…………… 24	旬産旬消……………………… 56	森林経営管理制度………… 223
持続可能な森林経営……… 119	省エネ法…………… 82, 85	森林原則声明………… 22, 119
持続可能な発展のための	省エネ性マーク………… Ⅷ, 85	森林施業プランナー……… 223
世界経済人会議………… 201	省エネルギー技術……… 90	森林蓄積………………… 118
シックハウス症候群…163, 235	浄化槽……………………… 148	森林の減少………………… 59
湿性降下物………………… 116	硝酸性窒素………………… 145	森林破壊………………… 118
室内化学物質濃度指針値… 163	使用済み核燃料……… 87, 172	森林法……………………… 105
シップバック…………… 127	使用済み自動車………… 139	森林・林業基本計画……… 118
視程障害…………………… 117	消費期限………………… 234	
指定廃棄物………………… 171	消費者……………………… 44	【 す 】
自動車NOx・PM法 …… 144	消費者教育推進法………… 232	水銀汚染防止法…………… 164
自動車排出ガス測定局…… 144	消費者市民………………… 232	水源税…………… 185, 237
自動車リサイクル法	消費生活アドバイザー…… 231	水質汚濁防止法……… 148, 151
…………… 111, 139, 179	商品の一生………………… 229	水質汚濁………………… 146
地盤沈下…………… 140, 150	情報公開制度……………… 197	水質の汚染………………… 140
地盤沈下防止等対策要綱… 153	情報通信技術……………… 251	水素イオン濃度…………… 116
ジビエ…………………… 109	情報的手法………………… 186	水力発電…………………… 89
主権者教育………………… 237	賞味期限………………… 234	スクリーニング………… 191
ジニ係数……………………… 55	食品廃棄物………………… 138	スコーピング…………… 191
社会起業家………………… 240	食品リサイクル法………… 138	ステークホルダー
社会的責任投資…………… 209	食品ロス……… 138, 228, 233	……………… 208, 213, 214
シャドーフリッカー……… 79	植物プランクトン………… 39	ステークホルダー・ダイアログ
臭気判定士………………… 155	食物網……………………… 45	…………………………… 215
種間競争……………………… 45	食物連鎖……………………… 45	ステークホルダー・ミーティング
種の多様性………………… 92	食料自給率…………… 50, 56	…………………………… 215
種の宝庫…………………… 95	除染……………………… 169	ストックホルム条約……… 164
種の保存法………………… 106	除染土壌………………… 171	スポンジ化……………… 157
シュレッダーダスト……… 139	除染廃棄物………………… 171	スプロール化…………… 157
循環型社会………………… 122	新型コロナウイルス感染症… 30	スマートグリッド………… 91
循環型社会形成基本計画… 183	新規制基準………………… 87	スマートコミュニティ……… 91

スマートシティ……………… 73
スマートセンサー………… 221
スマートムーブ…………… 235
スマートメーター………… 91
棲み分け……………………… 45

【せ】

セーフティステーション… 199
生活環境項目……………… 147
生産者………………………… 44
脆弱性………………………… 63
生息地等保護区…………… 105
税制のグリーン化…… 70, 201
成層圏………………………… 36
生態系サービス……… 93, 108
生態系サービスに対する支払い
　………………………… 102
生態系と生物多様性の経済学
　………………………… 102
生態系ネットワーク……… 106
生態系の多様性…………… 92
生態系ピラミッド………… 45
成長の限界………………… 14
製品ライフサイクル……… 216
政府開発援助……………… 193
生物化学的酸素要求量…… 147
生物化学的方法…………… 148
生物圏保存地域…………… 101
生物資源……………………… 43
生物生産力…………………… 45
生物の多様性……………… 92
生物多様性基本法……… 21, 92
生物多様性国家戦略……… 104
生物多様性国家戦略
2012－2020 …21, 104, 106
生物多様性情報システム…… 97
生物多様性条約……… 16, 99
生物多様性戦略計画………… 99

生物多様性地域戦略……… 104
生物多様性の危機………… 97
生物多様性民間参画ガイドライン
　………………………… 103
生物濃縮……………………… 45
生物の大量絶滅…………… 94
生物の多様性……………… 90
生物ポンプ………………… 40
セーフティステーション… 199
世界遺産……………………… 98
世界遺産基金……………… 98
世界遺産条約……………… 98
世界気象機関……………… 201
世界銀行…………………… 201
世界ジオパーク…………… 101
世界資源研究所…………… 17
世界自然遺産……………… 96
世界人口……………………… 46
世界農業遺産……………… 101
世界の家畜飼育数………… 51
世界の漁業・養殖業生産量… 51
世界保健機関……………… 201
世界水フォーラム………… 113
赤外線………………………… 59
石炭…………………… 80, 86
石炭ガス化複合発電……… 78
石油…………………… 80, 86
石油危機……………………… 82
雪氷熱利用………………… 88
絶滅危惧種………………… 95
瀬戸内海環境保全特別措置法
　………………………… 148
セベソ汚染土壌搬出事件… 127
ゼロカーボンシティ……… 73
全国地球温暖化防止活動推進
センター…………………… 68
戦略的環境アセスメント… 191

【そ】

騒音………………………… 140
騒音規制法………………… 154
総量規制基準……………… 144
ソーシャルビジネス……… 240
組織の社会的責任………… 208

【た】

第5次エネルギー基本計画… 83
第5次環境基本計画
　　　21, 177, 183, 196
第5次評価報告書………… 60
ダイオキシン……………… 162
ダイオキシン類対策特別措置法
　………………………… 165, 182
大気汚染防止法……… 144, 151
大気境界層………………… 36
大気圏………………………… 36
大気循環運動……………… 37
大気の汚染………………… 140
対策地域内廃棄物………… 170
第三者認証………………… 212
代替フロン………………… 110
太陽光発電………………… 88
太陽風………………………… 34
対流圏………………………… 36
大量絶滅…………………… 94
宅配ボックス……………… 225
脱炭素化……………………… 83
脱炭素社会………… 74, 252
田中正造…………………… 239
炭化水素…………………… 110
炭酸同化作用……………… 42
淡水………………………… 38
炭素循環……………………… 40
炭素税……………………… 185
炭素生産性………………… 75
炭素貯留……………………… 62

269

断熱サッシ……………………… 90

【ち】

地域環境問題………… 13, 140
地域循環共生圏… 21, 70, 108,
　　124, 177, 243, 246, 251
地域地球温暖化防止活動推進
センター……………………… 68
地域冷暖房…………………… 91
地下資源……………………… 53
地下水依存率………………… 39
地下水涵養………………… 161
地球温暖化…………………… 58
地球温暖化係数……………… 58
地球温暖化対策計画…… 70, 83
地球温暖化対策推進法……… 68
地球温暖化対策税
　………………… 71, 187, 237
地球温暖化対策地域協議会… 73
地球温暖化防止活動推進員… 68
地球環境国際議員連盟…… 200
地球環境パートナーシッププラザ
　…………………………… 242
地球環境ファシリティー… 201
地球環境保全協定………… 187
地球環境問題………………… 13
地球規模生物多様性概況
　……………………… 99, 100
地球サミット…………… 16, 22
地球の肺……………………… 43
地産地消……………………… 56
地上資源……………………… 53
地層処分…………………… 173
地中熱利用…………………… 88
窒素酸化物……… 78, 116, 142
窒素の循環…………………… 41
地熱発電……………………… 89
チャレンジ・ゼロ宣言……… 21

中間圏………………………… 36
中間支援機能……………… 244
中間貯蔵施設……………… 169
中心市街地活性化………… 157
長期GHG低排出発展戦略
　…………………………… 71, 74
長距離越境大気汚染条約… 117
鳥獣害……………………… 109
鳥獣保護管理法…………… 109
鳥獣保護区………………… 105
調整サービス………………… 93
調整的手法………………… 184
沈黙の春…………………… 14, 162

【て】

低周波音………………… 79, 154
低炭素エネルギー…………… 62
低炭素社会実行計画… 74, 220
低炭素社会…………………… 72
ティッピング・ポイント…… 99
ディマンドレスポンス……… 84
ディーセントワーク……… 249
締約国会議…………………… 64
デカップリング………… 48, 53
適応策……………… 61, 62, 159
テクノロジーアセスメント　249
デジタルトランスフォーメーション
　……………………………… 31
豊島不法投棄事案………… 133
手続き的手法……………… 187
デポジット制度…………… 186
テレワーク………………… 225
典型7公害………………… 140, 182
天空率……………………… 160
天然ガス………………… 81, 86
天然ガス鹹水……………… 149
電力系統安定対策……… 84, 86
電力需要の平準化………… 85

電力の低炭素化………… 62, 71

【と】

統一省エネラベル……… Ⅷ, 85
東京電力福島第一原子力発電所
事故　…………… 76, 82, 166
東京都環境確保条例……… 207
東京都排出量取引制度…… 207
統合報告書………………… 215
導入ポテンシャル…………… 88
討論型世論調査…………… 249
特定外来生物……………… 107
特定化学物質の環境への排出量の
把握等及び管理の改善の促進に
関する法律………………… 165
特定非営利活動促進法…… 238
特定避難勧奨地点………… 167
特定フロン………………… 110
特別管理一般廃棄物……… 128
特別管理産業廃棄物……… 128
特別緑地保全地区………… 105
都市型洪水……………… 156, 160
都市計画法………………… 157
都市鉱山………………… 53, 136
土壌…………………………… 43
土壌汚染対策法…………… 151
土壌生物……………………… 43
土壌の汚染………………… 140
都市緑地法………………… 105
土地の劣化の中立性……… 121
トップランナー制度
　……………… 85, 185, 236
都道府県立自然環境保全地域　105
都道府県立自然公園……… 105
トリプルボトムライン…… 214
トレーサビリティー……… 233

270

【な】

内部被ばく……………… 168
名古屋議定書…………… 100
ナッジ…………………… 73
菜の花エコプロジェクト… 198
ナホトカ号原油流出事故…… 78

【に】

新潟水俣病……………… 18, 28
二国間クレジット制度……… 67
二酸化炭素……………… 58
二次エネルギー………… 77
日本気候リーダーズ
パートナーシップ………… 251
日本経団連生物多様性宣言 103
日本ジオパーク………… 101
日本の人口……………… 47
日本の約束草案………… 70
人間開発指数………… 17, 194
人間開発報告書………… 200
人間環境宣言…………… 14
人間と生物圏…………… 101

【ね】

ネガワット取引…………… 84
熱塩循環………………… 39
熱汚染現象……………… 160
熱圏……………………… 36
熱帯サバンナ林……… 43, 116
熱帯多雨林……………… 43
熱帯モンスーン林………… 43
熱帯林………………… 43, 118
熱帯夜…………………… 160
ネット・ゼロ・エネルギー・ハウス
……………………… 91
熱中症…………………… 160
燃料電池………………… 90

【の】

農業……………………… 222
農薬取締法……………… 165

【は】

パークアンドライド……… 159
バーゼル条約………… 115, 126
バーチャルウォーター 212, 233
バードストライク………… 79
パーフルオロカーボン……… 62
パーフルオロカーボン類… 58
パーム油………………… 230
排煙脱硝装置…………… 145
排煙脱硫装置…………… 145
バイオエタノール………… 89
バイオディーゼル………… 89
バイオテクノロジー……… 99
バイオ燃料……… 51, 89, 158
バイオマスエネルギー 89, 158
バイオマス発電……… 89, 158
バイオミメティクス……… 93
バイオレメディエーション 151
廃棄物…………………… 128
廃棄物処理法…………… 128
排出ギャップ報告書……… 67
排出者責任……………… 123
排出量取引制度… 71, 73, 186
ばいじん………………… 143
ハイドロフルオロカーボン
…………………… 58, 62
バイナリー発電…………… 89
ハイブリッド車…………… 219
ハイレベル政治フォーラム… 23
白化現象………………… 95
暴露量…………………… 163
発がん性リスク………… 163
バックキャスティング… 24, 75
パフォーマンス規制……… 184

【ひ】

パブリックコメント……… 237
パブリックコメント制度… 197
バラスト水……………… 114
パリ協定……………… 21, 64
パンデミック……………… 30

ヒートアイランド…… 79, 156
ヒートアイランド対策大綱 161
ヒートポンプ……………… 90
ビオトープ……………… 106
東アジア酸性雨モニタリング
ネットワーク…………… 117
東日本大震災……… 21, 166
干潟……………………… 92
光害……………………… 156
1人1日当たりのゴミ排出量 129
氷雪熱利用……………… 88
貧困……………………… 54

【ふ】

ファストファッション…… 232
フィードインタリフ制度…… 84
フィランソロピー………… 198
フードドライブ…………… 234
フードバンク……………… 234
フードマイレージ………… 233
風力発電………………… 88
フェアトレード……… 230, 232
フェアトレード団体認証
WFTOマーク ………… VIII, 230
富栄養化………………… 146
フォアキャスティング……… 24
フォレスター……………… 223
複合遺産………………… 98
複層ガラス……………… 90
腐食連鎖………………… 45
物質フロー……………… 123

271

物理化学的方法…………… 148
不法投棄…………… 132, 137
浮遊粒子状物質…………… 143
プラスチック資源循環戦略
………… 21, 115, 125, 135
ブルーエンジェル………… Ⅷ
ブルーツーリズム………… 107
ブルーフラッグ………… 245
プレッジ・アンド・レビュー
………………… 214
プロシューマー………… 248
フロン…………… 110
フロン回収・破壊法……… 111
フロン排出抑制法………… 111
分解者…………… 44
文化遺産………… 98
文化財保護法…………… 105
文化的サービス………… 93
分散型エネルギーシステム… 88
粉じん…………… 143
紛争鉱物………… 230
分流式下水道…………… 149

【へ】
閉鎖性水域………………… 146
ベースラインアンドクレジット
制度…………………… 186
ベオグラード憲章………… 188
ベクレル……………… 167
ヘルシンキ条約…………… 114
ベンゼン……… 143, 147, 152

【ほ】
保安林………………… 105
包括的富指標…………… 194
放射性廃棄物………… 79, 172
放射性物質汚染対処特措法
………………… 169, 171

放射性物質を含んだ空気塊
（放射性プルーム）……… 168
放射線障害防止法………… 168
包摂性………………… 26
法令遵守………………… 209
補完性原則……………… 181
北西太平洋地域海行動計画
………………… 114
保護林…………… 105
ボランティア活動………… 240
ポリ塩化ビフェニル……… 132
ポリネーター…………… 103
ホルムアルデヒド………… 163

【ま】
マイクロプラスチック…… 115
マテリアルフットプリント
………………… 250
マテリアルリサイクル…… 122
マニフェスト…………… 131
マルチステークホルダープロセス
………………… 242
マングローブ林…………… 43

【み】
水サミット…………… 113
水ビジネス…………… 114
水資源賦存量…………… 112
水循環…………… 38
水循環基本法… 113, 149, 153
水ビジネス…………… 114
未然防止原則…………… 179
未然防止対策…………… 150
緑のカーテン…………… 161
緑の回廊…………… 106
緑の国勢調査…………… 97
緑の雇用…………… 223
緑の循環認証会議………… 119

緑のダム………………… 42
水俣条約……………… 164
水俣病……………… 18, 32
ミニ・パブリックス……… 249
ミレニアム開発目標… 26, 113
ミレニアム生態系評価……… 93
民間資金等活用事業……… 199

【む】
無過失責任……………… 179
無機物………………… 43

【め】
メガソーラー……………… 88
メキシコ湾原油流出事故…… 78
メセナ活動………… 198, 211
メタン…………… 58, 62

【も】
モーダルシフト…………… 158
猛暑日…………… 160
木質バイオマス…………… 89
モニタリングサイト1000… 97
藻場…………… 97
森・里・川・海……… 108, 246
モントリオール議定書…… 111

【や】
焼畑耕作………………… 118

【ゆ】
有害性…………… 162
有害大気汚染物質………… 143
有機JASマーク ……222, 233
有機水銀…………… 18
有機物…………… 43
ユネスコエコパーク……… 101
ユネスコ世界ジオパーク… 101

油糧種子……………………… 50

【よ】

容器包装廃棄物…………… 134
容器包装リサイクル法
　………………… 134, 179
養殖業生産量……………… 51
揚水発電…………………… 89
要措置区域………………… 151
余剰電力買取制度………… 84
四日市ぜんそく
　………… 18, 32, 76, 142
予防原則…………………… 180
より良い暮らし指標……… 55
四大公害………… 18, 32, 251
四大公害裁判……………… 204
四大公害病…………… 18, 28

【ら】

ライダーシステム………… 117
ライフサイクル…………… 212
ライフサイクルアセスメント
　………………… 217, 218
ラニーニャ現象…………… 41
ラムサール条約…………… 98
ラン藻……………………… 34

【り】

リオ宣言…………………… 16
リオ宣言第10原則………… 196
リオ＋10…………………… 17
リオ＋20…………………… 17
リサイクル………………… 122
リスクアセスメント……… 159
リスクコミュニケーション
　………………… 152, 165
リデュース………………… 122
粒子状物質………………… 78

リユース…………………… 122
緑地協定…………………… 187
林業………………………… 222

【れ】

レアメタル………………… 52
レイチェル・カーソン　14, 162
レインフォレストアライアンス
マーク…………………… Ⅷ, 231
レインボープラン………… 198
レジ袋の有料化…………… 236
レジストリ………………… 68
レジリエンス……………… 63
レスポンシブル・ケア活動　165
レッドデータブック……… 95
レッドリスト……………… 95

【ろ】

労働安全衛生法……… 163, 165
労働生産性………………… 224
ローカルSDGs…………… 243
ロードプライシング……… 159
ローマクラブ……………… 14
六フッ化硫黄………… 58, 62
ロスアンドダメージ……… 66
ロンドン条約……………… 114
ロンドンスモッグ事件
　………………… 14, 76, 142

【わ】

ワールドウォッチ研究所…… 17
ワシントン条約…………… 98
我ら共有の未来…………… 16

【A】

ABS ……………………… 100
ASC認証 ………………… 223

【B】

BEMS …………………… 221
BOD ……………………… 147
Bq ………………………… 167
BR ………………………… 101

【C】

CASBEE ………………… 221
CDM ……………………… 65
CFC ……………………… 110
CFP ……………………… 219
CH₄ ……………………… 58
CMA ……………………… 64
CMP ……………………… 64
CO₂ ……………………… 58
CO₂の回収・貯留（CCS）
　………………… 62, 74, 78
COD ……………………… 147
COOL CHOICE …… 73, 235
COP ……………………… 64
COVID-19 ……………… 30
CSD ……………………… 23
CSR ……………… 72, 208
CSR報告書 ………215, 231
CSV ……………………… 209

【D】

DDT ………………159, 163
DNESO …………………… 201

【E】

EANET …………………… 117
Ecosystem Service ……… 93
EMS ……………………… 212
EPR ……………………… 179
ESCO事業 ……………… 91
ESD ……………… 24, 189
ESDの10年………………… 189

ESD for 2030 ………… 189	ICLEI ………………… 201	NDC ………………… 66
ESG投資	ICPD ………………… 46	NF$_3$ ………………… 58
… 71, 72, 75, 209, 210, 214	IEA …………………… 81	NOWPAP …………… 115
E-waste問題 …………… 127	IGCC ………………… 78	NOx ………… 78, 116, 142
	IMO ………………… 201	NPO法 ……………… 238
【F】	INES ………………… 167	NUMO ………… 79, 173
FAO …………… 118, 201	IPCC ………… 16, 60, 201	
FEMS ………………… 220	IR …………………… 211	**【O】**
FIT ……………… 71, 84, 89	ISO ……………… 201, 212	ODA ………………… 193
FOOD ACTION NIPPON… 56	ISO14001 …………… 214	OECD ………… 178, 201
FSC ………………… 119	ISO26000 ………208, 210	Ox …………………… 143
FSC森林認証 ………… 119	ISO50001 …………… 212	
	ISO9001 …………… 212	**【P】**
【G】	ITS ……………… 159, 221	PCB …………… 132, 163
GAP …………… 189, 222	IUCN ………… 95, 201	PCB特措法 ……… 132, 165
GBO …………………… 99	IWI …………………… 194	PDCAサイクル …… 182, 212
GEF ………………… 201		PES ………………… 102
GEOC ……………… 242	**【J】**	PFCs ………………… 58
GGN ………………… 101	JAS法 ………………… 222	PFI ………………… 199
gha………………… 194	JCCCA ……………… 68	pH …………………… 116
GHG ………… 36, 58, 62	JCM ………………… 67	PM2.5 ……… 37, 116, 143
GLOBE ……………… 200	J-IBIS………………… 97	POPs条約 …………… 164
GNH ………………… 250	J-クレジット制度 ……… 219	ppm ………………… 59
GRIガイドライン………… 215		PPP …………… 178, 199
Gy …………………… 167	**【L】**	PRTR制度 … 165, 186, 187
GWP ………………… 58	LCA …………… 217, 218	
	LDN ………………… 121	**【R】**
【H】	LED …………………… 91	RE100 ………… 72, 211
HCFC………………… 110	LMO ………………… 99	REACH規則………… 164, 216
HDI ………………… 17, 194		REDD+ …………… 119
HEMS ……………… 221	**【M】**	RoHS指令………… 216
HFC ………………… 110	MA …………………… 93	RPS制度 …………… 84
HFCs ………………… 58	MDGs………………… 26, 113	RSPO認証 ………… Ⅷ
HLPF ………………… 23	MSC認証 ……… Ⅷ, 223, 231	
		【S】
【I】	**【N】**	SATOYAMAイニシアティブ
IBRD ………………… 201	N$_2$O ………… 58, 62	………………… 100
ICT ………………… 251	NAMA ………………… 66	SAICM …………… 164

SBT	72
SCM	218
SDGs	17, 25, 165, 194, 249
SDGsアクションプラン	28, 113
SDGs未来都市	29, 73, 243
SDGs活用ガイド	210
SDS	165
SEA	191
SF_6	58
SGEC	119
SGEC森林認証	119
SNS	215
Society 5.0	74
SOx	78, 116, 142
SPM	143
SR	208
SRI	209

Sv	167

【 T 】

TCFD	211
TEEB	102
Think Globally, Act Locally	248

【 U 】

UNCCD	120
UNCED	16, 22
UNDP	17, 200
UNEP	14, 200
UNESCO	201
UNFCCC	64

【 V 】

VOC	74, 142, 163

【 W 】

WBCSD	201
WCED	16
WEEE指令	216
WEPA	113
WHO	201
WRI	17
WMO	201
WSSD	17
WSSD2020年目標	164
WWI	17

【 Z 】

ZEB	221
ZEH	91, 221, 235

● eco 検定公式テキスト作成委員会 (敬称略・順不同)

委員長	柳下	正治	一般社団法人環境政策対話研究所 代表理事
委　員	荒井	眞一	一般社団法人環境情報科学センター 常務理事・技術顧問
委　員	浦野	栄子	With 未来考研究所 代表
委　員	神田	修二	いであ株式会社 副社長執行役員・国土環境研究所 生物多様性研究センター長
委　員	黒柳	要次	株式会社パデセア 代表取締役
委　員	佐々木	進市	NPO 法人環境カウンセラー全国連合会 特別相談役
委　員	佐藤	真久	東京都市大学 大学院 環境情報学研究科 教授
委　員	袖野	玲子	芝浦工業大学 システム理工学部 環境システム学科 教授
委　員	三浦	弘之	株式会社ローソン 事業サポート本部 環境社会共生・地域連携推進部 マネジャー
委　員	深見	正仁	元 東北大学 大学院 法学研究科 教授
委　員	恒藤	克彦	株式会社エコレカ研究所 代表取締役
編集協力	太田	美代	株式会社インタレスト 代表取締役

● 改訂 8 版執筆者一覧 (敬称略・氏名50音順)

荒井	眞一	一般社団法人環境情報科学センター 常務理事・技術顧問
浦野	栄子	With 未来考研究所 代表
太田	美代	株式会社インタレスト 代表取締役
尾山	優子	一般社団法人環境パートナーシップ会議 理事 事務局長
加藤	真	一般社団法人海外環境協力センター 理事
神田	修二	いであ株式会社 副社長執行役員・国土環境研究所 生物多様性研究センター長
木村	浩	木村学習コンサルタンツ 代表
倉阪	秀史	千葉大学 大学院 社会科学研究院 教授
黒柳	要次	株式会社パデセア 代表取締役
佐々木	進市	NPO 法人環境カウンセラー全国連合会 特別相談役
佐藤	真久	東京都市大学 大学院 環境情報学研究科 教授
寿楽	浩太	東京電機大学 工学部 人間科学系列 教授
袖野	玲子	芝浦工業大学 システム理工学部 環境システム学科 教授
恒藤	克彦	株式会社エコレカ研究所 代表取締役
橋詰	博樹	多摩大学 グローバルスタディーズ学部 特任教授
深見	正仁	元 東北大学 大学院 法学研究科 教授
宮城	崇志	株式会社TREE 地域デザイン事業部
森口	祐一	東京大学大学院 工学系研究科 教授／国立環境研究所 理事
柳下	正治	一般社団法人環境政策対話研究所 代表理事

●東京商工会議所 環境社会検定委員会（敬称略・順不同）

委員長	野末　尚	東洋熱工業株式会社 最高顧問
顧　問	深見　正仁	元 東北大学 大学院 法学研究科 教授
委　員	石田　隆博	日本通運株式会社 CSR推進部 次長
委　員	神田　修二	いであ株式会社 副社長執行役員・国土環境研究所 生物多様性研究センター長
委　員	鈴木　隆博	イオン株式会社 環境・社会貢献部 部長
委　員	神崎　昌之	一般社団法人サステナブル経営推進機構 LCA事業部長
委　員	吉川　和彦	東洋熱工業株式会社 経営統括本部 総務部 常勤顧問
委　員	黒柳　要次	株式会社パデセア 代表取締役
委　員	小和田祐子	東京ガス株式会社 サスティナビリティ推進部 部長
委　員	髙木　建二	電源開発株式会社 立地・環境部 環境室長
委　員	平野　喬	一般財団法人地球・人間環境フォーラム 副理事長
委　員	深津　学治	グリーン購入ネットワーク 事務局長
委　員	宮澤　武	一般社団法人日本能率協会 ISO研修事業部 主任講師
委　員	大下　英和	東京商工会議所 産業政策第二部長

 無塩素漂白（ECF）パルプを使用しています

表紙にアートポスト、本文にHSホワイトソフト、カバー、カラーページにミューコートネオスを使用しております。

改訂8版　環境社会検定試験® eco検定公式テキスト

2006年 4月 1日	初　　版	第1刷発行
2008年 2月10日	改　訂　版	第1刷発行
2010年 2月10日	改訂2版	第1刷発行
2012年 2月10日	改訂3版	第1刷発行
2014年 2月10日	改訂4版	第1刷発行
2015年 2月10日	改訂5版	第1刷発行
2017年 1月30日	改訂6版	第1刷発行
2019年 2月10日	改訂7版	第1刷発行
2021年 1月30日	改訂8版	第1刷発行
2022年 1月30日		第6刷発行

編著者――東京商工会議所
©2021　The Tokyo Chamber of Commerce and Industry
発行者――張　士洛
発行所――日本能率協会マネジメントセンター
〒103-6009　東京都中央区日本橋2-7-1　東京日本橋タワー
TEL 03(6362)4339（編集）／03(6362)4558（販売）
FAX 03(3272)8128（編集）／03(3272)8127（販売）
https://www.jmam.co.jp/

装　丁――冨澤崇（EBranch）
本文DTP――株式会社森の印刷屋
編集協力――株式会社アプレコミュニケーションズ
印刷所――シナノ書籍印刷株式会社
製本所――株式会社三森製本所

本書の内容の一部または全部を無断で複写複製（コピー）することは、法律で認められた場合を除き、著作者および出版者の権利の侵害となりますので、あらかじめ小社あて許諾を求めてください。

ISBN978-4-8207-2859-7 C3051
落丁・乱丁はおとりかえします。
PRINTED IN JAPAN

JMAMの本

機械保全の徹底攻略シリーズ

国家技能検定試験の中でも、受検者数3万人を擁する機械保全の受検参考書です。試験は学科試験と実技試験に分かれています。

本シリーズは、機械保全の専門家・学識経験者による編集委員会を組織し、最新の情報を盛り込んだテキストで、学科・実技ともに読者を合格までサポートします。

機械保全の徹底攻略〔機械系・学科〕
日本能率協会マネジメントセンター 編
A5判、496ページ

機械保全の徹底攻略〔機械系・実技〕
日本能率協会マネジメントセンター 編
A5判、400ページ

機械保全の過去問500+チャレンジ100〔機械系・学科 1・2級〕
日本能率協会マネジメントセンター 編
A5判、344ページ

機械保全の徹底攻略〔電気系保全作業〕
日本能率協会マネジメントセンター 編
A5判、576ページ

機械保全の徹底攻略〔設備診断作業〕
日本能率協会マネジメントセンター 編
A5判、496ページ

機械保全の徹底攻略 3級機械系学科・実技テキスト&問題集
日本能率協会マネジメントセンター 編
A5判、308ページ

日本能率協会マネジメントセンター

JMAMの本

技術英検公式問題集

技術英検3級問題集
公益社団法人日本工業英語協会 編著
A5判、160ページ

技術英検2級問題集
公益社団法人日本工業英語協会 編著
A5判、176ページ

技術英検1級問題集
公益社団法人
日本工業英語協会 編著
A5判、136ページ

本検定は、科学技術文書を英語で読み、書く能力を正しく客観的に評価する唯一の資格検定です。経済のグローバル化にともない、新たな価値を生み出すために、技術英語(Technical Communication in English)は、今や研究者、技術者、理学・工学系学生・大学院生、技術翻訳者が学ぶべき必須の要件です。

3級は工業高校、工業高等専門学校低学年程度、2級は工業高等専門学校生、工業系専門学校、大学生程度、1級は工業高等専門学校生、工業系専門学校、大学生程度の工業英語の知識を有する方が対象です。

本書は、旧名称である「工業英検」の過去問題とともに15回分を解答とともに収録した唯一の公式問題集です。

日本能率協会マネジメントセンター

JMAM の本

環境社会検定試験® **eco 検定公式過去・模擬問題集**	試験実施団体である東京商工会議所が監修する唯一の公式問題集。学習のポイントと、3回分の過去問題・公式テキストに準拠した2回分の模擬問題を収録。
東京商工会議所　監修	A5判　288頁
ビオトープ管理士資格試験 **公式テキスト**	「2級ビオトープ計画管理士」「2級ビオトープ施工管理士」に対応し、全試験科目の要点解説、過去問題と解答・解説を収録。
公益財団法人日本生態系協会　監修	A5判　312頁
公式食生活アドバイザー® 基礎 **テキスト＆問題集**	試験実施団体による公式テキストです。基礎では、「食べる」を生活の視点で考えるための「食と生活の基礎知識」の習得をめざします。赤シート付き。
一般社団法人 FLA ネットワーク® 協会　編	A5判　184頁
公式食生活アドバイザー® 3級 **テキスト＆問題集**	試験実施団体による公式テキストです。3級では、生活者・消費者として生きるための「よりよい食生活の実践知識」の習得をめざします。赤シート付き。
一般社団法人 FLA ネットワーク® 協会　編	A5版　288頁
公式食生活アドバイザー® 2級 **テキスト＆問題集**	試験実施団体による公式テキストです。2級では、企業人として消費者とのパイプ役になるための「食と生活を提案する実務知識」の習得をめざします。赤シート付き。
一般社団法人 FLA ネットワーク® 協会　編	A5判　384頁
メンタルヘルス・マネジメント® 検定試験 **Ⅲ種（セルフケアコース）** **重要ポイント＆問題集**	Ⅲ種試験は、一般社員を対象に、自らのメンタルヘルス対策の知識を問います。試験の出題傾向を分析して、重要事項を整理・解説。過去問題と模擬問題も収録。
見波 利幸　著	A5判　160頁
メンタルヘルス・マネジメント® 検定試験 **Ⅱ種（ラインケアコース）** **重要ポイント＆問題集**	Ⅱ種試験は、管理監督者を対象にメンタルヘルス・マネジメントの知識を問います。試験の出題傾向を分析して、重要事項を整理・解説。過去問題と模擬問題も収録。
見波 利幸　著	A5判　232頁
メンタルヘルス・マネジメント® 検定試験 **Ⅰ種（マスターコース）** **重要ポイント＆問題集**	Ⅰ種試験は、人事労務担当、管理職などを対象に職場のメンタルヘルスケアの知識を問います。試験の出題傾向を分析して、重要事項を整理・解説。過去問題と模擬問題も収録。
見波 利幸　著	A5判　248頁